高职高专“十三五”规划教材

工程制图

刘立平 主编

化学工业出版社

·北京·

内 容 提 要

《工程制图》主要内容包括制图基本知识、投影基础、基本体及其表面交线、轴测图、组合体、机件的表达方法、标准件和常用件、零件图、装配图、焊接图、展开图、电气制图。同时，还有《工程制图习题集》与本书配套使用。

本书有配套的电子教案，可登录化学工业出版社教学资源网免费下载。

本书是针对高等职业院校机械类、近机类、电子类等专业的培养目标以及对制图课教学的要求而编写的，可以根据不同专业的课程标准在 40～90 学时内选用实施。

本书适用于高职高专机械类、近机类、电子类专业，也可作为其他相近专业以及成人教育和职业培训的教材或参考用书。

图书在版编目（CIP）数据

工程制图/刘立平主编. —北京：化学工业出版社，2020.8（2022.7 重印）
高职高专“十三五”规划教材
ISBN 978-7-122-37074-7

Ⅰ.①工…　Ⅱ.①刘…　Ⅲ.①工程制图-高等职业教育-教材　Ⅳ.①TB23

中国版本图书馆 CIP 数据核字（2020）第 089542 号

责任编辑：高　钰　　　　文字编辑：陈　喆
责任校对：张雨彤　　　　装帧设计：刘丽华

出版发行：化学工业出版社（北京市东城区青年湖南街 13 号　邮政编码 100011）
印　　刷：北京云浩印刷有限责任公司
装　　订：三河市振勇印装有限公司
787mm×1092mm　1/16　印张 17½　字数 433 千字　2022 年 7 月北京第 1 版第 3 次印刷

购书咨询：010-64518888　　　　售后服务：010-64518899
网　　址：http://www.cip.com.cn
凡购买本书，如有缺损质量问题，本社销售中心负责调换。

定　　价：55.00 元

前言

本书是根据教育部 2019 年印发的《高等职业学校专业教学标准》中对相关专业提出关于本课程知识与能力的要求，并参照最新相关的国家职业标准和职业技能鉴定规范，组织同行和企业专家共同编写。同时，还有《工程制图习题集》与本书配套使用。

本书主要内容包括制图基本知识、投影基础、基本体及其表面交线、轴测图、组合体、机件的表达方法、标准件和常用件、零件图、装配图、焊接图、展开图、电气制图。

本书具有以下特点。

1. 具有先进性。本书根据最新国家标准和行业标准编写，体现了内容的先进性。

2. 体现职教特色。本书融入了编者多年积累的教学改革实践和企业工作经验，内容编排遵循高职教学规律和学生认知规律，知识传授与技术技能培养并重，适应专业建设与课程建设，符合高等职业教育要求。

3. 产教融合，校企双元开发。本书是高职院校双师型教师和企业专家共同设计编写的。为满足企业岗位能力需求，编者广泛收集企业图纸，在继承传统内容精华的基础上，突出了在生产实践中的实用性。

4. 图文并茂。绘图关键步骤用蓝色标识，内容简单明了，方便读者学习；视图与立体图对照编排，帮助读者建立空间概念，从而有效地培养读者的绘图与识图能力。

本书是甘肃省精品在线开放课程“工程制图”的配套教材。教师和学习者可登录智慧树网（www.zhihuishu.com）搜索本作者主持的“工程制图”课程主页，选择相关内容进行学习，在线开放课程制作了该书所有教学内容的视频和其他学习资源。

本书的内容已制作成用于多媒体教学的 PPT 课件，并将免费提供给采用本书作为教材的院校使用。如有需要，请发电子邮件至 cipedu@163.com 获取，或登录 www.cipedu.com.cn 免费下载。

本书由兰州石化职业技术学院刘立平主编。参加本书编写工作的有：刘立平（编写绪论、第 1～3、5 章）；张伟华（编写第 4、8～10 章）；王霞琴（编写第 6、7 章）；兰州石化公司检维修中心卢世忠、余永增（编写第 11、 12 章、附录）。全书由刘立平负责统稿。

本书在编写过程中，参阅了大量的标准规范及近几年出版的相关书籍，在此向有关作者和所有对本书的出版给予帮助和支持的人士，表示衷心的感谢！

由于编者水平所限，书中不足之处敬请广大读者提出宝贵意见。

编者

2020 年 3 月

目录

第6章 机件的表达方法 / 109

第7章 标准件和常用件 / 129

第8章 零件图 / 155

第9章 装配图 / 191

第10章 焊接图 / 215

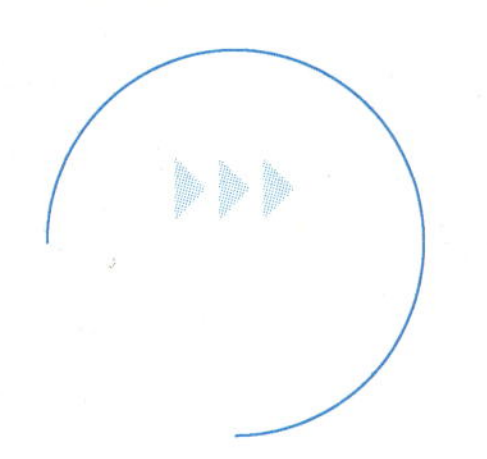

绪　论

一、本课程的性质及研究对象

根据投影原理、标准或有关规定，表示工程对象，并有必要的技术说明的图称为图样。

图样是信息的载体，是指导加工、制造、安装、检修的重要技术文件，是进行技术交流的重要工具。在生产实践中，设计者通过图样描绘设计产品、传递设计意图；生产者通过图样了解设计内容，指导生产、检验产品；使用者通过图样了解产品的使用方法。因此，图样是工程界通用的技术语言，作为生产、建设、管理、服务一线的高素质劳动者和技术技能人才，必须学会并掌握这种语言，具备绘制和识读工程图样的基本能力。

本课程是研究工程图样的绘制和识读规律与方法的一门学科，是工科各专业必修的专业知识类课程，主要介绍制图的基本知识、基本原理、基本技能。通过本课程的学习，可为后续专业课程学习以及自身职业能力发展打下必要的基础。

二、本课程的主要内容与学习目标

本课程的主要内容包括制图基本知识、投影基础、组合体、机件的表达方法、标准件和常用件、零件图、装配图、焊接图、展开图、电气图等。通过本课程的学习，应达到以下基本要求：

① 通过学习制图基本知识，熟悉并遵守国家标准对工程制图的有关规定，学会正确使用绘图工具和仪器的方法，初步掌握绘图基本技能。

② 通过学习正投影法的基本原理、基本体及其表面交线、轴测图、组合体等内容，掌握运用正投影法表达空间形体的图示方法，并具备二维与三维空间相互转换的空间想象力和空间思维能力。

③ 通过学习机件的表达方法，熟练掌握运用各种方法表达机件。

④ 通过学习标准件和常用件、零件图、装配图，具备绘制和识读中等复杂程度的零件图和装配图的基本能力，初步具备查阅标准和技术资料的能力。

⑤ 通过焊接图的学习，能够绘制和识读焊接图。

⑥ 通过展开图的学习，能够绘制常见钣金件的展开图。

⑦ 通过电气制图的学习，能够识读与绘制简单的电气图。

⑧ 培养分析问题、解决问题的能力和严谨细致的工作作风。

三、本课程的学习方法

① 掌握理论、多实践。本课程是一门既有系统理论又具有较强实践性的课程，核心内

容是学习如何用二维平面图形来表达三维空间物体，以及由二维平面图形想象出三维空间物体的结构形状。“实践是理论之源”本课程最重要的学习方法就是不断实践由物画图和由图想物，既要掌握作图的投影规律，又要想象构思物体的结构形状，这一过程必须通过大量的实践，由浅入深不断地由物到图、由图到物反复练习，逐步提高空间想象力和空间思维能力。

② 认真听、反复练。上课认真听讲，课后要认真完成相应的习题和作业。虽然本课程的教学目标是以识图为主，但是识图源于画图，只有学会按照正确的方法、原理画图，才能在此基础上看懂图样，所以要画图、读图结合练习，通过画图练习促进读图能力的培养。

③ 严格贯彻执行标准。在绘图过程中，要养成正确使用仪器的习惯，按正确的方法和步骤绘图，不断提高绘图技巧；严格遵守国家标准有关规定，学会查阅和使用有关标准手册。

④ 注重培养工程素养。图样是传递和交流技术信息的，要自觉地培养认真负责的工作态度、耐心细致的工作作风，养成工匠精神的敬业特质。作业和练习要认真细致，作图不但要正确，而且图面要整洁，养成严谨的治学态度，精益求精，一丝不苟，不断培养工程意识和工程素养。

第1章 制图基本知识

能力目标

➢ 能够正确使用绘图工具绘制符合国家标准的平面图形。

➢ 能够徒手绘制符合国家标准的平面图形。

知识点

➢ 国家标准《技术制图》和《机械制图》的有关规定。

➢ 几何作图原理。

➢ 平面图形的分析、画法与尺寸标注。

1.1 绘图工具和仪器的使用

工欲善其事，必先利其器。要想快速准确地绘图，必须掌握绘图工具、仪器和用品的正确使用方法。

1.1.1 图板

图板是用来固定图纸进行绘图的，图板的板面必须平整、光滑，左侧面是画线的导边，应光滑、平直，如图 1-1 所示。

1.1.2 丁字尺

丁字尺由尺头和尺身组成（图 1-2），尺头内侧是画线的导边，尺身上缘是画线的工作边。丁字尺和图板配合画水平线，画线时用左手使尺头内侧紧靠在图板左侧的导边，此时左手位于位置①，并上下滑移到画线所需位置，然后把左手移到尺身上的位置②处并压紧，右手拿铅笔沿着尺身工作边从左往右向前倾斜画线，如图 1-2（a）所示。

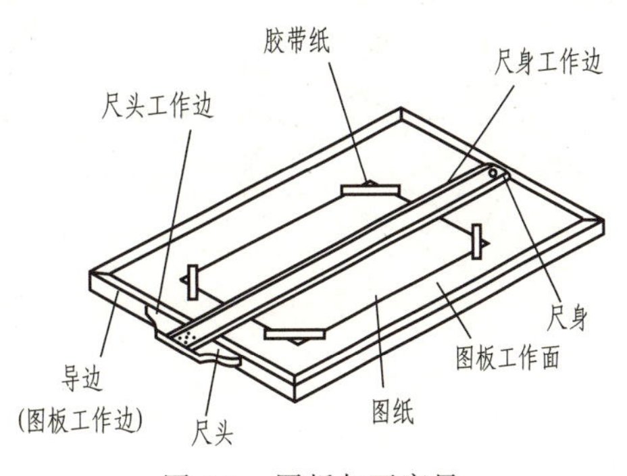

图 1-1　图板与丁字尺

禁止用丁字尺画竖直线或用尺身下缘画水平线。

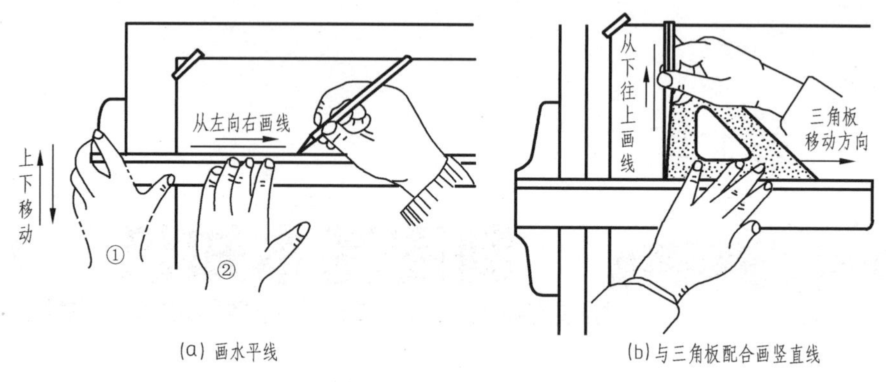

(a) 画水平线　　(b)与三角板配合画竖直线

图 1-2　用丁字尺画线

1.1.3　三角板

三角板有 45°与 30°/60°两种。三角板与丁字尺配合使用可画竖直线，如图 1-2（b）所示，还可画 15°和 15°的倍数角（如 15°、30°、45°、60°和 75°）的斜线，如图 1-3（a）所示。两块三角板配合使用，可画任意方向已知线的平行线和垂直线，如图 1-3（b）、（c）、（d）所示。

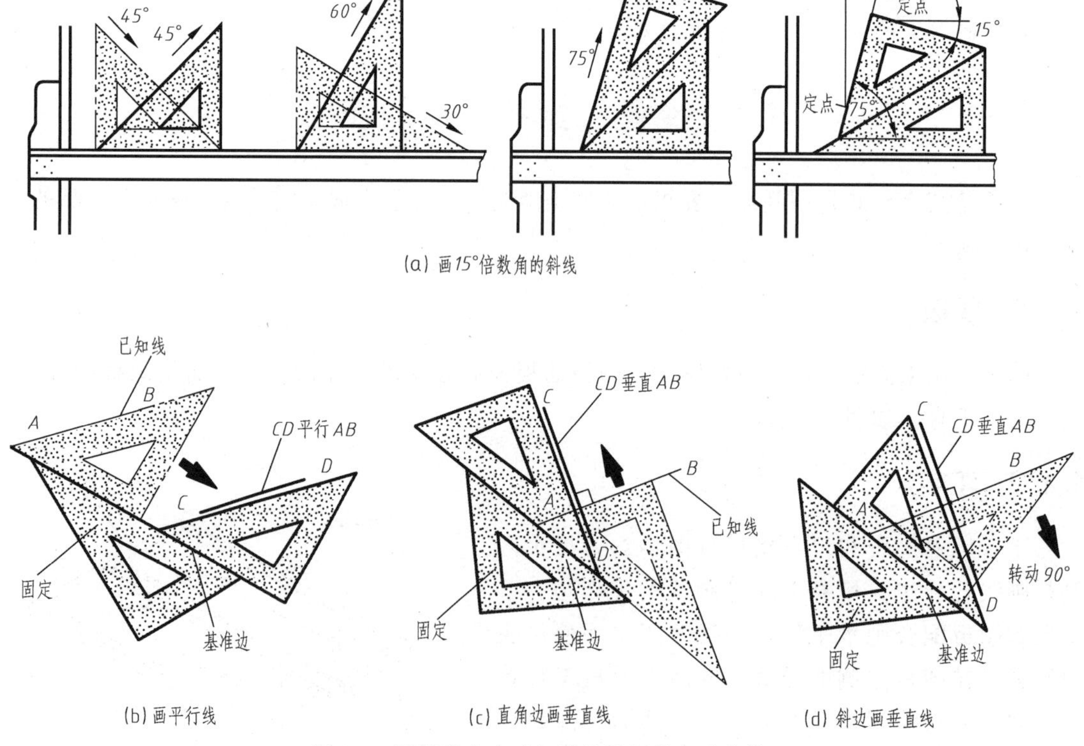

(a) 画15°倍数角的斜线

(b) 画平行线　　(c) 直角边画垂直线　　(d) 斜边画垂直线

图 1-3　画任意方向已知线的平行线和垂直线

1.1.4　铅笔

绘图时要求使用绘图铅笔。铅笔的铅芯用 B、H 表示软硬程度。B 前的数字越大，表示铅芯越软，绘出的图线颜色越深；H 前的数字越大，表示铅芯越硬；HB 表示软硬适中。常用 H 或 2H 的铅笔画底稿，用 B 或 HB 的铅笔加深图线，用 HB 的铅笔写字。铅笔应从没有标记的一端开始使用，以便区分软硬铅芯。铅笔的削法如图 1-4 所示，图 1-4（c）中 0.5～0.7 为粗实线宽度。

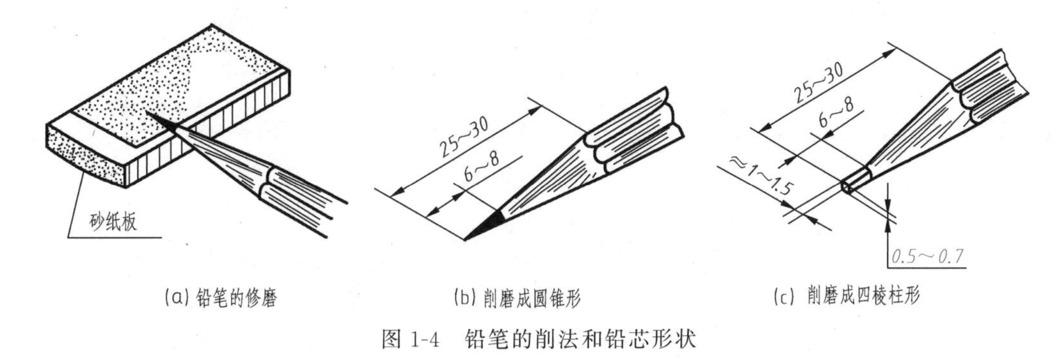

图 1-4　铅笔的削法和铅芯形状

1.1.5　圆规

圆规用来画圆和圆弧，其结构和铅芯形状如图 1-5 所示。圆规使用前应先调整钢针插脚，使针尖稍长于铅芯，如图 1-5（a）所示，圆规的铅芯要比画直线的铅芯软一号，画细线的铅芯和描粗线的铅芯形状如图 1-5（b）、（c）所示。

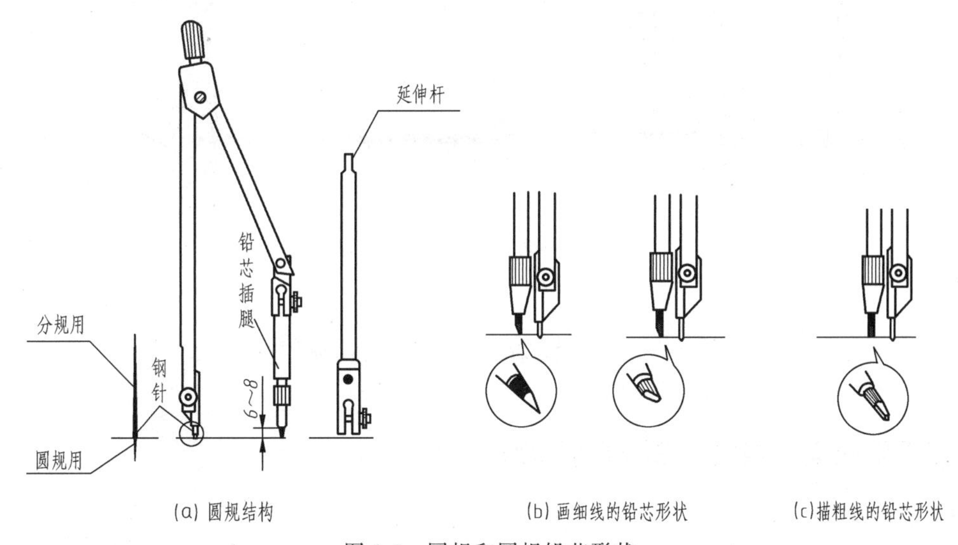

图 1-5　圆规和圆规铅芯形状

圆规的使用方法如图 1-6 所示，画图时，先取好半径，以右手握住圆规头部，左手食指协助将针尖对准圆心，如图 1-6（a）所示。两腿应尽可能与纸面垂直，然后按顺时针方向画圆，如图 1-6（b）所示。画小圆时，圆规肘关节向内弯，如图 1-6（c）所示。画大圆时，可接上延伸杆，如图 1-6（d）所示。

1.1.6　分规

分规用于量取尺寸或等分线段。当两腿合拢时，两针尖应对齐，其结构及使用方法如图 1-7 所示。

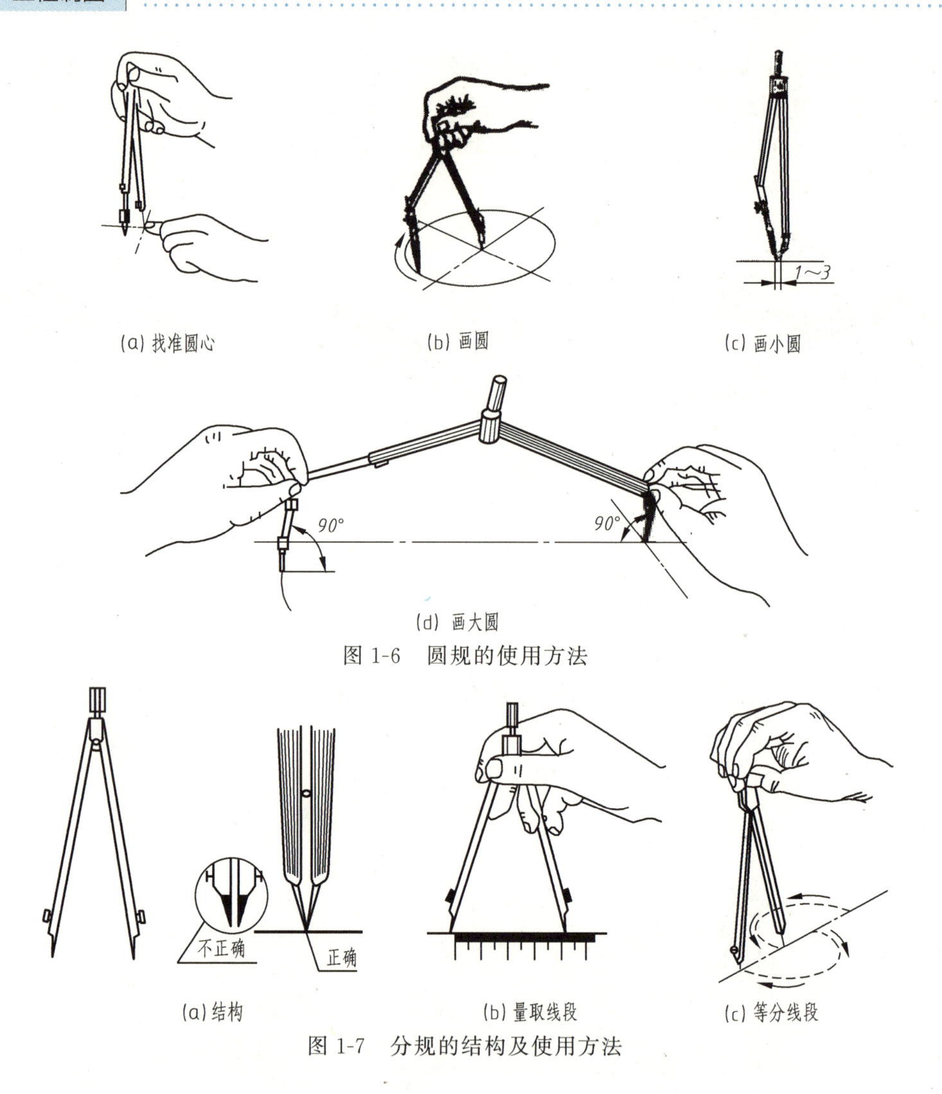

(a) 找准圆心　(b) 画圆　(c) 画小圆

(d) 画大圆

图 1-6　圆规的使用方法

(a) 结构　(b) 量取线段　(c) 等分线段

图 1-7　分规的结构及使用方法

1.2 国家标准的一般规定

1.2.1 图纸幅面及格式（GB/T 14689—2008）

(1) 图纸幅面

图纸宽度与长度组成的图面即为图纸幅面。为了便于图纸的统一管理、装订及技术交流，绘制技术图样时，应优先采用表 1-1 规定的基本幅面尺寸。必要时按照基本幅面短边的整倍数加长幅面，加长幅面尺寸见图 1-8，其中粗实线部分是基本幅面，细虚线为加长幅面。

表 1-1　图纸基本幅面及格式　mm

幅面代号	A0	A1	A2	A3	A4
$B\times L$	841×1189	594×841	420×594	297×420	210×297
e	20		10		
c	10			5	
a	25				

(2) 图框格式

图纸上必须用粗实线画出图框，图框是图纸限定绘图区域的线框，图框的格式分为不留装订边和留有装订边两种，见图 1-9、图 1-10，尺寸按表 1-1 的规定绘制。同一产品的图样只能采用一种格式，加长幅面的图框尺寸按所选用的基本幅面大一号的周边尺寸确定。

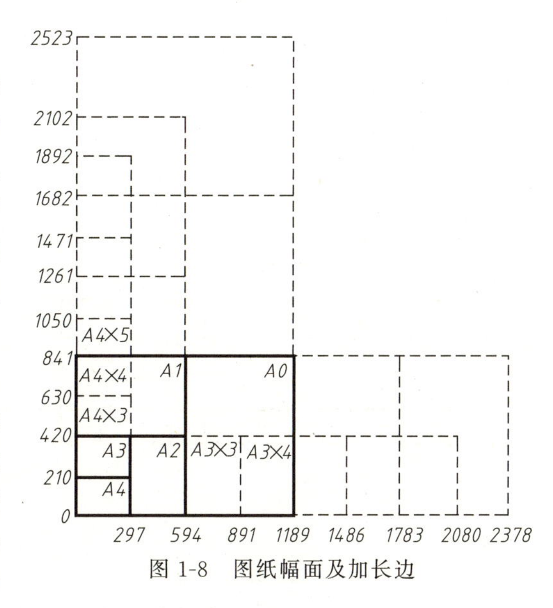

图 1-8　图纸幅面及加长边

(3) 标题栏（GB/T 10609.1—2008）

每张图纸上都必须画出标题栏。标题栏是由名称及代号区、签字区、更改区和其他区组成的栏目（图 1-11），其格式和尺寸按 GB/T 10609.1—2008《技术制图　标题栏》的规定，如图 1-11（a）所示。学生作业中的标题栏可以采用图 1-11（b）所示简易标题栏。标题栏的位置应位于图纸的右下角。

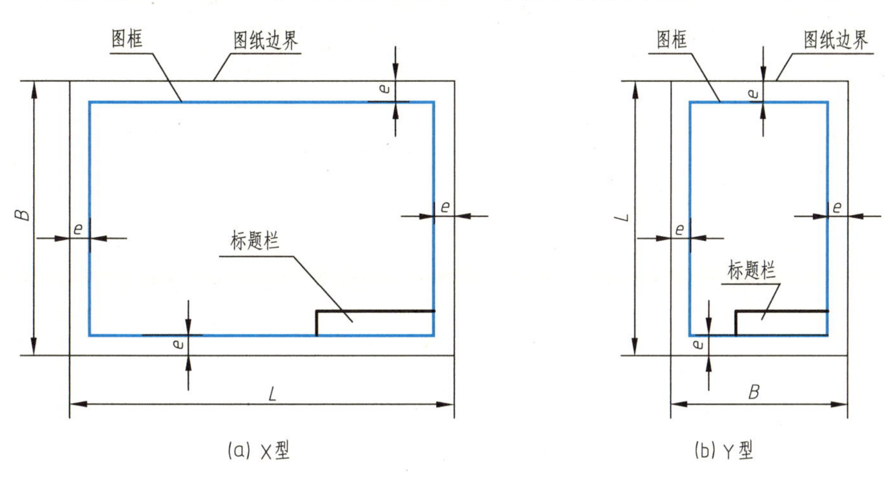

图 1-9　无装订边图纸的图框格式

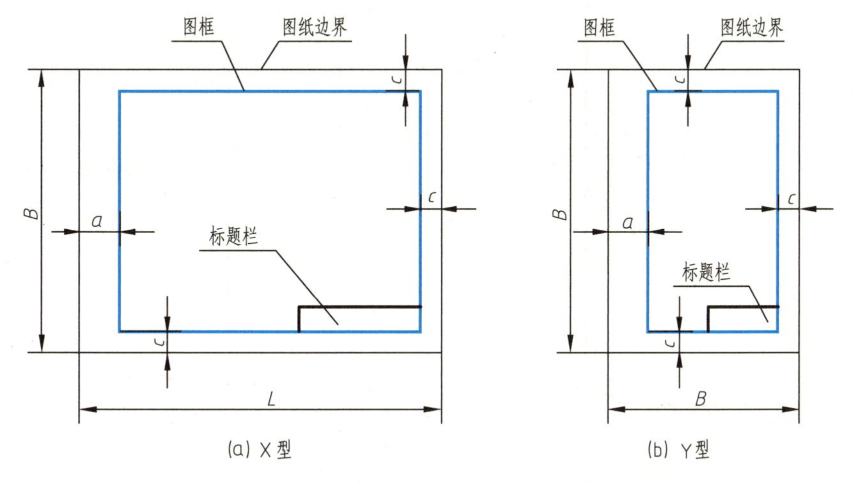

图 1-10　有装订边图纸的图框格式

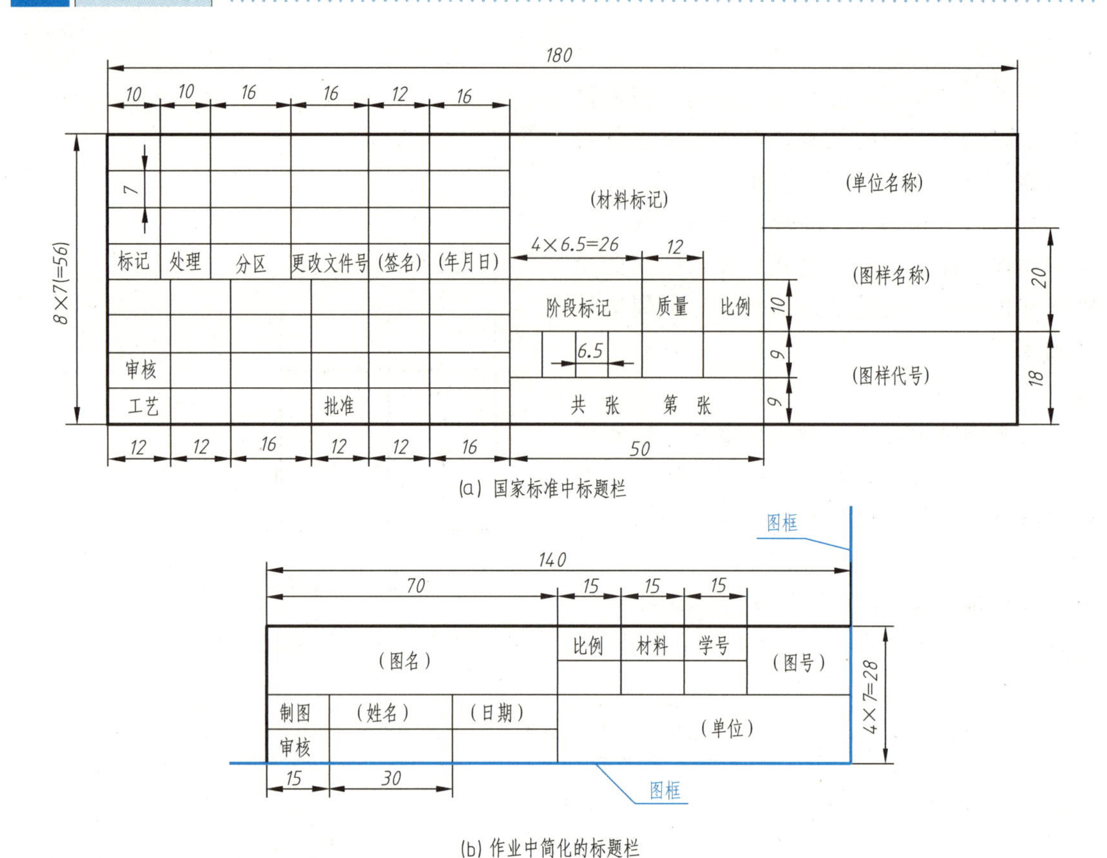

(a) 国家标准中标题栏

(b) 作业中简化的标题栏

图 1-11 标题栏的格式和内容

标题栏的长边置于水平方向并与图纸长边平行时，构成 X 型图纸，如图 1-9（a）、图 1-10（a）所示。若标题栏的长边与图纸长边垂直时，构成 Y 型图纸，如图 1-9（b）、图 1-10（b）所示。在此情况下，看图的方向与看标题栏的方向一致。

为了利用预先印制的图纸，允许将 X 型图纸的短边置于水平位置使用，如图 1-12（a）所示，或将 Y 型图纸的长边置于水平位置使用，如图 1-12（b）所示。

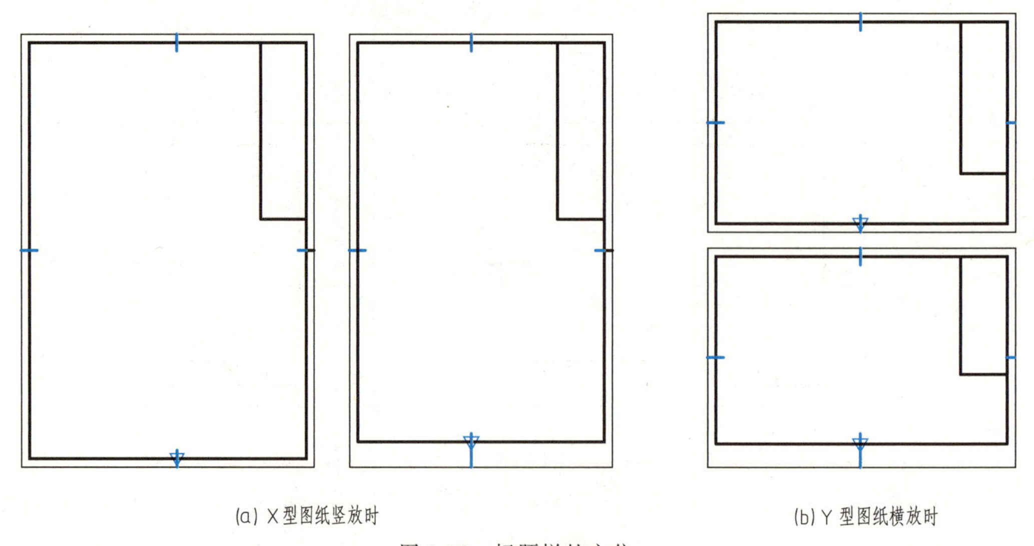

(a) X 型图纸竖放时　　(b) Y 型图纸横放时

图 1-12 标题栏的方位

(4) 附加符号

1）对中符号

对中符号是从图纸四边的中点画入图框内约5mm的粗实线段，通常作为缩微摄影和复制的定位基准标记。对中符号的位置误差应不大于0.5mm，如图1-12所示。当对中符号处在标题栏范围内时，则伸入标题栏部分省略不画。

2）方向符号

对于使用预先印制的图纸，X型图纸竖放、Y型图纸横放，如图1-12所示。为了明确绘图与看图时图纸的方向，应在图纸的下边对中符号处画出一个方向符号。

方向符号是用细实线绘制的等边三角形，其大小和所处的位置如图1-13所示。

3）投影符号

投影符号一般放置在标题栏中名称及代号区的下方。第一角画法、第三角画法的投影识别符号如图1-14所示。

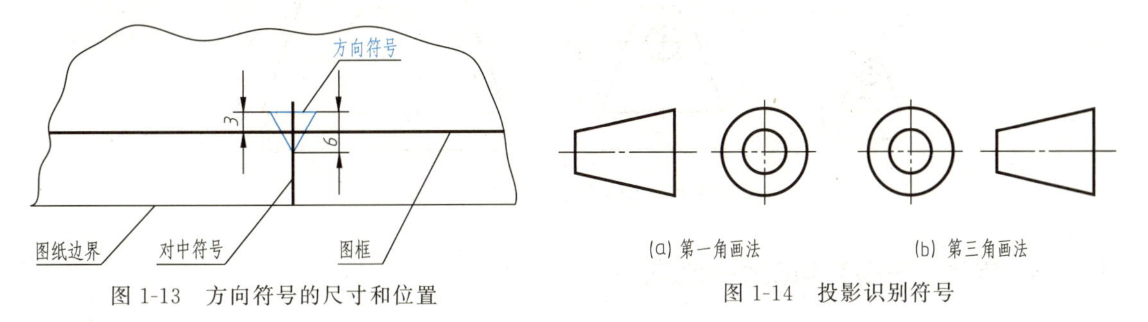

图1-13　方向符号的尺寸和位置

图1-14　投影识别符号

投影符号中的线型用粗实线和细点画线绘制，其中粗实线的线宽不小于0.5mm。

1.2.2　比例（GB/T 14690—1993）

(1) 术语

① 比例：图中图形与其实物相应要素的线性尺寸之比。

② 原值比例：比值为1的比例，即1∶1。

③ 放大比例：比值大于1的比例，如2∶1等。

④ 缩小比例：比值小于1的比例，如1∶2等。

(2) 比例系列

需要按比例绘制图样时应由表1-2规定的系列中选取适当的比例。

表1-2　比例系列

种类	比例	
	第一系列	第二系列
原值比例	1∶1	
缩小比例	1∶2　1∶5　1∶10 1∶1×10ⁿ 1∶2×10ⁿ　1∶5×10ⁿ	1∶1.5　1∶2.5　1∶3　1∶4　1∶6 1∶1.5×10ⁿ　1∶2.5×10ⁿ 1∶3×10ⁿ　1∶4×10ⁿ　1∶6×10ⁿ
放大比例	2∶1　5∶1　1×10ⁿ∶1 2×10ⁿ∶1　5×10ⁿ∶1	2.5∶1　4∶1 2.5×10ⁿ∶1　4×10ⁿ∶1

注：n为正整数，优先选用第一系列。

(3) 标注方法

① 比例符号应以“:”表示。比例的表示方法如 1∶1、1∶50、20∶1 等。

② 比例一般应标注在标题栏中的比例栏内。必要时可在视图名称的下方或右侧标注比例，如图 1-15 所示。

注意：

无论采用放大或缩小的比例绘图，图样中标注的尺寸均为机件的实际大小，而与所用比例无关，如图 1-16 所示。

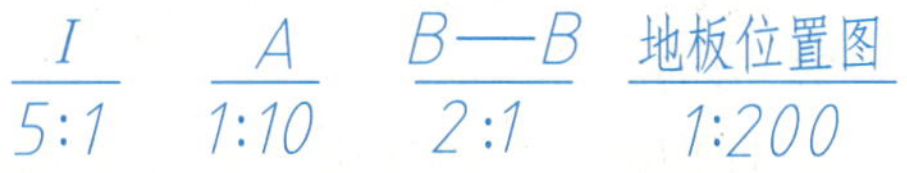

$\frac{I}{5:1}$ $\frac{A}{1:10}$ $\frac{B—B}{2:1}$ $\frac{\text{地板位置图}}{1:200}$

图 1-15 比例标注方法

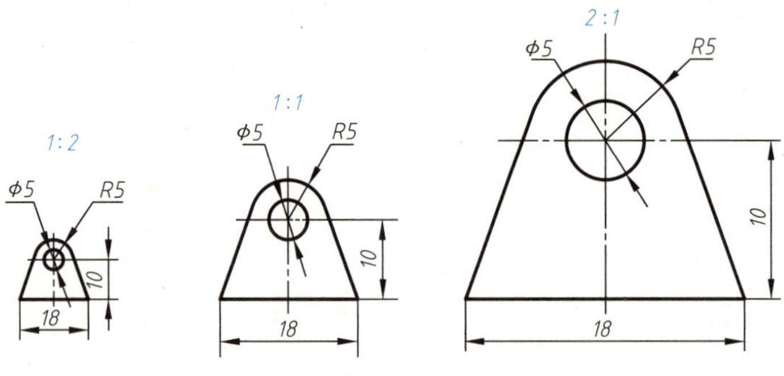

图 1-16 用不同比例画出的图形

1.2.3 字体(GB/T 14691—1993)

字体就是图中文字、字母、数字的书写形式。

(1) 基本要求

① 书写字体必须做到：字体工整、笔画清楚、间隔均匀、排列整齐。

② 字体高度（用 h 表示）的公称尺寸系列为：1.8mm、2.5mm、3.5mm、5mm、7mm、10mm、14mm、20mm。如需要书写更大的字，其字体高度应按$\sqrt{2}$的比率递增。字体高度代表字体的号数。

③ 汉字应写成长仿宋体字，并应采用中华人民共和国国务院正式公布推行的《汉字简化方案》中规定的简化字。汉字的高度不应小于 3.5mm，其字宽一般为 $h/\sqrt{2}$。

④ 字母和数字分 A 型和 B 型。A 型字体的笔画宽度（d）为字高（h）的 1/14，B 型字体的笔画宽度（d）为字高（h）的 1/10。在同一图样上只允许选用一种形式的字体。

⑤ 字母和数字可写成斜体和直体。斜体字头向右倾斜，与水平基准线成 75°。

(2) 字体示例

1）长仿宋体汉字示例（图 1-17）

2）字母及数字示例（图 1-18）

3）综合应用

① 用作指数、分数、极限偏差、注脚等的数字及字母，一般应采用小一号的字体，如图 1-19（a）所示。

② 图样中的数学符号、物理量符号、计量单位符号以及其他符号、代号，应分别符合国家的有关法令和标准的规定，如图 1-19（b）所示。

③ 其他应用示例，如图 1-19（c）所示。

10号字

字体工整 笔画清楚 间隔均匀 排列整齐

7号字

横平竖直 注意起落 结构均匀 填满方格

5号字

技术制图化工设备图化工工艺图管道布置图钣金展开图

3.5号字

化工设备图是采用正投影原理和适当的表达方法表达化工设备的图样。

图 1-17 长仿宋体汉字示例

ABCDEFGHIJKLMNOP
QRSTUVWXYZ
I II III IV V VI VII VIII IX X
0 1 2 3 4 5 6 7 8 9

(a) 斜体

ABCDEFGHIJKLMNO
PQRSTUVWXYZ
I II III IV V VI VII VIII IX X
0 1 2 3 4 5 6 7 8 9

(b) 直体

图 1-18 字母及数字示例

10^5 $\frac{2}{3}$ $\Phi20^{\ 0}_{-0.021}$ N_2 Y_H

(a)

l/mm m/kg 460r/min 220V 380kPa 5MΩ

(b)

60JS(±0.015) M20−6H $\Phi50\frac{H7}{h6}$ Φ50H7/h6

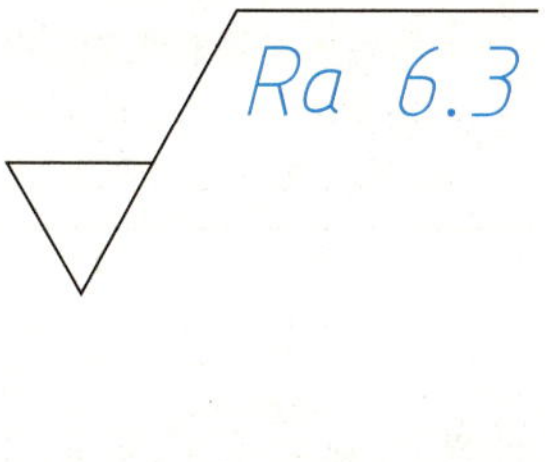

Ra 6.3 $\frac{I}{2:1}$ $\frac{A}{10:1}$

(c)

图 1-19 综合应用

1.2.4 图线（GB/T 4457.4—2002，GB/T 17450—1998）

(1) 定义

① 图线是指起点和终点间以任意方式连接的一种几何图形，形状可以是直线或曲线、连续线或不连续线。

② 线素是指不连续线的独立部分。如点、长度不同的画和间隔。

③ 线段是指一个或一个以上不同线素组成一段连续的或不连续的图线。如实线的线段，或由“长画、短间隔、点、短间隔、点、短间隔”组成的双点画线的线段等。

(2) 线型及其应用

绘制机械图样时，根据表 1-3 选用图线。

表 1-3 线型及其应用（摘自 GB/T 17450—1998）

代码 No.	名称	型　式	线宽	一般应用
01.1	细实线		$d/2$	过渡线、尺寸线、尺寸界线、指引线和基准线、剖面线、重合断面的轮廓线、螺纹牙底线等
	波浪线		$d/2$	断裂处边界线，视图与剖视图的分界线①
	双折线	7.5d　20~40　14d　30°	$d/2$	断裂处边界线，视图与剖视图的分界线①
01.2	粗实线		d	可见棱边线、可见轮廓线、相贯线、螺纹牙顶线、螺纹长度终止线、齿顶圆（线）、剖切符号用线
02.1	细虚线	2~6　1~2	$d/2$	不可见棱边线 不可见轮廓线
02.2	粗虚线	2~6　1~2	d	允许表面处理的表示线
04.1	细点画线	2~3　10~25	$d/2$	轴线、对称中心线、分度圆（线）、孔系分布的中心线、剖切线
04.2	粗点画线	2~3　10~25	d	限定范围表示线
05.1	细双点画线	3~4　10~20	$d/2$	相邻辅助零件的轮廓线、可动零件的极限位置轮廓线、成形前的轮廓线、剖切面前面结构的轮廓线、轨迹线、中断线

① 在一张图样上一般采用一种线型，即采用波浪线或双折线。

(3) 图线宽度和图线组别

图线宽度和图线组别见表 1-4。在机械图样中采用粗细两种线宽，它们之间的比例为 2∶1。

表 1-4 图线宽度和图线组别（摘自 GB/T 17450—1998）

线型组别	与线型代码对应的线型宽度	
	01.2;02.2;04.2	01.1;02.1;04.1;05.1
0.25	0.25	0.13
0.35	0.35	0.18
0.5①	0.5	0.25
0.7①	0.7	0.35
1	1	0.5
1.4	1.4	0.7
2	2	1

① 优先采用的图线组别。

图线的综合应用实例如图 1-20 所示。

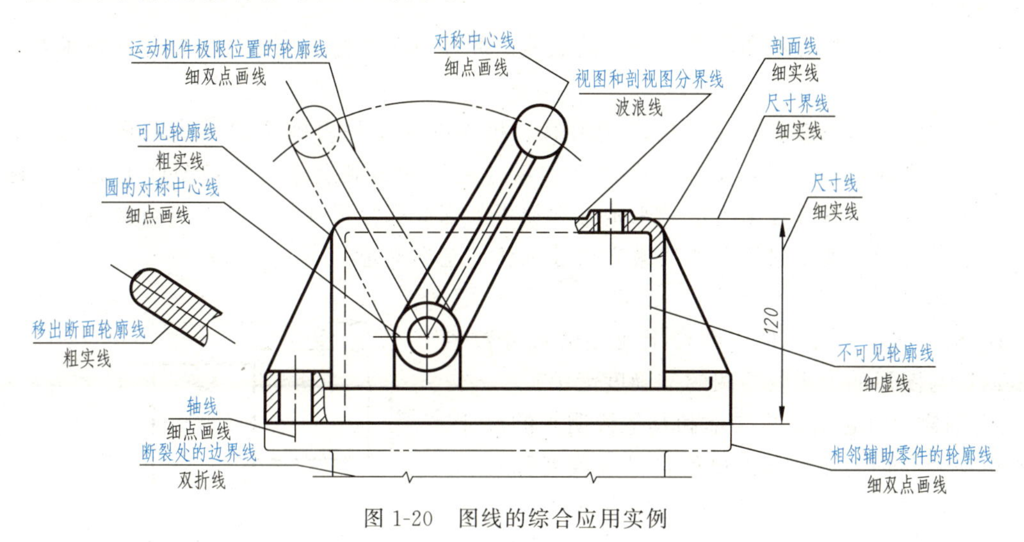

图 1-20 图线的综合应用实例

(4) 图线的画法

绘图时应注意以下事项。

① 在同一图样中，同类图线的宽度应基本一致。细虚线、细点画线的线段长度和间隔应各自大致相同。细点画线、粗点画线、细双点画线的首末两端应是线段，而不是短画。细点画线、粗点画线、细双点画线的点不是圆点，而是一个约 1mm 的短画。

② 除非另有规定，两条平行线之间的最小间隙不得小于 0.7mm。

③ 基本线型（虚线、点画线、双点画线）应恰当地相交于画线处，如图 1-21 所示。

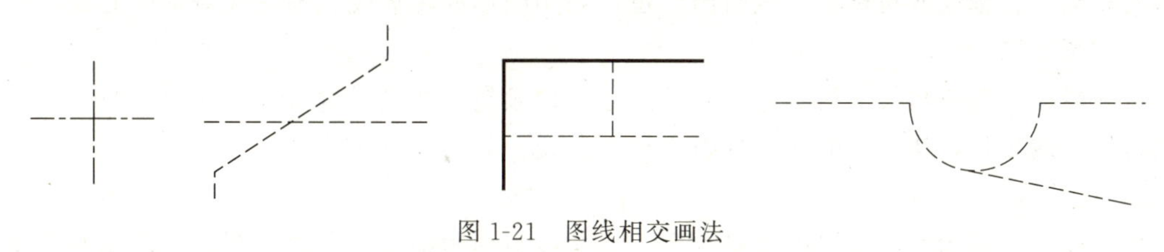

图 1-21 图线相交画法

④ 绘制对称中心线时，所用细点画线应超出图中轮廓线 2～5mm。若圆的直径较小（直径小于 12mm），允许用细实线代替细点画线，如图 1-22 所示。

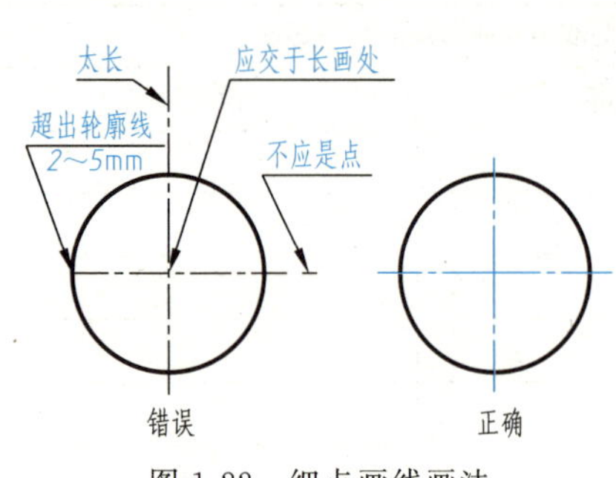

图 1-22 细点画线画法

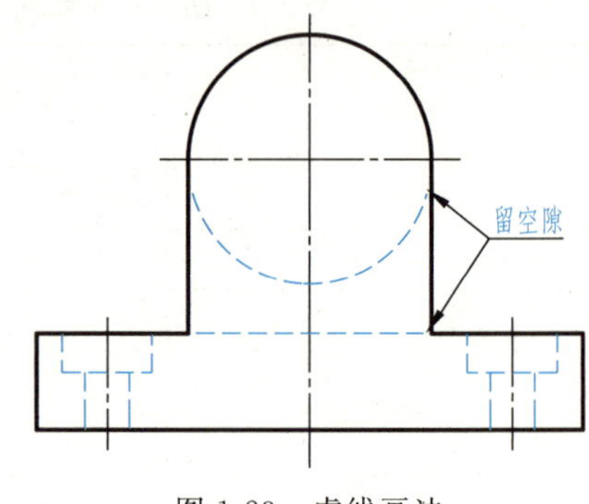

图 1-23 虚线画法

⑤ 虚线是实线的延长线时，连接处应留有空隙，如图 1-23 所示。

1.2.5 尺寸标注（GB/T 4458.4—2003）

尺寸是用特定长度或角度单位表示的数值，并在技术图样上用图线、符号和技术要求表示出来。

图样中的图形只能表示机件的结构形状，机件的大小是由标注的尺寸来确定的，如图 1-24 所示。在制造机件时，是按照图样上的尺寸进行加工制造的，如果图样上的尺寸标注错误、不全或不合理都会给生产带来困难和损失。因此标注尺寸是一项非常重要的工作，必须以极端负责的态度来对待，严格遵守尺寸标注的基本规定。

(1) 基本规则

① 机件的真实大小应以图样上所注的尺寸数值为依据，与图形的大小及绘图的准确度无关。

② 图样中（包括技术要求和其他说明）的尺寸，以 mm 为单位时，不需标注单位符号（或名称）。如果采用其他单位，则应注明相应的单位符号。

③ 图样中所标注的尺寸，为该图样所示机件的最后完工尺寸，否则应另加说明。

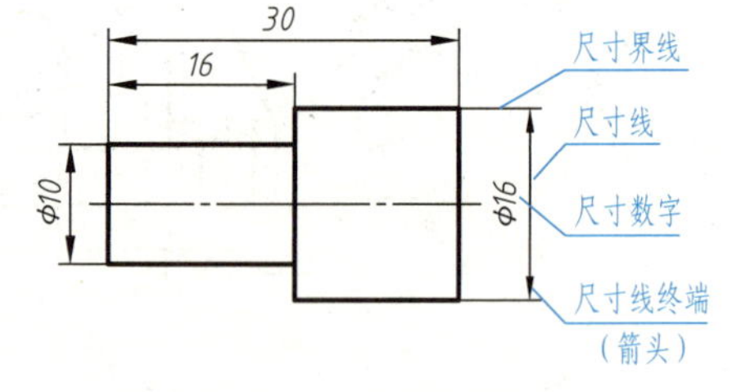

图 1-24 尺寸要素

④ 机件的每一尺寸，一般只标注一次，并应标注在反映该结构最清晰的图形上。

(2) 尺寸要素

一个完整的尺寸是由尺寸界线、尺寸线、尺寸数字三个要素组成，如图 1-24 所示。

1）尺寸界线

尺寸界线用来限定尺寸度量的范围。尺寸界线用细实线绘制，如图 1-24 所示，并应由图形的轮廓线、轴线或对称中心线引出。也可利用图形的轮廓线、轴线或对称中心线作尺寸界线，如图 1-25 所示。

尺寸界线一般应与尺寸线垂直，必要时才允许倾斜。在光滑过渡处标注尺寸时，应用细实线将轮廓线延长，从它们的交点处引出尺寸界线，如图 1-26 所示。

2）尺寸线

尺寸线用来表示所注尺寸的度量方向。尺寸线必须用细实线单独绘制，不能用其他图线代替，也不得与其他图线重合或画在其延长线上。

尺寸线终端有两种形式。

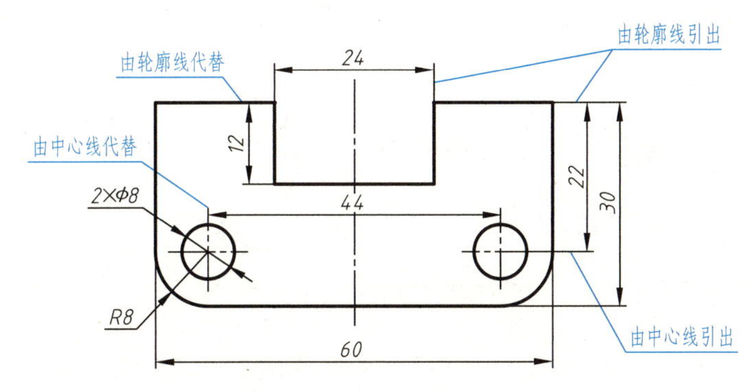

图 1-25　尺寸界线的画法

① 箭头：箭头的形式如图 1-27（a）所示，适用于各种类型的图样。

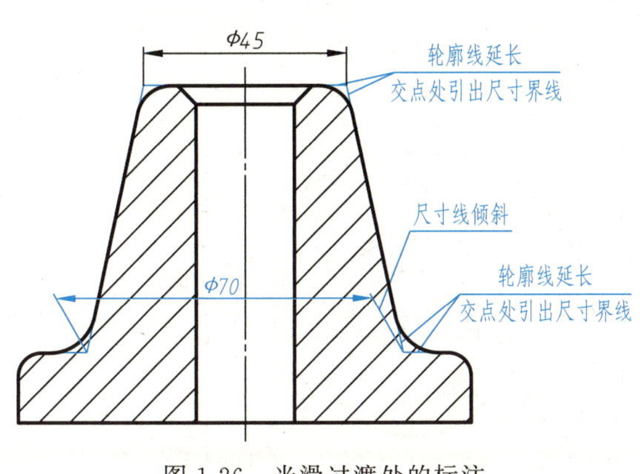

图 1-26　光滑过渡处的标注

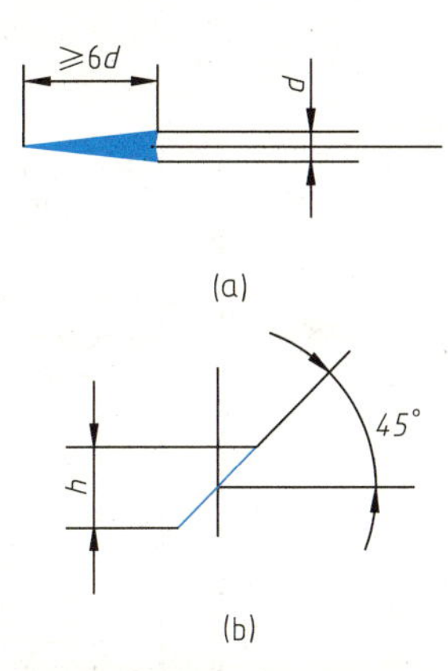

图 1-27　尺寸线终端形式

d—粗实线宽度；h—尺寸数字字高

② 斜线：斜线终端用细实线绘制，方向以尺寸线为准，逆时针旋转 45°画出，如图 1-27（b）所示。当尺寸线的终端采用斜线形式时，尺寸线与尺寸界线应相互垂直，如图 1-28 所示。

机械图样中一般采用箭头作为尺寸线的终端。当尺寸线与尺寸界线相互垂直时，同一图样中只能采用一种尺寸线终端形式。

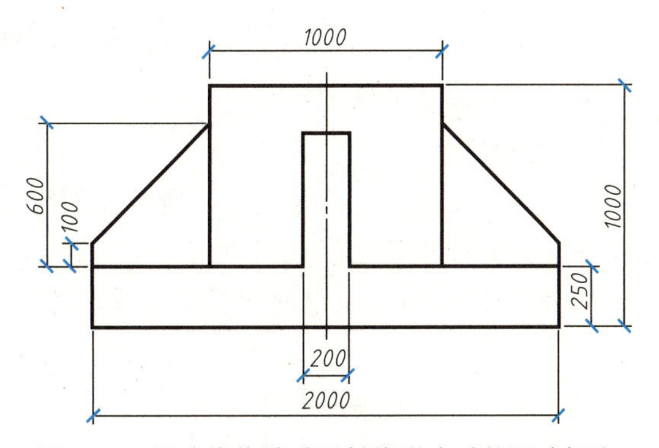

图 1-28　尺寸线终端采用斜线形式时的尺寸标注

3）尺寸数字

尺寸数字用来表示所注尺寸的数值。线性尺寸的尺寸数字一般标注在尺寸线上方。尺寸数字的方向，应以看图方向为准，如图 1-29（a）所示：水平方向的尺寸数字，应注写在尺寸线的上方；竖直方向的尺寸数字，一般应注写在尺寸线的左方，字头朝左；倾斜方向的尺寸数字字头应保持朝上的趋势。尽量避免在图示 30°范围内标注尺寸，当无法避免时可按图 1-29（b）的形式标注。对于非水平方向的尺寸，也允许在尺寸线的中断处水平注写，这种方法一般很少使用。

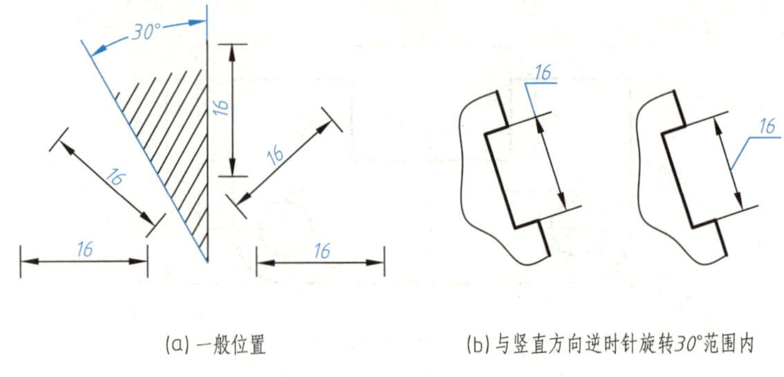

图 1-29 尺寸数字注写

注意：尺寸数字不得被任何图线通过，当无法避免时，应该将图线断开，如图 1-30 所示。

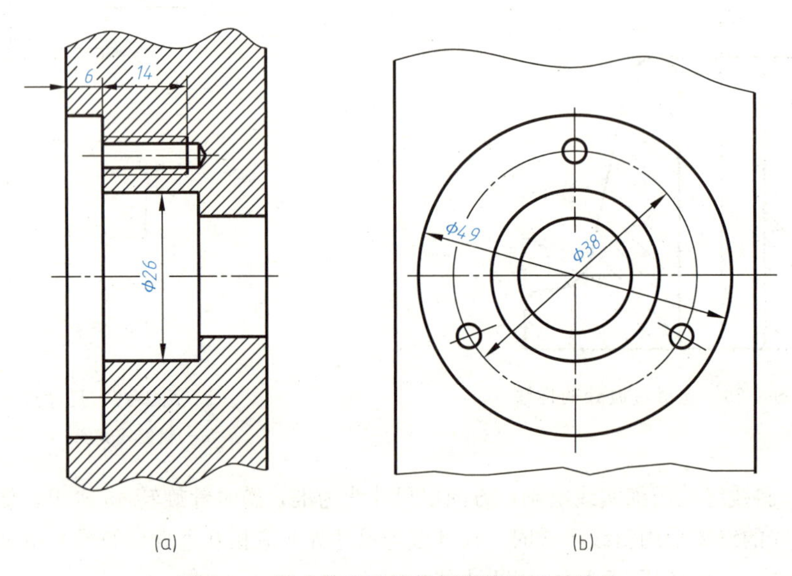

图 1-30 尺寸数字不被任何图线通过的注法

(3) 尺寸标注示例

1）线性尺寸

标注线性尺寸时，尺寸线应与所标注的线段平行，相互平行的尺寸线小尺寸在里、大尺寸在外，避免尺寸线之间及尺寸线与尺寸界线之间相交，尺寸线间隔要均匀，间隔要大于 7mm，如图 1-31 所示。串列的线性尺寸，各尺寸线要对齐，如图 1-32 所示。

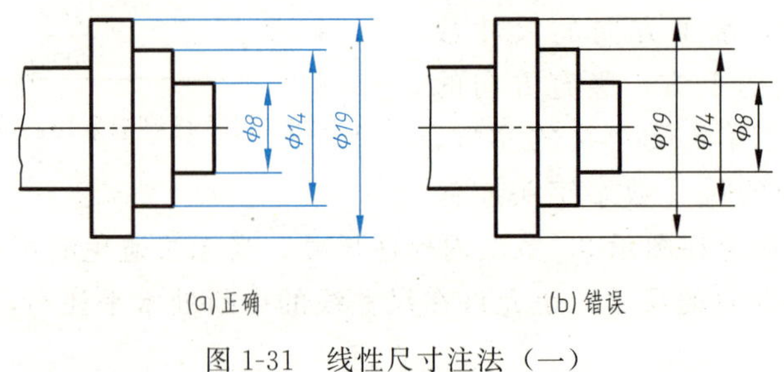

图 1-31 线性尺寸注法（一）

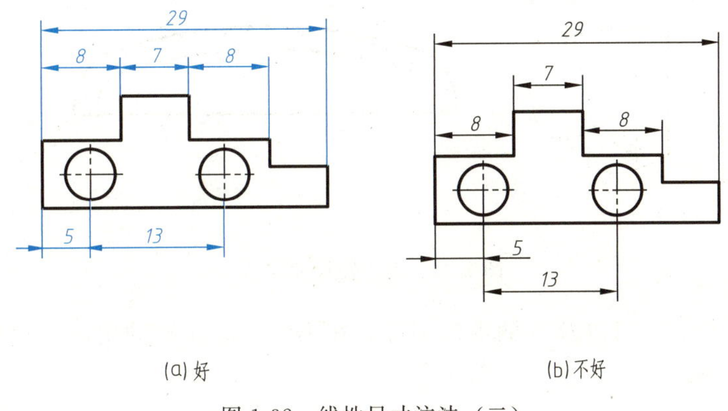

图 1-32　线性尺寸注法（二）

2）直径尺寸

整圆和大于半个圆的圆弧标注直径尺寸。尺寸界线用圆的轮廓代替，尺寸线通过圆心，尺寸线终端箭头指到圆的轮廓，尺寸数字前加符号“ϕ”，如图 1-33 所示。

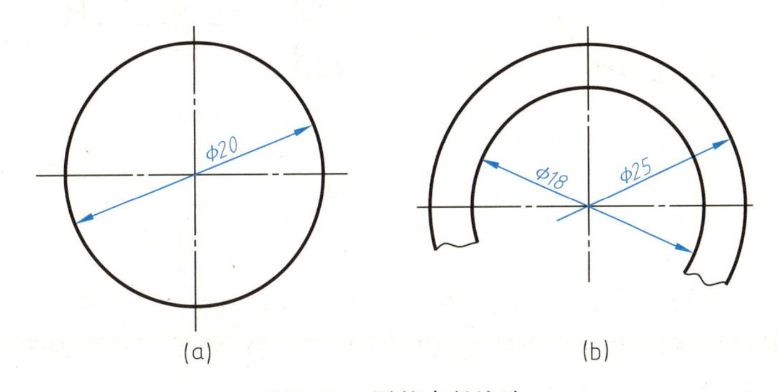

图 1-33　圆的直径注法

3）半径尺寸

小于半个圆的圆弧标注半径尺寸。尺寸界线用圆的轮廓代替，尺寸线通过圆心，尺寸线终端箭头指到圆的轮廓，尺寸数字前加符号“R”，如图 1-34 所示。

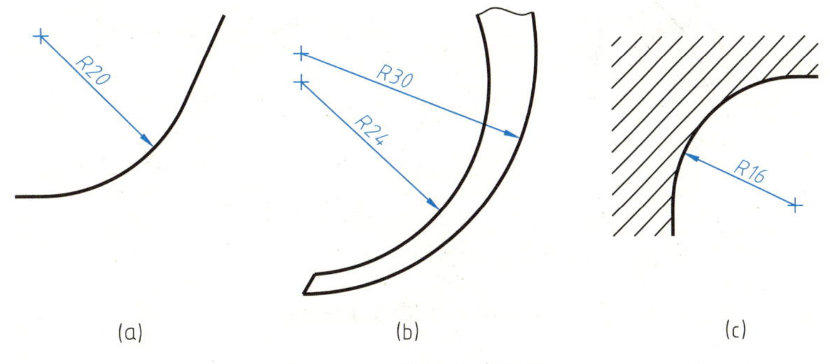

图 1-34　圆弧半径注法

当圆弧的半径过大或在图纸范围内无法标出其圆心位置时，可按图 1-35（a）的形式标注。若不需要标注出其圆心位置时，可按图 1-35（b）的形式标注。

4）球面尺寸

标注球面的直径或半径时，应在符号“ϕ”或“R”前加注符号“S”，如图 1-36（a）、

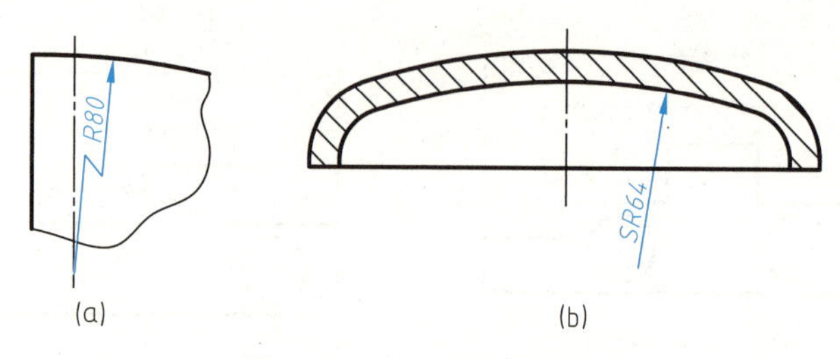

图 1-35 大半径尺寸注法

(b)。对于轴、螺杆、铆钉以及手柄等的端部，在不致引起误解的情况下可省略符号“S”，如图 1-36（c）所示。

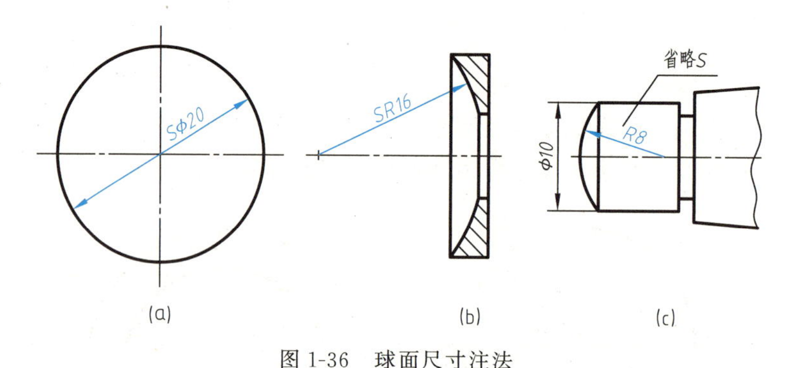

图 1-36 球面尺寸注法

5）角度尺寸

标注角度的尺寸界线应沿径向引出，尺寸线应以角的顶点为圆心画成圆弧，尺寸数字一律水平注写，一般注写在尺寸线的中断处，如图 1-37（a）所示。必要时允许写在尺寸线的外面或引出标注，如图 1-37（b）所示。

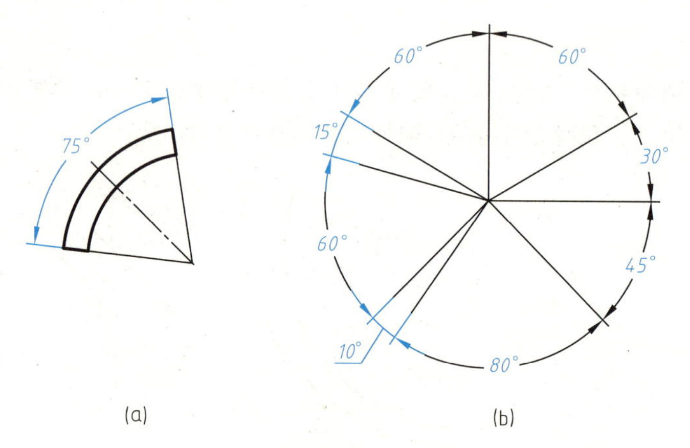

图 1-37 角度尺寸注法

6）小尺寸

在没有足够的位置画箭头或注写数字时，可按图 1-38 的形式标注，单个小尺寸可以将箭头或者尺寸数字（其一或者全部）移到尺寸界线外侧；几个串列的小尺寸，最外面的将箭头移到尺寸界线外侧，里面画不下箭头的地方用圆点或斜线代替箭头，同一图样中，只能采用一种形式。

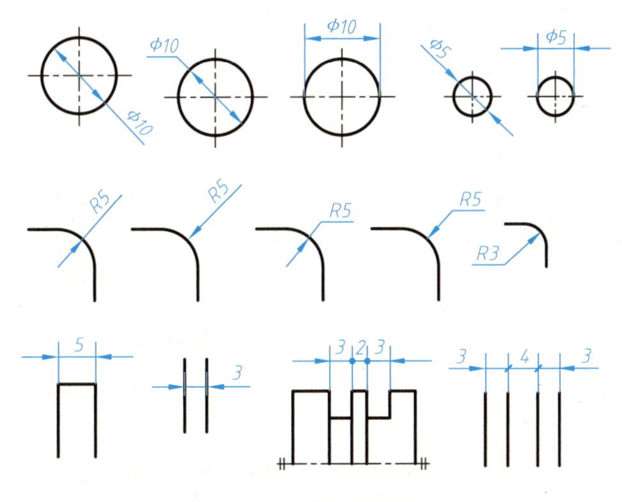

图 1-38　小尺寸注法

7）弦长和弧长尺寸

标注弦长的尺寸界线应平行于该弦的垂直平分线，如图 1-39 所示。

标注弧长的尺寸界线应平行于该弧所对圆心角的角平分线，如图 1-40（a）所示。但当弧度较大时，可沿径向引出，尺寸数字前加符号“⌒”，如图 1-40（b）所示。

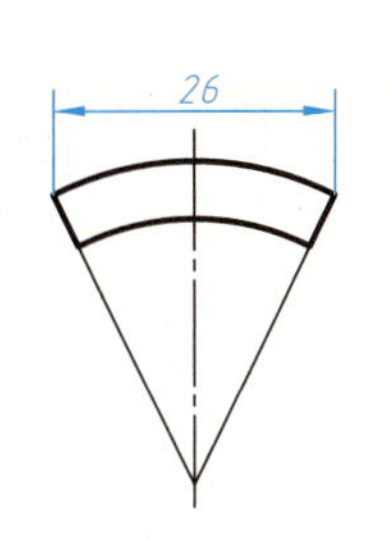

图 1-39　弦长的尺寸注法

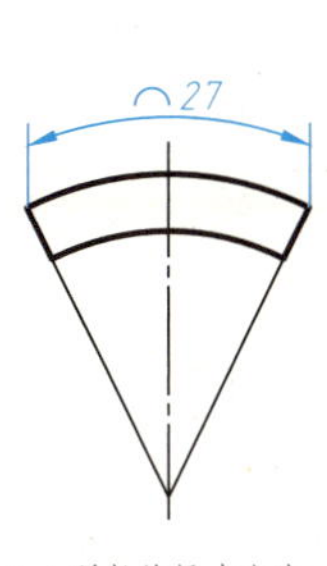

(a) 弧长的尺寸注法

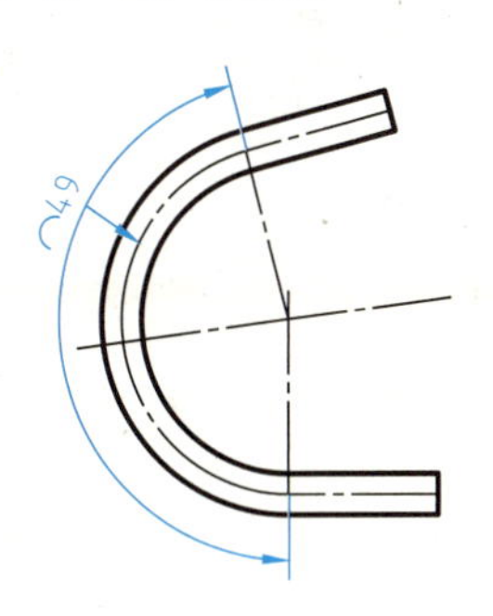

(b) 弧度较大的弧长注法

图 1-40　弧长的尺寸注法

8）参考尺寸

标注参考尺寸时，应将参考尺寸数字加上圆括号，如图 1-41 所示。

9）对称尺寸

当对称机件的图形只画出一半或略大于一半时，尺寸线应略超过对称中心线或断裂处的边界，此时仅在尺寸线的一端画出箭头，如图 1-42 所示。

10）板状零件厚度尺寸

标注板状零件的厚度时，可在尺寸数字前加注符号“t”，如图 1-43 所示。

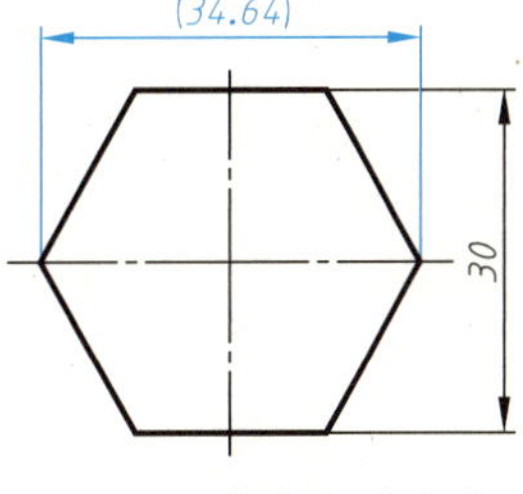

图 1-41　参考尺寸注法

11）符号和缩写词

标注尺寸常用的符号和缩写词应符合表 1-5 中的规定。表 1-5 中符号的线宽为 $h/10$（h 为字体高度）。

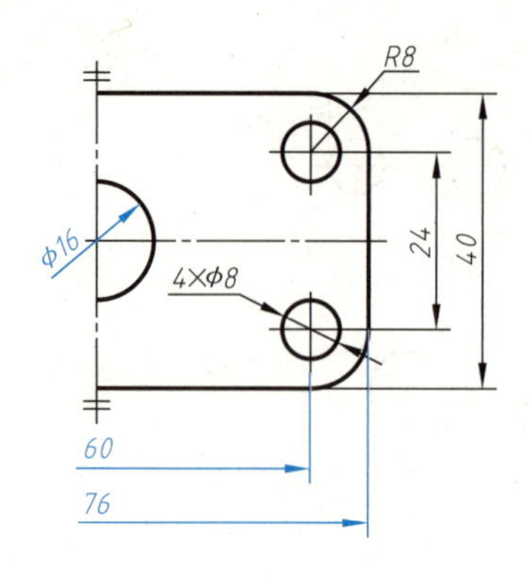

图 1-42 对称尺寸注法

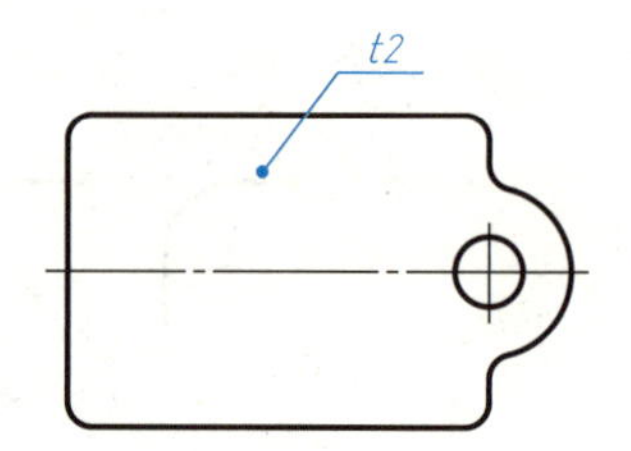

图 1-43 标注板状零件的厚度尺寸注法

表 1-5 标注尺寸常用的符号和缩写词

序号	含义	符号或缩写词	序号	含义	符号或缩写词
1	直径	ϕ	9	深度	↧
2	半径	R	10	沉孔或锪平	⌴
3	球直径	$S\phi$	11	埋头孔	⌵
4	球半径	SR	12	弧长	⌒
5	厚度	t	13	斜度	∠
6	均布	EQS	14	锥度	⊲
7	45°倒角	C	15	展开长	O→
8	正方形	□	16	型材截面形状	按 GB/T 4656.1—2000

标注尺寸用符号的比例画法见图 1-44 。

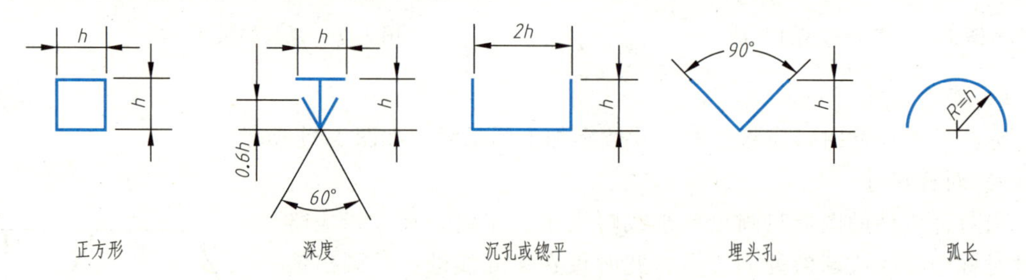

图 1-44 标注尺寸用符号的比例画法

h—尺寸数字字高；$h/10$—图形符号线宽

1.3 几何作图

任何机件图样上的图形都是由直线、圆弧及其他曲线组成的。如图 1-45 所示扳手的外形轮廓，就是由直线和圆弧连接组成的几何图形。因此，必须掌握几何图形的作图方法。本节主要介绍常用几何图形的作图方法。

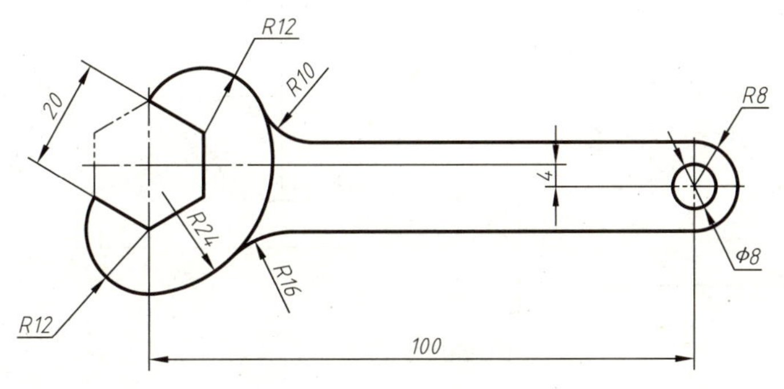

图 1-45　扳手平面图形

1.3.1　等分圆周及作正多边形

(1) 三等分圆周及作正三角形

用 30°/60°三角板和丁字尺配合，作圆内接正三角形，或者用圆规进行作图，方法如图 1-46 所示。

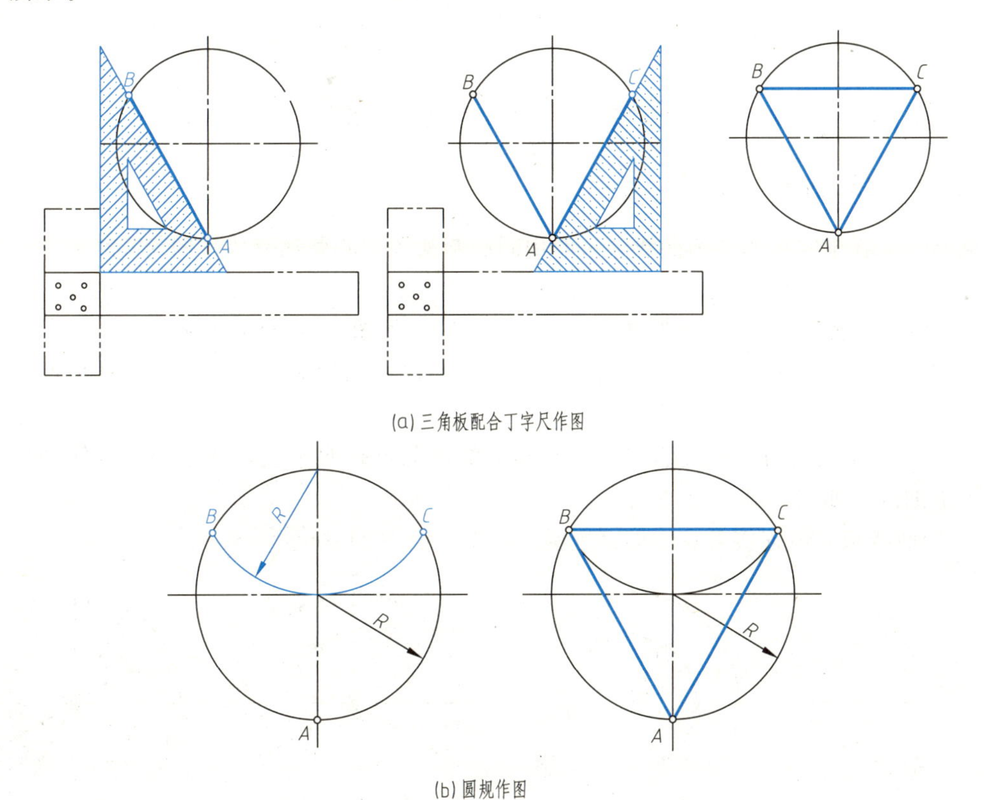

图 1-46　三等分圆周及作正三角形

(2) 六等分圆周及作正六边形

用 30°/60°三角板和丁字尺配合，可直接作正六边形，或者用圆规进行作图，方法如图 1-47 所示。

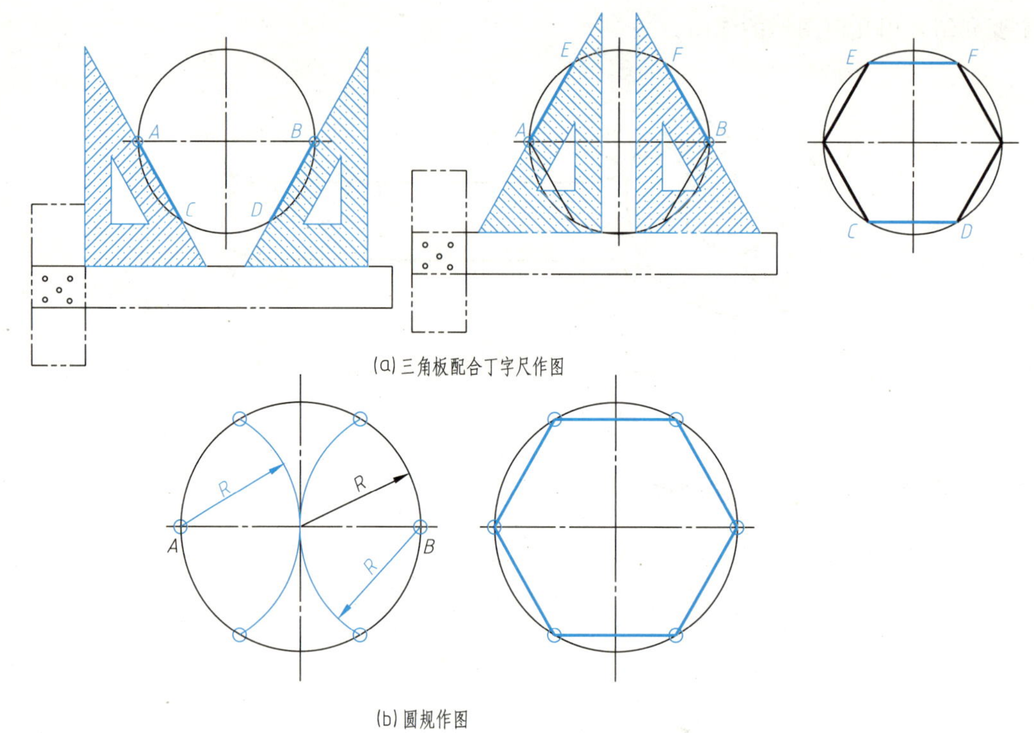

图 1-47 六等分圆周及作正六边形

1.3.2 椭圆的画法

椭圆是工程中常见的非圆曲线。一般用同心圆法和四心圆法完成作图。

(1) 同心圆法（精确画法）

① 分别以椭圆长轴和短轴为直径作两个同心圆，如图 1-48（a）所示。

② 作圆的 12 等分（等分越多越精确），过圆心连接圆周等分点得一系列放射线，如图 1-48（b）所示。

③ 过大圆上的等分点作竖直线，过小圆上的等分点作水平线，两组相应直线的交点即为椭圆上的点，如图 1-48（c）所示。

④ 用曲线板光滑连接各点，即得椭圆，如图 1-48（d）所示。

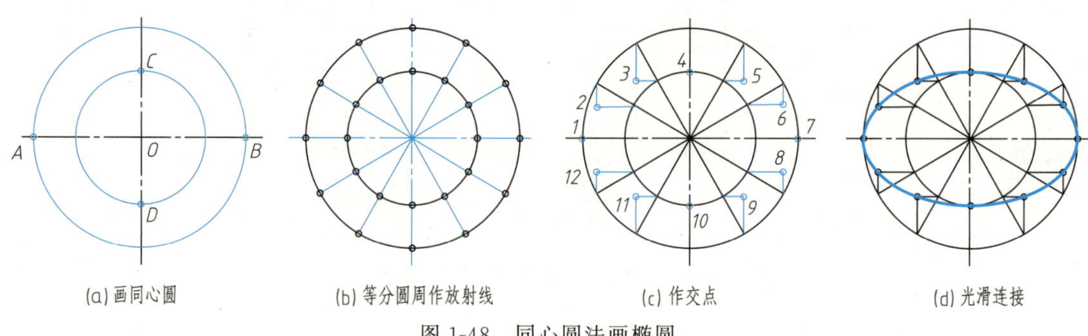

图 1-48 同心圆法画椭圆

(2) 四心圆法（近似画法）

① 作出椭圆的长轴 AB 和短轴 CD，连 AC；以 O 为圆心、OA 为半径画弧，在 OC 的延

长线上得 E 点；再以 C 为圆心，CE 为半径画弧，在 AC 上得 F 点，如图 1-49（a）所示。

② 作 AF 的垂直平分线，与 AB 交于 1，与 CD 交于 2；取 1、2 的对称点 3、4，如图 1-49（b）所示。

③ 连接 23、41、43 并延长，如图 1-49（c）所示。

④ 分别以 2、4 为圆心，$2C$ 为半径画弧，与 21、23、41、43 的延长线相交，即得两条大圆弧；分别以 1、3 为圆心，$1A$ 为半径画弧，与所画的大圆弧连接，即近似地得到椭圆，如图 1-49（d）所示。

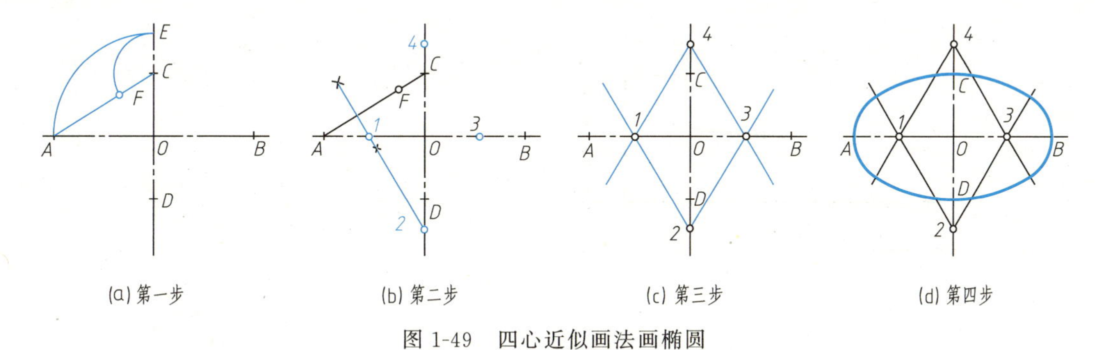

图 1-49 四心近似画法画椭圆

1.3.3 斜度和锥度

(1) 斜度（GB/T 4096—2001）

1）斜度

斜度是棱体高之差与两棱面之间的距离之比，用代号“S”表示。如图 1-50（a）所示的最大棱体高 H 与最小棱体高 h 之差对棱体长度 L 之比。计算式为

$$S=\frac{H-h}{L}$$

斜度 S 与角度 β 的关系为

$$S=\tan\beta=\frac{H-h}{L}$$

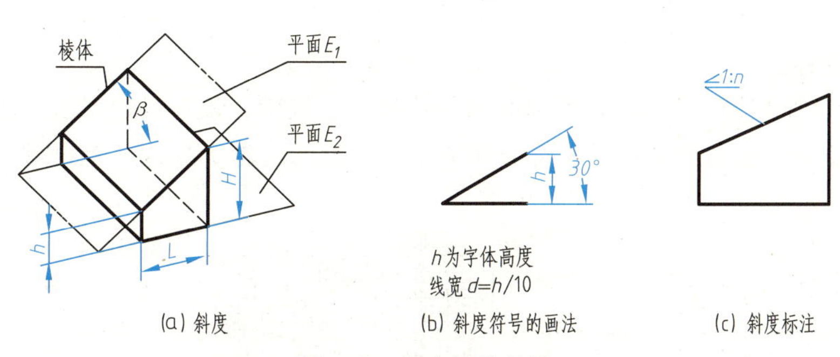

图 1-50 斜度及其符号

2）斜度的标注

在图样上应采用图 1-50（b）所示的图形符号表示斜度，该符号应配置在基准线上，如图 1-50（c）所示。表示斜度的图形符号应靠近斜度轮廓线标注，基准线应通过引出线与斜度的轮廓素线相连，图形符号的方向应与轮廓方向一致。

3）斜度的画法

作图 1-51（a）所示的 1∶10 斜度，作图步骤如下：

① 按图 1-51（b）所示画出 AB、AE、BC、CD 等直线。

② 过点 B 作 $BM=1$ 个单位长，在 AB 线上作 10 个单位长，得 N 点，连接 MN 得 1∶10 的辅助斜度线，如图 1-51（c）所示。

③ 过 E 点作 $EF//MN$，完成作图，如图 1-51（d）所示。

④ 标注斜度符号。

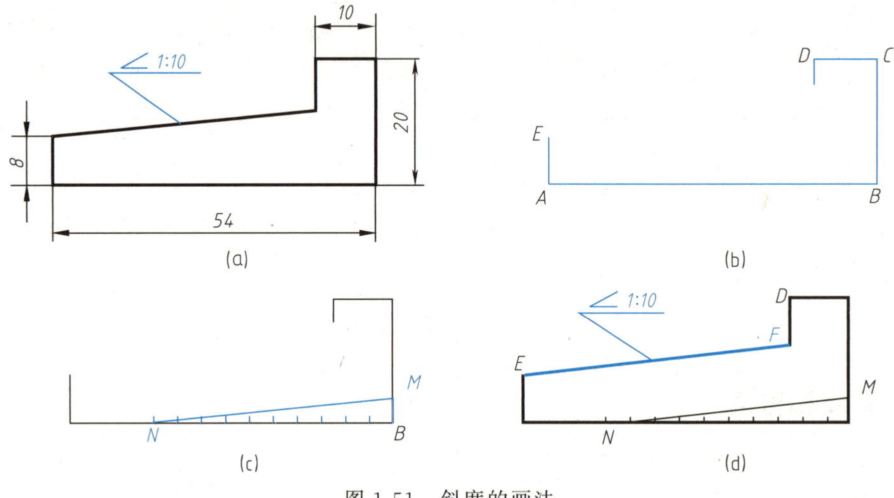

图 1-51　斜度的画法

(2) 锥度（GB/T 15754— 1995）

1）锥度

锥度指两个垂直于圆锥轴线的圆截面的直径差与该两截面间的轴向距离之比，用代号 C 表示。如图 1-52（a）所示，圆锥台的底圆和顶圆的直径之差与其高度之比，即为锥度 C，计算关系式为

$$C=2\tan\alpha=\frac{D-d}{l}$$

2）锥度的标注

在图样上应采用图 1-52（b）所示的图形符号表示锥度，该符号应配置在基准线上，如图 1-52（c）所示。表示圆锥的图形符号和锥度应靠近圆锥轮廓标注，基准线应通过引出线

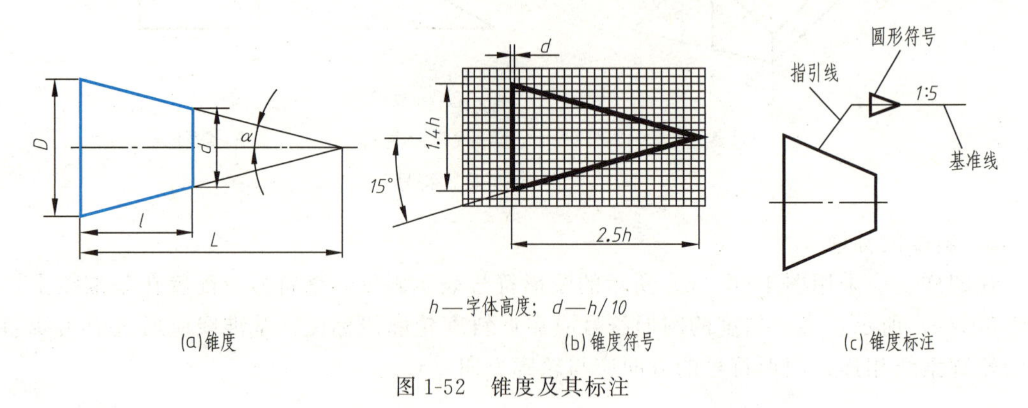

图 1-52　锥度及其标注

与圆锥的轮廓素线相连。基准线应与圆锥的轴线平行，图形符号的方向应与圆锥方向一致。

3）锥度画法

作图 1-53（a）所示锥度 1∶5 的塞规，其作图步骤如下：

① 按尺寸先画出已知图形，在 AB 中点向上、下各量取 0.5 个单位长得点 C、D，在轴线上量取 5 个单位长得点 E，连接 CE、DE 得到 1∶5 的辅助锥度线，如图 1-53（b）所示。

② 过 A、B 分别作 CE、DE 的平行线，完成作图，见图 1-53（c）。

③ 标注锥度符号。

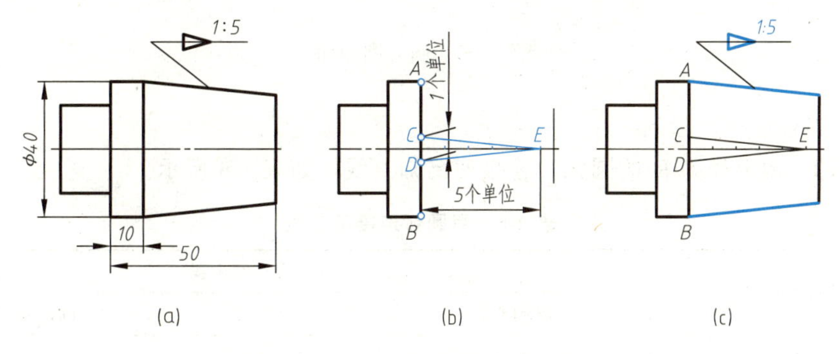

图 1-53 塞规锥度的作图步骤

1.3.4 圆弧连接

圆弧连接是指用已知半径的圆弧，光滑连接（即相切）相邻两线段（直线或圆弧）。这种起连接作用的圆弧，称为连接弧。作图时，必须先求出连接弧的圆心和切点，才能保证圆弧的光滑连接。

（1）圆弧连接的作图原理

① 与已知直线 AB 相切的圆弧（半径为 R），其圆心的轨迹是与 AB 直线距离为 R 的平行线。由圆心 O 向已知直线 AB 作垂线，垂足即为切点，如图 1-54 所示。

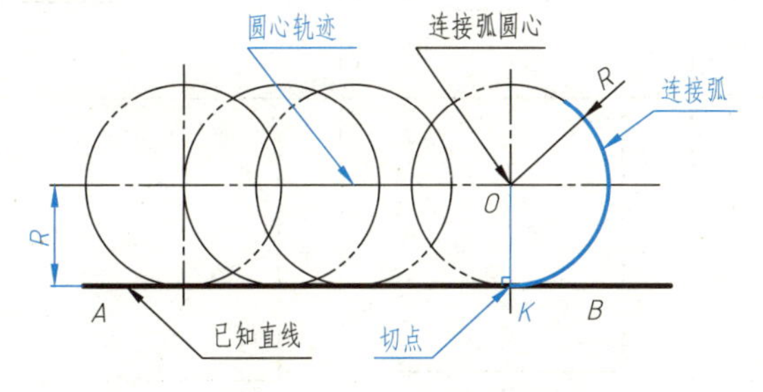

图 1-54 圆与直线相切

② 与已知圆弧（圆心为 O_1，半径为 R_1）相切的圆弧（半径为 R），其圆心轨迹是已知圆弧的同心圆。同心圆的半径根据相切情况而定，当两圆弧相外切时，以两个半径之和（R_1+R）为半径［图 1-55（a）］，两圆弧连心线 OO_1 与已知圆弧的交点 K 即为切点。当两圆弧相内切时，以两个半径之差（R_1-R）为半径，两圆弧连心线 OO_1 的延长线与已知圆弧的交点 K 即为切点，如图 1-55（b）所示。

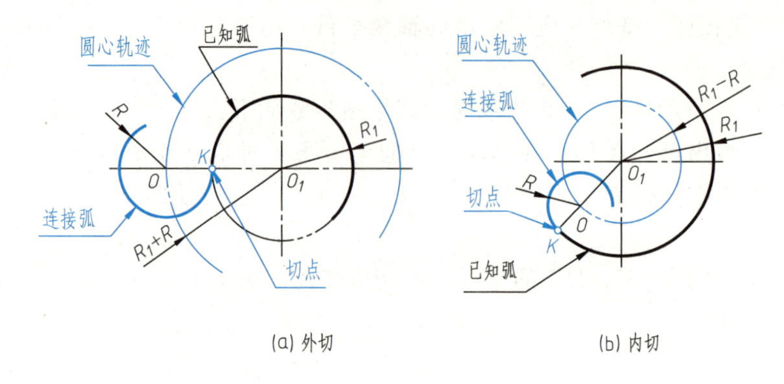

(a) 外切　　(b) 内切

图 1-55　圆与圆相切

(2) 圆弧连接作图举例

【例 1-1】 用半径为 R 的圆弧，连接两已知直线，如表 1-6 所示。

表 1-6　用圆弧连接两直线

已知条件		作图方法和步骤		
		求圆心	求切点	画连接弧并加深
成锐角时	L_1, L_2, R	L_1, L_2, R, O	M, O, N	M, O, N
成钝角时	L_1, L_2, R	L_1, L_2, R, O	L_1, L_2, M, N, O	L_1, L_2, M, N, O
成直角时	L_1, L_2, R	M, N, R 求切点	M, N, R, O 求圆心	M, N, O

【例 1-2】 用半径为 R 的圆弧，连接一已知直线和一已知圆弧。

作图方法与步骤如图 1-56 所示。

【例 1-3】 用半径为 R 的圆弧，连接两已知圆弧。

作图方法与步骤如图 1-57 所示。

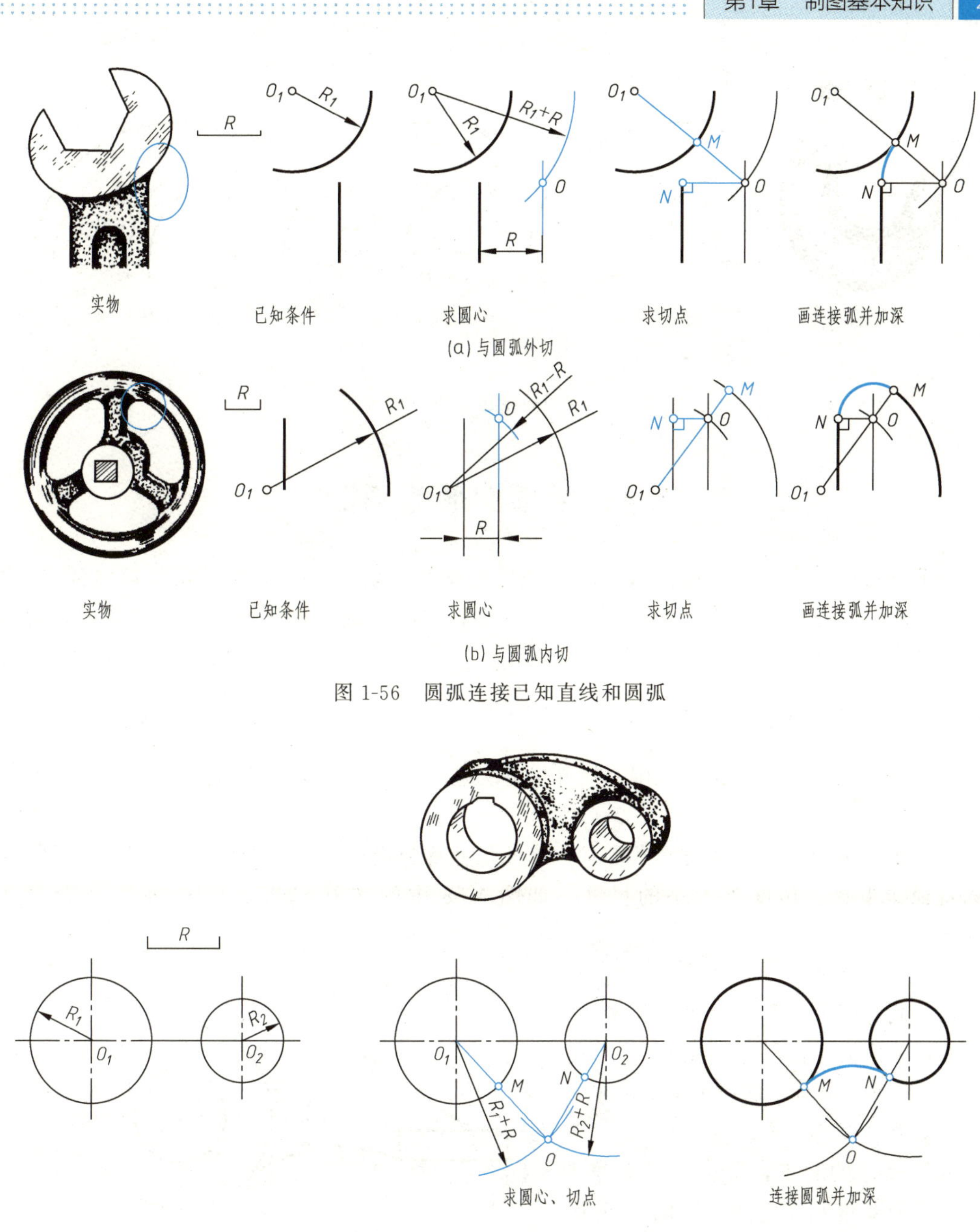

图 1-56　圆弧连接已知直线和圆弧

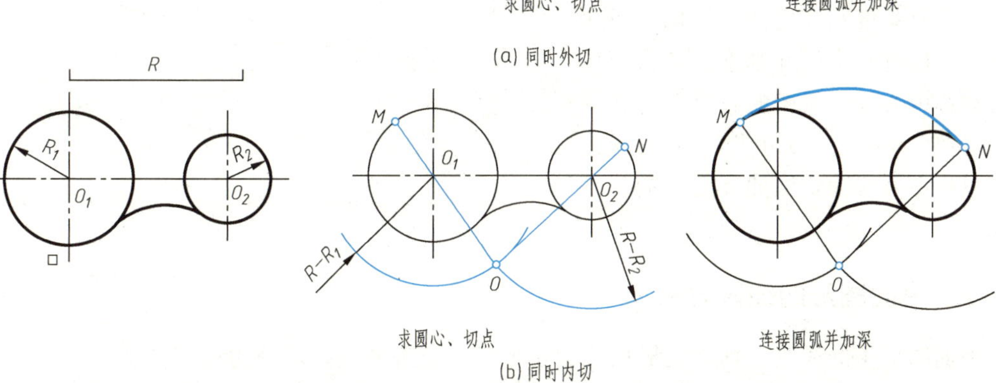

图 1-57

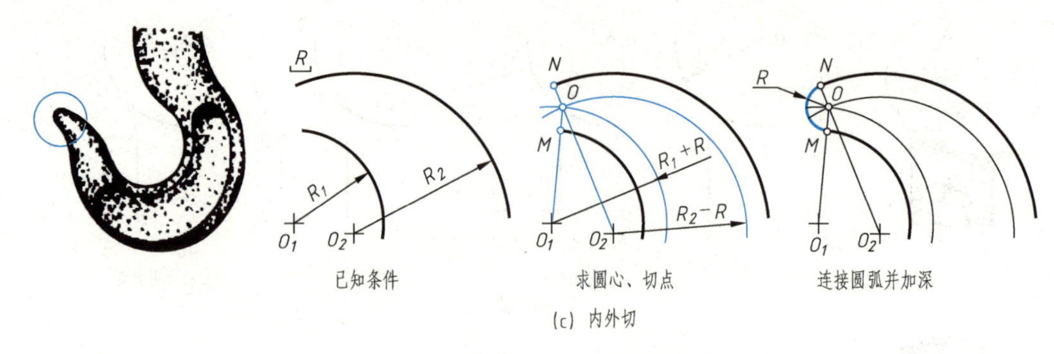

图 1-57 用圆弧连接两已知圆弧

1.4 平面图形的画法

平面图形由许多线段连接而成，这些线段之间的相对位置和连接关系靠给定的尺寸确定。作图时，只有通过分析尺寸和线段间的关系，才能明确画该平面图形，应从何处着手，以及按什么顺序作图。

1.4.1 平面图形的尺寸分析

根据在平面图形中所起的作用，尺寸可分为定形尺寸与定位尺寸两大类。

(1) 定形尺寸

用于确定平面图形上几何元素形状大小的尺寸称为定形尺寸。例如，线段长度、圆及圆弧的直径和半径、角度等大小的尺寸。如图 1-58 中的 $\phi50$、$\phi25$、$R28$、$R90$、$R40$、8、30 等。

(2) 定位尺寸

用于确定平面图形上几何元素相对位置的尺寸称为定位尺寸。如图 1-58 中的尺寸 90、4、10 等，均属于定位尺寸。

(3) 尺寸基准

标注尺寸的起点，称为尺寸基准。平面图形有长度和高度两个方向，每个方向至少应有一个尺寸基准。通常以图形的对称中心线、重要的轮廓线等作为尺寸基准。如图 1-58 中以 $\phi50$ 和 $\phi25$ 圆的对称中心线为长度和高度方向尺寸基准。

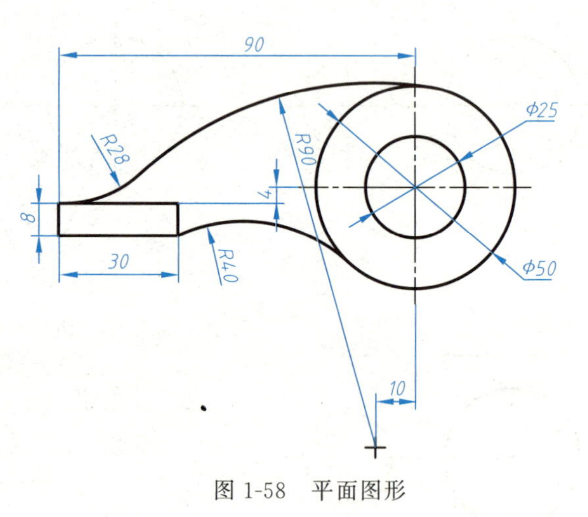

图 1-58 平面图形

1.4.2 平面图形的线段分析

平面图形中的线段根据其定形尺寸、定位尺寸是否齐全，可分为以下三类。

(1) 已知线段

定形尺寸和定位尺寸都齐全的线段称为已知线段，图 1-58 中的直径为 $\phi50$、$\phi25$ 的圆，标注 30 和 8 的直线段。作图时此类线段可以直接根据其尺寸画出。

(2) 中间线段

只有定形尺寸和一个定位尺寸，而缺少一个定位尺寸的线段称为中间线段，如图 1-58 中半径为 $R90$ 圆弧。作图时必须根据该线段与其相邻的已知线段的连接关系，通过几何作图的方法画出。

(3) 连接线段

只有定形尺寸而无定位尺寸的线段称为连接线段，如图 1-58 中半径为 $R28$、$R40$ 的圆弧。作图时此类线段必须根据与其相邻的两条线段的连接关系，通过几何作图的方法画出。

1.4.3 平面图形的画图步骤

根据上面的尺寸分析和线段分析，平面图形的画图步骤归纳如下。

① 画基准线，合理、匀称布置图形，如图 1-59（a）所示。

② 画已知线段，如图 1-59（a）所示。

③ 画中间线段，如图 1-59（b）所示。

④ 画连接线段，如图 1-59（c）、(d) 所示。

⑤ 检查。

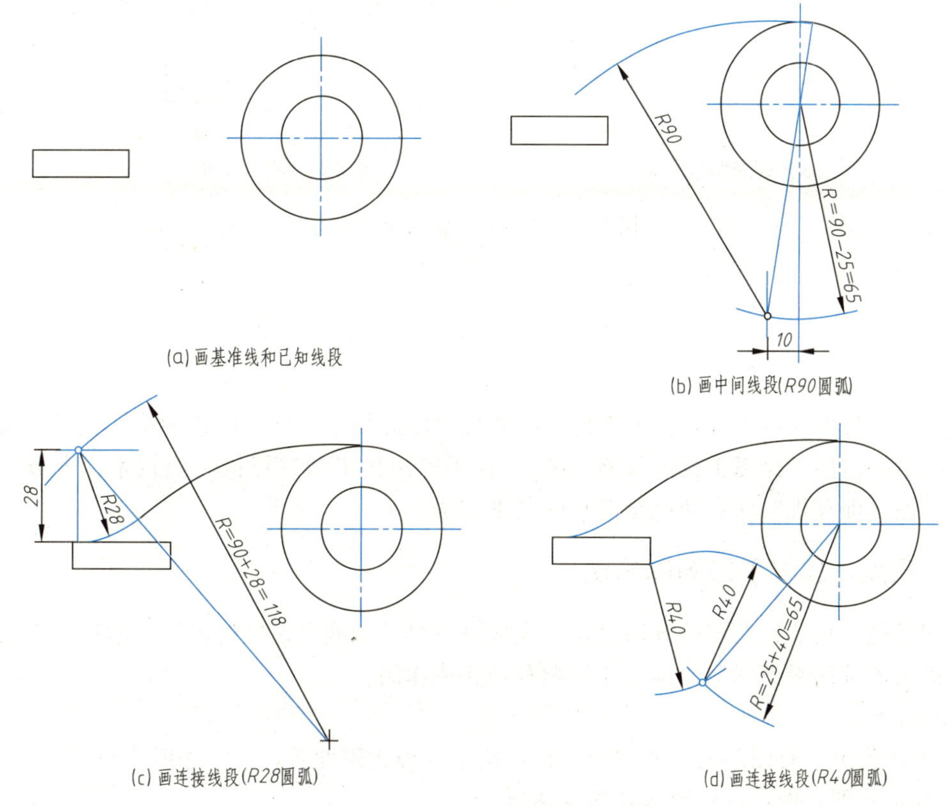

(a) 画基准线和已知线段

(b) 画中间线段(R90圆弧)

(c) 画连接线段(R28圆弧)

(d) 画连接线段(R40圆弧)

图 1-59 平面图形的画图步骤

1.4.4 平面图形的尺寸标注

标注平面图形尺寸时，先对平面图形进行分析，分析尺寸和线段，确定尺寸基准，然后按照国家标准有关尺寸注法的基本规定，标注出全部定形尺寸和定位尺寸。注意不要重复或遗漏，尺寸布置要清晰，如图 1-60 所示。

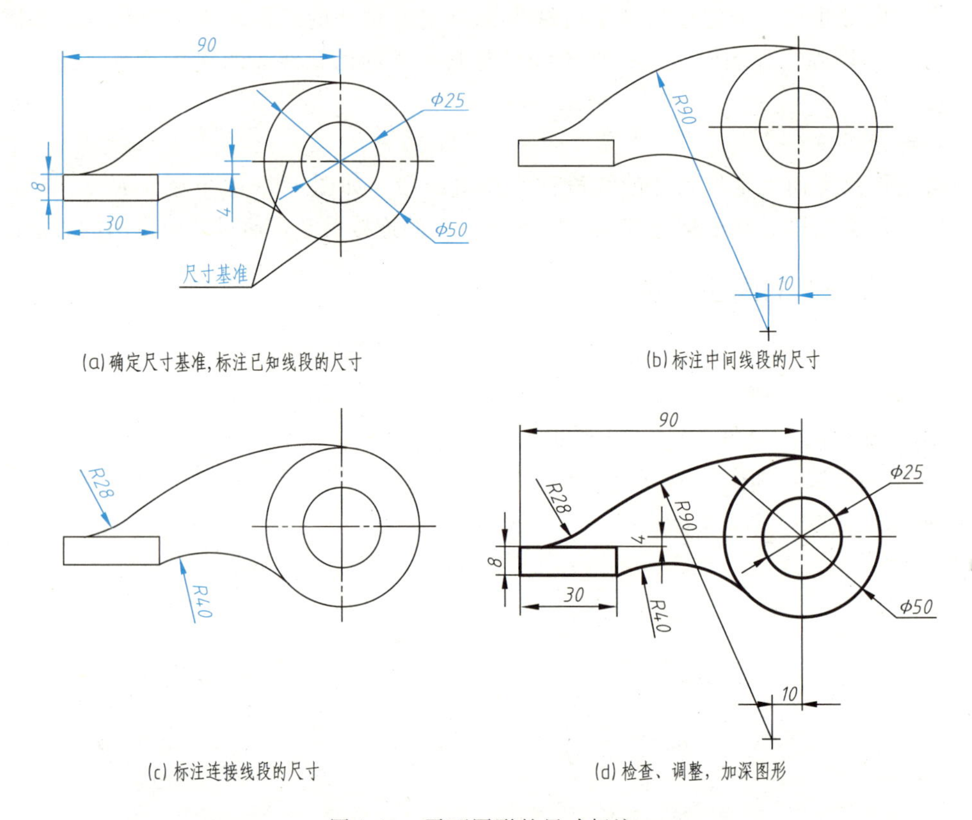

图 1-60 平面图形的尺寸标注

1.5 绘图的基本方法与步骤

对于工程技术人员来说，要熟练地掌握相应的绘图技术。这里所说的绘图技术，包括尺规绘图技术（借助于绘图工具和仪器绘图）、徒手绘图技术和计算机绘图技术。本节主要介绍手工绘图（即尺规绘图和徒手绘图）的基本方法。

1.5.1 尺规（仪器）绘图的方法

使用尺规（仪器）绘图的方法是，首先要分析尺寸和线段之间的关系，然后借助绘图工具和绘图仪器按照平面图形的画法才能顺利地完成作图。

(1) 准备工作

① 识读图形，对图形的尺寸进行分析，确定各种线段性质，拟定作图步骤。

② 确定绘图比例，选取图幅，固定图纸。

(2) 绘制底稿

1）画底稿的步骤

① 画出图框和标题栏。

② 合理布置图形。先画出作图基准线，确定图形位置。

③ 依次画出已知线段、中间线段和连接线段。

④ 画尺寸界线、尺寸线。

⑤ 仔细校对底稿图，修正错误，擦去多余的图线。

2）绘制底稿时，应注意以下几点

① 绘制底稿用 H 或 2H 铅笔，铅芯应经常修磨以保持尖锐。

② 底稿上要分清线型，但图线宽度均暂时不分粗细，并要画得很轻、很细，作图力求准确。

(3) 加深描粗

加深描粗前，要全面检查底稿，修正错误，擦去画错的线条及作图辅助线。加深描粗要注意以下几点。

① 一般用 B 或 HB 铅笔进行加深，圆规用的铅芯比画直线用铅笔的铅芯软一号。

② 先粗后细。先加深粗实线，再加深细实线、细点画线及细虚线等。

③ 按先曲线后直线，先水平线后竖直线、再斜线，先上后下、先左后右的顺序加深。

④ 加深描粗时，尽量保持各种线型、线宽、加深力度的一致性，保持图面整洁。

(4) 画箭头、标注尺寸、填写标题栏

经检查，确认无误后，画箭头、标注尺寸、填写标题栏。此步骤可将图纸从图板上取下来进行。

1.5.2 徒手画图的方法

(1) 概念与要求

徒手画图也称草图，是不借助绘图仪器和工具，依靠目测来估计物体各部分的尺寸比例，徒手绘制的图样。在现场测绘、讨论设计方案、技术交流、现场参观时，通常需要绘制草图。所以，徒手画图是和使用仪器绘图同样重要的绘图技能。

徒手画图的基本要求和要领：

① 所画图线线型分明，符合国家标准，自成比例，字体工整，图样内容完整且正确无误。

② 图形尺寸和各部分之间的比例关系要大致准确。

③ 绘图速度要快。

(2) 画图的基本方法如下

1）直线的画法

徒手画直线时，可先标出直线的两端点，目光注视直线的终点。如图 1-61 所示，画水平线时，从左到右画出；画竖直线时，自上而下画出。画斜线时，可自左下向右上或自左上向右下画出，还可以将图纸转动一个适宜运笔的角度画出斜线，图 1-61 所示为徒手画直线的方法。

2）圆的画法

画圆时，应先定圆心的位置，再通过圆心画对称中心线；画小圆时，先按半径目测在中心线上定出四个点，然后过这四点分两半画出；画稍大的圆时可以目测半径长度点出几个圆上的点，然后过这些点画圆。圆的直径很大时，可以用手作圆规，以小指支撑于圆心，使铅笔与小指的距离等于圆的半径，笔尖接触纸面不动，转动图纸，即可得到所需的大圆，如图 1-62 所示。

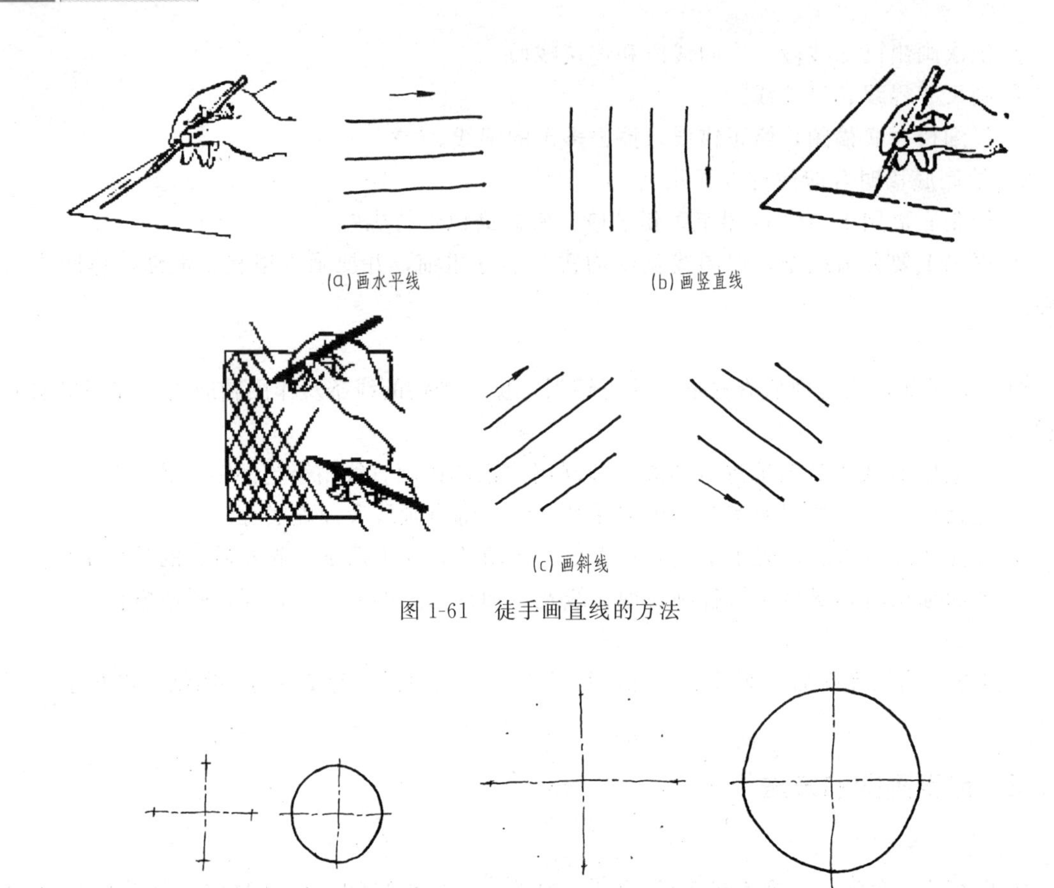

图 1-61 徒手画直线的方法

(a) 小圆的画法

(b) 大圆的画法

图 1-62 圆的徒手画法

3）常用角度线的画法

画常见角度如 30°、45°、60°等，可根据两直角边之间的比例关系，先在两直角边上定出两端点，然后连接两端点即为所画角度线，如图 1-63 所示。

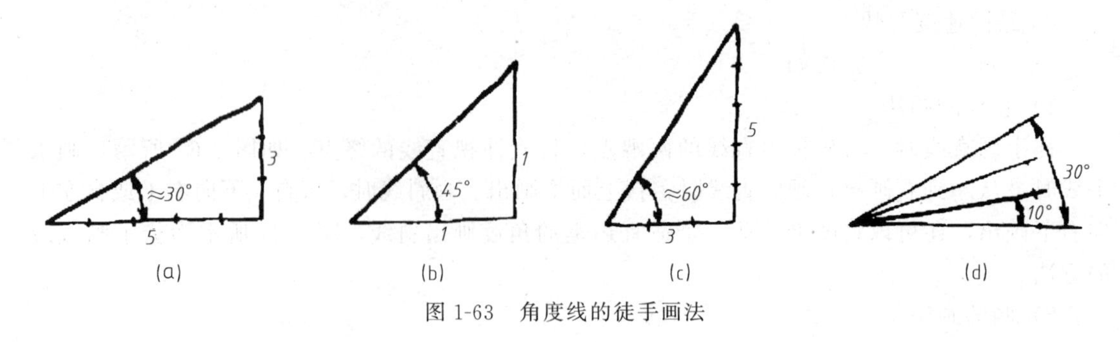

图 1-63 角度线的徒手画法

第2章 投影基础

能力目标

- 掌握正投影的投影特性。
- 能够正确绘制简单物体的三视图。
- 能够正确绘制各种位置点、直线、平面的投影。

知识点

- 正投影的投影原理及投影特性。
- 三视图的投影规律和画法。
- 点、直线、平面的投影特性及作图方法。

2.1 投影法的基本知识

2.1.1 投影法的概念（GB/T 13361—2012）

投影法就是投射线通过物体，向选定的面（投影面）投射，并在该面上得到图形的方法，所得到的图形称为物体在投影面上的投影，如图 2-1 所示。产生投影的三要素是投射线、被投影物体和投影面。

2.1.2 投影法的分类

(1) 中心投影法

投射线汇交一点的投影法称为中心投影法，如图 2-1 所示。工程上常用这种方法绘制建筑物的透视图。

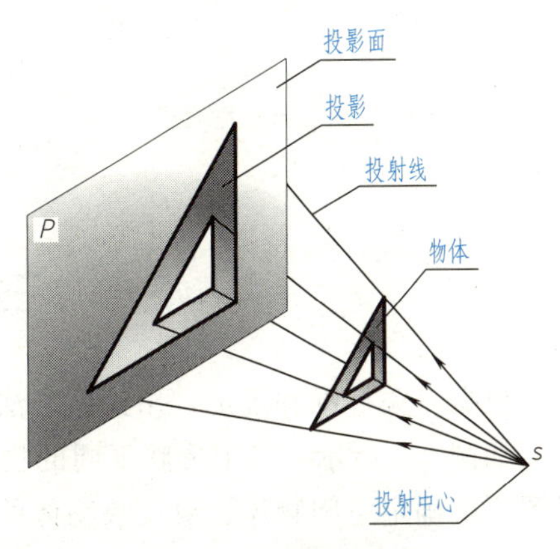

图 2-1 投影的形成

(2) 平行投影法

投射线相互平行的投影法称为平行投影法。根据投射线与投影面的位置关系不同，平行投影法分为两种。

① 正投影法。正投影法是指投射线与投影面相垂直的平行投影法。根据正投影法所得到的图形，称为正投影图，如图 2-2（a）所示。

② 斜投影法。斜投影法是指投射线与投影面相

倾斜的平行投影法。根据斜投影法所得到的图形，称为斜投影图，如图 2-2（b）所示。

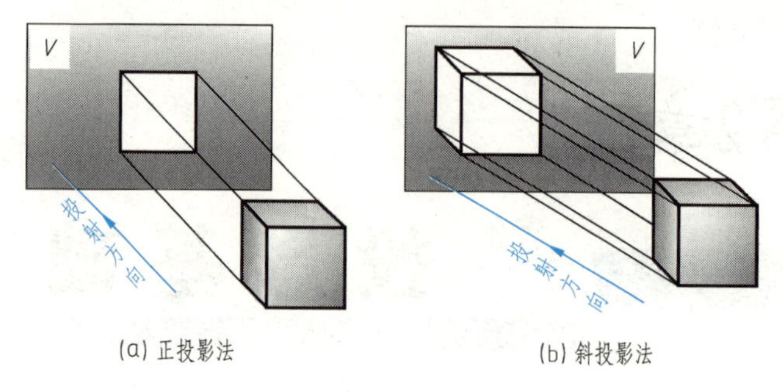

(a) 正投影法 (b) 斜投影法

图 2-2 平行投影法

由于正投影法能够表达物体的真实形状和大小，作图简便，所以广泛用于绘制工程图样。

2.1.3 正投影的投影特性

(1) 显实性

如图 2-3（a）所示，当直线段平行于投影面时，直线的投影反映该直线的实长。当平面平行于投影面时，平面的投影反映该平面的实际形状和大小，这种投影特性称为正投影的显实性。

(2) 积聚性

如图 2-3（b）所示，当直线垂直于投影面时，该直线的投影积聚成一点。当平面垂直于投影面时，该平面积聚成一条直线，这种投影特性称为正投影的积聚性。

(3) 类似性

如图 2-3（c）所示，当直线倾斜于投影面时，该直线的投影仍为直线，但不反映实长；当平面倾斜于投影面时，该平面在投影面上的投影为原图形的类似形，这种投影特性称为正投影的类似性。

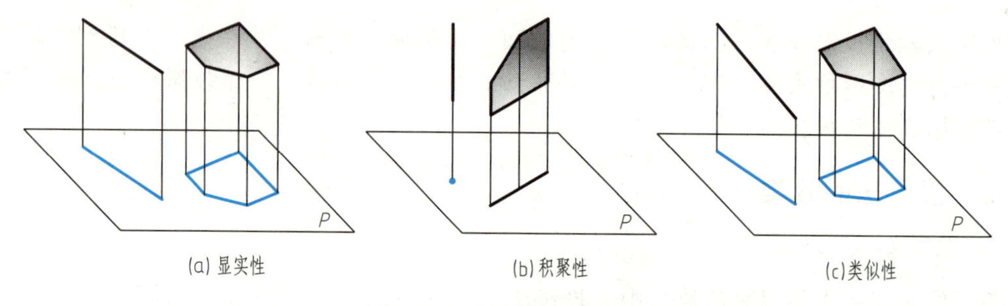

(a) 显实性 (b) 积聚性 (c) 类似性

图 2-3 正投影的投影特性

2.2 三视图的形成及画法

根据有关标准和规定，用正投影法所绘制出物体的图形，称为视图。

如图 2-4 所示，三个形状不同的物体，它们在一个投影面上的投影都相同。因此，一个视图不能确定空间物体。要反映物体的完整形状，必须增加由不同方向投影所得到的多个视图，互相补充，才能完整清晰地表达出物体的形状和结构。工程上常用的是三视图。

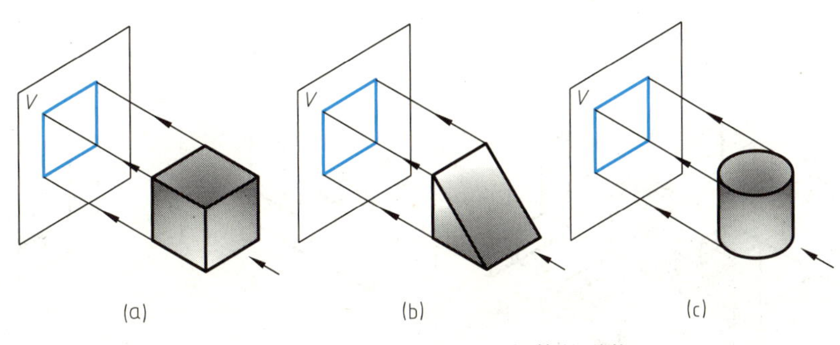

图 2-4　一个视图不能确定物体的形状

2.2.1　三投影面体系的建立

设立两两相互垂直的三个平面，这三个平面将空间分为 8 个分角，如图 2-5（a）所示。我国国家标准（GB/T 14689—2008）《机械制图图纸幅面和格式》规定采用“第一角投影法”，如图 2-5（b）所示。将物体置于第一分角内，并使其处于观察者与投影面之间而得到正投影图的方法，称为第一角画法。

图 2-5（b）是第一分角的三投影面体系。在三投影面体系中，三个投影面分别为：

正立投影面，用 *V* 表示（简称正面或 *V* 面）；

水平投影面，用 *H* 表示（简称水平面或 *H* 面）；

侧立投影面，用 *W* 表示（简称侧面或 *W* 面）。

每两个投影面的交线称为投影轴，分别以 *OX*、*OY*、*OZ* 标记。三个投影轴的交点 *O* 为原点。

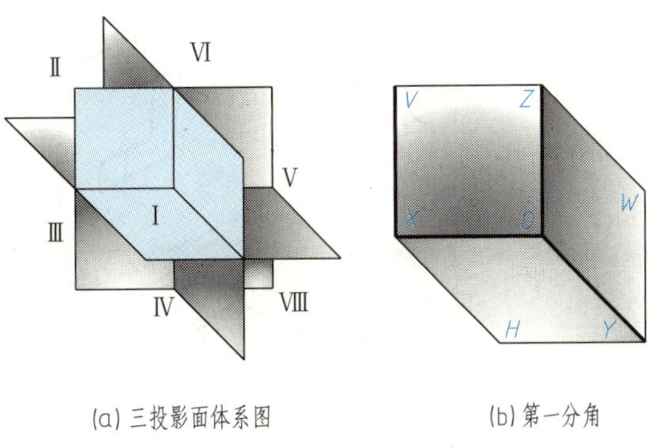

(a) 三投影面体系图　　(b) 第一分角

图 2-5　三投影面体系

2.2.2　三视图的形成

将物体放置在三投影面体系中，分别向三个投影面投影，得到三个视图，如图 2-6 所示。三个视图分别为：

主视图：由前向后投射，在正立投影面（*V* 面）上所得到的视图；

俯视图：由上向下投射，在水平面投影面（*H* 面）上所得到的视图；

左视图：由左向右投射，在侧立投影面（*W* 面）上所得到的视图。

三投影面体系的展开：为了将空间三个投影面上的投影画在一个平面（即图纸）上，规定 *V* 面保持不动，将 *H* 面绕 *OX* 轴向下旋转 90°与 *V* 面重合，*W* 面绕 *OZ* 轴向右旋转 90°与 *V* 面重合，如图 2-7（a）所示，这样就得到了在同一平面上的三视图，如图 2-7（b）所示。投影图上一般不画出投影面的边框线和投影轴。

2.2.3　三视图之间的对应关系

(1) 三视图之间的位置关系

以主视图为参考，俯视图在主视图的正下方，左视图在主视图的正右方，如图 2-7（b）

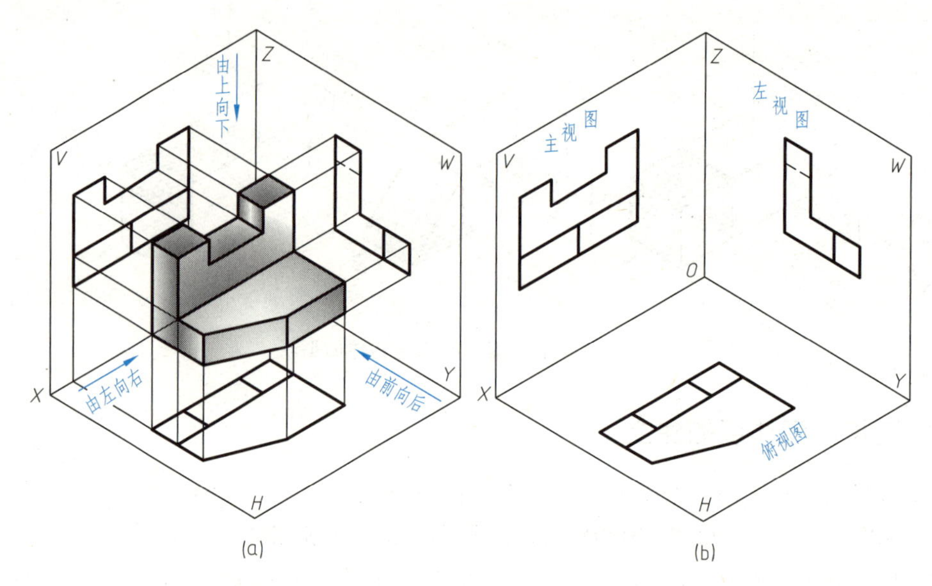

图 2-6 三视图的形成

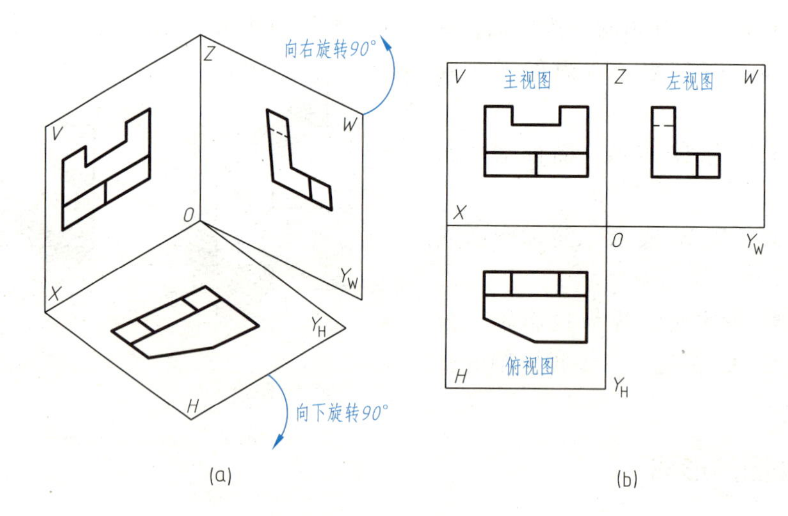

图 2-7 三视图的展开

所示。

(2) 三视图之间的尺寸关系

从图 2-8 可以看出，X 轴方向表示物体的“长度”，Y 轴方向表示物体的“宽度”，Z 轴方向表示物体的“高度”。由图 2-8（b）可以看出，一个视图只能反映物体两个方向的尺寸，即主视图反映物体的长和高，俯视图反映物体的长和宽，左视图反映物体的宽和高，由此可知，主、俯视图都反映物体的长度且相等，主、左视图都反映物体的高度且相等，俯、左视图都反映物体的宽度且相等，结合三视图的位置关系，则把三视图的尺寸关系归纳为：

主、俯视图——长对正

主、左视图——高平齐

俯、左视图——宽相等

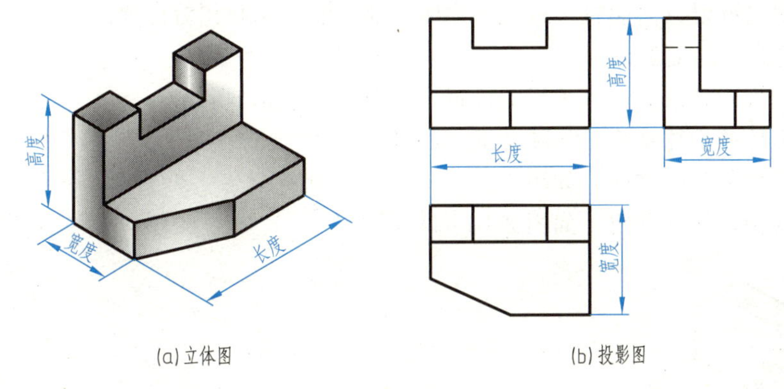

(a) 立体图　　(b) 投影图

图 2-8　三视图的尺寸关系

(3) 三视图与形体间的方位关系

从图 2-9 中可以看出：

主视图反映了物体的上下、左右位置关系；

俯视图反映了物体的左右、前后位置关系；

左视图反映了物体的上下、前后位置关系。

注意：在俯、左视图中，靠近主视图的边表示物体的后面，远离主视图的边表示物体的前面。

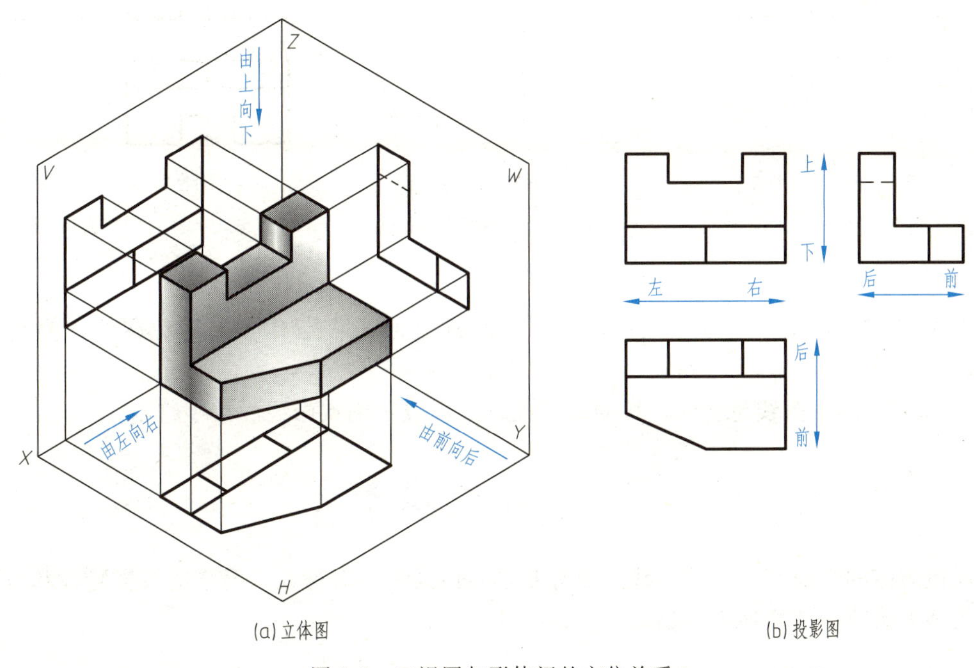

(a) 立体图　　(b) 投影图

图 2-9　三视图与形体间的方位关系

2.2.4　三视图的画法

【例 2-1】　画出图 2-10（a）所示形体的三视图。

① 确定主视图的投射方向，如图 2-10（a）所示。

a. 物体放正（物体主要的面与投影面平行）。

b. 主视图的投射方向能较多地反映物体各部分的形状和相对位置。

c. 减少视图中的细虚线。

② 绘制三视图基准线，布置视图位置，如图 2-10（b）所示。

③ 绘制形体的主体结构，如图 2-10（c）所示。

④ 绘制形体的其他结构，如图 2-10（d）、(e) 所示。

⑤ 检查视图，加深图线，如图 2-10（f）所示。

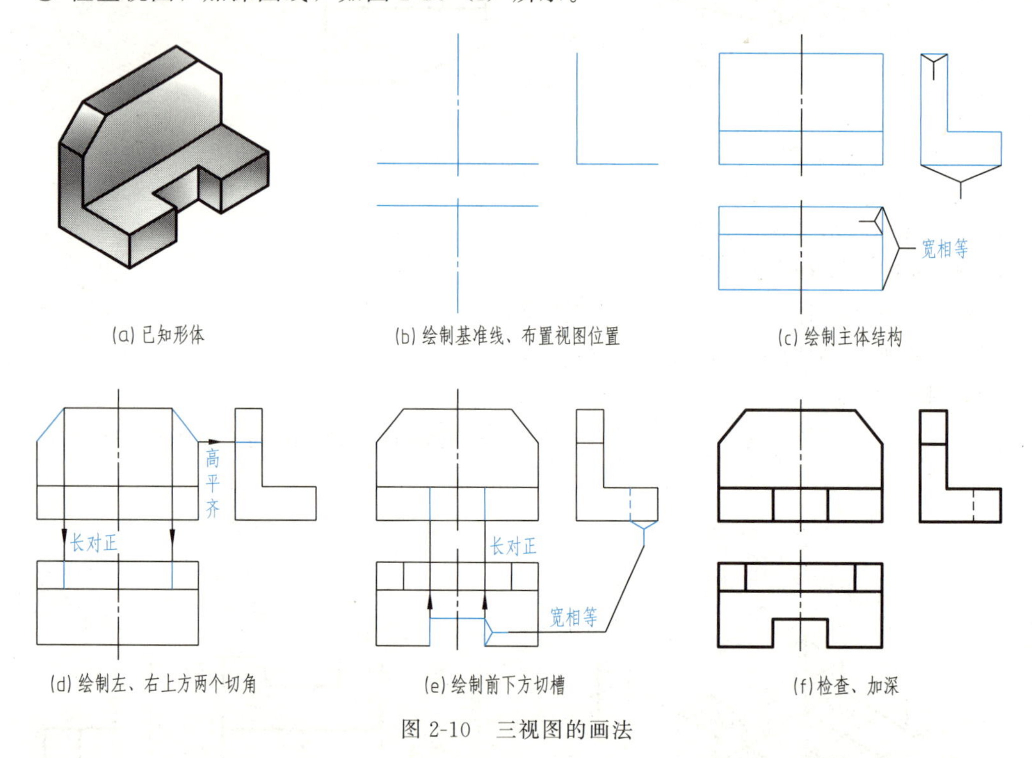

(a) 已知形体　(b) 绘制基准线、布置视图位置　(c) 绘制主体结构

(d) 绘制左、右上方两个切角　(e) 绘制前下方切槽　(f) 检查、加深

图 2-10　三视图的画法

注意：

① 作图时应根据“三等”关系，将三视图配合起来一起作图，避免漏线，提高绘图速度。

② 如果不同的图线重合时，按照粗实线、细虚线、细点画线的次序绘制。

2.3 点的投影

任何物体的表面都包含点、线、面等基本几何元素，掌握几何元素的投影特性和作图方法，能够为快速、准确地表达物体打下良好的基础。

2.3.1 点的三面投影

如图 2-11（a）所示，假设空间有一点 A，过点 A 分别向 H 面、V 面和 W 面作垂线，垂足 a、a'、a''便是点 A 在三个投影面上的投影。

规定：空间点用大写字母 A、B 等表示；H 面投影用相应的小写字母 a、b 等表示；V 面投影用相应的小写字母加一撇 a'、b'等表示，W 面投影用相应的小写字母加两撇 a''、b''等表示。

将 H、W 面展开，即得到点 A 的三面投影。省略投影面的边框线，就得到如图 2-11（c）

所示的 A 点的三面投影图。

注意：投影面展开时，OY 轴一分为二，即 OY_H 和 OY_W。

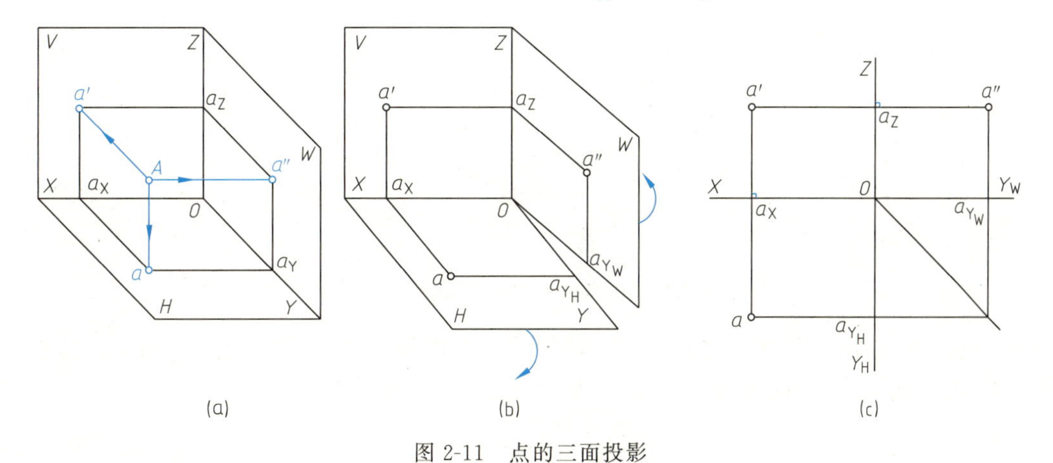

图 2-11　点的三面投影

2.3.2　点的投影规律

点的正面投影和水平面投影的连线垂直于 OX 轴，即 $a'a \perp OX$。

点的正面投影和侧面投影的连线垂直于 OZ 轴，即 $a'a'' \perp OZ$。

点的水平面投影到 OX 轴的距离等于侧面投影到 OZ 轴的距离，即 $aa_x = a''a_z$。

2.3.3　点的投影与直角坐标的关系

三投影面体系可以看成是一个空间直角坐标系，因此可用直角坐标确定点的空间位置。投影面 H、V、W 作为坐标面，三条投影轴 OX、OY、OZ 作为坐标轴，三轴的交点 O 作为坐标原点。用坐标来表示空间点位置，可以写成 $A(x, y, z)$ 的形式。

由图 2-11（a）可以看出 A 点的直角坐标与其三面投影的关系：

点 A 到 W 面的距离 $Aa''=a_X O=a'a_Z=aa_Y=x$ 坐标；

点 A 到 V 面的距离 $Aa'=a_Y O=aa_X=a''a_Z=y$ 坐标；

点 A 到 H 面的距离 $Aa=a_Z O=a'a_X=a''a_Y=z$ 坐标。

由上述关系可知，若已知点的三个坐标值或任意两面投影，便可求出该点的三面投影。

【例 2-2】 已知点 A 的坐标（25，15，20），作出点的三面投影。

作图方法一：

① 画出投影轴，如图 2-12（a）所示。

② 从原点 O 沿 X 轴量取 Oa_X 等于 25，沿 Y 轴量取 Oa_{Y_H}、Oa_{Y_W} 等于 15；沿 Z 轴量取 Oa_Z 等于 20，如图 2-12（b）所示。

③ 过 a_X 作 X 轴的垂线，过 a_Z 作 Z 轴的垂线，过 a_{Y_H} 作 Y_H 轴的垂线，过 a_{Y_W} 作 Y_W 轴的垂线，两垂线的交点分别为 A 点的三面投影 a、a'、a''，如图 2-12（c）所示。

作图方法二：

① 从原点 O 沿 X 轴量取 Oa_X 等于 25，如图 2-13（a）所示。

② 过 a_X 作 X 轴的垂线，向前量取 y 坐标 15、向上量取 z 坐标 20，分别得到 A 点的 H、V 面投影 a 和 a'，如图 2-13（b）所示。

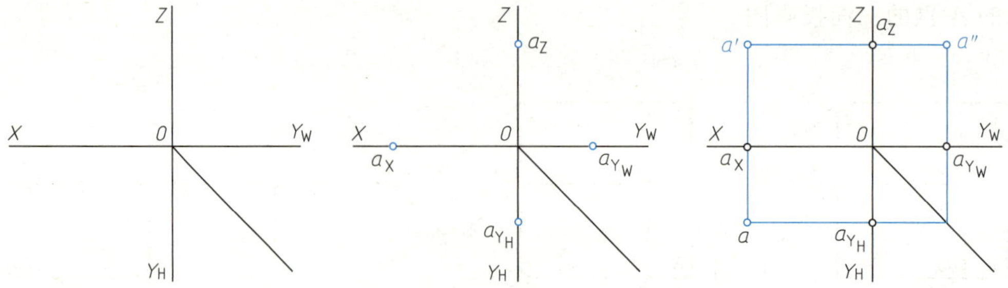

(a) (b) (c)

图 2-12　由坐标求点的三面投影（一）

③ 过 a' 作 Z 轴的垂线，过 a 作 Y_H 轴的垂线与辅助线相交，过交点作轴 Y_W 的垂线，两垂线的交点即为 A 点的 W 面投影 a''，如图 2-13（c）所示。

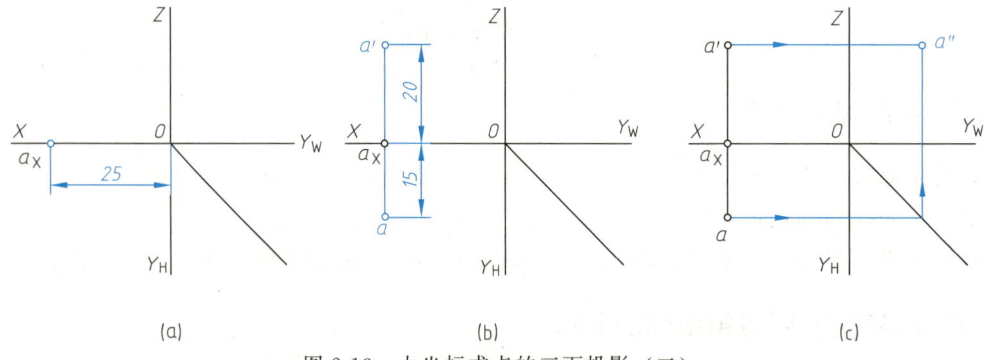

图 2-13　由坐标求点的三面投影（二）

2.3.4　两点的相对位置

空间两点的相对位置由两个点的坐标确定，判断原则：

① 点的 x 坐标，确定点的左、右位置，x 坐标大者在左；

② 点的 y 坐标，确定点的前、后位置，y 坐标大者在前；

③ 点的 z 坐标，确定点的上、下位置，z 坐标大者在上。

如图 2-14 所示，B 点在 A 点的左、上、后方。

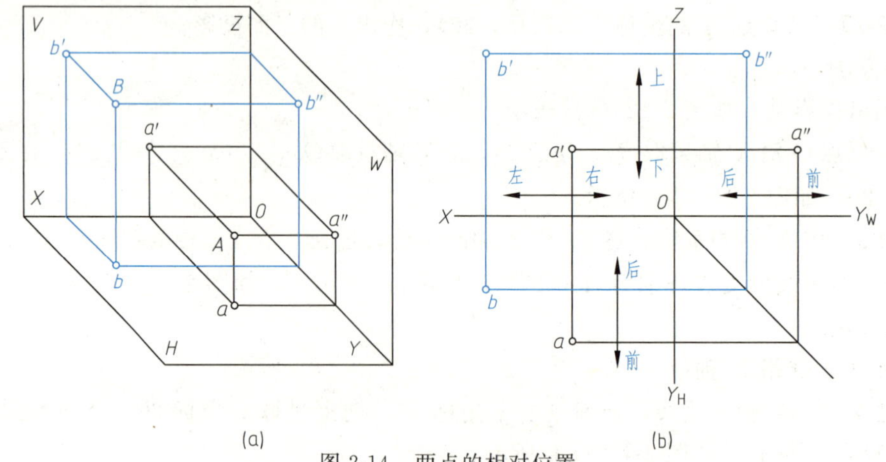

图 2-14　两点的相对位置

【例 2-3】 如图 2-15 所示，已知 A 点的三面投影，B 点在 A 点的右方 15、前方 12、下方 8，作出 B 点的三面投影图。

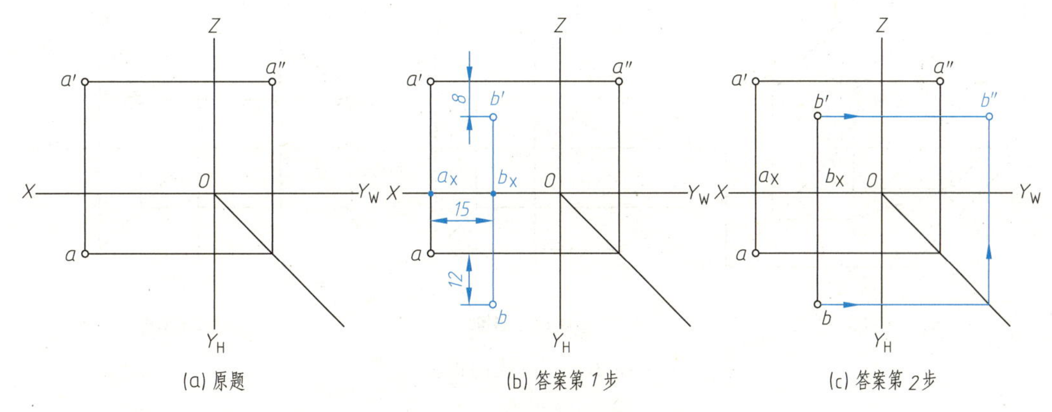

图 2-15 完成 B 点的投影图

作图步骤：

① 从 a_X 点向右量取 15，在 X 轴上得到 b_X 点，过 b_X 点作 X 轴的垂线。从 a' 向下量取 8，得到 b'；从 a 向前量取 12，得到 b，如图 2-15（b）所示。

② 利用点的投影规律，作出 b''，如图 2-15（c）所示。

2.3.5 重影点

当空间两点到两个投影面的距离分别相等时，两个点位于同一条投射线上，它们在该投射线所垂直的投影面上的投影重合在一起，这两点称为在该投影面上的重影点。被挡住的点不可见，作图时需加括号来表示，如图 2-16 所示。A 点在 B 点的正下方，两点的水平面投影重影，A 点不可见需加括号，即（a）。

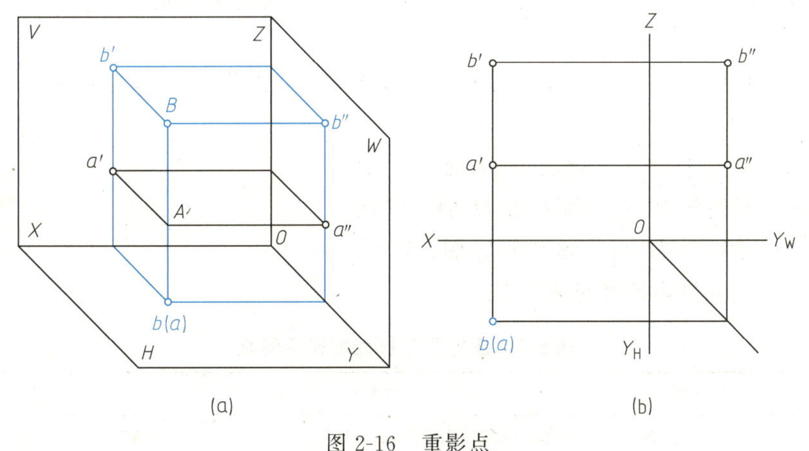

图 2-16 重影点

2.4 直线的投影

直线可由空间两个点来确定，本节研究的直线一般指有限长度的直线段。直线的投影一般仍是直线（特殊时积聚成点），如图 2-17（a）所示。因此，分别作出直线上两端点的三面投影，如

图 2-17（b）所示，用直线连接其同面投影，即可作出直线的三面投影，如图 2-17（c）所示。

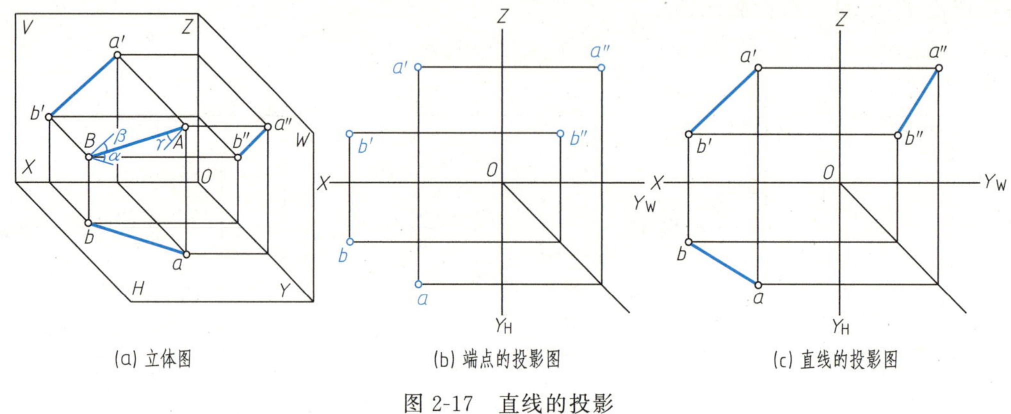

(a) 立体图　(b) 端点的投影图　(c) 直线的投影图

图 2-17　直线的投影

2.4.1　各种位置直线的投影特性

根据直线在三投影面体系中的相对位置，直线可分为一般位置直线、投影面平行线和投影面垂直线三种。

(1) 一般位置直线

与三个投影面都处于倾斜位置的直线称为一般位置直线，如图 2-17 所示。

如图 2-17（a）所示，直线 AB 与 H、V、W 面都处于倾斜位置，倾角分别为 α、β、γ。其投影如图 2-17（c）所示。

一般位置直线的投影特征可归纳为：

① 直线的三面投影都不反映空间线段的实长；

② 直线的三面投影均与投影轴倾斜；

③ 各投影与投影轴夹角不反映空间线段与相应投影面真实的倾角。

(2) 投影面平行线

平行于一个投影面且同时倾斜于另外两个投影面的直线称为投影面平行线。投影面的平行线有三种。

正平线——平行于 V 面，倾斜于 H 面、W 面。

侧平线——平行于 W 面，倾斜于 H 面、V 面。

水平线——平行于 H 面，倾斜于 V 面、W 面。

投影面平行线的投影特性见表 2-1。

表 2-1　投影面平行线的投影特性

名称	正平线	侧平线	水平线
实例			

续表

名称	正平线	侧平线	水平线
直观图	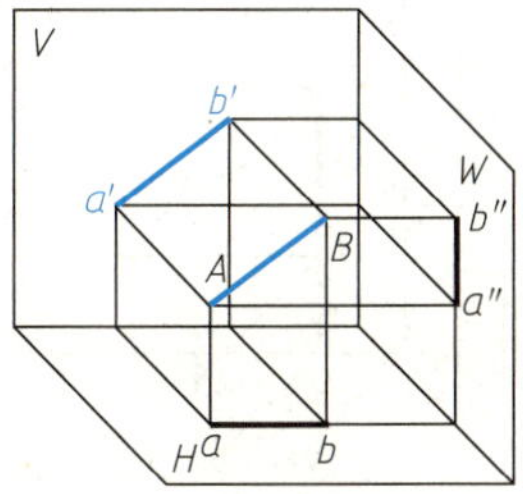	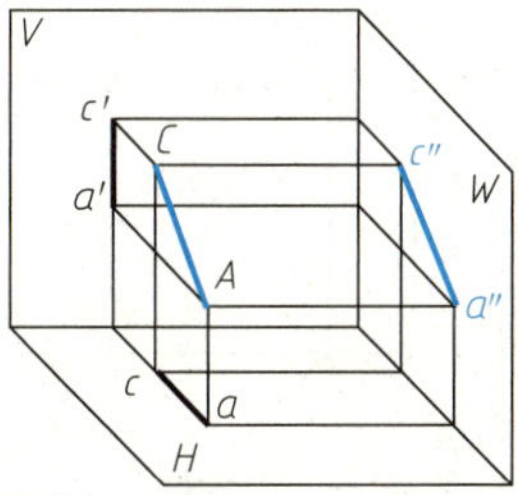	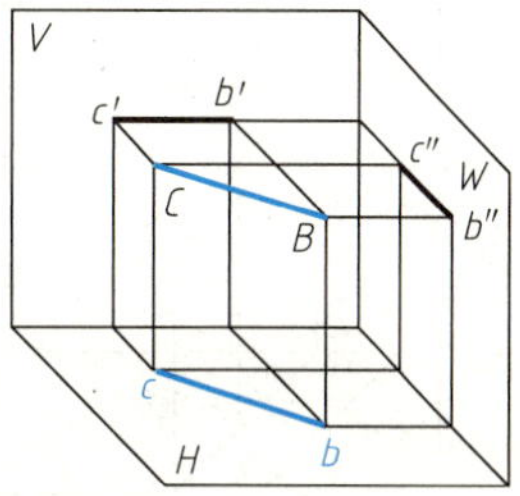
投影图	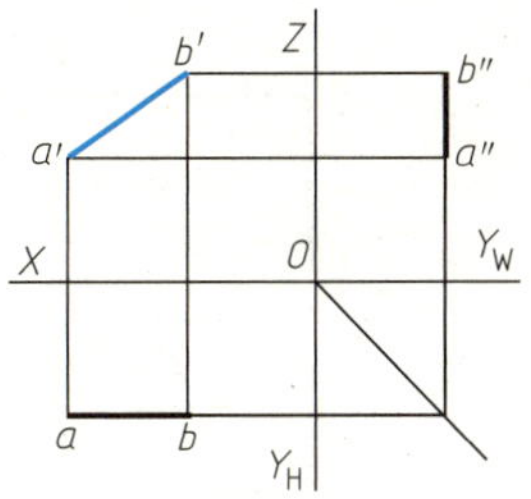	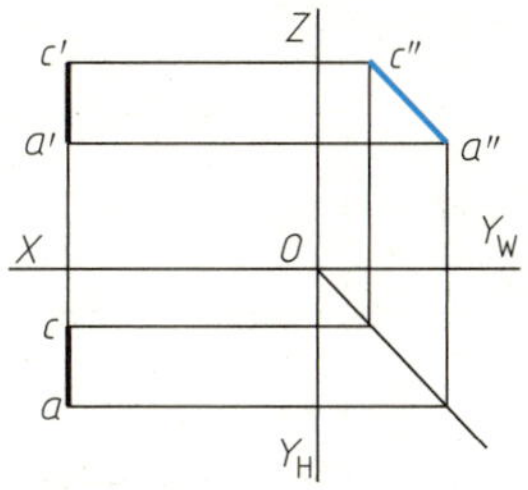	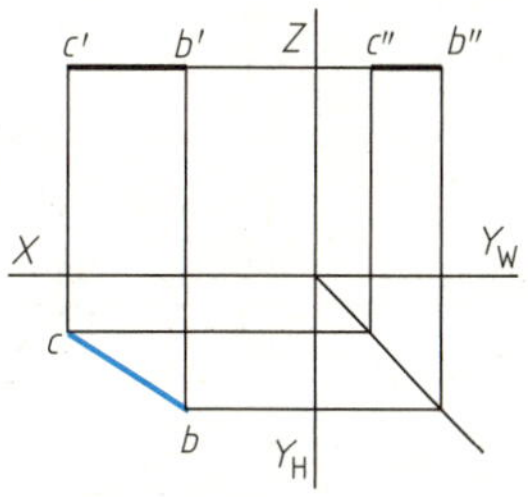
投影特性	①V 面投影反映实长，$a'b'=AB$ ②H 和 W 面投影小于实长，分别平行于 X 轴和 Z 轴	①W 面投影反映实长，$a''c''=AC$ ②H 和 V 面投影小于实长，分别平行于 Y_H 轴和 Z 轴	①H 面投影反映实长，$bc=BC$ ②V 和 W 面投影小于实长，分别平行于 X 轴和 Y_W 轴
	①直线在所平行的投影面上的投影反映实长 ②另外两面投影都是缩短的直线段且平行于相应的投影轴		

(3) 投影面垂直线

垂直于一个投影面且平行于另外两个投影面的直线称为投影面垂直线。投影面的垂直线有三种。

正垂线——垂直于 V 面，平行于 H 面、W 面。

侧垂线——垂直于 W 面，平行于 H 面、V 面。

铅垂线——垂直于 H 面，平行于 V 面、W 面。

投影面垂直线的投影特性见表 2-2。

表 2-2 投影面垂直线的投影特性

名称	正垂线	侧垂线	铅垂线
实例	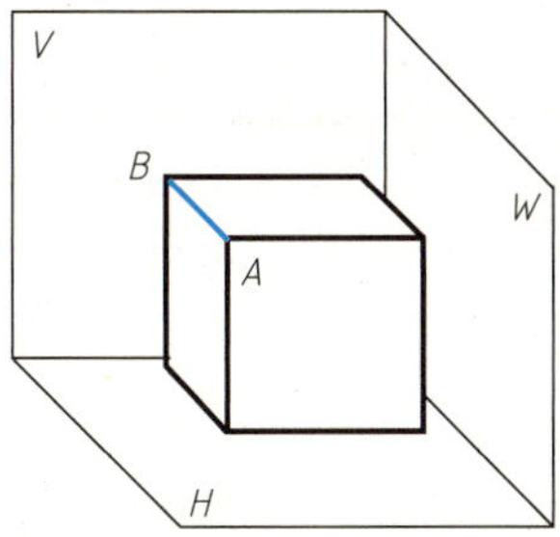	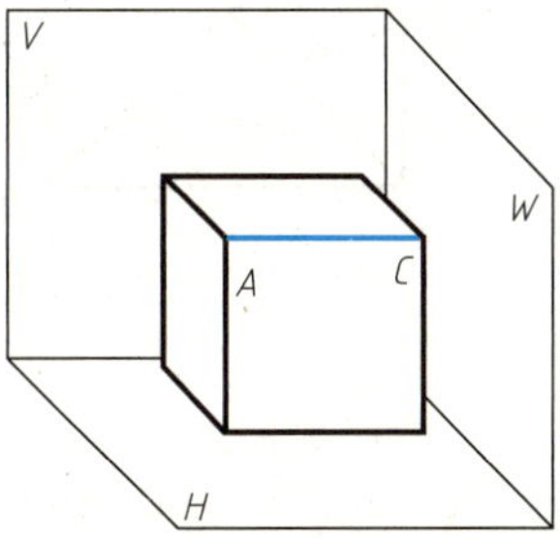	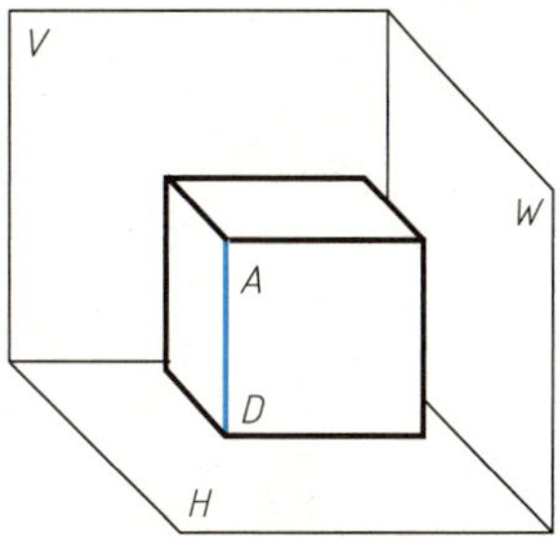

续表

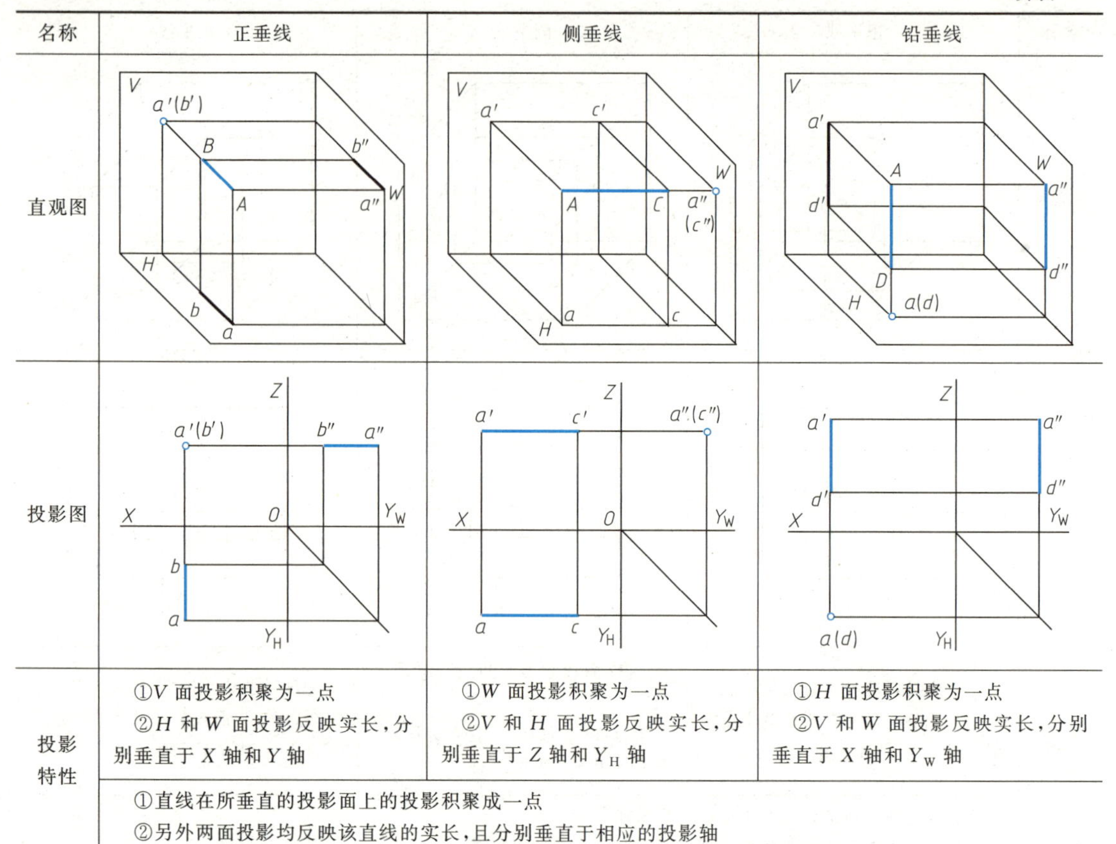

名称	正垂线	侧垂线	铅垂线
直观图			
投影图			
投影特性	①V 面投影积聚为一点 ②H 和 W 面投影反映实长，分别垂直于 X 轴和 Y 轴	①W 面投影积聚为一点 ②V 和 H 面投影反映实长，分别垂直于 Z 轴和 Y_H 轴	①H 面投影积聚为一点 ②V 和 W 面投影反映实长，分别垂直于 X 轴和 Y_W 轴
	①直线在所垂直的投影面上的投影积聚成一点 ②另外两面投影均反映该直线的实长，且分别垂直于相应的投影轴		

【例 2-4】 根据图 2-18，判断各直线的空间位置。

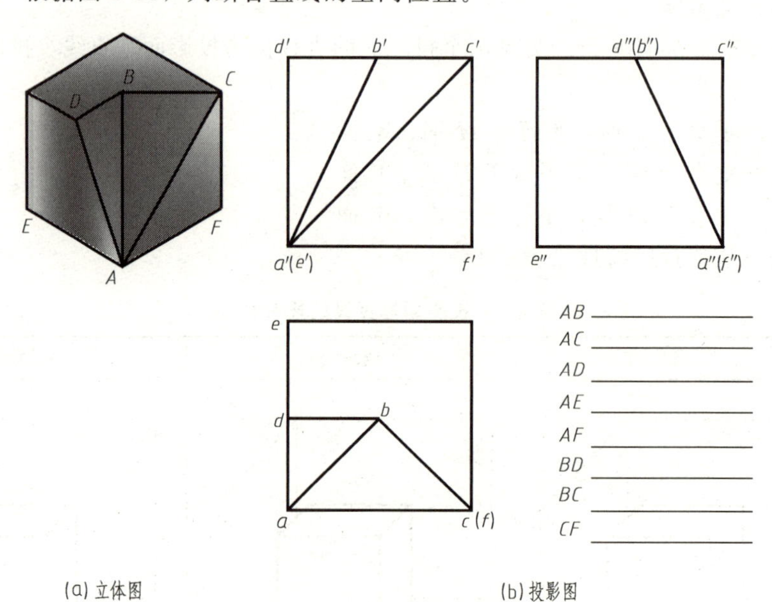

图 2-18 判断直线的空间位置

答案：AB：一般位置直线；AC：正平线；AD：侧平线；AE：正垂线；AF：侧垂线；BD：侧垂线；BC：水平线；CF：铅垂线。

2.4.2 直线上点的投影

若点在直线上，则点的各个投影必定在该直线的同面投影上，符合点的投影规律，且分线段成定比。

如图 2-19 所示，C 是直线 AB 上的点，则其三面投影 c、c'、c''分别在 ab、$a'b'$、$a''b''$上，符合点的投影规律，且

$$AC:CB=ac:cb=a'c':c'b'=a''c'':c''b''$$

若点的三面投影都在直线的同面投影上，且其三面投影符合点的投影规律，则该点必在该直线上。

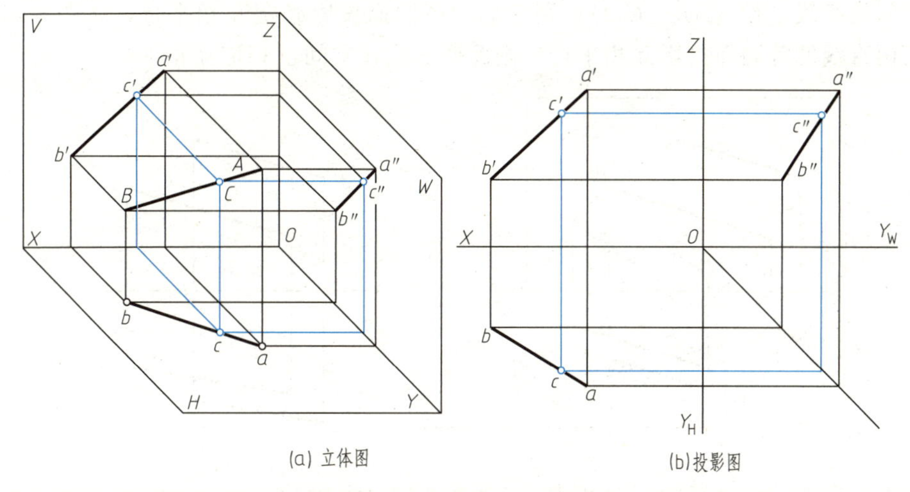

图 2-19 直线上点的投影

【例 2-5】 如图 2-20 所示，C 点在直线 AB 上，已知 C 点的水平面投影，试求 C 点的正面投影。

分析：AB 是侧平线，无法利用点的投影规律完成 C 点的正面投影，利用定比性作图。

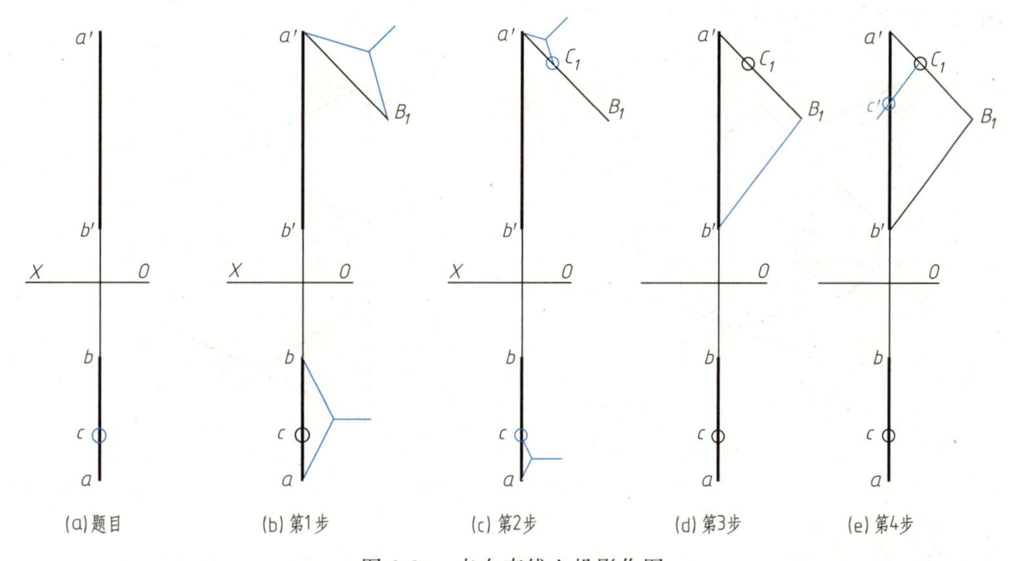

图 2-20 点在直线上投影作图

作图步骤：

① 过 a' 作任意直线段 $a'B_1$，使 $a'B_1=ab$。

② 过 a' 量取 $a'C_1=ac$，得到 C_1 点。

③ 连接 B_1b'。

④ 过 C_1 点作 B_1b' 的平行线，与 $a'b'$ 的交点 c' 即为所求。

2.4.3 两直线的相对位置

两直线的相对位置有平行、相交、交叉（异面）三种情况。

(1) 两直线平行

若空间两直线平行（$AB//CD$），则它们的各同面投影必定互相平行，如图 2-21 所示。反之，若两直线的各同面投影互相平行，则此两直线在空间也必定互相平行。

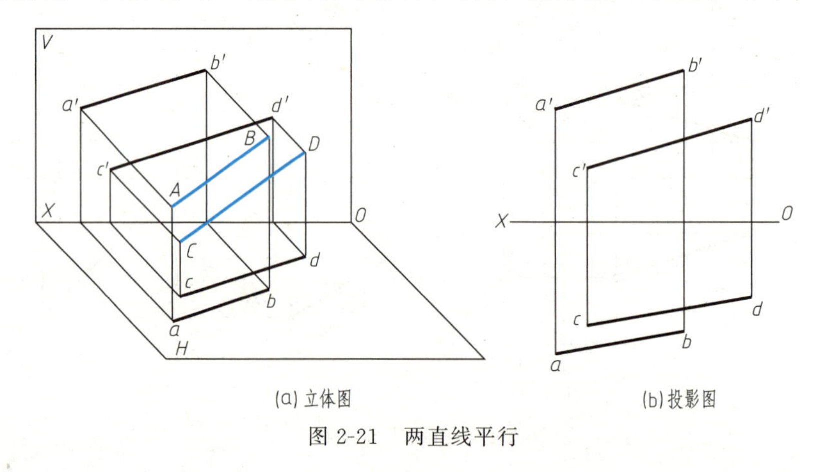

(a) 立体图 (b) 投影图

图 2-21 两直线平行

(2) 两直线相交

若空间两直线相交，则它们的各同面投影必定相交，且交点符合点的投影规律，如图 2-22 所示。反之，若两直线的各同面投影相交，且各同面投影的交点符合点的投影规律，则此两直线在空间也必定相交。

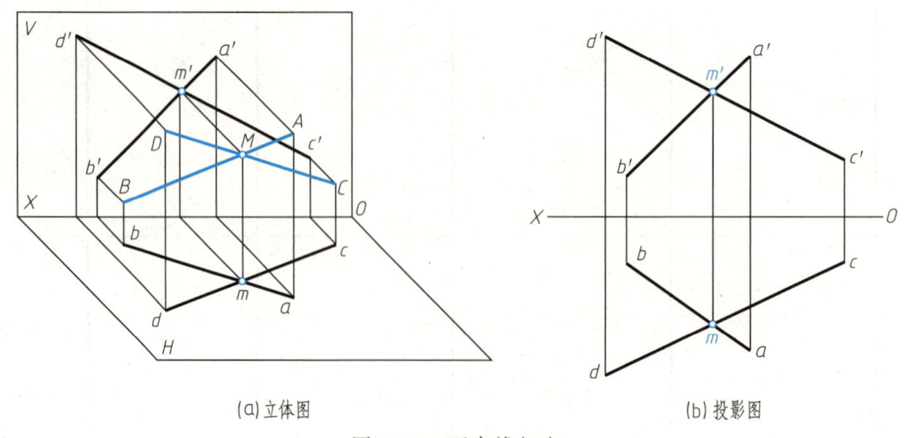

(a) 立体图 (b) 投影图

图 2-22 两直线相交

(3) 两直线交叉

两直线既不平行又不相交称为交叉两直线。若空间两直线交叉，则它们的各同面投影必不同时平行，或者它们的各同面投影虽然相交，但其交点不符合点的投影规律。反之亦然，如图 2-23 所示。

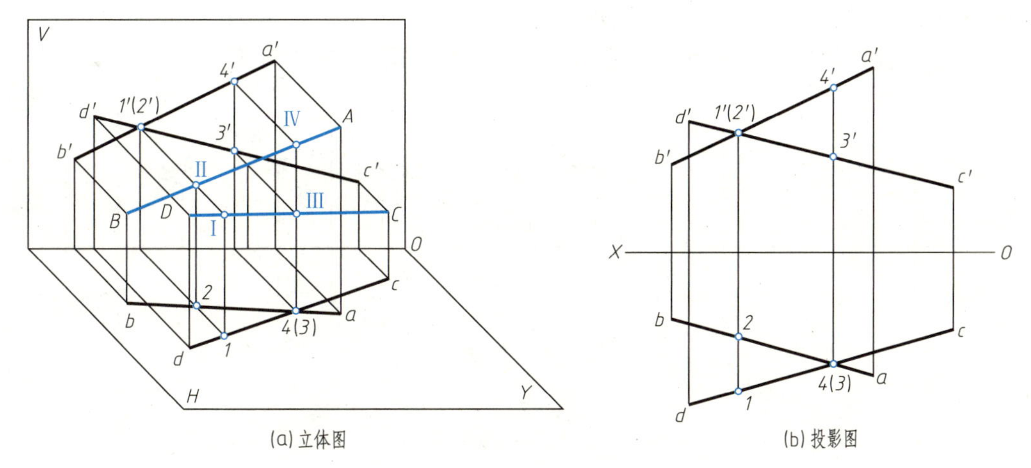

图 2-23 两直线交叉

【例 2-6】 判断图 2-24（a）、（b）中两条直线是否平行。

分析 1：对于一般位置直线，只要有两个同面投影互相平行，空间两直线必定平行，因此，图 2-24（a）中两直线平行。

分析 2：对于投影面平行线，只有两个同面投影互相平行，空间直线不一定平行。若用投影判断，必须用直线所平行的投影面投影来判断。因此，图 2-24（b）中两直线必须作出侧面投影，才能判断是否平行。从图 2-24（c）中可以判断两条直线不平行。

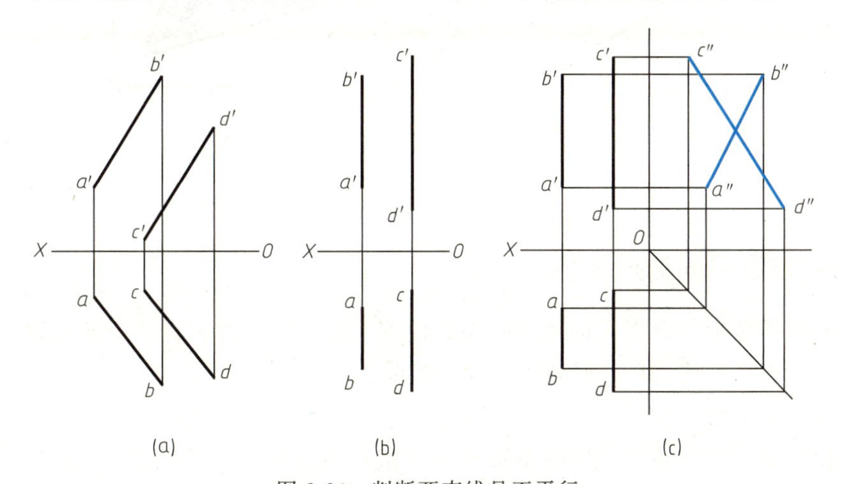

图 2-24 判断两直线是否平行

2.5 平面的投影

2.5.1 平面的表示法

(1) 几何元素表示法

① 不在同一直线上的三点，如图 2-25（a）所示。

② 一直线和直线外一点，如图 2-25（b）所示。

③ 相交两直线，如图 2-25（c）所示。

④ 平行两直线，如图 2-25（d）所示。

⑤ 任意平面图形，如三角形、四边形、圆形等，如图 2-25（e）所示。

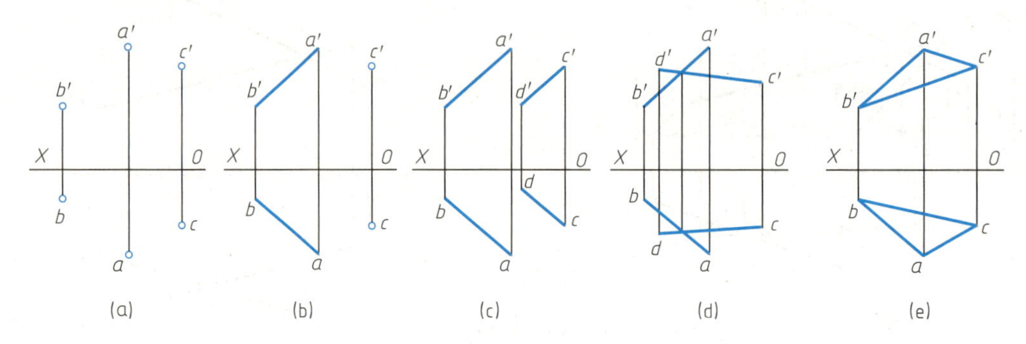

图 2-25 几何元素表示平面

(2) 迹线表示法

迹线是指平面与投影面的交线。平面 P 的正面、水平面、侧面迹线分别用 P_V、P_H、P_W 表示，与投影轴的交点分别用 P_X、P_Y、P_Z 表示，如图 2-26 所示。

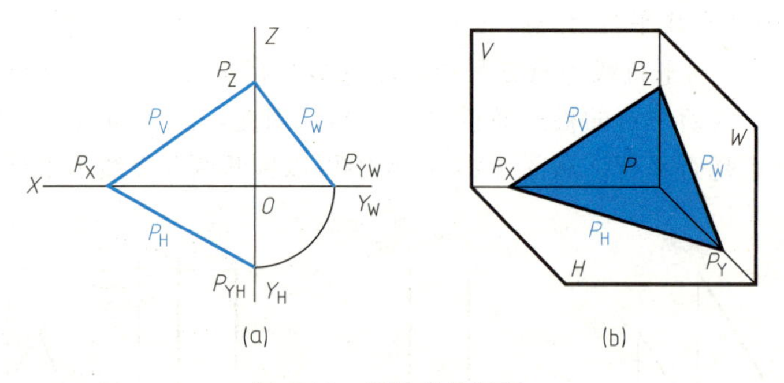

图 2-26 迹线表示平面

2.5.2 各种位置平面的投影特性

在三投影面体系中，根据平面对投影面的位置不同，可分为三种：一般位置平面、投影面垂直面和投影面平行面，后两种称为特殊位置平面。

(1) 一般位置平面

与三个投影面都处于倾斜位置的平面称为一般位置平面。平面△ABC 与 H、V、W 面都处于倾斜位置，如图 2-27（a）所示，其投影如图 2-27（b）所示。

一般位置平面的投影特征：一般位置平面的三面投影均为类似形。

(2) 投影面垂直面

垂直于一个投影面而倾斜于另两个投影面的平面称为投影面垂直面。投影面的垂直面有三种：

正垂面——垂直于 V 面，倾斜于 H 面、W 面；

侧垂面——垂直于 W 面，倾斜于 H 面、V 面；

铅垂面——垂直于 H 面，倾斜于 V 面、W 面。

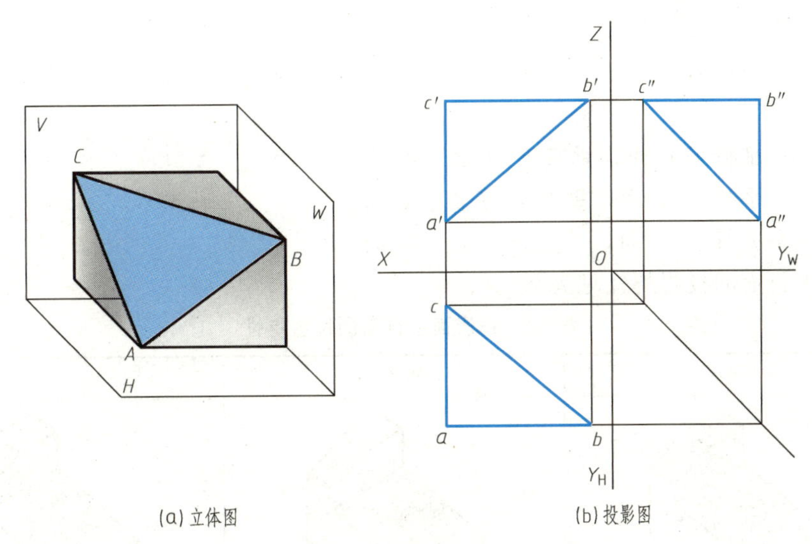

(a) 立体图　　(b) 投影图

图 2-27　一般位置平面

投影面垂直面的投影特性见表 2-3。

表 2-3　投影面垂直面的投影特性

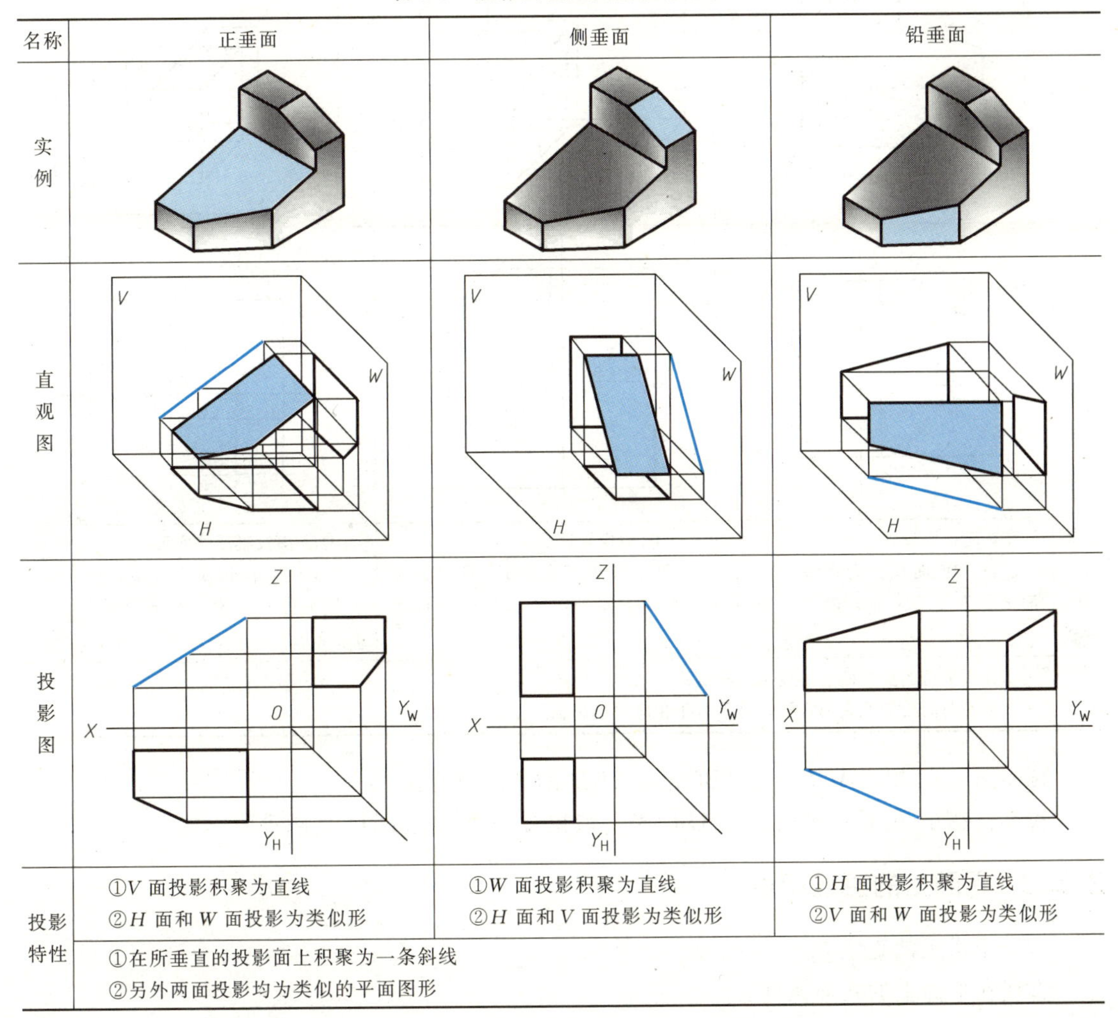

名称	正垂面	侧垂面	铅垂面
实例			
直观图			
投影图			
投影特性	①V 面投影积聚为直线 ②H 面和 W 面投影为类似形	①W 面投影积聚为直线 ②H 面和 V 面投影为类似形	①H 面投影积聚为直线 ②V 面和 W 面投影为类似形
	①在所垂直的投影面上积聚为一条斜线 ②另外两面投影均为类似的平面图形		

(3) 投影面平行面

平行于一个投影面而垂直于另两个投影面的平面称为投影面平行面。投影面平行面有三种：

正平面——平行于 V 面，垂直于 H 面、W 面；

侧平面——平行于 W 面，垂直于 H 面、V 面；

水平面——平行于 H 面，垂直于 V 面、W 面。

投影面平行面的投影特性见表 2-4。

表 2-4 投影面平行面的投影特性

名称	正平面	侧平面	水平面
实例	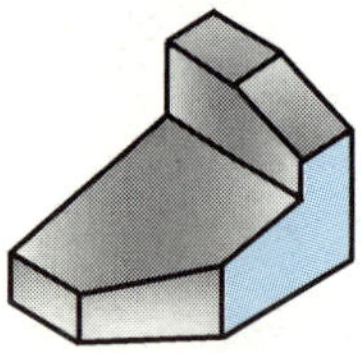	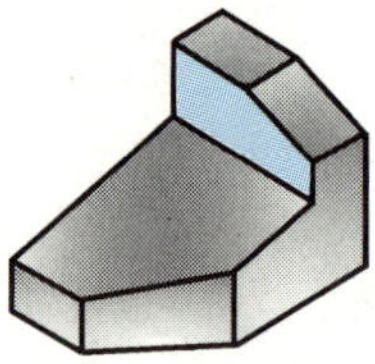	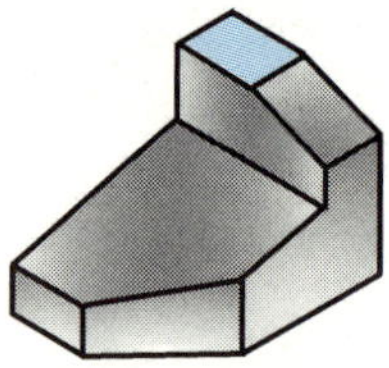
直观图	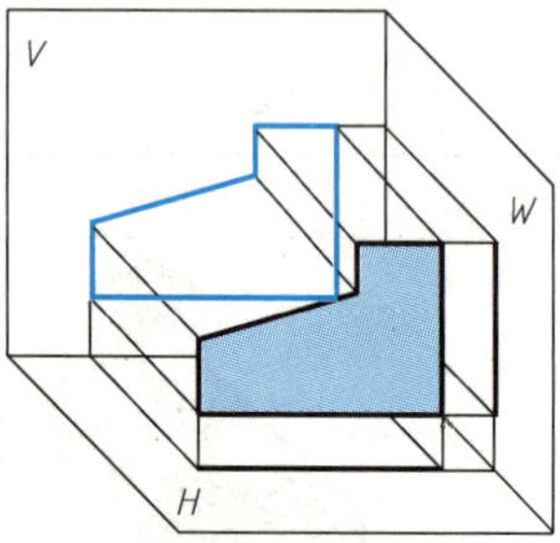	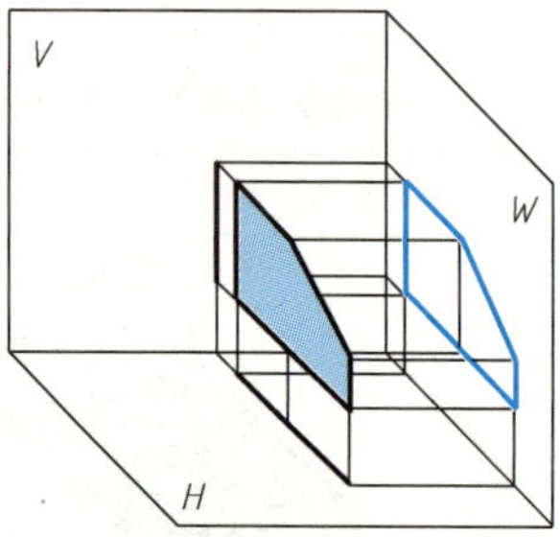	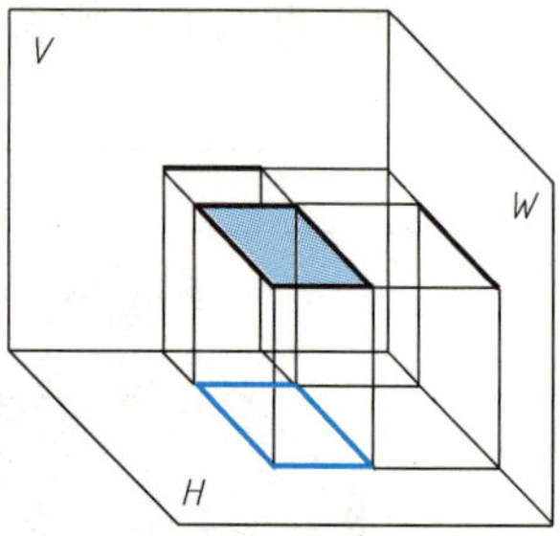
投影图	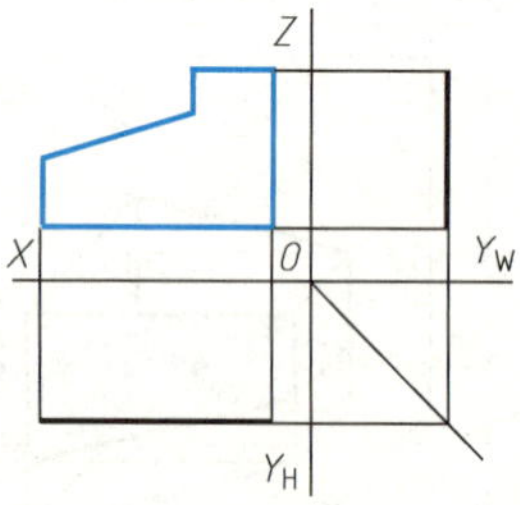	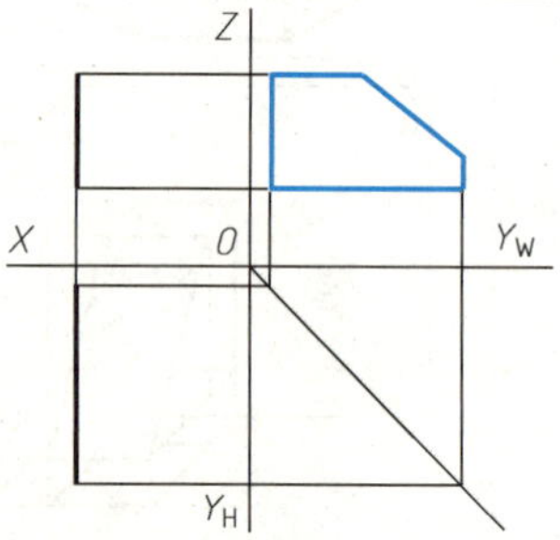	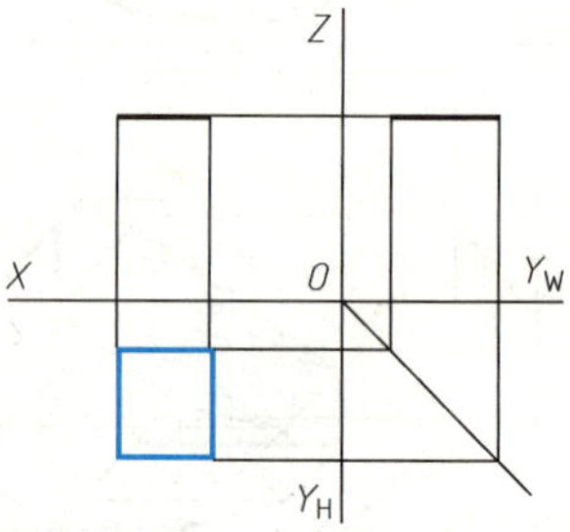
投影特性	①V 面投影反映实形 ②H、W 面积聚为直线，且 H 面投影平行于 X 轴，W 面投影平行于 Z 轴	①W 面投影反映实形 ②V、H 积聚为直线，且 V 面投影平行于 Z 轴，H 面投影平行于 Y_H 轴	①H 面投影反映实形 ②V、W 面积聚为直线，且 V 面投影平行于 X 轴，W 面投影平行于 Y_W 轴
	①在所平行的投影面上的投影反映实形 ②另外两面投影积聚为直线，且平行于相应的投影轴		

判断图 2-18 中△ACF、△ABC、△ABD 的空间位置。

答案：△ACF 是正平面、△ABC 是一般位置平面、△ABD 是侧垂面。

2.5.3 平面上的直线和点

(1) 平面上的直线

直线在平面上的几何条件：

① 直线通过平面上的两个已知点，则该直线在该平面上；

② 直线通过平面上的一个已知点，且平行于平面上的一已知直线，则该直线在该平面上。

(2) 平面上的点

点在平面上的几何条件：

如果点在平面的已知直线上，则该点必在该平面上。因此在平面上取点时，应先在平面上取直线，然后在该直线上取点。

【例 2-7】 如图 2-28（a）所示，已知 N 点在平面 ABC 上，求 N 点的水平面投影。

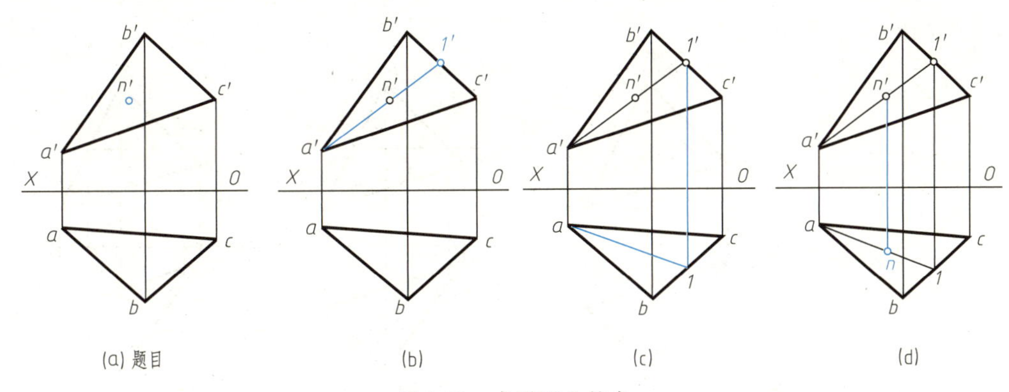

图 2-28　求平面上的点

分析：已知 N 点在平面 ABC 上，且知正面投影 n'，可以在正面投影上作出任意过 N 点的辅助直线，继续作出该直线的水平面投影，N 点在这条直线上，利用点的投影规律即可完成点的水平面投影 n。

作图步骤：

① 连接 $a'n'$ 并延长，与 $b'c'$ 相交于点 $1'$，如图 2-28（b）所示。

② 作Ⅰ点的水平面投影 1，并连接 $a1$，如图 2-28（c）所示。

③ 过 n' 作 X 轴的垂线，与 $a1$ 的交点即为 N 点的 H 面投影 n，如图 2-28（d）所示。

【例 2-8】 如图 2-29（a）所示，求属于△ABC 的距 V 面 18mm，距 H 面 20mm 的点 N。

分析：根据题目要求，N 点距 V 面 18mm，该点必在距 V 面 18mm 的一条正平线上。同理，N 点距 H 面 20mm，该点必在距 H 面 20mm 的一条水平线上。因此，N 点必是上述两条直线的交点。

作图步骤：

① 向前作距离 X 轴 18mm 的平行线，与 ab 相交于点 1，与 bc 相交于点 2，分别作出两个点的 V 面投影 $1'$ 和 $2'$，并连接，如图 2-29（b）所示。

② 向上作距离 X 轴 20mm 的平行线，与 $1'2'$ 的交点即为 N 点的 V 面投影 n'，如图 2-29（c）所示。

③ 过 n' 作 X 轴的垂线，与 12 的交点即为 N 点的 H 面投影 n，如图 2-29（d）所示。

也可以从距 H 面 20mm 出发，先作 V 面投影，步骤如图 2-29（e）～(g) 所示。

【例 2-9】 如图 2-30（a）所示，在△ABC 上作一条水平线 MN，使其到 H 面的距离为 12mm。

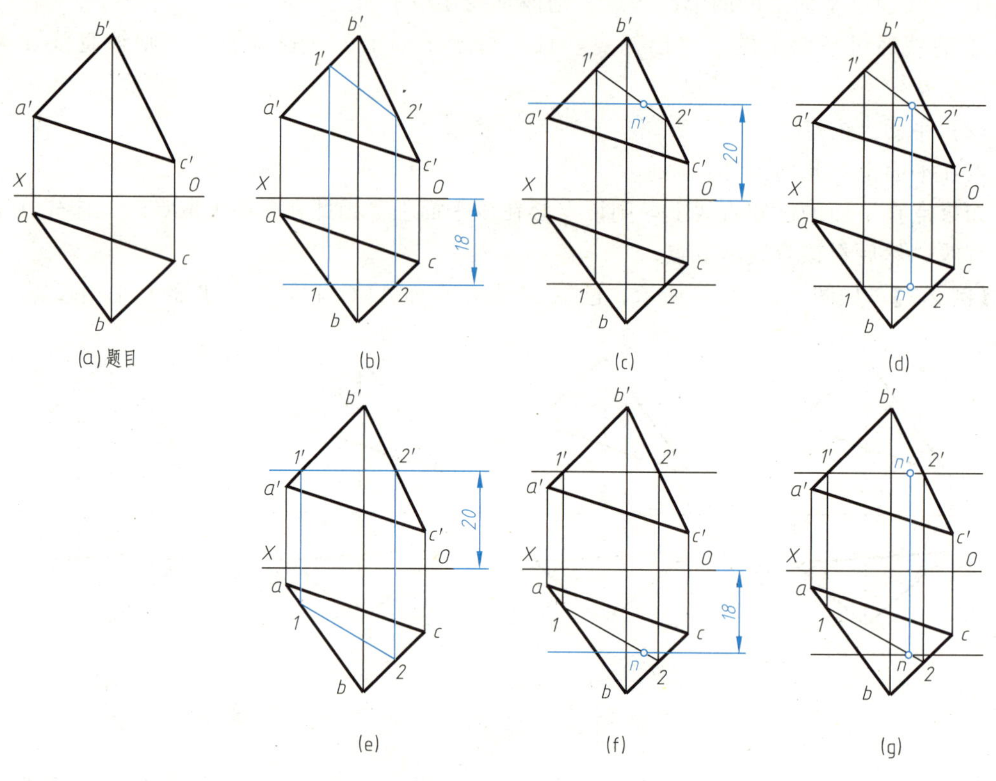

图 2-29 作平面内符合已知条件的 N 点

分析：水平线 MN 在 H 面的投影 mn 是反映实长的一条斜线，在 V 面的投影是缩短的直线段，且 $m'n'$ 与 X 轴平行。又一已知条件是 MN 到 H 面的距离为 12mm，即 $m'n'$ 距离 X 轴 12mm。作图时，先作出 V 面投影 $m'n'$，再作 H 面投影 mn。

作图步骤：

① 作距离 X 轴 12mm 的平行线，与 $a'b'$ 相交于点 m'，与 $b'c'$ 相交于点 n'，如图 2-30（b）所示。

② 过 m' 和 n' 作 X 轴的垂线，得到 MN 的 H 面投影 m、n，连接 mn 和 $m'n'$，如图 2-30（c）所示。

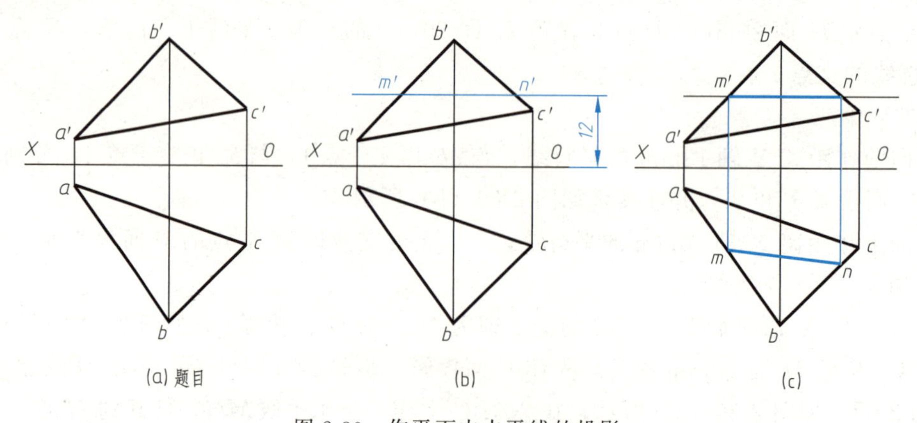

图 2-30 作平面内水平线的投影

【例 2-10】 如图 2-31（a）所示，试完成四边形 $ABCD$ 的投影。

分析：题目要求作出 D 点的 H 面投影，相当于在平面 ABC 上作一点 D。可以在 V 面上过 d' 作辅助线，再作出辅助线的 H 面投影，最后利用点的投影规律完成其 H 面投影。

作图步骤：

① 连接 $a'd'$ 和 $b'c'$，交点为 $1'$，如图 2-31（b）所示。

② 连接 bc，在 bc 上作出 Ⅰ 点的水平面投影 1，如图 2-31（c）所示。

③ 连接 $a1$ 并延长，过 d' 作 X 轴的垂线，与 $a1$ 延长线的交点即为 d，连接 bd 和 dc，完成作图，如图 2-31（d）所示。

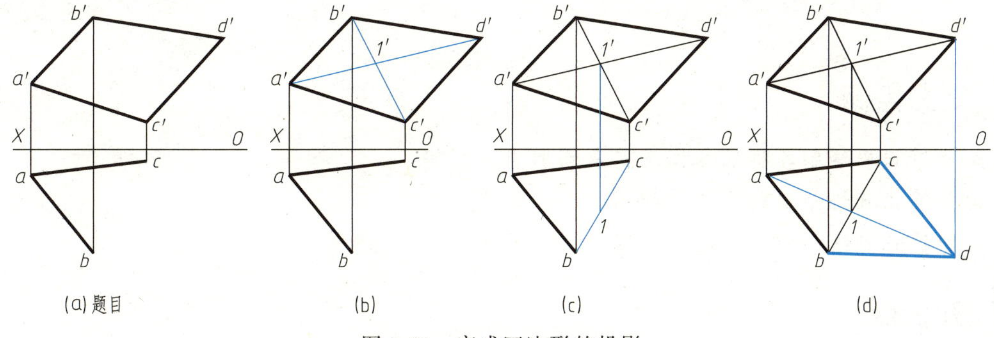

图 2-31 完成四边形的投影

第3章 基本体及其表面交线

能力目标

- 能够正确绘制各种基本体及其表面取点的投影。
- 能够正确绘制截断体的三视图。
- 能够正确绘制相贯体的三视图。

知识点

- 基本体三视图画法。
- 基本体表面取点的投影作图方法。
- 截交线的性质及其作图方法。
- 相贯线的性质及其作图方法。

任何物体都可以看作是由基本体组合而成。基本体按其表面性质，可以分为平面立体和曲面立体两类。平面立体所有表面都是平面，如棱柱、棱锥；曲面立体的表面由曲面或曲面和平面构成，如圆柱、圆锥、圆球等。

3.1 基本体及其表面取点

3.1.1 平面立体及其表面取点

(1) 棱柱

1）投影分析

棱柱由两个底面和棱面组成，棱面与棱面的交线称为棱线，棱线互相平行。棱线与底面垂直的棱柱称为直棱柱，底面是正多边形的直棱柱称为正棱柱。

图3-1（a）所示为一正六棱柱，由上、下两个底面（正六边形）和六个棱面（矩形）组成。将其放置成上、下底面与水平投影面平行，并有两个棱面平行于正投影面。上、下两底面均为水平面，它们的水平面投影重合并反映实形，正面及侧面投影积聚为直线。六个棱面中的前、后两个为正平面，它们的正面投影反映实形，水平面投影及侧面投影积聚为直线。其他四个棱面均为铅垂面，其水平面投影均积聚为直线，正面投影和侧面投影均为类似形。

2）作图步骤

① 绘制基准线，布置视图。先绘制反映形状和特征的俯视图——正六边形，如图 3-1（b）所示。

② 按照长对正的投影关系，量取六棱柱的高度，绘制主视图，如图 3-1（c）所示。

③ 按照高平齐、宽相等的投影关系，绘制左视图，如图 3-1（d）所示。

④ 检查、加深，如图 3-1（e）所示。

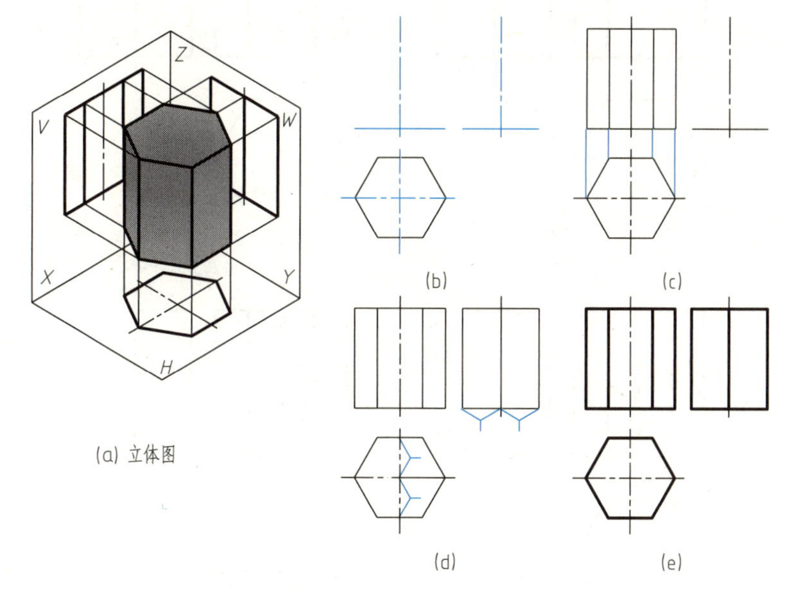

图 3-1 正六棱柱的投影作图

3）棱柱表面上点的投影

由于正棱柱的各个面均为特殊位置平面，投影具有积聚性，所以在其表面上取点的投影作图可以直接利用积聚性求得。平面立体表面上取点就是在平面上取点。首先应判定点位于立体的哪个平面上，并分析该平面的投影特性，然后再根据点的投影规律求得。

如图 3-2（a）所示，已知棱柱表面上点 A 的正面投影 a'，点 B 的正面投影 b'，点 C 的水平面投影（c），求各点的另两面投影。

分析：

① 因为 a'可见，所以点 A 必在棱柱最前棱面上。此棱面是正平面，其水平面投影和侧面投影均积聚成一条直线，故点 A 的水平面投影 a 和侧面投影 a''必在相应直线上。

② 因为 b'可见，所以点 B 必在棱柱右前棱面上。此棱面是铅垂面，其水平面投影积聚成一条直线，故点 B 的水平面投影 b 必在相应直线上，再根据 b、b'可求出 b''。由于该面的侧面投影为不可见，故 b'' 也为不可见，需加括号。

③ 因为 c 不可见，所以点 C 必在棱柱下底面上。此表面是水平面，其正面投影和侧面投影均积聚成一条直线，故点 C 的另两面投影必在相应直线上。

作图步骤：

① 过 a'作长对正，得到水平面投影 a；过 a'作高平齐，得到侧面投影 a''，如图 3-2（b）所示。

② 过 b'作长对正，得到水平面投影 b；过 b'作高平齐，量取水平面投影 b 的宽度，通

过宽相等得到侧面投影 b''，且加“(　　)”，如图 3-2（c）所示。

③ 过（c）作长对正，得到正面投影 c'；量取水平面投影（c）的宽度，通过宽相等得到侧面投影 c''，如图 3-2（d）所示。

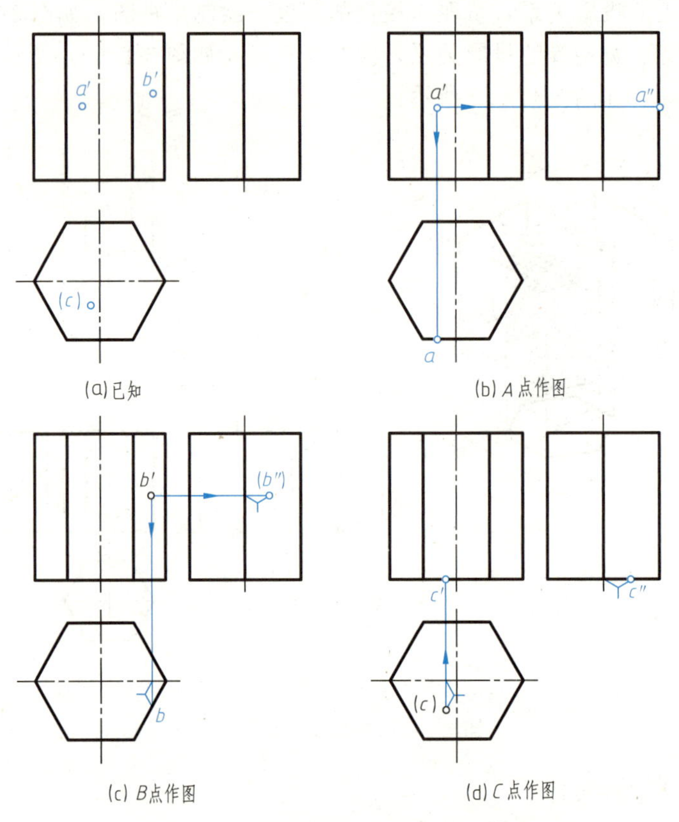

图 3-2　正六棱柱表面取点的投影作图

(2) 棱锥

1）投影分析

棱锥一般由一个多边形底面和交于一顶点的若干个三角形侧面组成。图 3-3（a）所示为一正三棱锥，它的表面由一个正三角形底面和三个等腰三角形侧棱面围成。

棱锥底面△ABC 为水平面，H 面投影反映实形，正面投影和侧面投影分别积聚为直线段。棱面△SAC 为侧垂面，它的侧面投影积聚为一段斜线，正面投影和水平面投影为类似形。棱面△SAB 和△SBC 均为一般位置平面，三面投影均为类似形。

2）作图步骤

① 绘制基准线，布置视图。

② 先画反映形状和特征的俯视图——正三角形。

③ 按照长对正的投影关系，并量取三棱锥的高度，绘制主视图。

④ 按照高平齐、宽相等的投影关系，尤其注意锥顶 s''的位置，绘制左视图。

⑤ 检查，加深，如图 3-3（b）所示。

3）棱锥表面上点的投影

在棱锥表面上取点与棱柱表面上取点基本上一样，所不同的是棱锥表面有一般位置平面，其投影无积聚性，取点时，若该平面为特殊位置平面，可利用投影的积聚性直接求得点

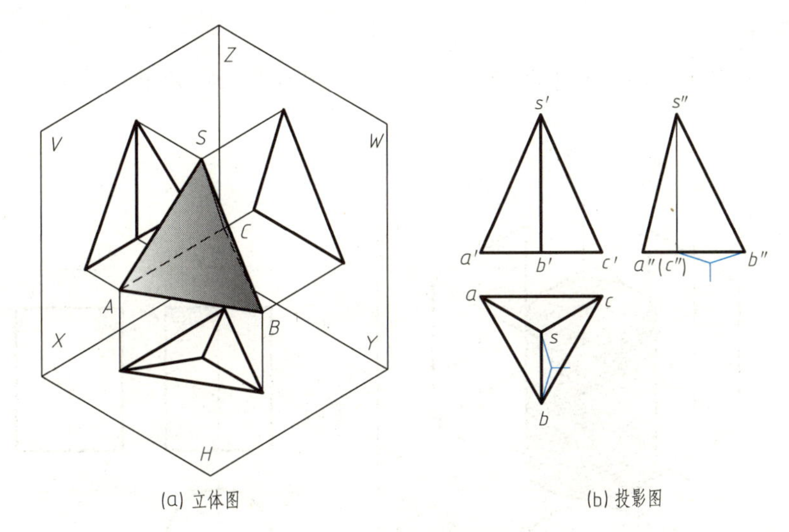

(a) 立体图　　(b) 投影图

图 3-3　正三棱锥的投影作图

的投影；若该平面为一般位置平面，可通过辅助线法求出点的另外两个投影。

如图 3-4（a）所示，已知正三棱锥表面上点 M 的正面投影 m'，求作 M 点的另外两面投影。

分析：因为 m'可见，因此点 M 必定在$\triangle SAB$ 上。$\triangle SAB$ 是一般位置平面，采用辅助线法作图。

作图步骤：

① 连接 $s'm'$，并延长至底边，与 $a'b'$相交于 $1'$。根据投影关系作出水平面投影 1，并连接 $a1$。根据投影关系在 $a1$ 上得到水平面投影 m，如图 3-4（b）所示。

② 由 m'作高平齐的直线，在水平面投影上量取 m 点的宽度，在侧面投影中保证宽相等，得到 m''，如图 3-4（c）所示。

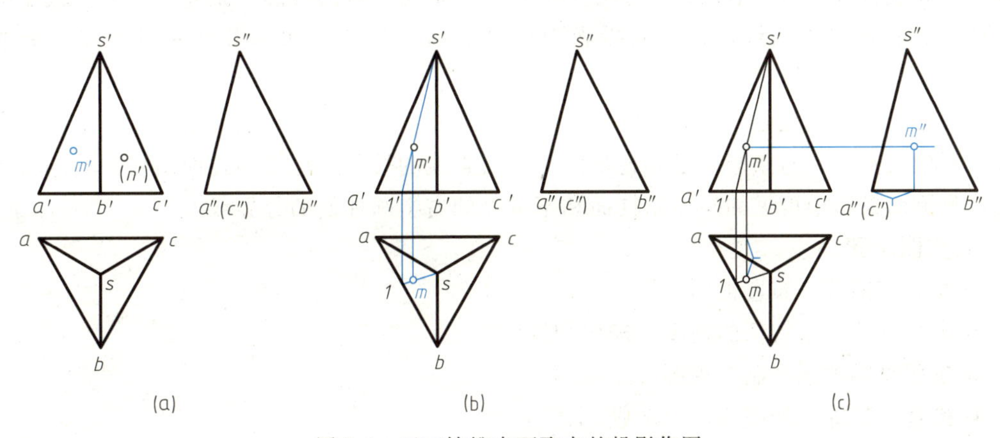

(a)　　(b)　　(c)

图 3-4　正三棱锥表面取点的投影作图

读者可自己分析 N 点的位置，作出 N 点的另外两面投影。

3.1.2　曲面立体及其表面取点

(1) 圆柱

圆柱表面由圆柱面和两底面所围成。圆柱面可看作一条直母线 AB 绕与它平行的轴线回转而成。圆柱面上任意一条平行于轴线的直线均称为圆柱面的素线。

1）投影分析

如图 3-5（a）所示，圆柱的轴线垂直于水平面，其投影特征如下。

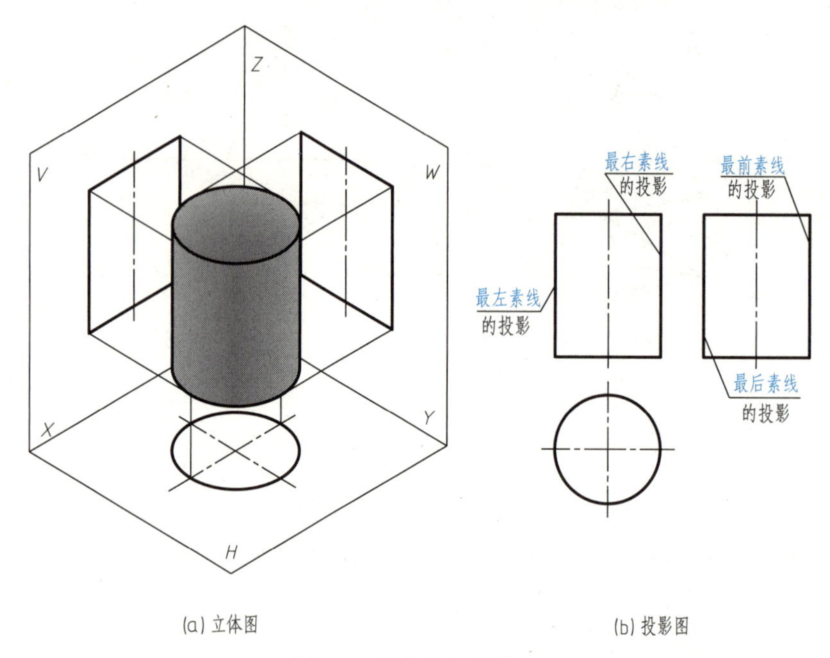

图 3-5　圆柱的投影作图

俯视图： 俯视图是一个圆，是圆柱面积聚性的投影，也是上、下两个底面反映实形的投影。

主视图： 主视图一个矩形线框，是圆柱面前半部分与后半部分的重合投影，上下两底面的投影积聚成直线。左、右两边分别是圆柱最左、最右素线的投影。最左、最右素线是圆柱面由前向后的转向轮廓线，是正面投影中可见的前半圆柱面和不可见的后半圆柱面的分界线。

左视图： 左视图也是一个矩形线框，是圆柱面左、右两半部分的重合投影，上下两底面的投影积聚成直线。两条竖线是圆柱最前、最后素线的投影，也是圆柱面由左向右的转向轮廓线，是侧面投影中可见的左半圆柱面和不可见的右半圆柱面的分界线。

2）作图步骤

① 绘制基准线，布置视图。

② 先画反映形状特征的视图，即俯视图圆。

③ 按照投影关系绘制主视图、左视图。

④ 检查，加深，如图 3-5（b）所示。

3）圆柱表面上点的投影

圆柱的曲面和两底面至少有一个投影具有积聚性，利用点所在的面的积聚性和点的投影规律可求出点的其余两个投影。

如图 3-6（a）所示，已知圆柱面上 A、B、C 三点的正面投影 a'、(b')、c'，求作三点的另外两面投影。

分析：圆柱面的水平面投影具有积聚性，圆柱面上点的水平面投影一定在圆周上。利用点的投影规律完成侧面投影。A 点在最左素线上、B 点在最后素线上，C 点在右前柱面上。

作图步骤：

① A 点的水平面投影在圆的最左点，即为 a，过 a' 作高平齐，得到侧面投影 a''，如图 3-6（b）所示。

② B 点的水平面投影在圆的最后点，即为 b，过（b'）作高平齐，得到侧面投影 b''，如图 3-6（c）所示。

③ 过 c' 作长对正，与水平面投影的圆的交点即为 c，过 c' 作高平齐，量取水平面投影 c 点的宽度，保证宽相等，得到侧面投影 c''，C 点在右半个圆柱面上，不可见，需加括号，即（c''），如图 3-6（d）所示。

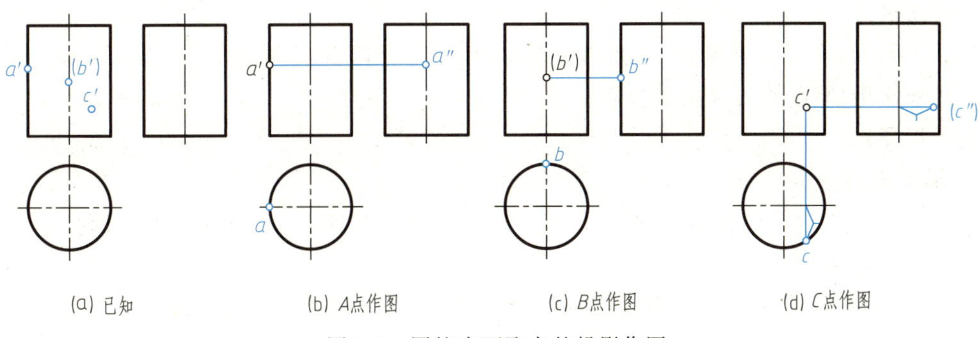

图 3-6 圆柱表面取点的投影作图

（2）圆锥

圆锥表面由圆锥面和底面所围成。如图 3-7（a）所示，圆锥面可看作是一条直母线绕与它相交的轴线旋转而成。在圆锥面上通过锥顶的任一直线为圆锥面的素线。

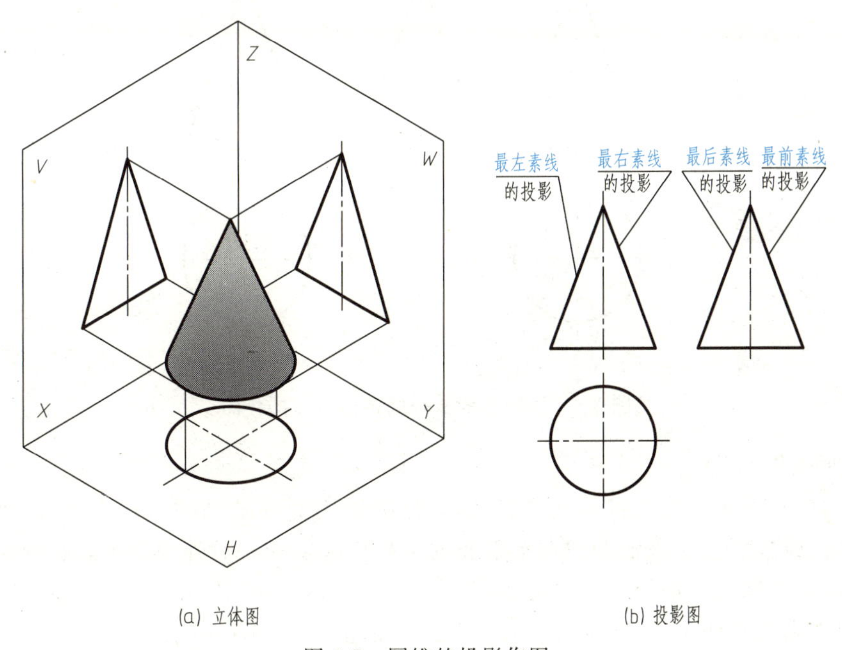

图 3-7 圆锥的投影作图

1）投影分析

如图 3-7（a）所示圆锥，其轴线是铅垂线，底面是水平面。图 3-7（b）是它的投影图。俯视图是圆，反映底面实形。主、左视图均为等腰三角形。

2）作图步骤

① 绘制基准线，布置视图。

② 绘制俯视图——圆。

③ 根据投影关系绘制主视图——等腰三角形。

④ 根据投影关系绘制左视图——等腰三角形。

⑤ 检查，加深，如图 3-7（b）所示。

3）圆锥表面上点的投影

如图 3-8 所示，已知圆锥表面上 A 点的正面投影 a'，求作 A 点的另外两面投影。

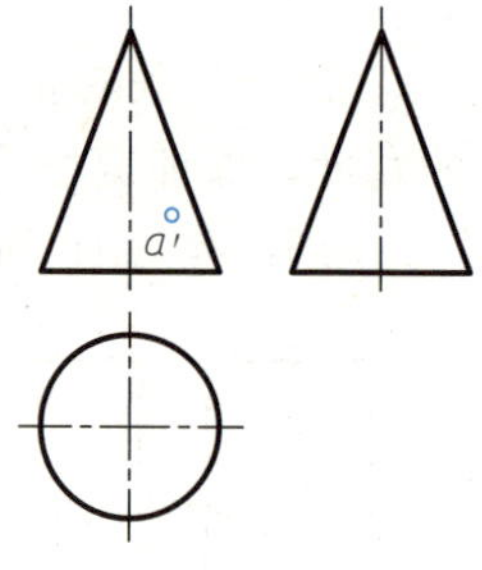

图 3-8　求圆锥面上 A 点

分析：因为 a' 可见，判断 A 点在右前圆锥面上，因此必须利用辅助线来作出 A 点的另外两面投影。

作图步骤：

① 辅助素线法。

图 3-9（a）所示，过锥顶 S 和 A 作一素线，与底面交于点 M。点 A 的各面投影在此素线 SM 的相应投影上。

过 a' 作 $s'm'$，求出其水平面投影 sm。利用投影关系求出水平面投影 a，如图 3-9（b）所示。

利用投影关系，根据 a、a' 可求出其侧面投影。注意保证宽相等，A 点在右半个锥面上，侧面投影不可见要加括号，即（a''），如图 3-9（c）所示。

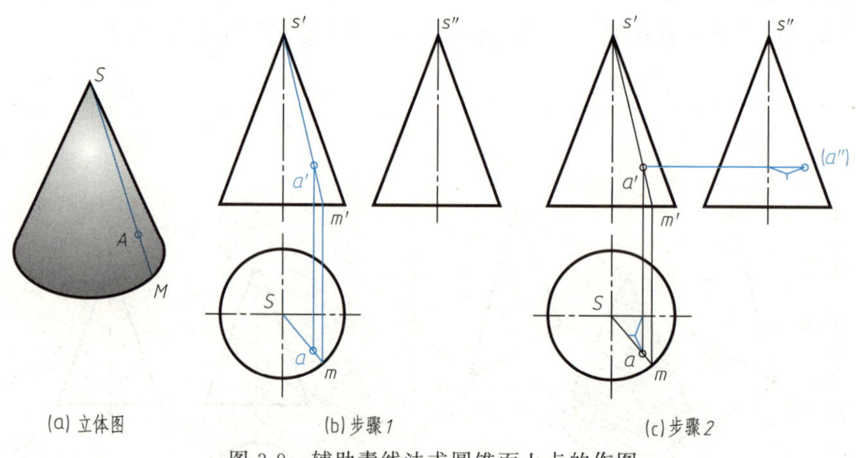

图 3-9　辅助素线法求圆锥面上点的作图

② 辅助圆法。

图 3-10（a）所示，过圆锥面上点 A 作平行圆锥底面的辅助圆，点 A 的各面投影必在此辅助圆的相应投影上。该辅助圆在水平面的投影反映实形，另外两面投影积聚为直线。

过 a' 作辅助圆的正面投影和侧面投影，以 s 为圆心、$m'n'$为直径，作辅助圆的水平面投影。利用投影关系作出 A 点的水平面投影 a，如图 3-10（b）所示。

利用投影关系，根据 a、a'可求出其侧面投影（a''），如图 3-10（c）所示。

（3）圆球

圆球的表面是球面，如图 3-11（a）所示，圆球面可看作是由一条半圆母线绕其直径回转而成。

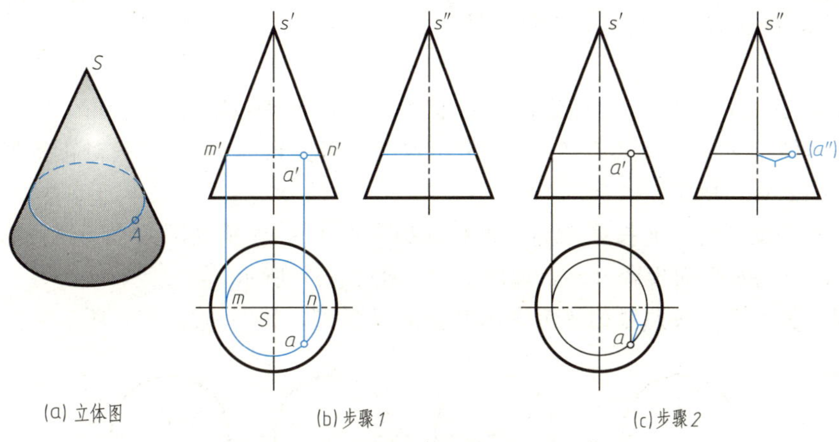

图 3-10　辅助圆法求圆锥面上点的作图

1）投影分析

如图 3-11 所示，圆球的三视图均为大小相等的圆，直径与圆球的直径相等。但这三个圆分别表示三个不同方向的圆球面轮廓素线的投影。正面投影的圆是平行于 V 面最大圆（前、后两个半球的分界线）的投影。水平面投影的圆是平行于 H 面最大圆（上、下两个半球的分界线）的投影。侧面投影的圆是平行于 W 面最大圆（左、右两个半球的分界线）的投影。

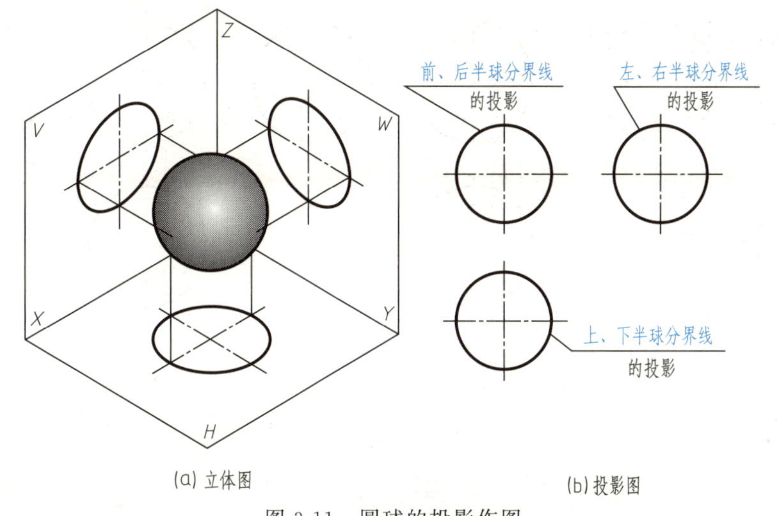

图 3-11　圆球的投影作图

2）作图步骤

① 绘制基准线，布置视图。

② 量取圆球的直径，绘制三个视图的圆。

③ 检查、加深，如图 3-11（b）所示。

3）圆球表面上点的投影

如图 3-12（a）所示，已知圆球表面上 A、B、C 点的投影 a'、b''、c'，求作三点的另外两面投影。

分析：a'在平行于 V 面的最大圆上，其另外两面投影在前后对称线上；b''在上、下对称线上，该点应在平行于 H 面的最大圆上，A、B 两点均可根据点的投影规律完成作图。因为 c' 可见，判断 C 点在左、前、下圆球面上，因此必须利用辅助圆法来作出 C 点的另外两面投影，

W 面投影可见，H 面投影不可见，需加括号。

作图步骤：

① 过 a' 作长对正、高平齐，分别作出 H 面投影 a 和 W 面投影（a''），如图 3-12（b）所示。

② 在 W 面上量取 b'' 的宽度，在 H 面上量取宽相等得到 b，再通过长对正得到 V 面投影（b'），如图 3-12（c）所示。

③ 过 c' 作辅助圆的正面投影和侧面投影（均为直线），作辅助圆的水平面投影。利用投影关系作出 C 点的水平面投影（c），如图 3-12（d）、（e）所示。

④ 利用投影关系，按照宽相等可求出其侧面投影 c''，如图 3-12（f）所示。

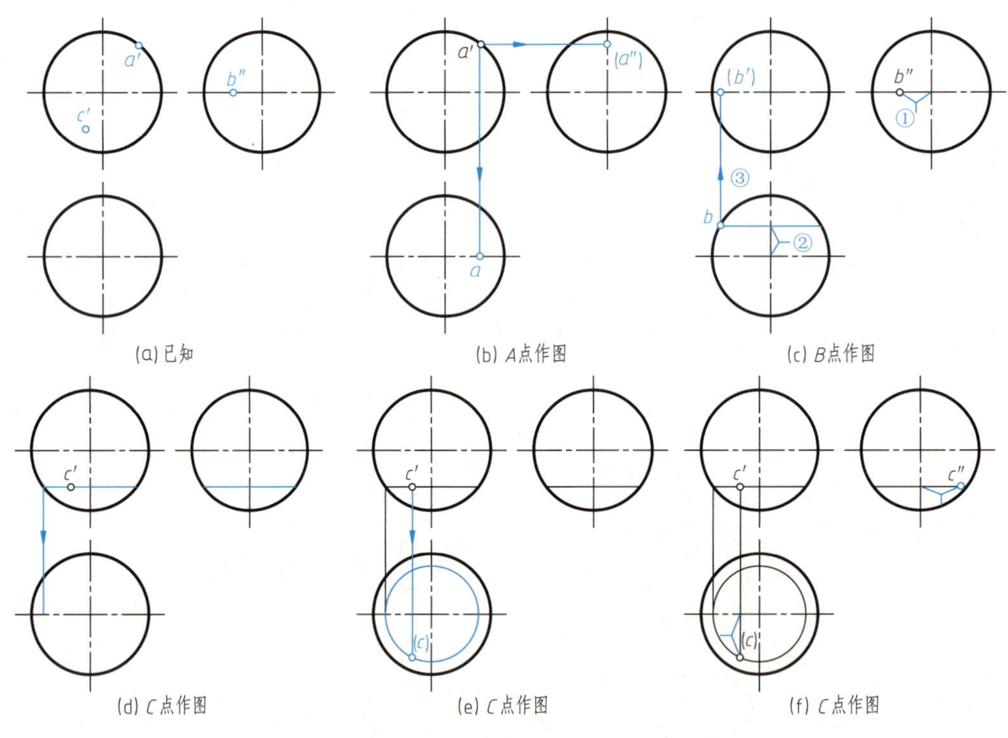

图 3-12 圆球表面上点的投影

3.2 截交线

用平面截切立体，平面与立体就会产生交线，如图 3-13 所示，三棱锥被平面 P 截切为两部分，其中截切立体的平面称为截平面；立体被截切后的部分称为截断体；截平面与立体表面的交线称为截交线，由截交线围成的断面称为截断面。

截交线的基本性质：

① 共有性：截交线是截平面与立体表面的共有线，截交线上的点也都是它们的共有点。

② 封闭性：由于立体表面是有范围的，所以截交线一般是封闭的平面图形。

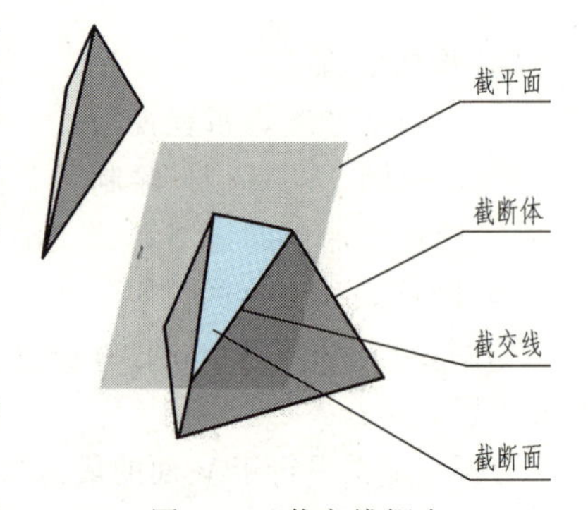

图 3-13 截交线概念

根据截交线性质，求截交线，就是求出截平面与立体表面的一系列共有点，然后依次连接即可。

3.2.1 平面立体的截交线

【例 3-1】 如图 3-14（a）、（b）所示，六棱柱被 *P*、*Q* 两个平面截切。已知主视图，补画俯、左视图。

分析：

P 平面与六棱柱的五个侧面和 *Q* 平面相交，构成六边形且与 *V* 面垂直为正垂面，其投影在正面积聚为直线，另两面投影为类似的六边形。

Q 平面与六棱柱的两个侧面、左端面和 *P* 平面相交，构成矩形，且与 *H* 面平行为水平面，其投影在 *H* 面是显实的矩形，另两面积聚成直线。

作图步骤：

① 按照高平齐，先作出 *Q* 平面的左视图（直线），再按照长对正、宽相等作出 *Q* 平面的俯视图（矩形），如图 3-14（c）所示。

② 按照长对正，作出 *P* 平面的俯视图（六边形），如图 3-14（d）所示。

③ 检查，完成截断体三视图，如图 3-14（e）所示。

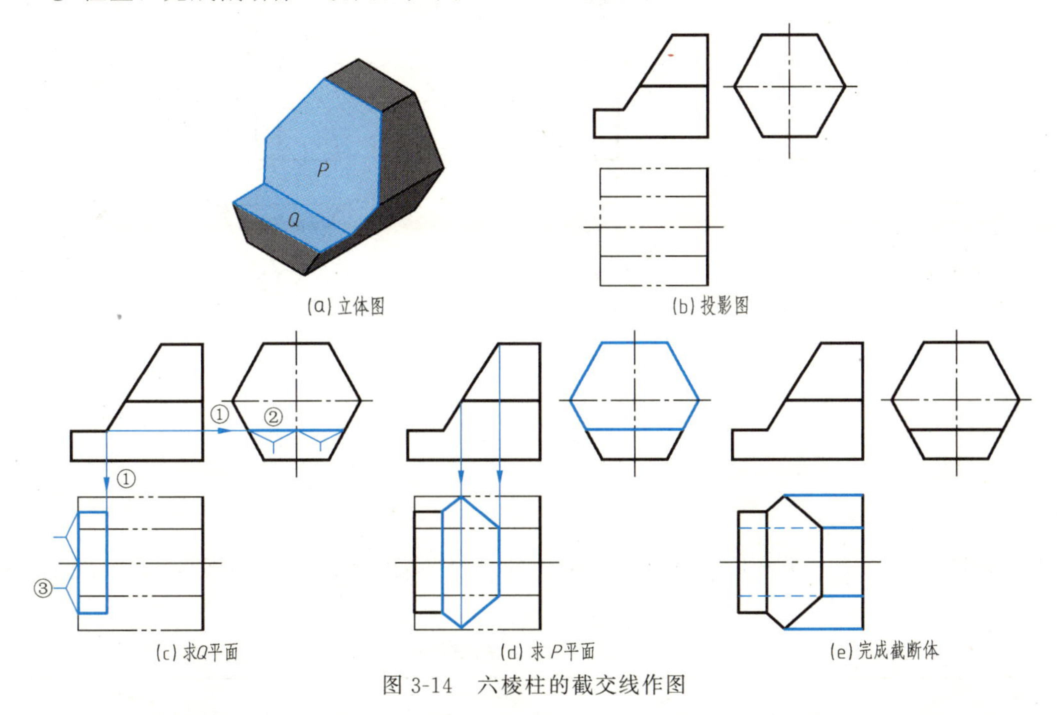

图 3-14 六棱柱的截交线作图

【例 3-2】 如图 3-15（a）（b）所示，三棱锥被 *P* 平面截切，已知主视图，补画俯、左视图。

分析：

P 平面与三棱锥的三个侧面相交，截交线构成三角形且为正垂面，其投影在正面积聚为直线，另两面投影为类似的三角形。

作图步骤：

① 过 $1'$、$2'$点按照长对正、高平齐作出水平面投影 1、2 和侧面投影 $1''$、$2''$，如图 3-15（c）所示。

② 过 3′先按照高平齐作出侧面投影 3″，然后量取宽相等作出水平面投影 3，如图 3-15（d）所示。

③ 完成截交线、截断体的三视图，如图 3-15（e）所示。

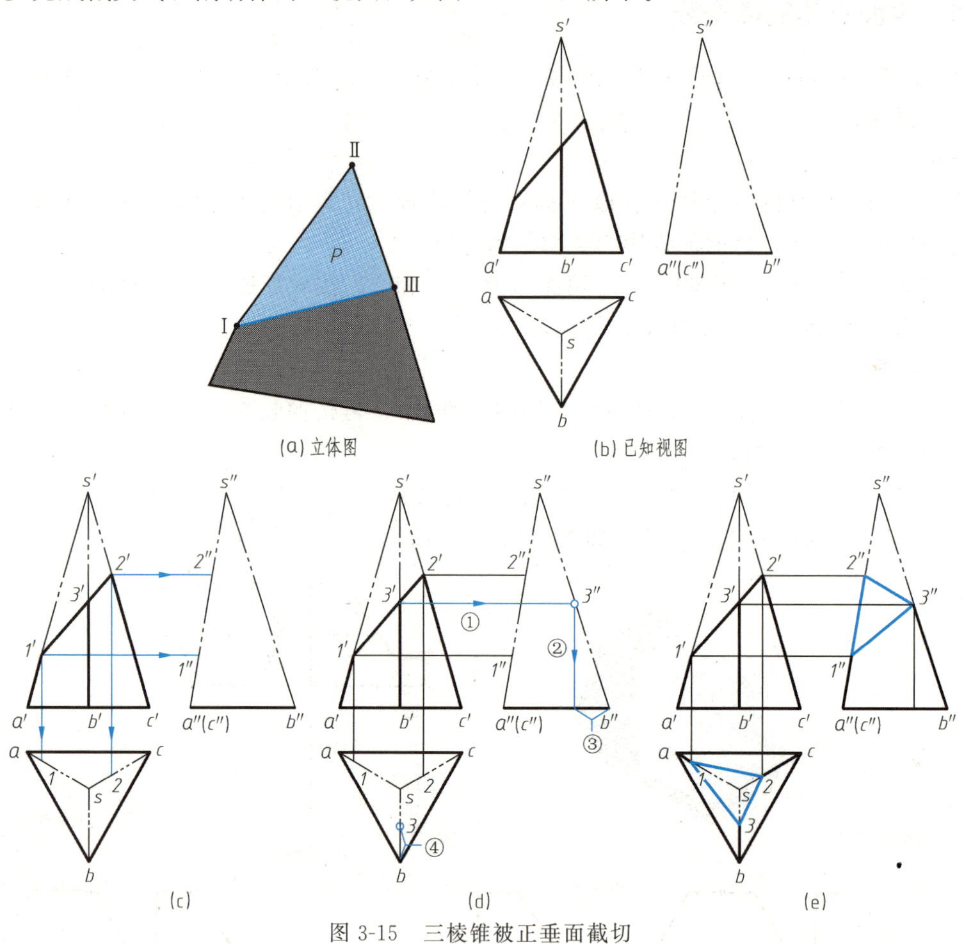

图 3-15　三棱锥被正垂面截切

3.2.2　曲面立体的截交线

(1) 圆柱的截交线

平面截切圆柱时，根据截平面与圆柱轴线的相对位置不同，其截交线有三种不同的形状，如表 3-1 所示。

表 3-1　圆柱截交线的三种形状

截平面位置	与轴线平行	与轴线垂直	与轴线倾斜
截交线形状	矩形	圆	椭圆
立体图			

续表

截平面位置	与轴线平行	与轴线垂直	与轴线倾斜
投影图	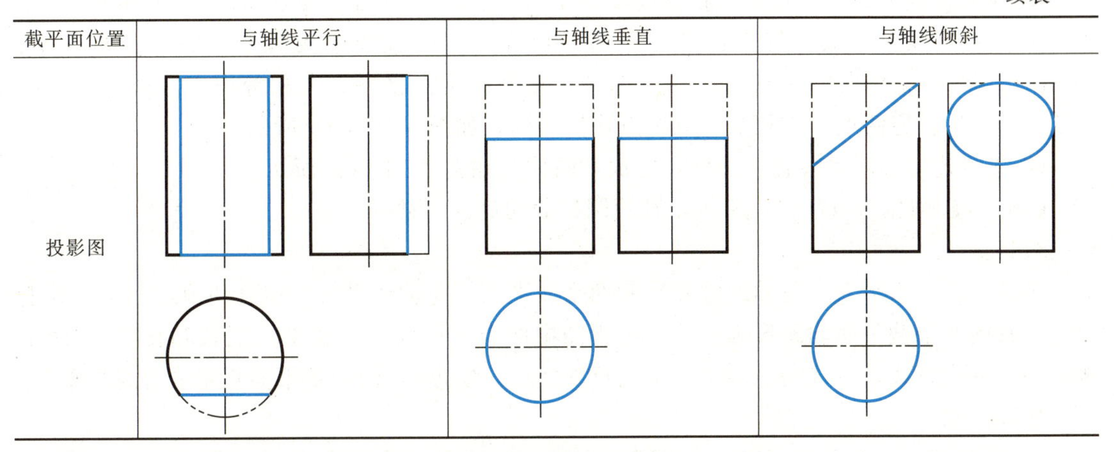		

【例 3-3】 求作圆柱被正垂面 P 截切后的三视图。

分析：截平面 P 与圆柱轴线倾斜，因此截交线的形状为椭圆。截平面是正垂面，因此，截交线正面积聚为一条斜线，水平面投影与圆柱面的投影重合为圆，侧面投影为类似的椭圆，需求出椭圆上一系列的点，才能完成侧面投影。

作图步骤：

① 绘制基准线，布置视图。绘制圆柱的三视图，绘制主视图的截交线，如图 3-16（b）所示。

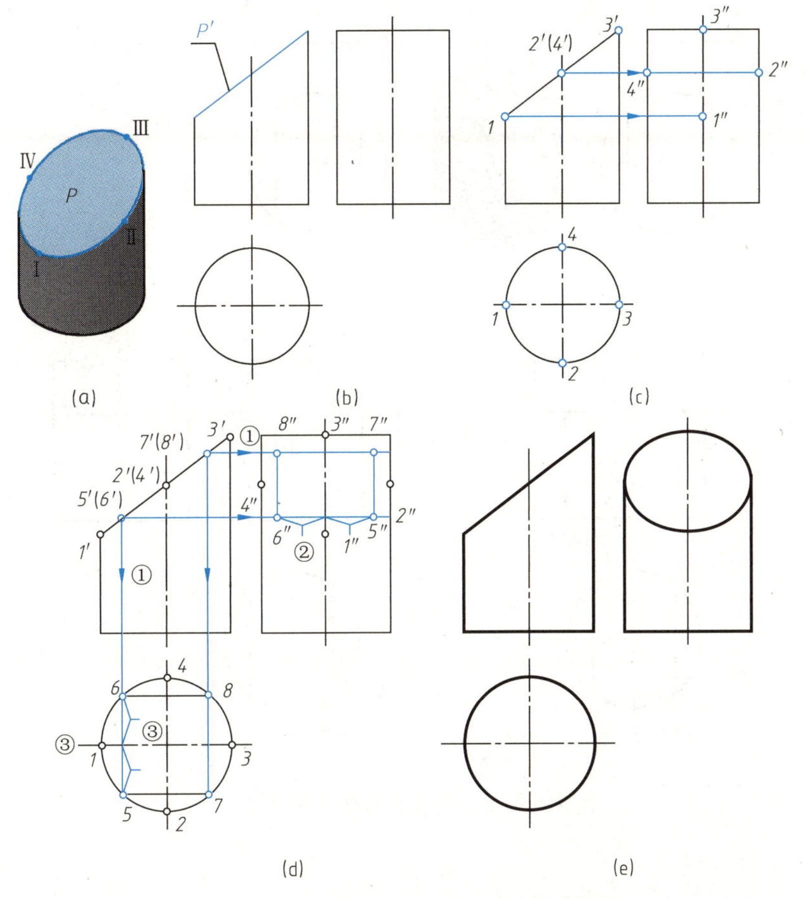

图 3-16　圆柱被正垂面截切的三视图画法

② 作截交线上四个特殊点：根据高平齐作出 1″、2″、3″、4″，如图 3-16（c）所示。

③ 作截交线上一般位置点：在主视图截交线积聚的直线上找两个一般位置的点 5′、(6′)，按照长对正作出俯视图的对应点 5、6，最后根据高平齐、宽相等作出左视图的对应点 5″、6″。Ⅶ、Ⅷ两点作法和Ⅴ、Ⅵ两点作法相同，如图 3-16（d）所示。

④ 光滑连接椭圆，检查、加深，完成截断体，如图 3-16（e）所示。

【例 3-4】 如图 3-17（a）所示，补画圆柱截切后的三视图。

分析：

圆柱被两个水平面（与轴线垂直）和两个侧平面（与轴线平行）组合切掉左上角和右上角。主视图四个截平面均积聚为直线，俯视图中两个水平面反映实形（圆弧和直线），两个侧平面积聚为直线，左视图中两个侧平面反映实形（矩形），两个水平面积聚成直线且重合。

作图步骤：

① 作 P 面——按照高平齐、宽相等，作出 P 面积聚的直线ⅠⅡ，如图 3-17（b）所示。

② 作 Q 面——按照尺寸关系，直接作出 Q 面反映实形的矩形，如图 3-17（c）所示。

③ 检查、加深，完成截断体的三视图，如图 3-17（d）所示。

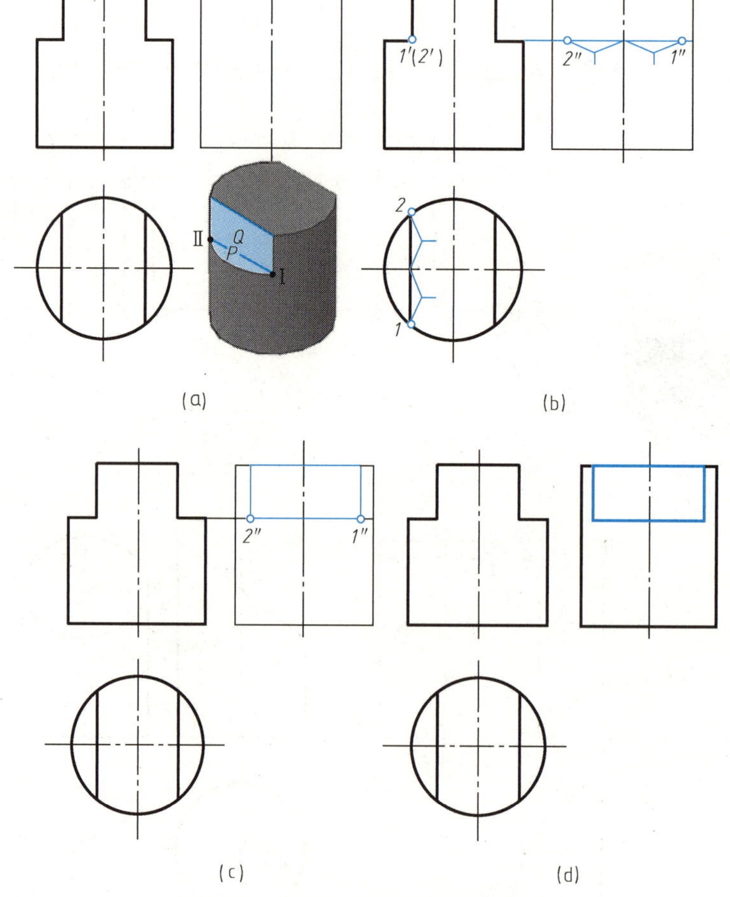

图 3-17 圆柱被截切后的三视图画法

(2) 圆锥的截交线

平面截切圆锥时，根据截平面与圆锥的相对位置不同，其截交线有五种不同的形状，如

表 3-2 所示。

表 3-2　圆锥的截交线

截平面的位置	过锥顶	与轴线垂直	与轴线平行	与轴线倾斜且 $\theta>\phi$	与轴线倾斜且 $\theta=\phi$
截交线形状	三角形	圆	双曲线＋直线	椭圆	抛物线＋直线
立体图	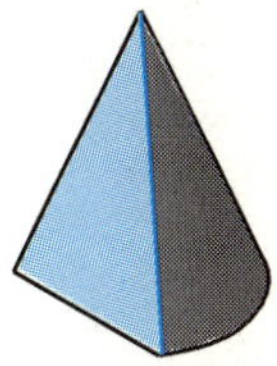			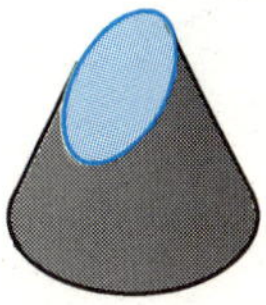	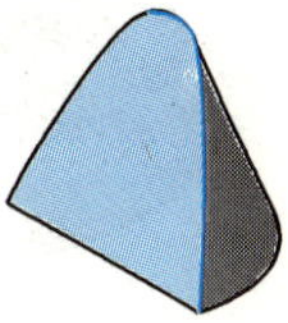
投影图	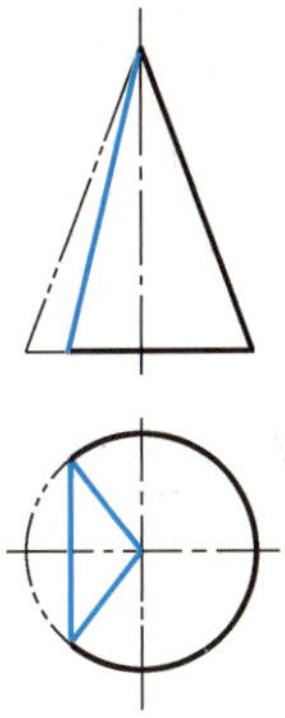	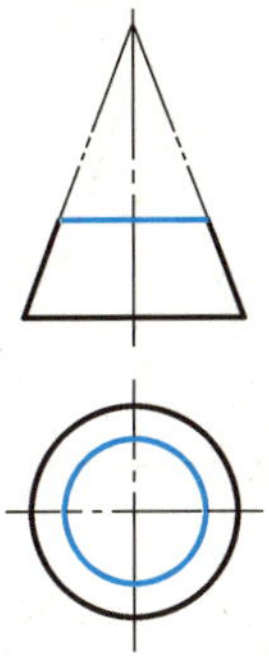	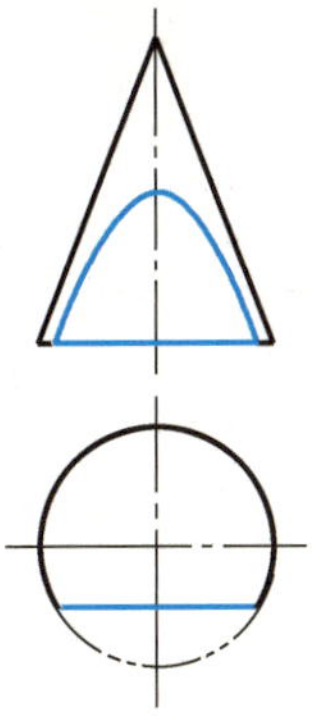	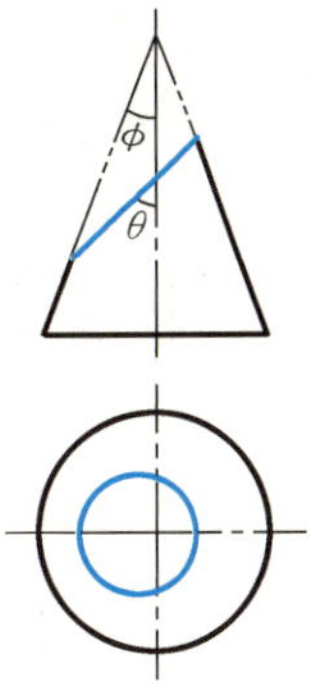	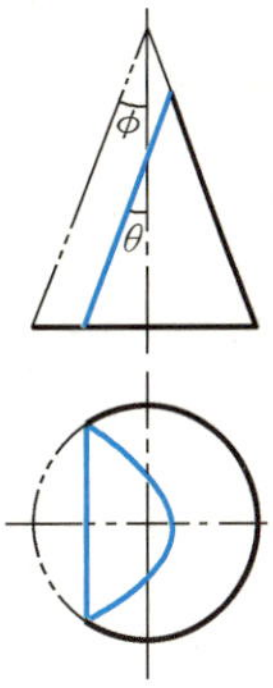

【例 3-5】 求作正圆锥被正平面截切后的三视图，如图 3-18（a）所示。

分析：截平面与圆锥轴线平行，其截交线由双曲线和直线构成封闭的平面图形。双曲线的 V 面投影反映实形，其 H 和 W 面投影积聚为直线。

作图步骤：

① 绘制基准线，布置视图。绘制圆锥的三视图，绘制俯、左视图的截交线，如图 3-18（b）所示。

② 作截交线上三个特殊点：根据长对正作出 $1'$、$2'$，根据高平齐作出 $3'$，如图 3-18（c）所示。

③ 作截交线上一般位置点：在左视图截交线积聚的直线上作任意两个一般位置的点 $4'$、$(5')$，按照高平齐作出过该两点辅助圆主视图的投影、长对正作出俯视图反映实形的辅助圆，该圆与截交线的交点即为 4、5，最后根据长对正作出主视图的对应点 $4''$、$5''$，如图 3-18（d）所示。

④ 光滑连接双曲线，检查、加深，完成截断体，如图 3-18（e）所示。

（3）球体的截交线

平面截切圆球，其截交线都是圆。根据截平面与投影面的相对位置，截交线的投影可能是圆、直线或椭圆。

当截平面为投影面平行面时，截交线在该投影面上的投影反映实形（圆），其余两面投影积聚为线段，如图 3-19（a）所示；当截平面为投影面的垂直面时，截交线在该投影面上的投影积聚为直线，其余两面投影为类似形（椭圆），如图 3-19（b）所示。

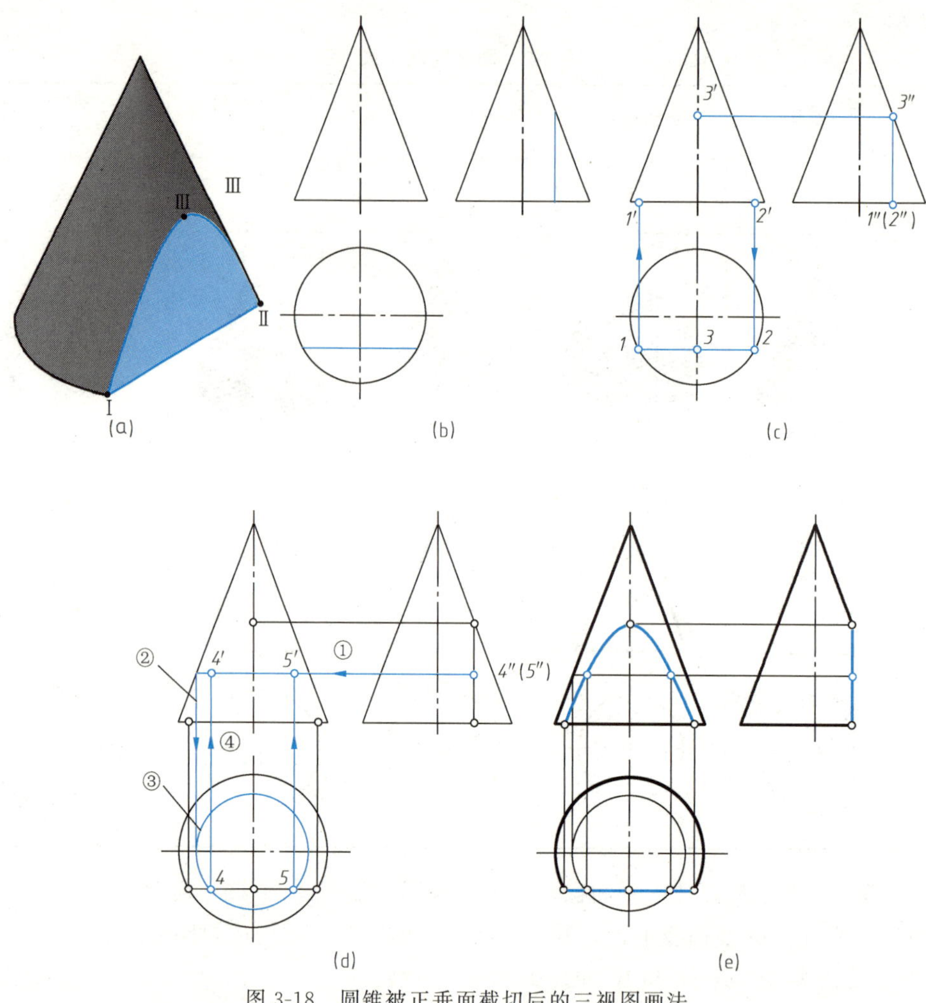

图 3-18 圆锥被正垂面截切后的三视图画法

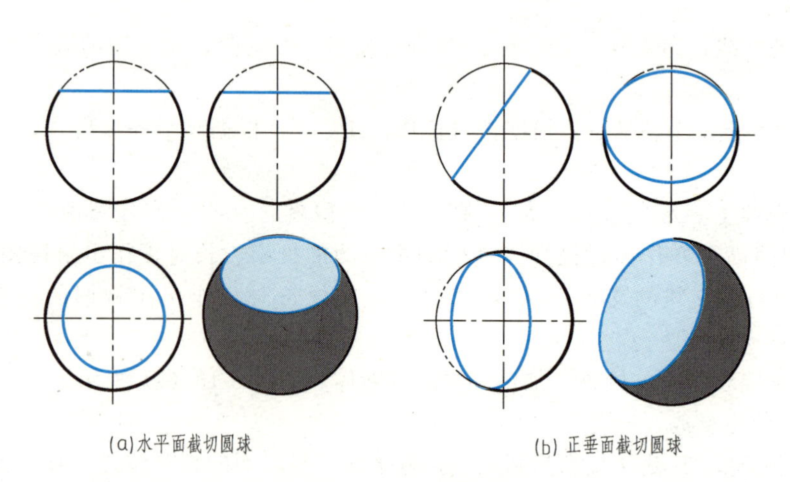

图 3-19 圆球的截交线

【例 3-6】 补画开槽半球的俯、左视图，如图 3-20（a）所示。

分析：半球被一个 P 平面和两个对称的 Q 平面截切，截平面 P 是水平面，截平面 Q 是侧平面。主视图中 P、Q 面均积聚为直线；俯视图中 P 面反映实形（两段圆弧和两段直线），两个 Q 面积聚为直线；左视图中 P 面积聚的直线部分可见、部分不可见，两个 Q 面重合在一起且反映实形（一段圆弧和一段直线）。

作图步骤：

① 完成俯视图：先作出 P 面反映实形的圆，按照长对正作出两个 Q 面积聚的直线，如图 3-20（b）所示。

② 完成左视图：先作出 Q 面反映实形的圆，按照高平齐作出 P 面积聚的直线，$2''5''$之间的不可见，用细虚线绘制，如图 3-20（c）所示。

③ 检查、加深，完成截断体的三视图，如图 3-20（d）所示。

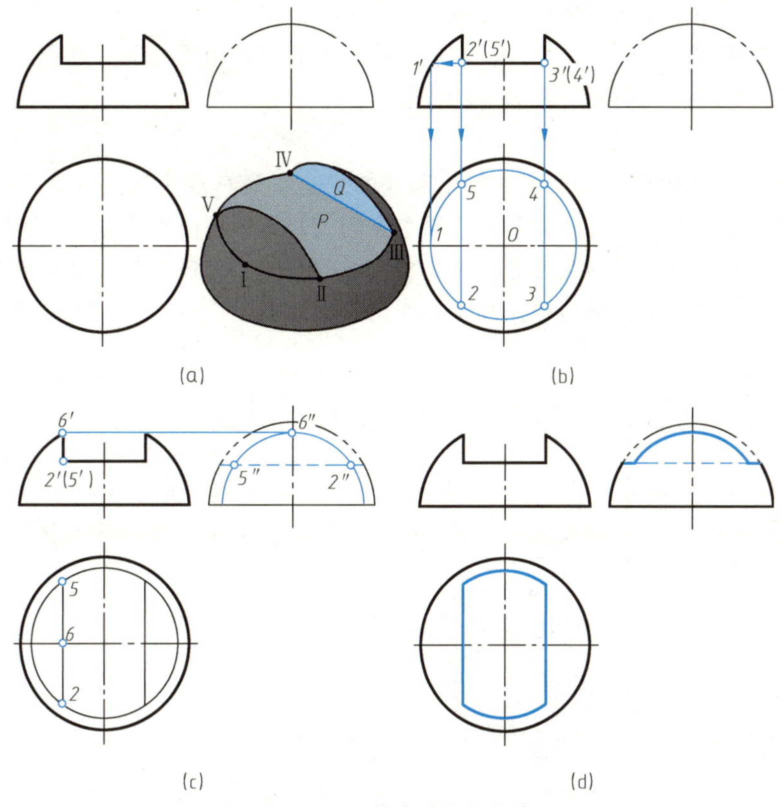

图 3-20　开槽半球的截交线

3.3 相　贯　线

两立体表面的交线称为相贯线，相交的立体称为相贯体。工程中常见的是两回转体相交的零件，如图 3-21 所示，本节只讨论这类相贯线的性质及画法。

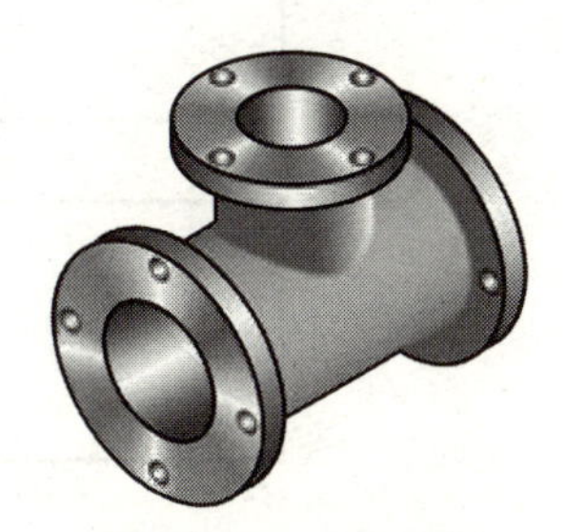

图 3-21　相贯线实例

相贯线的基本性质：

① 共有性：相贯线是相交两立体表面的共有线，相贯线上的点是两个立体表面的共有点。

② 封闭性：一般情况下，相贯线是封闭的空间曲线，特殊情况下是平面曲线或直线。

3.3.1 两圆柱正交

(1) 利用投影的积聚性求作相贯线

【例 3-7】 求两个异径圆柱正交相贯线的投影，如图 3-22（a）所示。

分析：

两个圆柱正交是指两圆柱轴线垂直相交，如图 3-22（a）所示，小圆柱轴线是铅垂线，大圆柱轴线是侧垂线，两个圆柱面分别在水平投影面和侧立投影面上具有积聚性，因此相贯线的水平面投影和侧面投影分别积聚在它们的圆周上。所以，该题只要根据已知的水平面投影和侧面投影求作相贯线的正面投影即可。

相贯线为封闭的空间曲线，前后、左右对称，正面投影相贯线前后重合。因此，只需作出前面的一半。作图时，前后、左右对称作图。

作图步骤：

① 求特殊点：大圆柱的最上素线与小圆柱的最左、最右素线的交点Ⅰ、Ⅲ是相贯线的最高点，同时Ⅰ是最左点，Ⅲ是最右点。两个点的三面投影可以直接作出。小圆柱的最前素线、最后素线与大圆柱素线的交点Ⅱ、Ⅳ是相贯线的最前点和最后点，也是最低点。水平面投影和侧面投影直接作出，然后根据高平齐作出其正面投影 2′（4′），如图 3-22（b）所示。

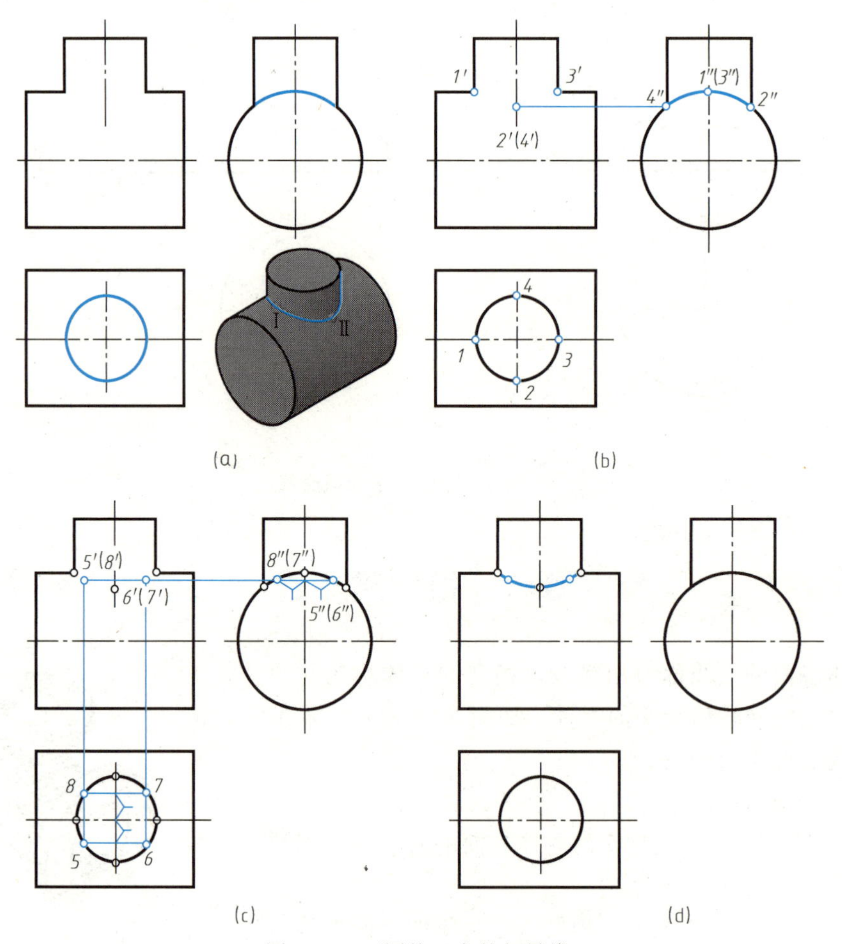

图 3-22 两圆柱正交的相贯线

② 求一般位置点：在左视图相贯线上取对称点 5″（6″）、8″（7″），根据宽相等在俯视图上作出四个对称点 5、6、7、8，最后按照长对正、高平齐作出主视图上四个对称点 5′（8′）、6′（7′），如图 3-22（c）所示。

③ 光滑连接：依次光滑连接各点，即为相贯线的正面投影线，如图 3-22（d）所示。

两个异径圆柱正交有多种情况，如表 3-3 所示，无论是两圆柱相交、圆柱与圆柱孔相交、两圆柱孔相交或者两圆柱交集部分，虽然相交的形式不同，但相贯线的性质和形状一样，作图方法相同。

表 3-3　两圆柱正交相贯线的基本形式

两圆柱相交情况	立体图	投影图
两圆柱垂直相交	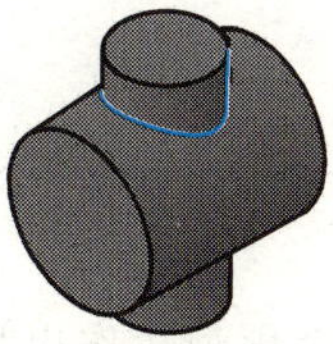	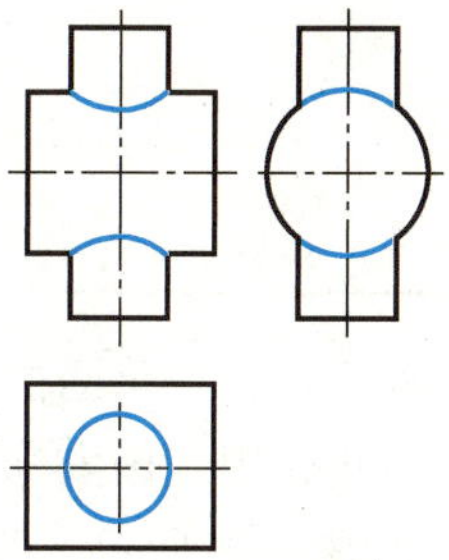
大圆柱上挖切小圆柱	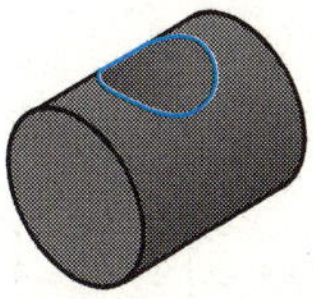	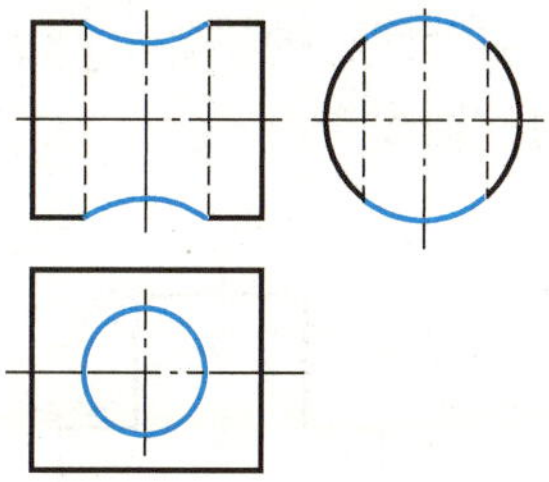
小圆柱上挖切大圆柱		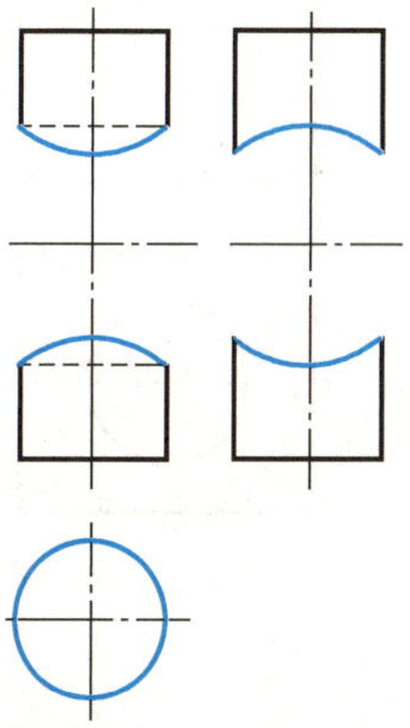
两个圆柱交集部分		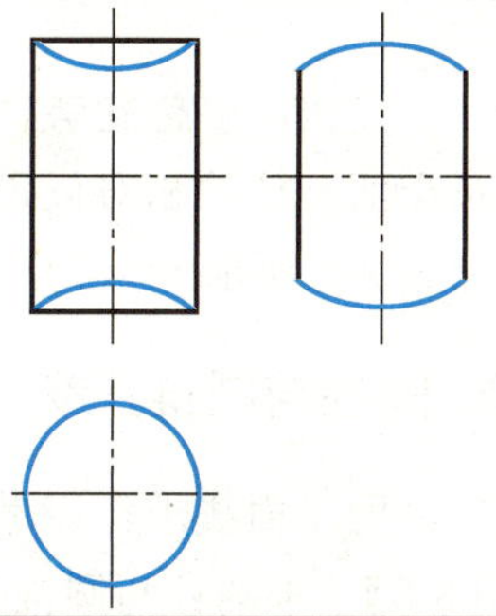

续表

两圆柱相交情况	立体图	投影图
两个圆柱孔	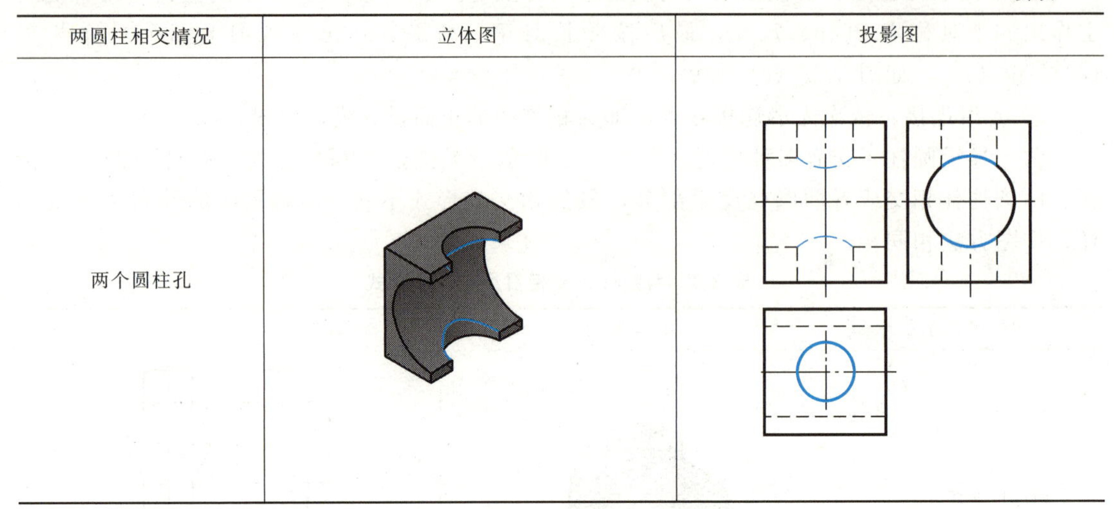	

(2) 相贯线的简化画法

为了简化作图，国家标准规定，允许采用简化画法作出相贯线的投影，即用圆弧代替非圆曲线。如图 3-23 所示，两个异径圆柱正交，两个圆柱轴线都平行于正面，相贯线的正面投影可用大圆柱的半径（$\phi/2$）为半径作圆弧来代替，圆心在小圆柱轴线上，圆弧由小圆柱向大圆柱轴线弯曲。

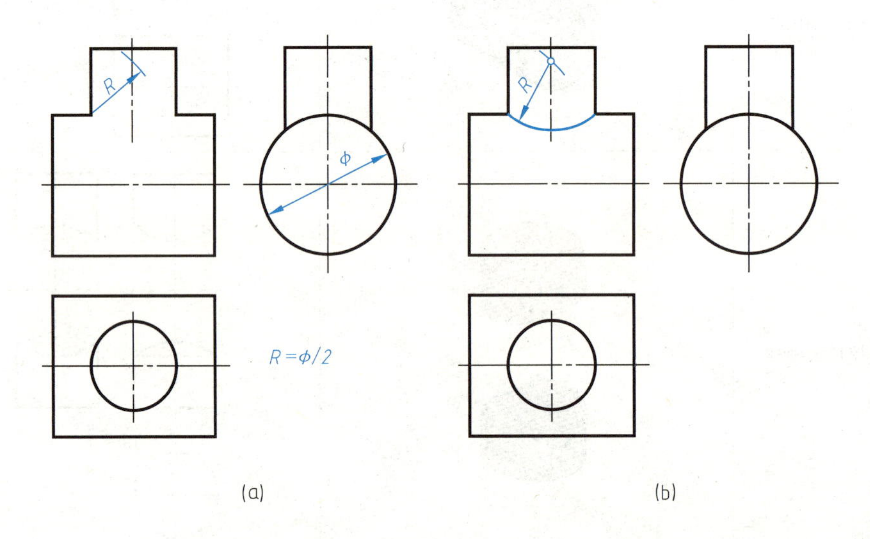

图 3-23 相贯线的近似画法

(3) 相贯线的变化趋势

当正交两圆柱的相对位置不变，而相对大小发生变化时，相贯线的形状和位置也会随之变化，如表 3-4 所示。

3.3.2 圆柱与圆锥正交

利用辅助平面法求作相贯线。

【例 3-8】 求圆柱与圆锥正交相贯线的投影（图 3-24）。

表 3-4　两圆柱正交相贯线的变化趋势

两圆柱直径大小	立体图	投影图
$\phi_1 < \phi_2$	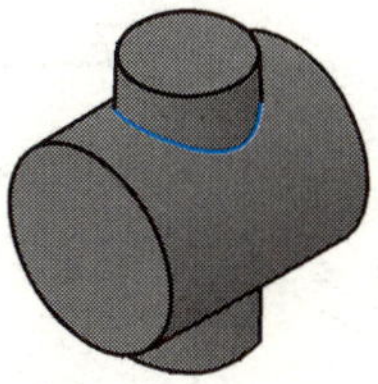	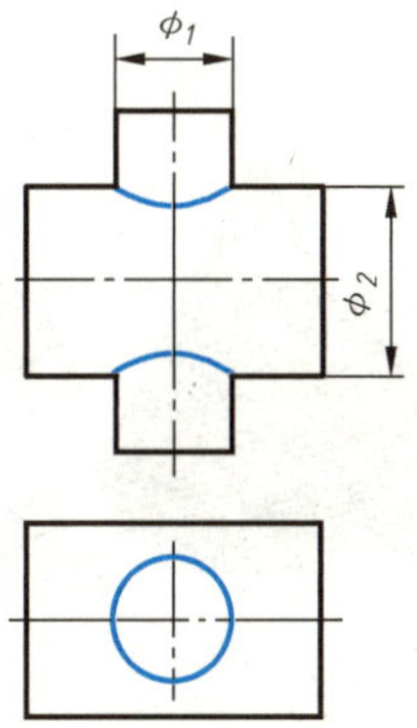
$\phi_1 = \phi_2$	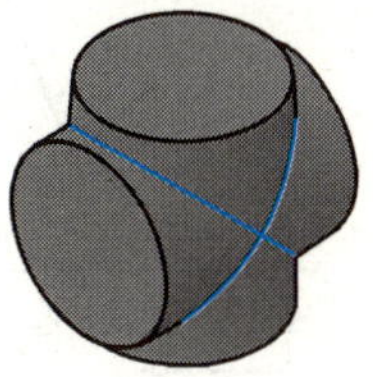	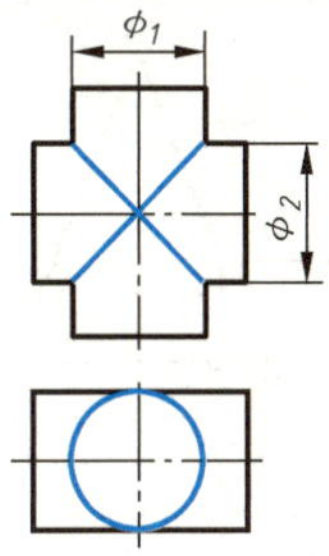
$\phi_1 > \phi_2$	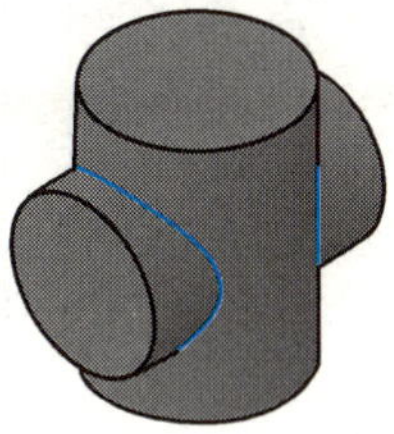	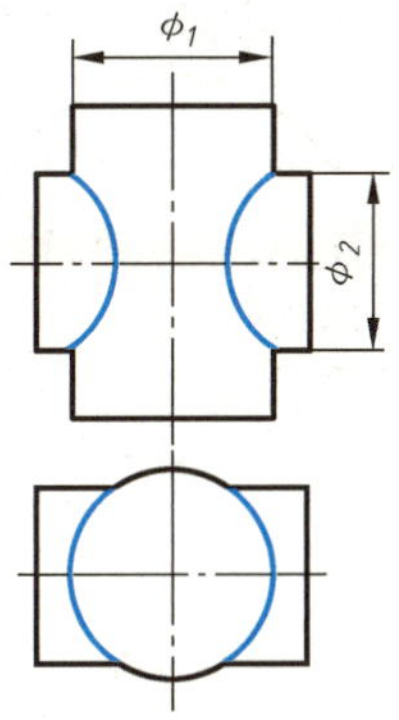

注：两异径圆柱正交时的相贯线弯向大圆柱的轴线。

分析：

圆柱与圆锥正交，相贯线是前后对称的封闭空间曲线，如图 3-24（a）所示，圆柱轴线是侧垂线，圆锥轴线是铅垂线，圆柱面在侧立投影面上具有积聚性，因此相贯线的侧面投影是圆柱面投影的圆，另外两面投影柱面无积聚性，圆锥面的三面投影均无积聚性，如图 3-24（c）所示。所以，该题只有一面投影已知，要求出另外两面投影，无法利用点的投影规律完成，必须通过辅助面（辅助平面法或辅助球面法）法求得。

作图方法：辅助平面法。

辅助平面法是用一辅助平面与两个立体表面同时相交，与两个立体产生的截交线的交点（三面共点）即为相贯线上的点。选择辅助平面的原则是：①辅助平面与两个立体产生的截交线是简单的直线或圆；②辅助平面在两个立体有交点的范围内。如 3-24（b）所示，辅助平面 P 与圆锥轴线垂直，产生的截交线是圆；P 与圆柱轴线平行，与柱面的交线是两条直线，圆与直线的两个交点是相贯线上的点。

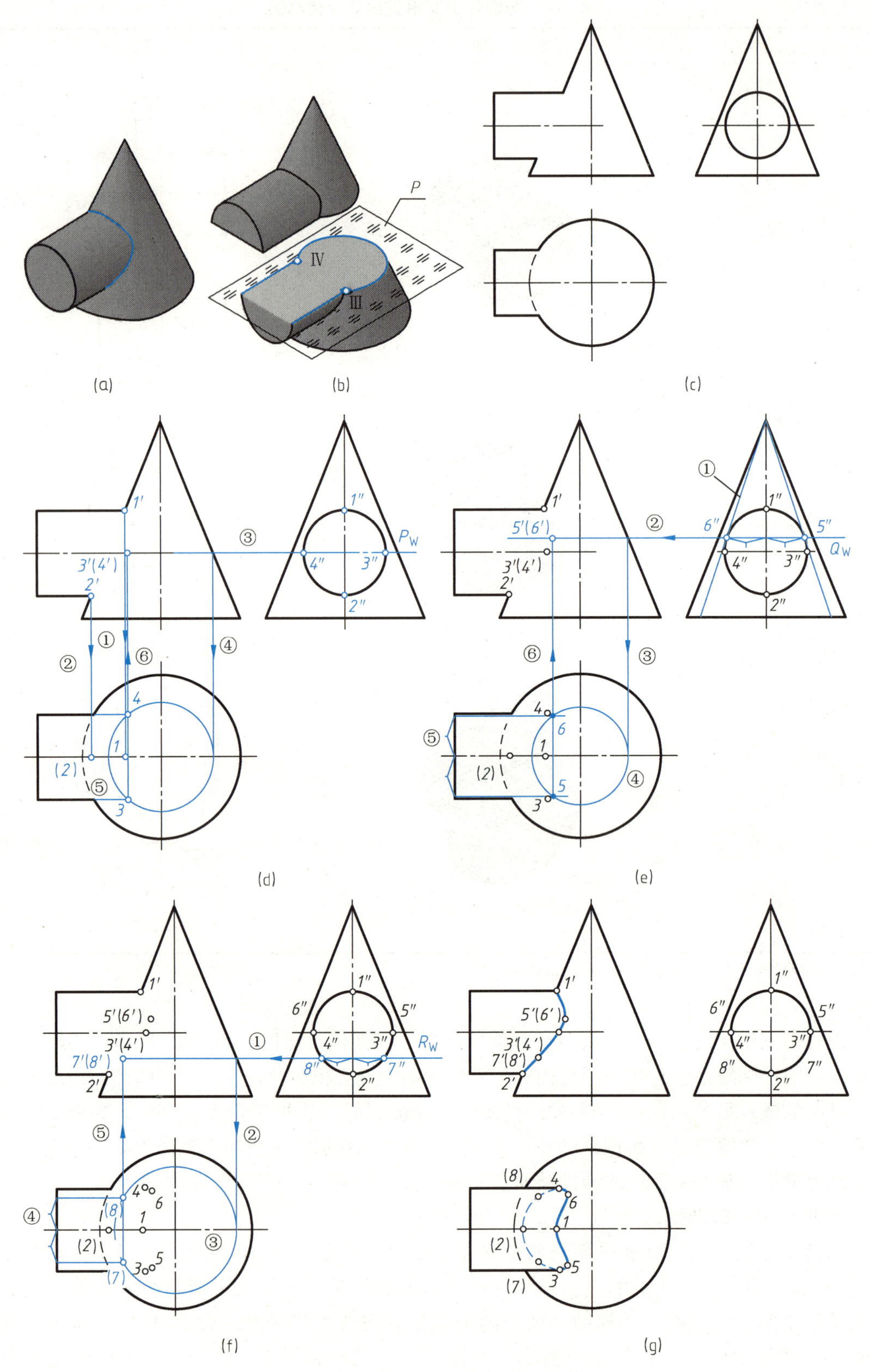

图 3-24 圆柱与圆锥正交的相贯线

作图步骤：

① 求特殊点：圆柱的最上、最下素线与圆锥的最左素线的交点Ⅰ、Ⅱ是相贯线的最高点和最低点，两个点的三面投影可以直接作出。圆柱的最前素线、最后素线与圆锥的交点Ⅲ、Ⅳ是相贯线的最前点和最后点。侧面投影直接作出，然后利用辅助平面 P 先后作出其水平面投影 3、4 和正面投影 3′、(4′)，如图 3-24 (d) 所示。

在侧面投影中，过锥顶作圆的切线，切点Ⅴ、Ⅵ是空间曲线正面投影的拐点。然后利用辅助平面 Q 先后作出其水平面投影 5、6 和正面投影 5′、(6′)，如图 3-24 (e) 所示。

② 求一般位置点：在侧面投影上作辅助平面 R，与圆有两个交点 7″、8″，先后作出其水平面投影 (7)、(8) 和正面投影 7′、(8′)，如图 3-24 (f) 所示。

③ 判断可见性，光滑连接：正面投影相贯线前后（可见和不可见）重合，依次光滑连接各点；水平面投影中 3、5、1、6、4 点可见，(7)、(2)、(8) 点不可见，依次光滑连接各点，完成相贯体的投影如图 3-24 (g) 所示。

3.3.3　相贯线的特殊情况

两回转体相交，其相贯线一般为空间曲线，但在特殊情况下，相贯线是平面曲线或直线。

① 两个回转体同轴相交时，相贯线是垂直轴线的圆，如图 3-25 所示。

② 当轴线相交的两圆柱或圆柱与圆锥公切于一个圆球时，相贯线是两个相交的椭圆，如图 3-26 所示。椭圆在垂直的投影面的投影积聚为直线，在倾斜的投影面上的投影为类似形。

③ 当相交的两圆柱轴线平行时，相贯线为直线，如图 3-27 所示。

④ 当两圆锥共锥顶相交时，相贯线为直线，如图 3-28 所示。

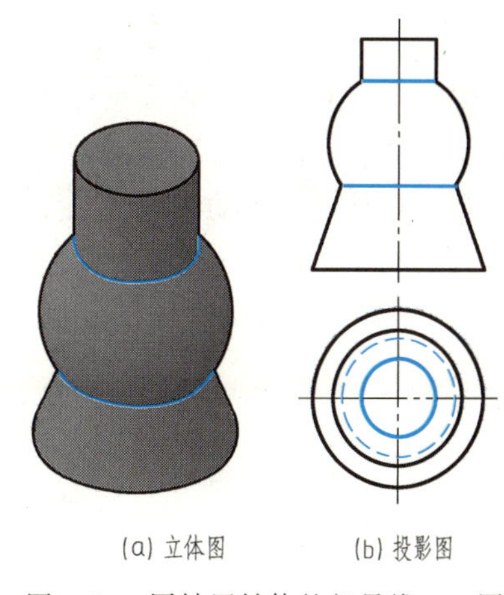

(a) 立体图　(b) 投影图

图 3-25　同轴回转体的相贯线——圆

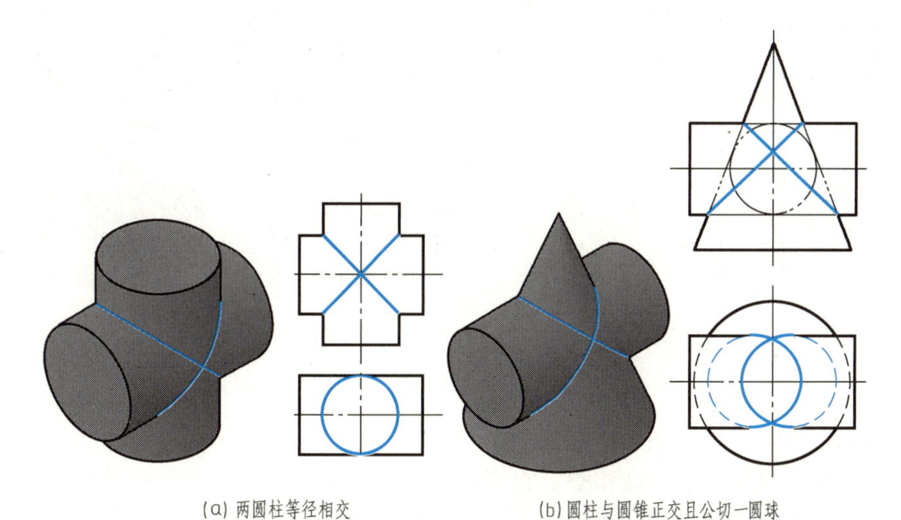

(a) 两圆柱等径相交　(b) 圆柱与圆锥正交且公切一圆球

图 3-26　正交两圆柱直径相等时的相贯线

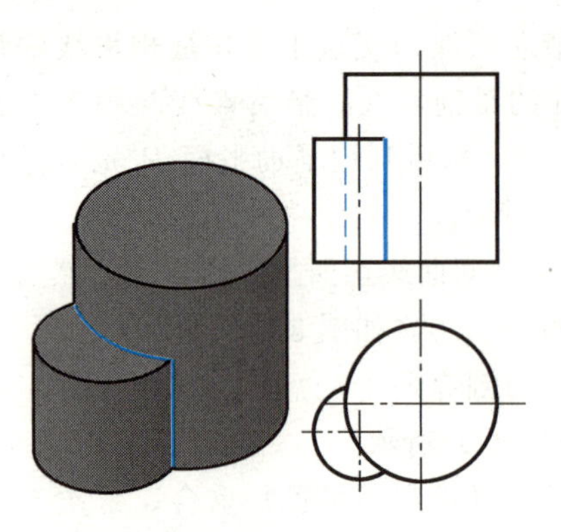
图 3-27　两轴线平行的相交圆柱的相贯线

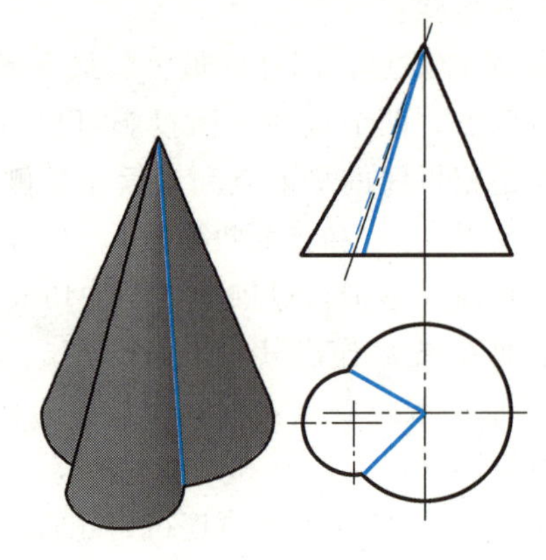
图 3-28　两圆锥共锥顶相交的相贯线

3.3.4 相贯线的综合举例

【例 3-9】 读图，补全主视图，如图 3-29（a）所示。

分析：

圆柱Ⅰ、Ⅱ同轴（轴线是侧垂线）相交，圆柱Ⅲ（轴线是铅垂线）与圆柱Ⅰ、Ⅱ轴线垂直相交，圆柱Ⅱ的左端面与圆柱Ⅲ产生截交线。

圆柱Ⅲ与圆柱Ⅰ的相贯线是空间曲线，圆柱Ⅲ与圆柱Ⅱ的相贯线是空间曲线；圆柱Ⅱ、Ⅲ的截交线是直线。

作图步骤如图 3-29（b）所示。

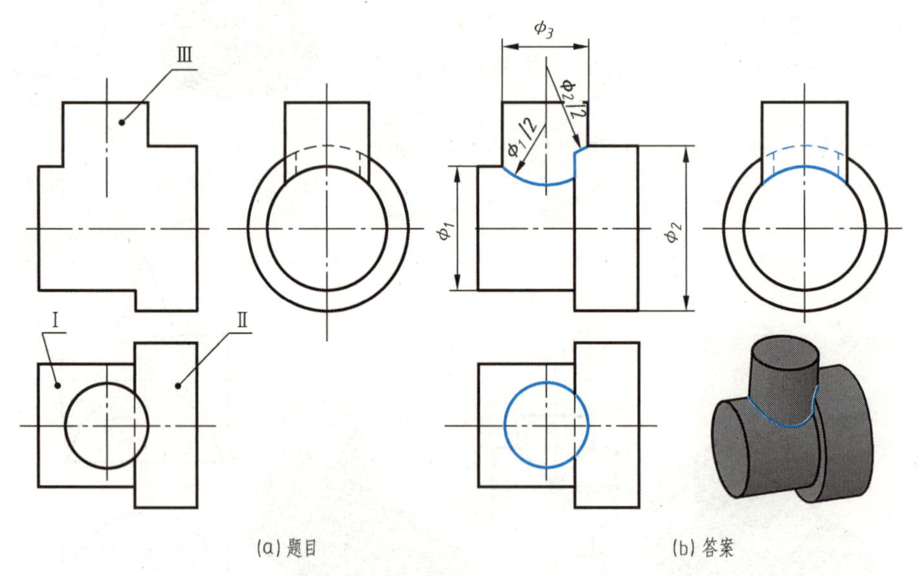

图 3-29　相贯线综合举例（一）

【例 3-10】 读图，补画漏线，如图 3-30（a）所示。

分析：半球Ⅰ与圆柱Ⅱ同轴相交，直径相等，球面与柱面相切无交线。半球Ⅰ与圆柱Ⅲ同轴相交，交线为半个圆，该半圆平行水平面，因此俯视图是反映实形的半圆，主、左视图分别积聚为直线。圆柱Ⅱ与圆柱Ⅲ属于正交，交线为半个空间曲线，该曲线俯、左视图的投影分别落在相应圆柱面积聚性的投影上，主视图需作出半个相贯线。半球Ⅰ与圆柱Ⅱ同轴挖去圆柱孔Ⅳ，圆柱孔Ⅳ与半球和圆柱右端面的交线都是圆，该圆在左视图反映实形，在主、俯视图上分别积聚为直线。

作图步骤如3-30（b）所示。

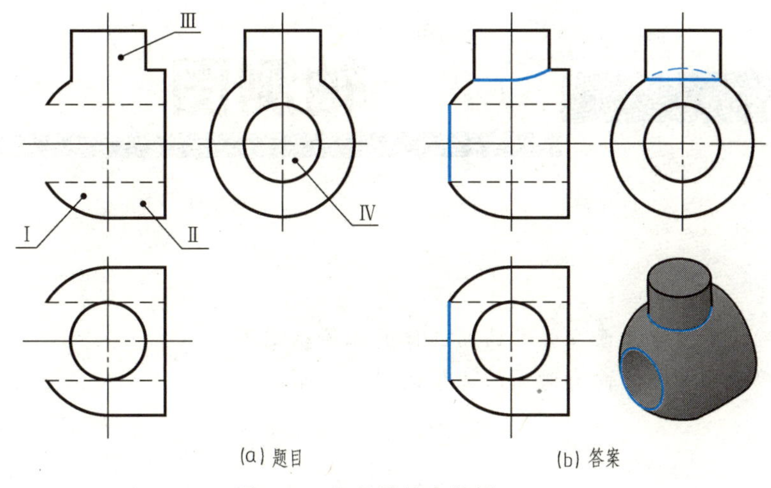

图 3-30 相贯线综合举例（二）

第4章 轴测图

能力目标

- 能够正确绘制简单平面立体和曲面立体的正等轴测图。
- 能够正确绘制单一方向有曲面的立体的斜二等轴测图。

知识点

- 轴测图的基本概念及投影特性。
- 正等轴测图的画法。
- 斜二等轴测图的画法。

视图能够准确地表达物体的形状和大小，且作图简便，但这种图样缺乏立体感。因此，在工程上常采用直观性强、富有立体感的轴测图作为辅助图样，用以说明机器及零部件的内外结构和工作原理。图 4-1 所示为同一物体三视图与轴测图的对比。

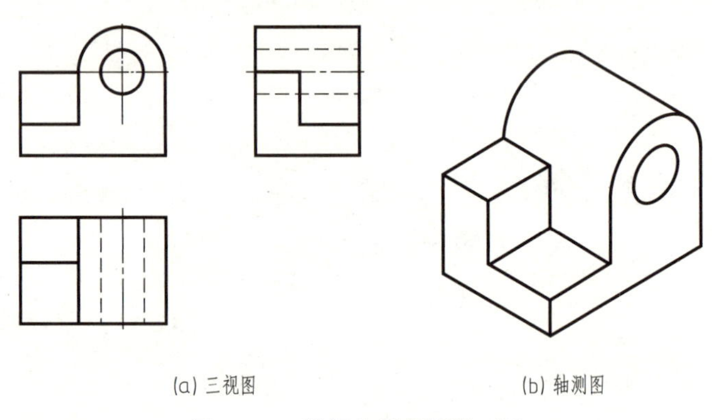

(a) 三视图　　(b) 轴测图

图 4-1　三视图与轴测图的对比

4.1　轴测图的基本知识

4.1.1　轴测图（GB/T 4458.3—2013）的形成

将物体连同其参考直角坐标系沿不平行于任一坐标面的方向，用平行投影法将其投射在单一投影面上所得到的图形称为轴测投影图，简称轴测图。形成轴测投影的平面 P 称为轴测投影面。图 4-2 所示为轴测投影图的形成方法。

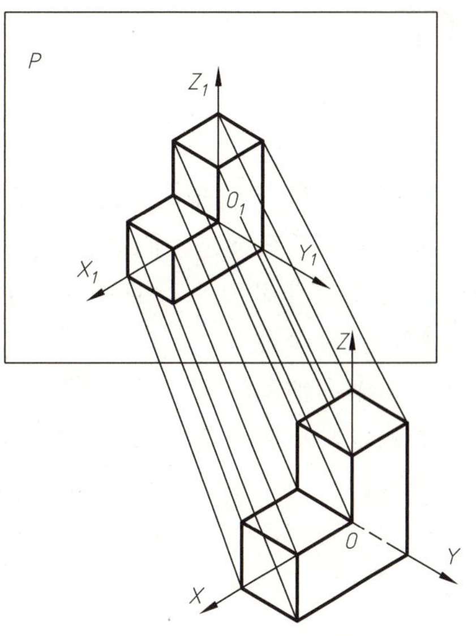

图 4-2　轴测投影图的形成方法

4.1.2　轴测图的基本概念

(1) 轴测轴

空间直角坐标轴在轴测投影面上的投影称为轴测轴，用 O_1X_1、O_1Y_1、O_1Z_1 表示。

(2) 轴间角

相邻两轴测轴之间的夹角$\angle X_1O_1Y_1$、$\angle Y_1O_1Z_1$、$\angle X_1O_1Z_1$ 称为轴间角。

(3) 轴向伸缩系数

轴测轴上的线段与空间坐标轴上对应线段长度之比。X 轴、Y 轴、Z 轴的轴向伸缩系数分别用 p_1、q_1、r_1 表示。

4.1.3　轴测图的种类

按照投射线是否垂直轴测投影面，轴测图分为正轴测图和斜轴测图；根据轴向伸缩系数是否相等，轴测图分为等轴测图（$p_1=q_1=r_1$）、二等轴测图（$p_1=q_1\neq r_1$，或 $p_1\neq q_1=r_1$）、三轴测图（$p_1\neq q_1\neq r_1$）。

机械工程中最常用轴测图是正等轴测图和斜二等轴测图。两种轴测图的特性如表 4-1 所示。

表 4-1　正等轴测图和斜二等轴测图特性

轴测图类型		正等轴测图(简称正等测)	斜二等轴测图(简称斜二测)
特性	投射方向	投射线与轴测投影面垂直	投射线与轴测投影面倾斜
	轴间角	Z_1 O_1 X_1 Y_1 120° 120°；上 下 后 右 左 前	Z_1 X_1 O_1 Y_1 135° 135°；上 左 右 下 后 前
	轴向伸缩系数	$p_1=q_1=r_1\approx0.82$	$p_1=r_1=1, q_1=0.5$
	简化轴向伸缩系数	$p=q=r=1$	无
边长为 L 的正方体的轴测图		0.82L 0.82L 0.82L $p_1=q_1=r_1\approx0.82$；L L L $p=q=r=1$	L 0.5L L

4.1.4 轴测图的投影特性

轴测投影是用平行投影法绘制的一种投影图，因此具有平行投影的基本特性。

(1) 平行性

① 物体上平行于坐标轴的线段，其轴测投影平行于相应的轴测轴，且同一轴向的线段，其轴向伸缩系数都是相同的。

② 物体上相互平行的线段，在轴测投影中仍相互平行。

(2) 测量性

在坐标轴上的线段或者平行坐标轴的线段可以直接量取线段的长度尺寸，与坐标轴不平行的线段，不能在图上直接量取尺寸，而要先定出该线段的两端点的位置，再画出该直线的轴测投影。

4.2 正等轴测图

4.2.1 平面立体的正等轴测图画法

画平面立体正等轴测图的方法有坐标法、切割法和叠加法。

(1) 坐标法

坐标法是画平面立体正等轴测图的基本方法，作图时，沿坐标轴测量各顶点的坐标，直接画出立体表面各顶点的轴测图，然后依次连接成立体表面的轮廓线，即完成平面立体的轴测图。

【例 4-1】 如图 4-3（a）所示，已知正六棱柱的主、俯视图，画出其正等测图。

分析：由于正六棱柱前后、左右均对称，故将坐标原点 O 定在其顶面中心，以六边形的对称线为 X 轴和 Y 轴，棱柱的中心线为 Z 轴，从上表面开始作图。

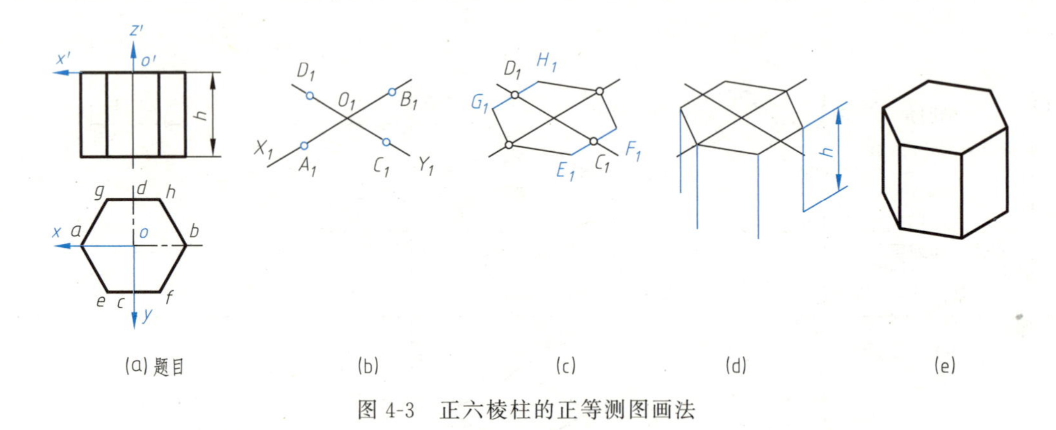

图 4-3 正六棱柱的正等测图画法

作图步骤：

① 在主、俯视图上确定坐标，如图 4-3（a）所示。

② 画出轴测轴，沿 X 轴直接量取 oa、ob，并在轴测轴上量取 O_1A_1、O_1B_1 确定 A_1、B_1 两点；沿 Y 轴直接量取 oc、od，并在轴测轴上量取 O_1C_1、O_1D_1 确定 C_1、D_1 两点，如图 4-3（b）所示。

③ 过 C_1、D_1 点作 X_1 轴的平行线，并使 $E_1F_1=ef$、$G_1H_1=gh$，然后顺次连接正六

边形的轴测图，如图 4-3（c）所示。

④ 由各顶点向下量取高为 h 的可见棱线，如图 4-3（d）所示。

⑤ 连接下表面各顶点，擦去作图线，并加深轮廓线，完成正六棱柱轴测图，如图 4-3（e）所示。

（2）切割法

切割法适用于画由长方体切割而成的物体的轴测图。这种方法是以坐标法为基础，先用坐标法画出完整长方体，然后用切割方法画出其不完整部分。

【例 4-2】 如图 4-4（a）所示，已知物体的三视图，画出其正等轴测图。

分析：该物体可看作是长方体被一个水平面和一个正垂面组合切去左上角，又被两个正平面和一个水平面组合在上方居中切去左右方向的通槽。先画出长方体的轴测图，然后按照截平面的定位分步截切，完成轴测图。

作图步骤：

① 在视图上选定坐标轴，如图 4-4（a）所示。

② 分析视图的尺寸，如图 4-4（b）所示。

③ 画轴测轴，沿坐标轴量取长、宽、高作出长方体的轴测图，如图 4-4（c）所示。

④ 在长方体上按照尺寸 H_1、L_1、L_2 画出截平面的定位线，如图 4-4（d）所示。

⑤ 利用轴测投影的平行性，作出水平面和正垂面的轴测图，如图 4-4（e）所示。

⑥ 按照尺寸 B_1、H_2 画出两个正平面和一个水平面切槽的轴测图，如图 4-4（f）所示。

⑦ 擦去作图线，检查、加深，完成轴测图，如图 4-4（g）所示。

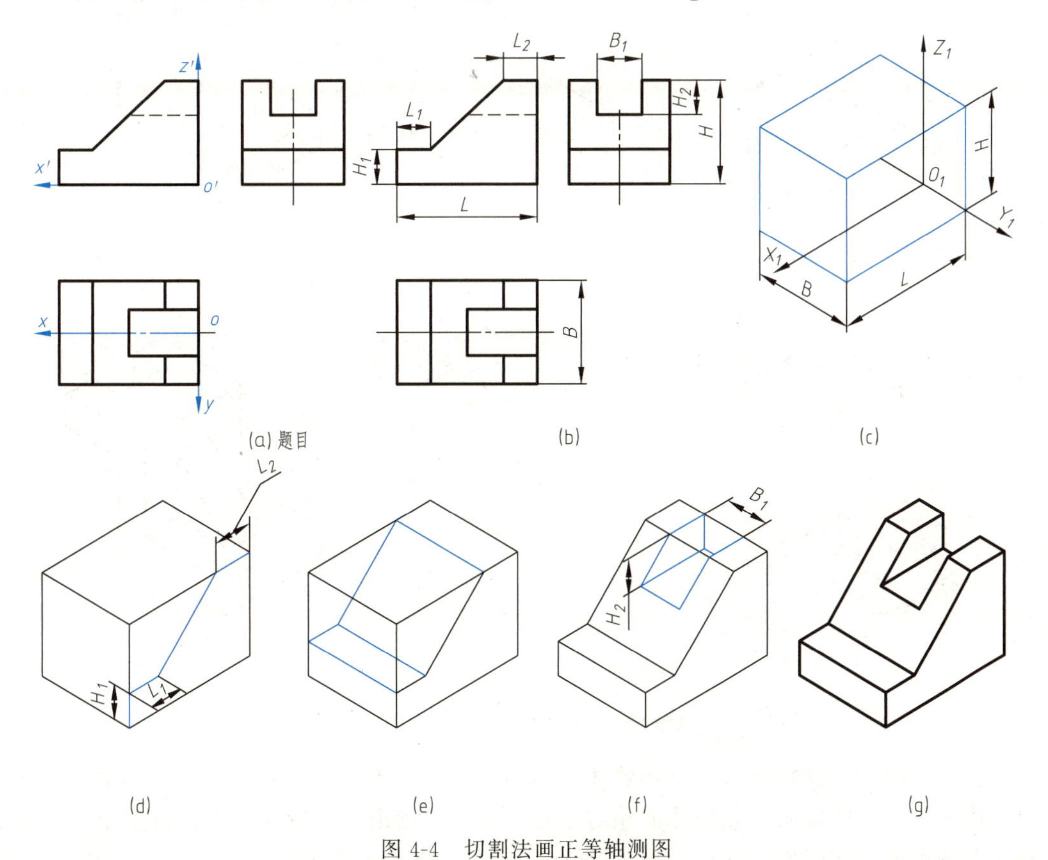

图 4-4 切割法画正等轴测图

(3) 叠加法

将物体看作是由几个简单形体叠加而成的，按其相对位置逐个画出各简单形体的轴测图，从而完成整个物体的轴测图，这种方法称为叠加法。

【例 4-3】 如图 4-5（a）所示，已知物体的三视图，画出其正等轴测图。

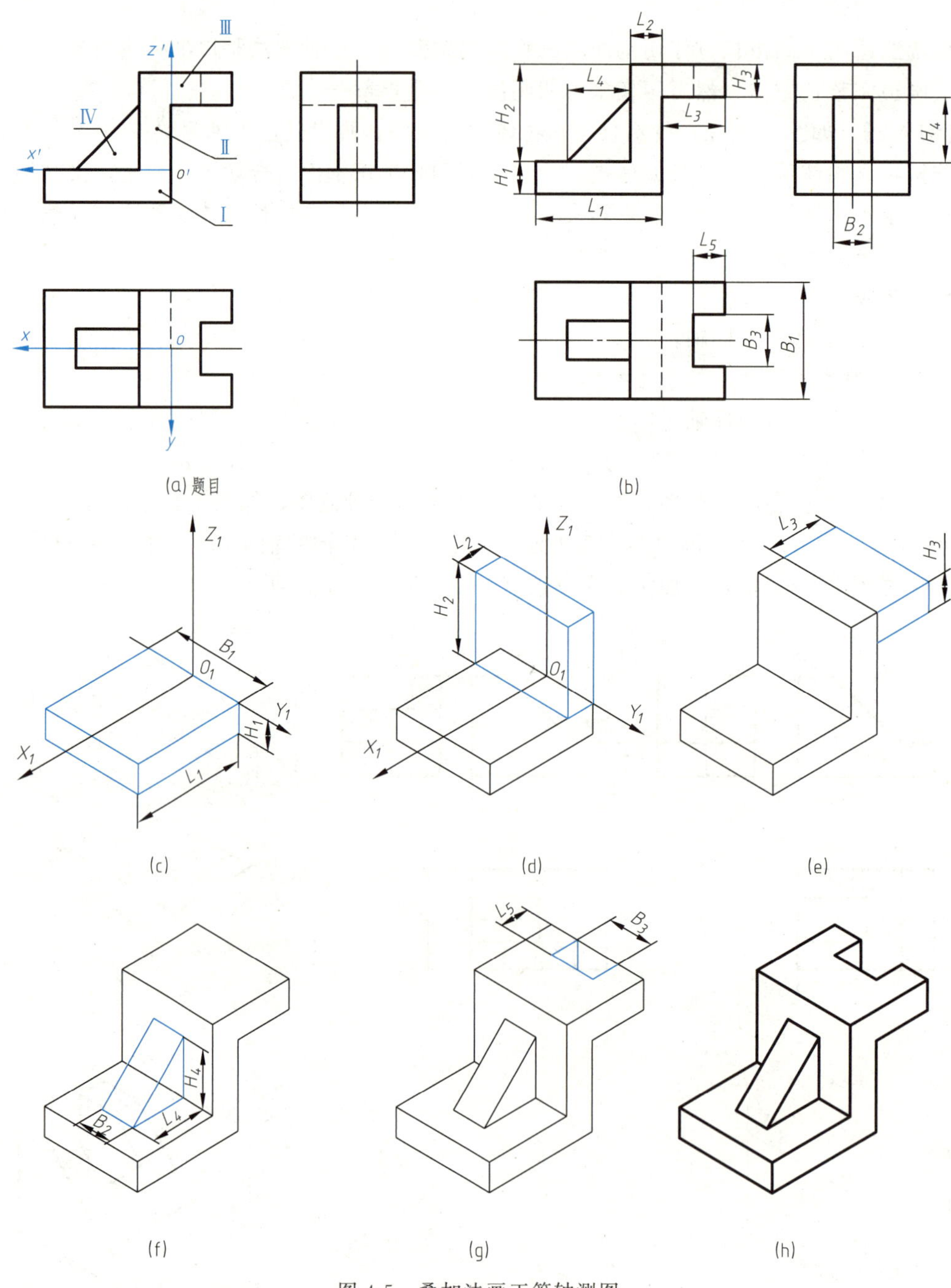

图 4-5 叠加法画正等轴测图

分析：如图 4-5（a）所示，可将物体看作是三个长方体（Ⅰ、Ⅱ、Ⅲ）和一个三棱柱Ⅳ叠加而成的。画图时按照各几何体的相对位置一个一个画出。最后在长方体Ⅲ上用两个正平面和一个侧平面截切通槽，即可完成轴测图。

作图步骤：

① 在视图上选定坐标轴，如图 4-5（a）所示。

② 分析视图，确定各基本体的相对位置和尺寸，如图 4-5（b）所示。

③ 画轴测轴，并根据 L_1、B_1、H_1 尺寸画出长方体（Ⅰ）的轴测图，如图 4-5（c）所示。

④ 根据 L_2、H_2 尺寸画出长方体（Ⅱ）的轴测图，如图 4-5（d）所示。

⑤ 根据 L_3、H_3 尺寸画出长方体（Ⅲ）的轴测图，如图 4-5（e）所示。

⑥ 根据 B_2、L_4、H_4 尺寸画出三棱柱（Ⅳ）的轴测图，如图 4-5（f）所示。

⑦ 根据 B_3、L_5 尺寸画出两个正平面和一个侧平面截切通槽的轴测图，如图 4-5（g）所示。

⑧ 擦去作图线，检查、加深，完成轴测图，如图 4-5（h）所示。

4.2.2 曲面立体的正等轴测图画法

(1) 圆柱

分析：如图 4-6（a）所示，圆柱的轴线与水平面垂直，上、下表面是平行水平面且大小相等的圆，其轴测投影为椭圆，可采用四心法画出。

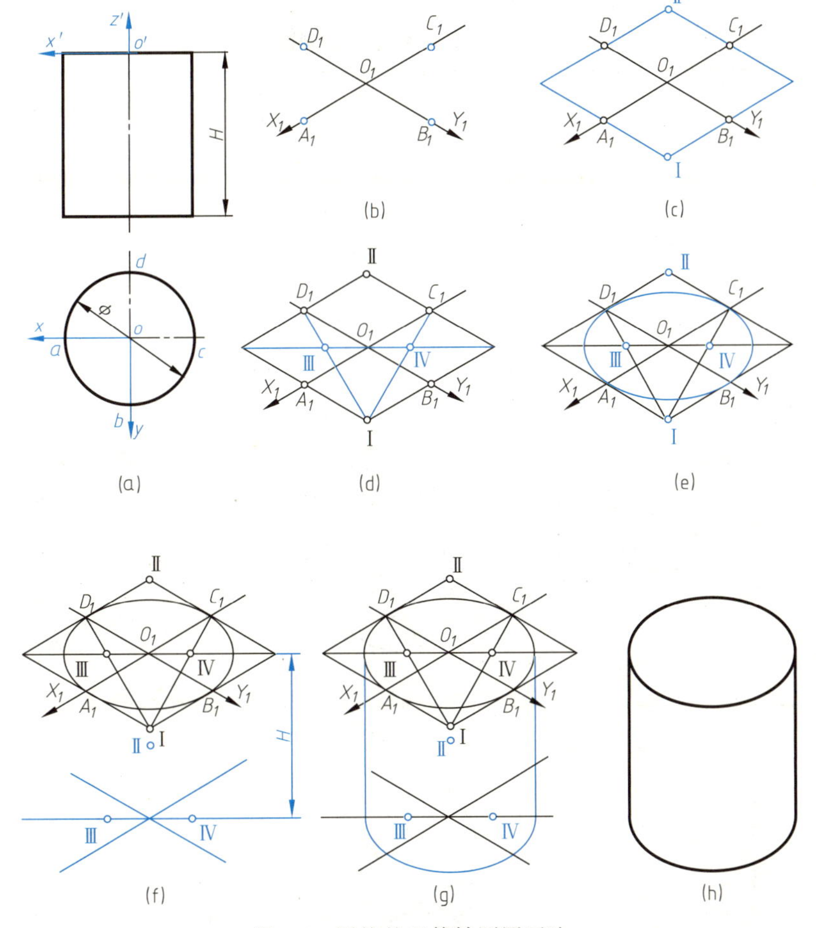

图 4-6　圆柱的正等轴测图画法

作图步骤：

① 在视图上定出坐标轴，如图 4-6（a）所示。

② 画轴测轴，在轴测轴上以圆的半径截取 A_1、B_1、C_1、D_1 四个点，如图 4-6（b）所示。

③ 过 A_1、B_1、C_1、D_1 四个点分别作 X_1 和 Y_1 轴的平行线，得到圆外切正方形的轴测图，菱形短对角线交点为Ⅰ、Ⅱ，如图 4-6（c）所示。

④ 连接菱形的长对角线和ⅠC_1、ⅠD_1，得到交点Ⅲ、Ⅳ，如图 4-6（d）所示。

⑤ 以Ⅰ点为圆心、ⅠC_1（或ⅠD_1）长为半径画圆弧，连接 C_1、D_1 两点；以Ⅱ点为圆心、ⅡA_1（或ⅡB_1）长为半径画圆弧，连接 A_1、B_1 两点；以Ⅲ点为圆心、ⅢA_1（或ⅢD_1）长为半径画圆弧，连接 A_1、D_1 两点；以Ⅳ点为圆心、ⅣB_1（或ⅣC_1）长为半径画圆弧，连接 B_1、C_1 两点，完成椭圆，如图 4-6（e）所示。

⑥ 将轴测轴及椭圆圆心Ⅱ、Ⅲ、Ⅳ点下移圆柱高度 H，如图 4-6（f）所示。

⑦ 按照步骤⑤的方法，画出底圆的轴测图，作出上、下两椭圆的公切线，如图 4-6（g）所示。

⑧ 擦去作图线，检查、加深，完成圆柱轴测图，如图 4-6（h）所示。

当圆柱轴线垂直正面或侧面时，正等轴测图画法和图 4-6 相同，只是圆内所含轴线不同，三种位置圆柱正等轴测图的对比见表 4-2。

表 4-2 圆柱的正等轴测图

	平行水平面	平行正面	平行侧面
平行投影面圆的正等轴测图	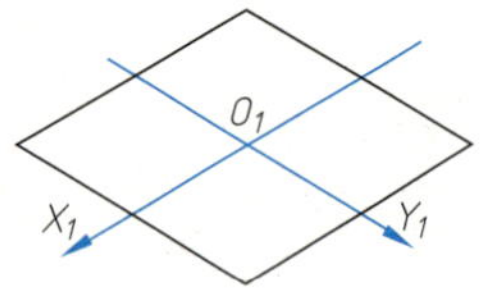	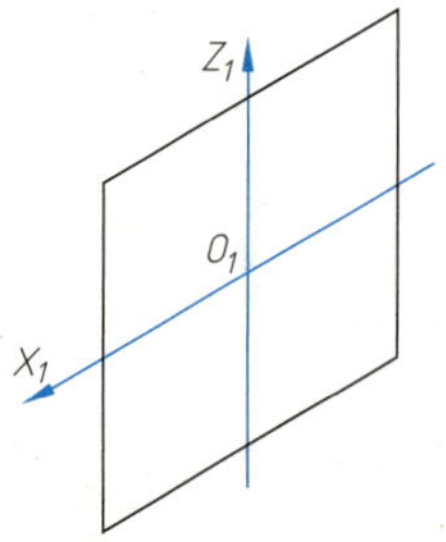	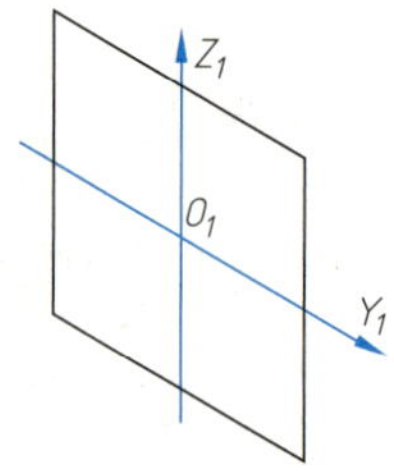
	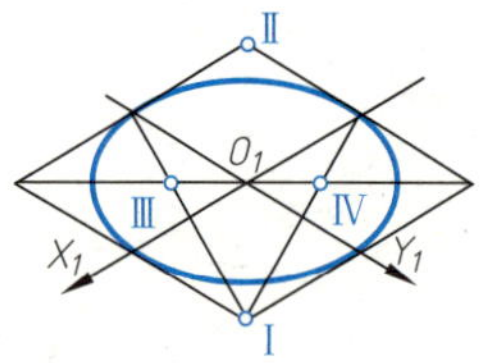 垂直水平面	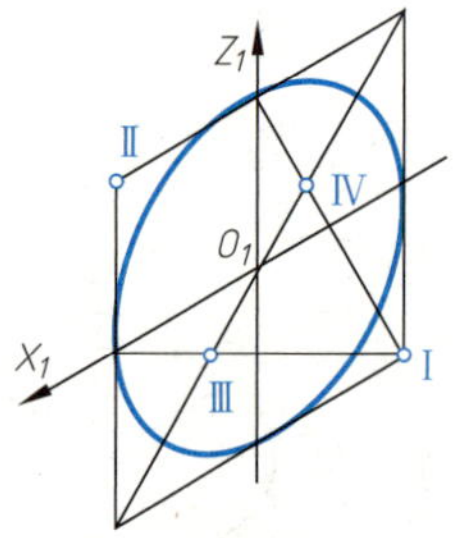 垂直正面	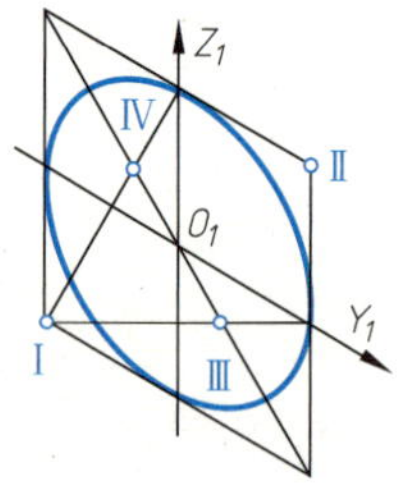 垂直侧面
轴线垂直投影面的圆柱正等轴测图	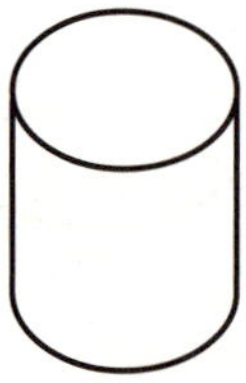	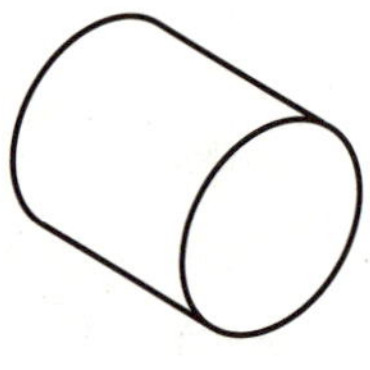	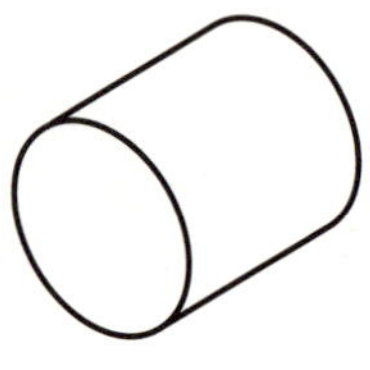

续表

	垂直水平面	垂直正面	垂直侧面
轴线垂直投影面的半圆柱正等轴测图			

(2) 圆角

1/4 圆周的圆角是机件中常见的结构，可以利用简化画法画出其正等轴测图。

【例 4-5】 根据已知视图［图 4-7（a)］，画出带圆角长方体的正等轴测图。

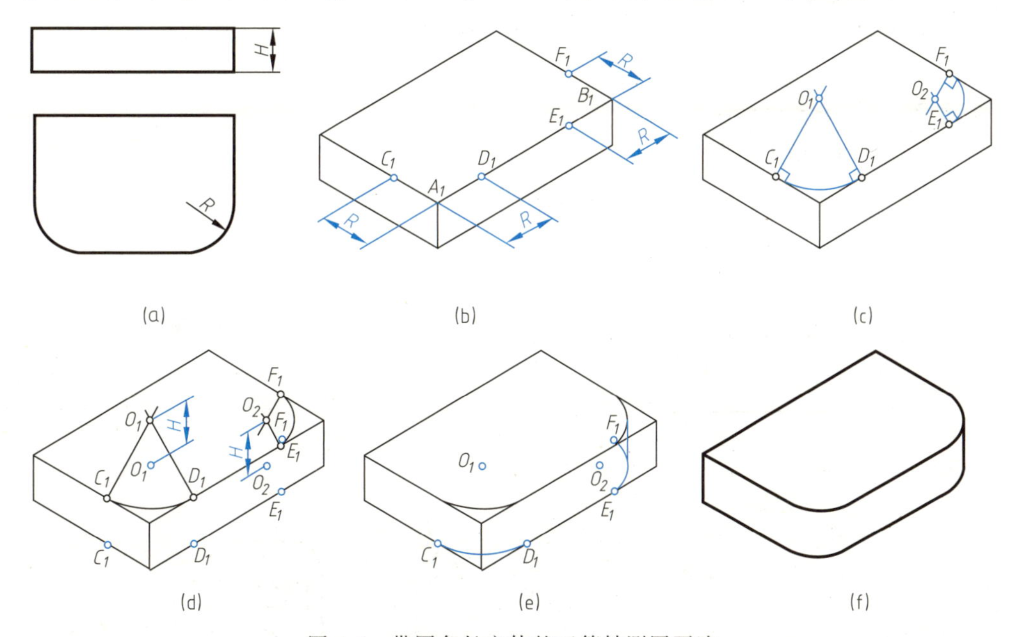

图 4-7 带圆角长方体的正等轴测图画法

作图步骤：

① 作出长方体的轴测图，在其上由角的顶点 A_1、B_1 沿两边截取圆角半径 R，得切点 C_1、D_1、E_1、F_1，如图 4-7（b）所示。

② 过切点 C_1、D_1、E_1、F_1 作相应直线的垂线，得交点 O_1、O_2，分别以 O_1、O_2 为圆心，到相应切点的距离为半径画弧，如图 4-7（c）所示。

③ 将 O_1、O_2 及四个切点沿 Z_1 轴方向下移板厚 H，如图 4-7（d）所示。

④ 分别以 O_1、O_2 为圆心，到相应切点的距离为半径画弧，在右端作上、下两圆弧的公切线，如图 4-7（e）所示。

⑤ 擦去作图线，检查、加深，完成正等轴测图，如图 4-7（f）所示。

4.3 斜二等轴测图

由表 4-1 可知，物体上平行于 XOZ 坐标面的直线和平面图形，其轴测投影反映实长和实形。所以，当物体上有较多的圆、圆弧或者较复杂轮廓平行 XOZ 坐标面时，采用斜二等轴测图画图比较方便。

【例 4-6】 作如图 4-8（a）所示的斜二等轴测图。

作图步骤：

① 在视图中确定坐标轴（将前表面设置为 XOZ 坐标面），如图 4-8（a）所示。

② 画出轴测轴，画出半圆柱前端面半圆，沿 Y_1 轴向后 $B_1/2$ 的距离画后端面的半圆，绘制前后半圆的公切线，如图 4-8（b）所示。

③ 在半圆柱的后端面绘制竖板的前表面所有轮廓线，如图 4-8（c）所示。

④ 将竖板前表面可见轮廓线沿 Y_1 轴向后移动 $B_2/2$，作右上角圆的公切线，如图 4-8（d）所示。

⑤ 画出半圆柱孔可见的轮廓线，如图 4-8（e）所示。

⑥ 擦去作图线，检查、加深，完成斜二等轴测图，如图 4-8（f）所示。

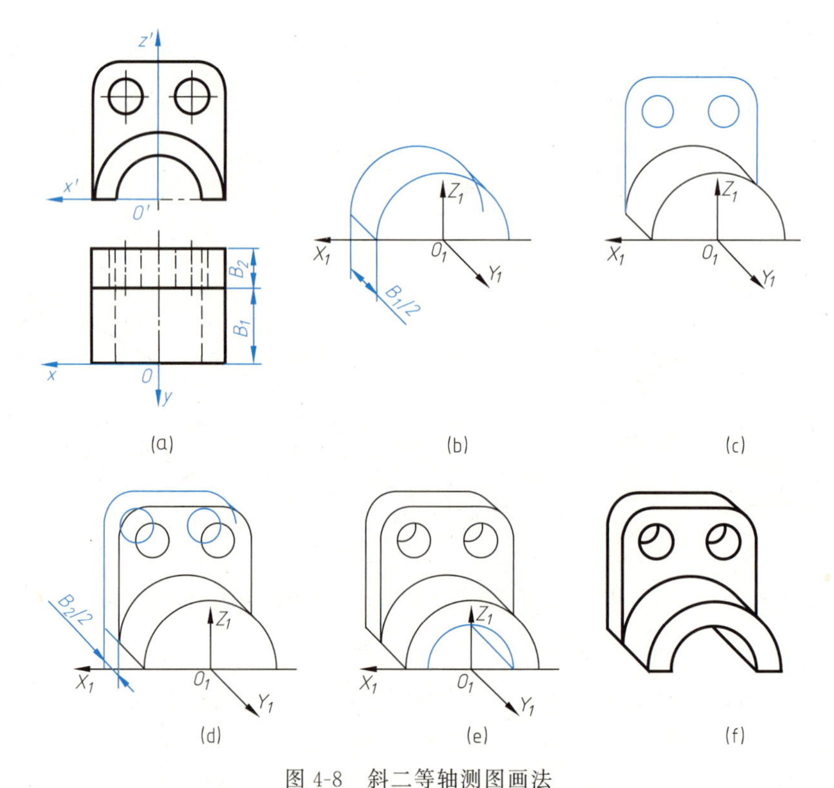

图 4-8 斜二等轴测图画法

第5章 组合体

能力目标

- 能够正确、熟练绘制组合体的三视图。
- 能够正确、完整、清晰地标注组合体的尺寸。
- 能够准确、快速读懂组合体视图，并按要求补画第三视图和补画视图中所缺图线。

知识点

- 形体分析法。
- 组合体的画法。
- 组合体的尺寸标注。
- 形体分析法读图、特征切割法读图。

从几何角度看，机器零件大多可以看成是由棱柱、棱锥、圆柱、圆锥、圆球等基本几何体组合而成。本课程中，把由两个或两个以上的基本体按照一定的方式组合而成的形体称为组合体。

5.1 组合体的形体分析

5.1.1 形体分析法

假想把组合体分解成若干基本体，分析这些基本体的结构形状、组合方式、相对位置及表面连接关系，以便进行组合体画图、读图及尺寸标注的方法，称为形体分析法。如图5-1所示支架，可分解为圆筒（圆柱）、凸台（圆柱）、连接板（棱柱）、支撑板（圆柱与棱柱）、肋板（棱柱）五部分组成。这样就把复杂问题简单化，解决实际问题。

5.1.2 组合体的组合形式及其表面连接关系

(1) 组合体的组合形式

组合体的组合形式有叠加和切割两种基本形式。工程中常见的是由这两种形式综合的形体。

① **叠加**：由若干基本几何体叠加而成，如图5-2（a）所示。

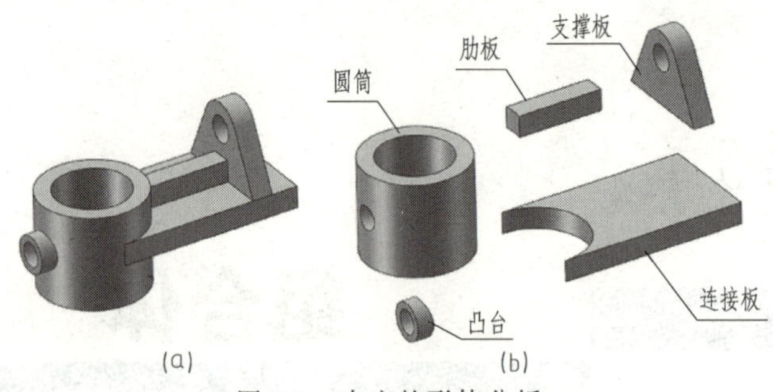

图 5-1　支座的形体分析

② **切割**：在基本体上切割或穿孔，如图 5-2（b）所示。

③ **综合**：对于形状较为复杂的组合体，通常既有叠加、又有切割的综合形式形成，如图 5-1 所示。

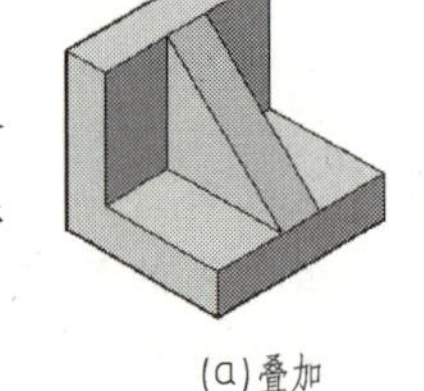

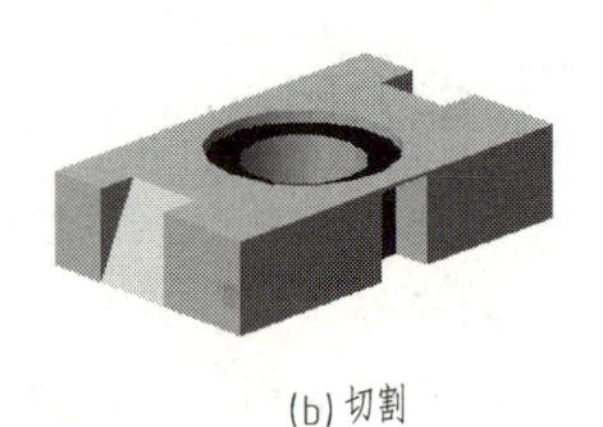

图 5-2　组合体的组合形式

(2) 组合体的表面连接关系

组合体在叠加或切割的过程中，有的表面平齐构成了一个面，有的表面不平齐分成不同的面，有的表面相交，有的相切，还有的表面轮廓成为形体的内部。画组合体视图之前必须要搞清其表面连接关系。

1）平齐和不平齐

如图 5-3（a）所示，上、下两个四棱柱叠加，前后两个表面都平齐（即共面），它们的连接部分无分界线，不画线。如图 5-3（b）所示，上、下两个四棱柱叠加，前表面平齐（共面），后表面不平齐（不共面），画细虚线。如图 5-3（c）所示，上、下两个四棱柱叠加，前、后表面都不平齐（不共面），画粗实线。

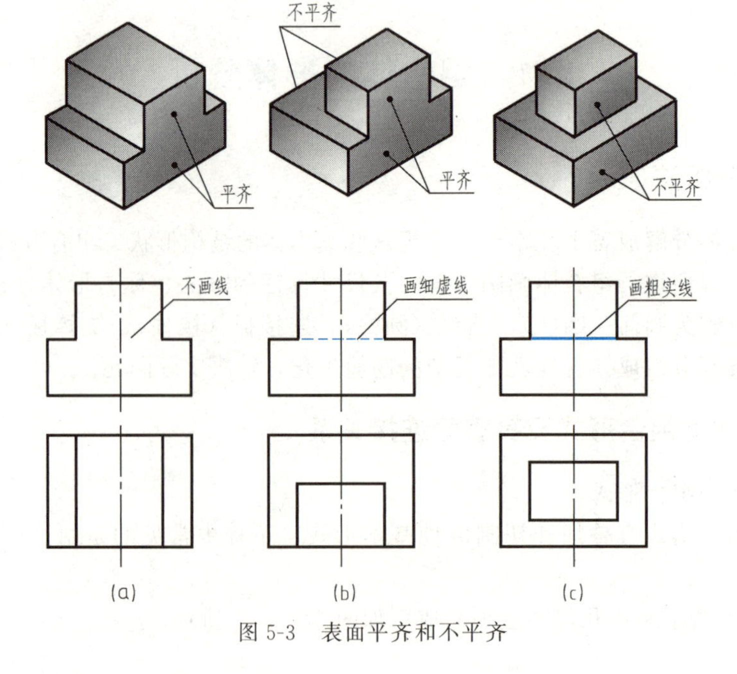

图 5-3　表面平齐和不平齐

2）相交与相切

当两基本体的表面相交时，则表面交线是它们的分界线，图上必须画出；当两基本体的表面相切时，由于在相切处两表面是光滑过渡，故此处不画线，如图 5-4 所示。

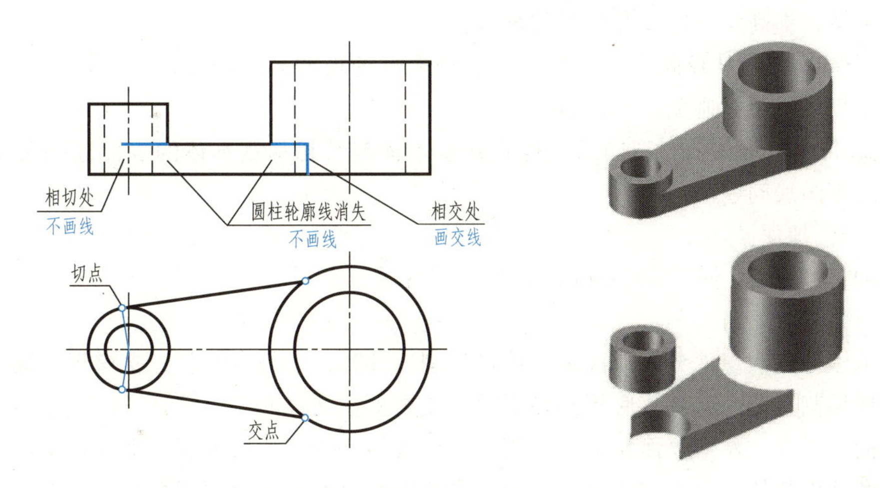

图 5-4 相交、相切及轮廓线消失

3）轮廓线消失

组合体由基本体叠加的过程中，连接部分的表面及其轮廓已经变成组合体内部实体，原有轮廓线消失，如图 5-4 所示，两圆柱的部分素线与连接板结合之后不再存在，该处不画线。

5.2 组合体三视图的画法

画组合体的基本方法就是采用形体分析法。为了正确而快速地画出组合体，一般按照以下步骤进行。

(1) 对组合体进行形体分析

通过形体分析，搞清楚组合体各组成部分的组合形式及相邻表面的连接关系，确定物体的整体结构形状、相对位置，才能不多线、不漏线，按正确的作图方法和步骤画出组合体三视图。

(2) 选择视图

① 确定反映组合体形状特征的主视图。一般应把反映组合体各组成部分结构形状、相对位置的投射方向作为主视图的投射方向。

② 一般应将组合体放稳、放正，即将组合体的主要面或主要轴线平行或垂直投影面放置。

③ 尽量减少视图的虚线。

(3) 画图

1）选择图幅、确定比例

根据组合体的大小及复杂程度选择图幅、绘图比例。

2）布置视图，绘制基准线

布置视图时，要考虑留出足够标注尺寸的地方，视图之间的距离恰当，图面匀称。布置好视图后，画出组合体的基准线、对称中心线、主要轴线。

3）画底稿

① 按照形体分析，先主后次，逐一画出每个组成部分的三视图，这样有利于保证视图间的尺寸关系，提高绘图速度和作图的准确率。

② 每个基本体应从反映形状特征或具有积聚性的视图入手画图，三个视图配合着一起画图，确保投影关系，避免多线、漏线。

③ 完成每个基本体的三视图后，检查该基本体与其相邻基本体的表面连接关系，处理好画线还是不画线问题。

4）检查，加深。

【例 5-1】 画出图 5-5（a）所示轴承座的三视图。

(1) 形体分析

该轴承座可以假想地分解成底板（棱柱切割）、圆筒（圆柱切割）、支撑板（棱柱切割）、肋板（棱柱切割）四个部分。底板在最下边，支撑板在底板的后上方，这两块板的后表面平齐，前表面不平齐，左右表面相交。圆筒在支撑板的上方，前后表面不平齐，支撑板左、右两侧面与圆柱面相切。肋板在底板的上面、支撑板的前面、圆筒的正下面，其前表面与圆柱前端面平齐，两侧面与圆柱面相交，后表面与支撑板前表面接触，此面消失，如图 5-5（b）所示。

(2) 确定主视图的投射方向

如图 5-5（c）所示的轴承座，比较各个投射方向，选择 A 向为主视图投射方向较合理。

(3) 选比例，定图幅

优先选用原值比例 1∶1。

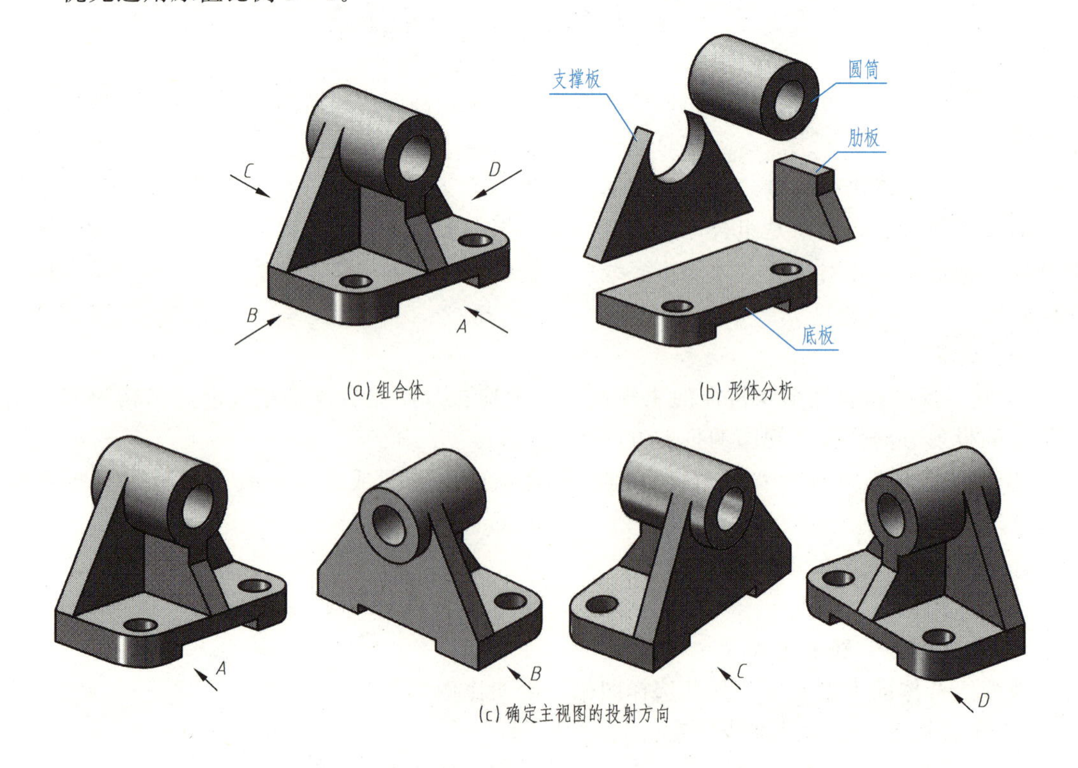

(a) 组合体　　(b) 形体分析

(c) 确定主视图的投射方向

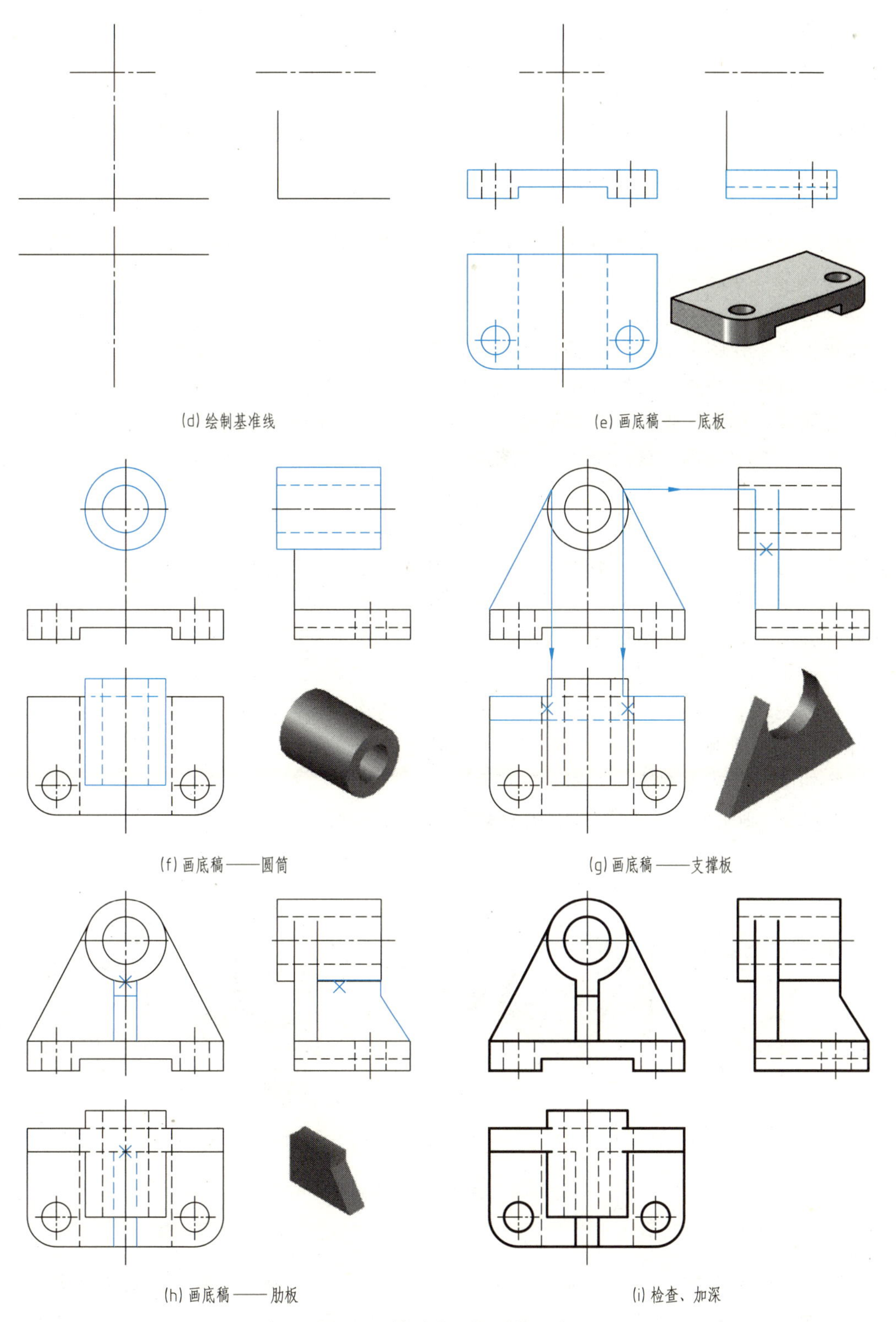

图 5-5　轴承座三视图的画法

(4) 绘制基准线

如图 5-5（d）所示，合理布置视图，绘制三个视图的基准线。

(5) 画底稿

① 画底板。

底板的俯视图反映其主要形状特征，先画俯视图（矩形、圆角、圆孔），然后根据尺寸关系画其主视图和左视图；底板正下方的通槽，先画具有积聚性的主视图，再根据长对正、高平齐完成俯、左视图，如图 5-5（e）所示。

② 画圆筒。

圆筒在主视图上反映形状特征且具有积聚性，先画其主视图，再根据长对正、高平齐完成俯、左视图，如图 5-5（f）所示。

③ 画支撑板。

支撑板在主视图上反映形状特征且具有积聚性，先画其主视图，再根据长对正、高平齐完成俯、左视图。注意：支撑板左、右两个侧面与圆柱面相切，俯、左视图中前表面积聚成可见的直线段只画到切点处；支撑板与圆筒组合之后，圆柱最左、最右、最下素线消失，不画线，俯、左视图需擦除该段图线，如图 5-5（g）所示。

④ 画肋板。

肋板在主视图上具有积聚性，先画其主视图，再根据长对正、高平齐完成俯、左视图。注意：肋板与圆筒组合之后，前表面平齐，不画线，主视图需擦除该段圆弧；圆柱最下素线消失，不画线，左视图需擦除该段图线；肋板与支撑板组合之后，肋板后表面和支撑板前表面接触部分消失，俯视图需擦除该段虚线，如图 5-5（h）所示。

(6) 检查、加深

底稿画完以后，逐个仔细检查各基本形体表面的连接关系，纠正错误和补充遗漏。由于组合体内部各形体融合为一体，需检查是否画出了多余的图线。经认真修改并确定无误后，擦去多余的图线。描深图线，如图 5-5（i）所示。

【例 5-2】 画出图 5-6（a）所示切割型组合体的三视图。

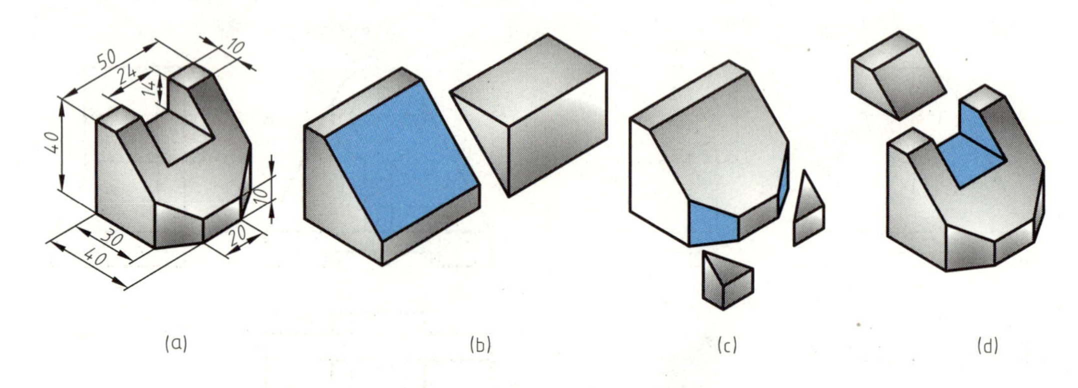

图 5-6 切割型组合体画法

分析：

由图 5-6（a）可知，该组合体是由四棱柱经多个面切割而成。首先，可以看成是四棱柱被侧垂面切去前上角，如图 5-6（b）所示；又被两个铅垂面对称切去左前角和右前角，如图 5-6（c）所示；最后被两个侧平面和一个水平面从前到后在上面居中切去一个通槽，如图 5-6（d）所示。

作图步骤见表 5-1。

表 5-1　切割型组合体的作图步骤

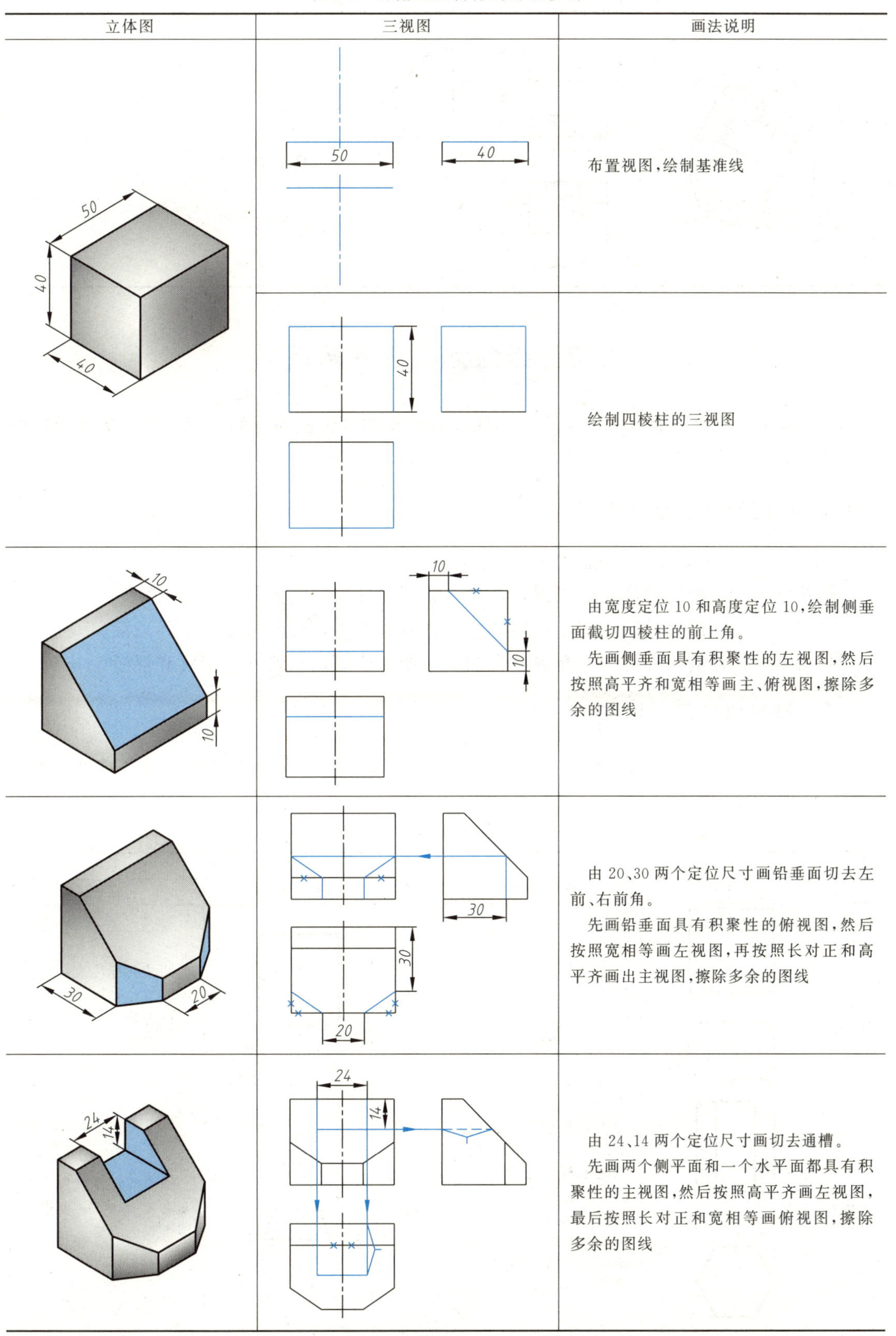

立体图	三视图	画法说明
		布置视图，绘制基准线
		绘制四棱柱的三视图
		由宽度定位 10 和高度定位 10，绘制侧垂面截切四棱柱的前上角。 先画侧垂面具有积聚性的左视图，然后按照高平齐和宽相等画主、俯视图，擦除多余的图线
		由 20、30 两个定位尺寸画铅垂面切去左前、右前角。 先画铅垂面具有积聚性的俯视图，然后按照宽相等画左视图，再按照长对正和高平齐画出主视图，擦除多余的图线
		由 24、14 两个定位尺寸画切去通槽。 先画两个侧平面和一个水平面都具有积聚性的主视图，然后按照高平齐画左视图，最后按照长对正和宽相等画俯视图，擦除多余的图线

续表

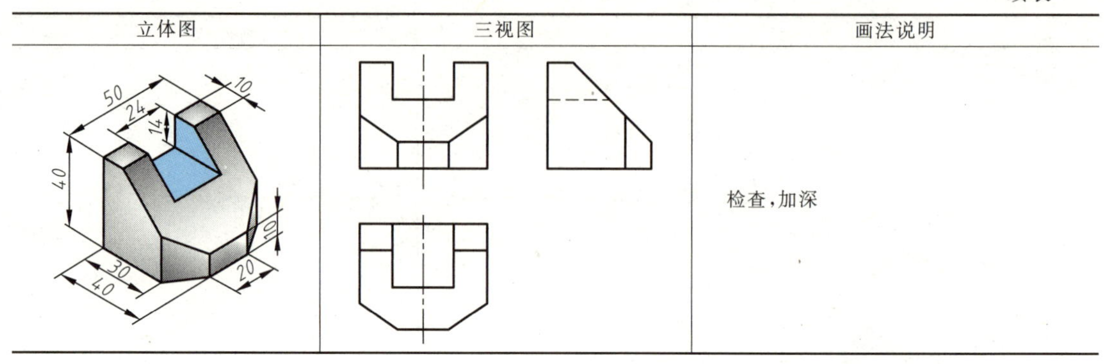

立体图	三视图	画法说明
		检查，加深

5.3 组合体的尺寸标注

组合体的三视图只能表达其结构和形状，其大小和各组成部分的相对位置，需要通过图样上的尺寸标注来确定。

5.3.1 标注尺寸的基本要求

组合体的尺寸标注必须正确、完整、清晰。

① 正确　标注的尺寸应正确无误，注法符合国家标准规定。

② 完整　标注的尺寸应能完全确定物体的形状和大小，既不重复，也不遗漏。

③ 清晰　标注的尺寸清晰地布置在视图中，便于读图，不致发生误解和混淆。

5.3.2 基本体的尺寸标注

在标注组合体尺寸之前，必须正确、快速地标注各组成部分基本体的尺寸。常见基本体的尺寸标注见表 5-2。

表 5-2　常见基本体的尺寸标注

平面立体			回转体		
名称	尺寸标注	标注说明	名称	尺寸标注	标注说明
四棱柱		标注长、宽、高三个尺寸，至少需要两个视图	圆柱	φ	圆柱要标注直径和高度尺寸，一个视图即可表达清楚
六棱柱	( )	正六棱柱在主视图上标注高度尺寸，在俯视图上标注正六边形的大小，一般标注对边的距离(此时将对角线长度作为参考尺寸，加括号)。一般需要两个视图	圆锥	φ	圆锥要标注底圆直径和高度尺寸，一个视图即可表达清楚

续表

平面立体			回转体		
名称	尺寸标注	标注说明	名称	尺寸标注	标注说明
三棱锥	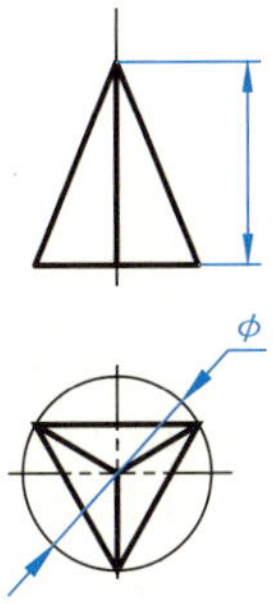 ϕ	正三棱锥在主视图上标注高度尺寸，在俯视图上标注正三角形外接圆直径。需要两个视图	圆球	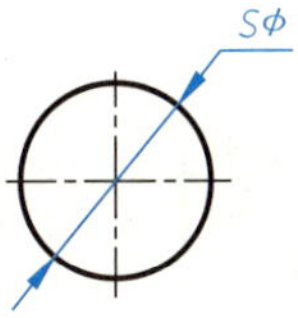 $S\phi$	圆球要标注直径尺寸，一个视图即可表达清楚
四棱台	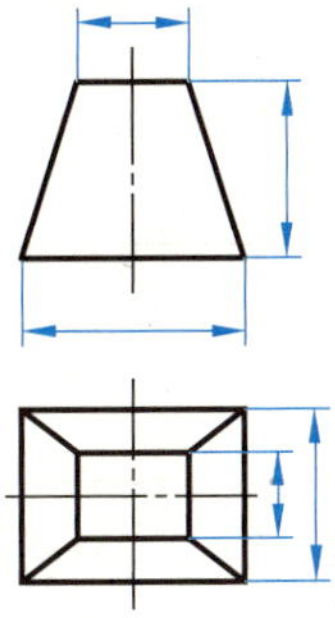	四棱台要标注上下底面矩形的长度和宽度尺寸，及其高度尺寸。需要两个视图	圆环	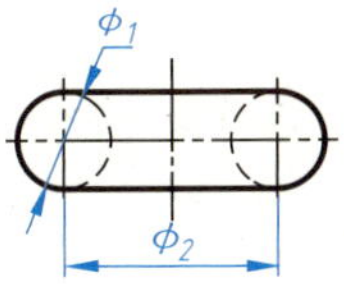 ϕ_1 ϕ_2	圆环要标注母线圆的直径 ϕ_1 和回转圆直径 ϕ_2 尺寸，一个视图即可表达清楚

5.3.3 截断体和相贯体的尺寸标注

截断体表面的截交线和相贯体表面的相贯线是在加工过程中自然产生的交线，画图时按一定的作图方法求得的，故标注截断体的尺寸时，一般先标注基本体的定形尺寸，然后标注截平面的定位尺寸，如表 5-3 所示。同理，标注相贯体的尺寸时，只需标注参与相贯的各基本体的定形尺寸及定位尺寸，如图 5-7 所示。

表 5-3 截断体的尺寸标注

平面立体			回转体		
截断体	尺寸标注	标注说明	截断体	尺寸标注	标注说明
三棱柱被侧平面和正垂面截切	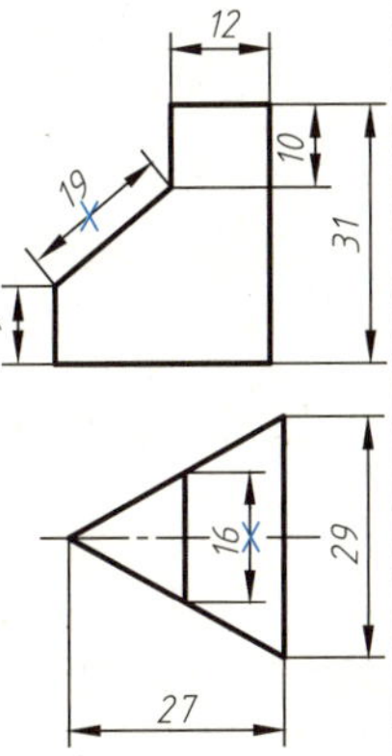 12 10 19 31 9 16 29 27	①标注三棱柱长 27、宽 29、高 31 三个定形尺寸 ②标注侧平面和正垂面定位尺寸 12、10 和 9 ③ 19、16 多余尺寸	圆柱被两个侧平面和一个水平面截切	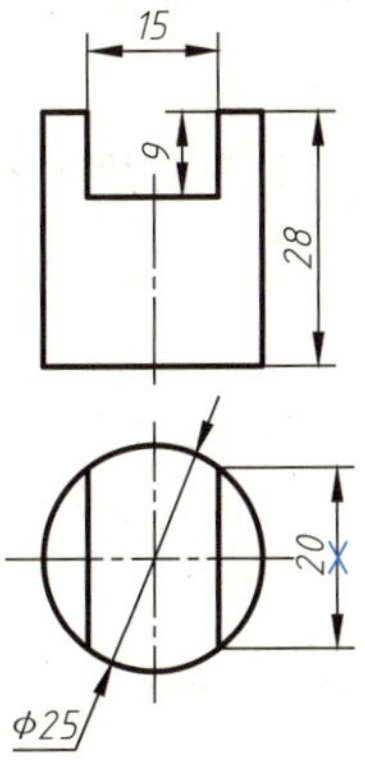 15 9 28 20 ϕ25	①标注圆柱直径 ϕ25 和高度 28 定形尺寸 ②标注两个侧平面和水平面的定位尺寸 15 和 9 ③20 是多余尺寸

续表

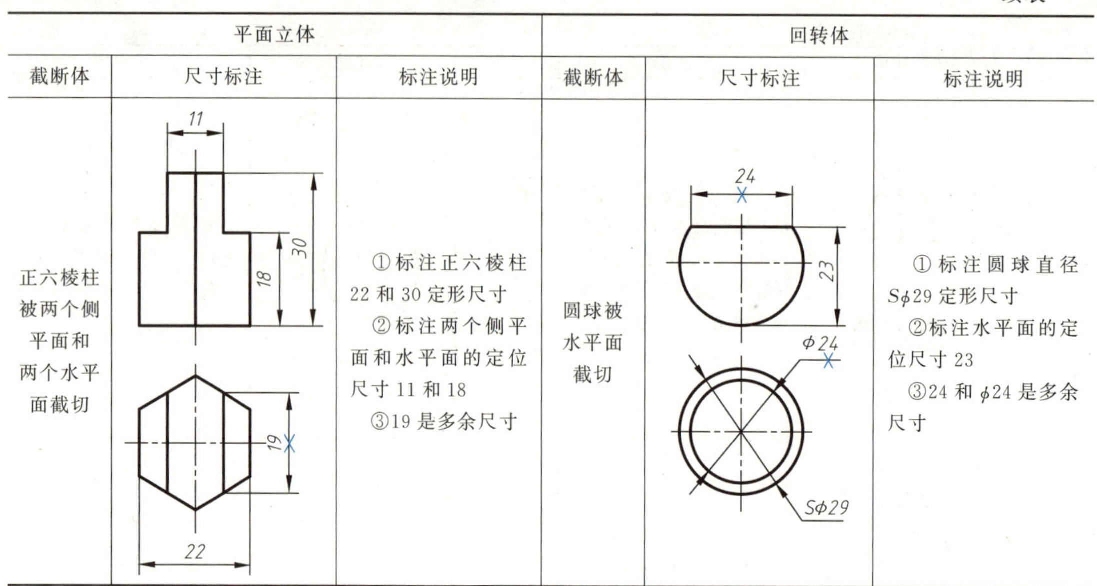

平面立体			回转体		
截断体	尺寸标注	标注说明	截断体	尺寸标注	标注说明
正六棱柱被两个侧平面和两个水平面截切		①标注正六棱柱22和30定形尺寸 ②标注两个侧平面和水平面的定位尺寸11和18 ③19是多余尺寸	圆球被水平面截切		①标注圆球直径 $S\phi29$ 定形尺寸 ②标注水平面的定位尺寸23 ③24和 $\phi24$ 是多余尺寸

注：截交线不标注尺寸，只标注基本体的定形尺寸和截平面的定位尺寸。

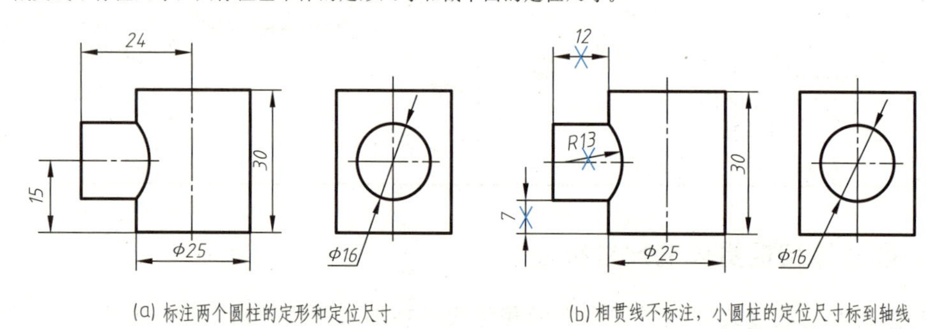

(a) 标注两个圆柱的定形和定位尺寸　(b) 相贯线不标注，小圆柱的定位尺寸标到轴线

图 5-7　相贯体的尺寸标注

5.3.4 组合体的尺寸标注

(1) 组合体的尺寸种类

标注尺寸之前，首先要选择标注尺寸的起点，即尺寸基准。一般情况下，组合体的长、宽、高每个方向至少要选择一个尺寸基准。通常选择组合体的对称面、底面、大的端面、回转体的轴线作为尺寸基准，如图 5-8 所示的三个方向的尺寸基准。

1）定形尺寸

确定组合体中各基本体形状和大小的尺寸，称为定形尺寸。如图 5-8 的 $\phi40$、$\phi24$、40 是圆筒的定形尺寸。

2）定位尺寸

确定组合体中各基本体之间相对位置的尺寸，称为定位尺寸。如图 5-8 中的 70 是底板上两个半长圆孔的轴线定位尺寸。

3）总体尺寸

确定组合体外形大小的总长、总宽、总高的尺寸，称为总体尺寸。如图 5-8 的中 80、$\phi52$、40。

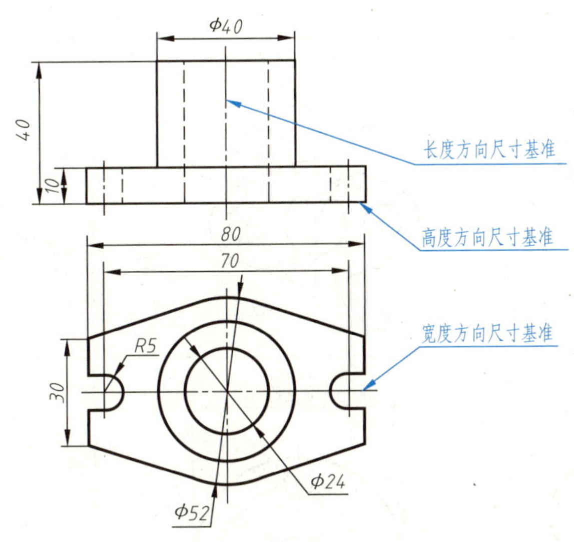

图 5-8 组合体的尺寸基准和尺寸种类

有的尺寸既可能是定形尺寸，也可能是定位尺寸，还可能是总体尺寸。如图 5-8 中的 40 既是圆筒的定形尺寸，也是组合体的总高，不要重复标注尺寸。

(2) 常见组合结构的尺寸标注

常见组合结构的尺寸标注见表 5-4。

表 5-4 常见组合结构的尺寸标注

立体图	视图及尺寸标注	标注说明
		定形尺寸：24、16、$R3$、4×$\phi3$ 定位尺寸：18、10 总体尺寸：总长 24，已标注 总宽 16，已标注
		定形尺寸：$R8$、$\phi8$ 定位尺寸：10 总体尺寸：总长不标注 总宽不标注，通过 $R8$ 来确定
		定形尺寸：$R5$、$\phi5$、18 定位尺寸：10 总体尺寸：总长不标注 总宽 18，已标注

续表

立体图	视图及尺寸标注	标注说明
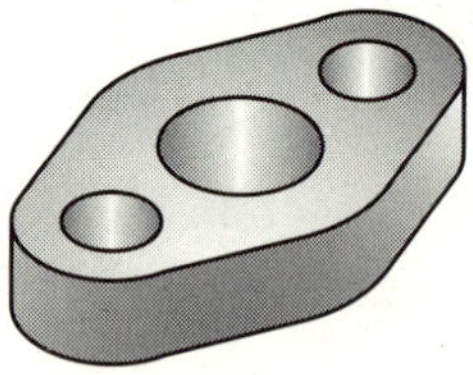	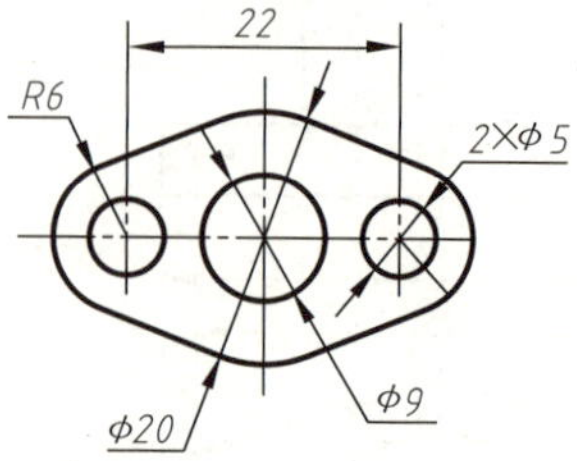	定形尺寸：ϕ20、ϕ9、R6、2×ϕ5 定位尺寸：22 总体尺寸：总长不标注 总宽已标注 ϕ20
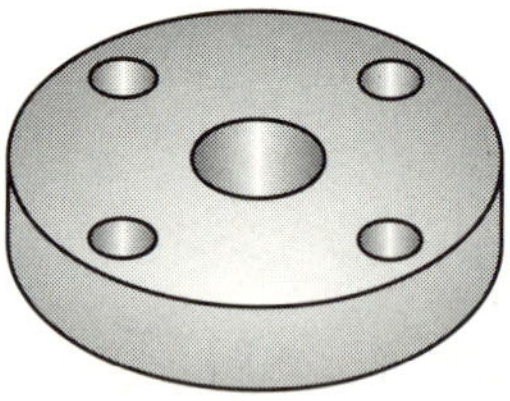	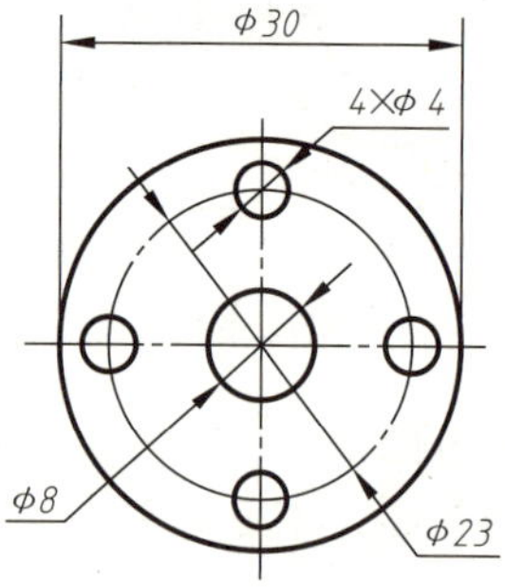	定形尺寸：ϕ30、ϕ8、4×ϕ4 定位尺寸：ϕ23 总体尺寸：总长、总宽 已标注 ϕ30
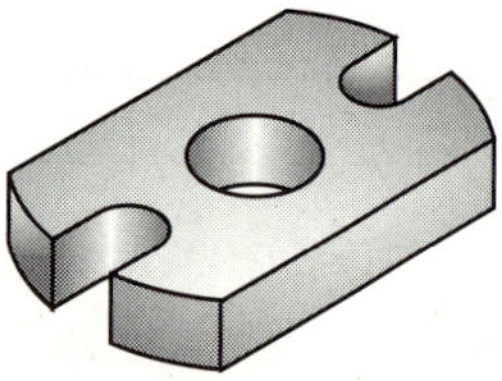	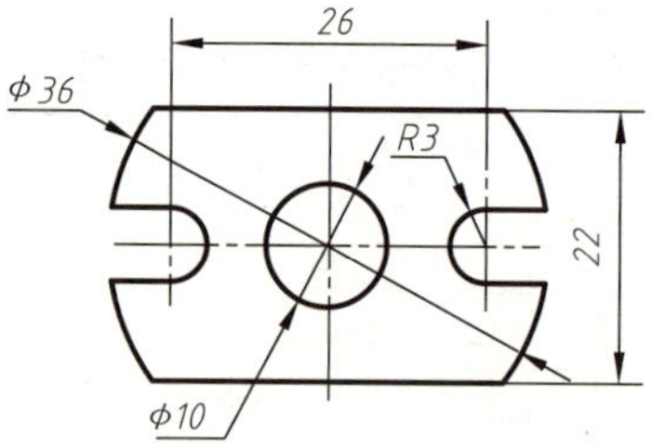	定形尺寸：ϕ36、ϕ10、R3 定位尺寸：26、22 总体尺寸：总长已标注 ϕ36 总宽已标注 22

(3) 组合体尺寸标注方法与步骤

【例 5-3】 如图 5-9（a）所示，正确标注组合体的尺寸。

① 对组合体进行形体分析。

将组合体分解为圆筒、底板、支撑板、肋板四部分，如图 5-9（a）所示。

② 选定三个方向的尺寸基准

如图 5-9（b）所示，以轴承座左右对称面作为长度方向的尺寸基准，以底板的下表面作为高度方向的尺寸基准，以底板和支撑板的后表面，作为宽度方向的尺寸基准。

③ 逐个标注出各基本体的定形尺寸和定位尺寸，如图 5-9（c）～(f) 所示。

④ 标注组合体的总体尺寸，总长由底板长度 34 确定，总宽由底板宽度 20 和定位尺寸 3 确定，总高由定位尺寸 22 和圆筒外径 ϕ14 确定，不要重复标注。

⑤ 检查、调整，如图 5-9（f）所示。

(4) 清晰标注尺寸

① 标注组合体尺寸必须在形体分析的基础上，按假想分解的各个基本形体标注定形和定位尺寸，如图 5-10（a）所示。切忌片面地按视图中的线段来标注尺寸，如图 5-10（b）中的 20、12、18 都是错误标注。

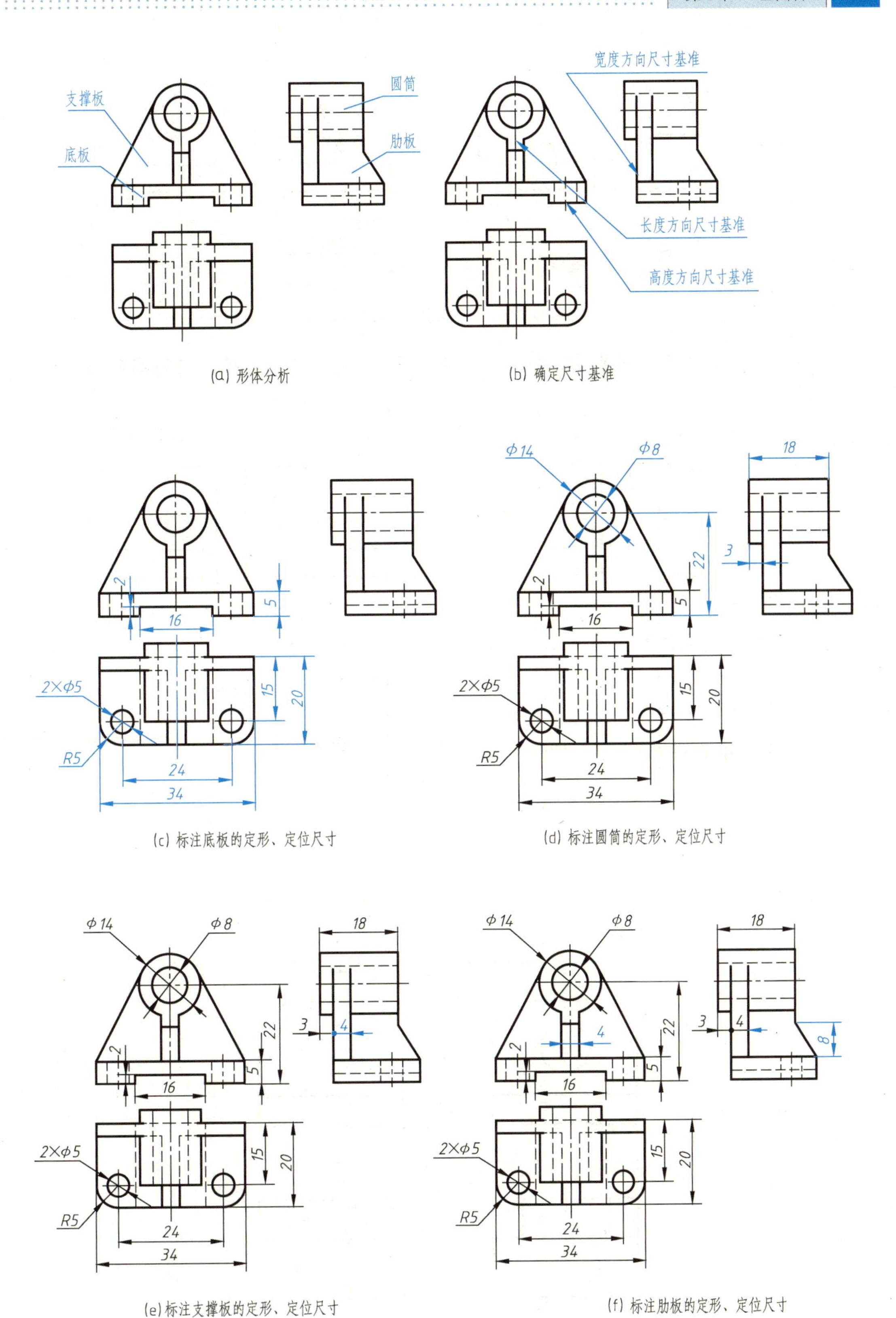

图 5-9 轴承座的尺寸标注

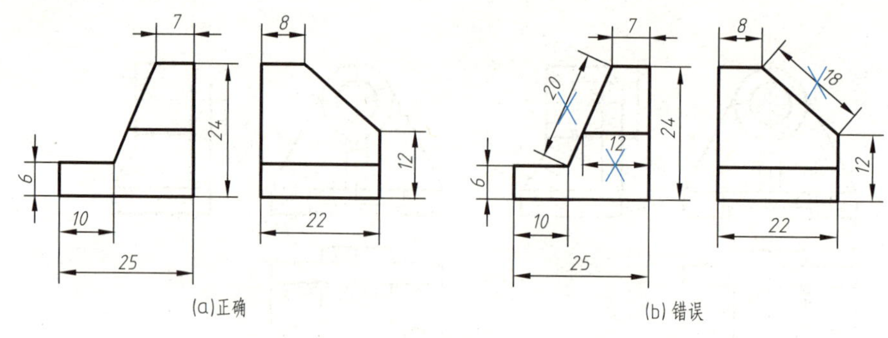

图 5-10 组合体应进行形体分析之后再标注尺寸

② 组合体的尺寸应尽量集中标注在反映形体形状特征和位置特征较为明显的视图上，如图 5-11 中的 6、10、7、8、12。

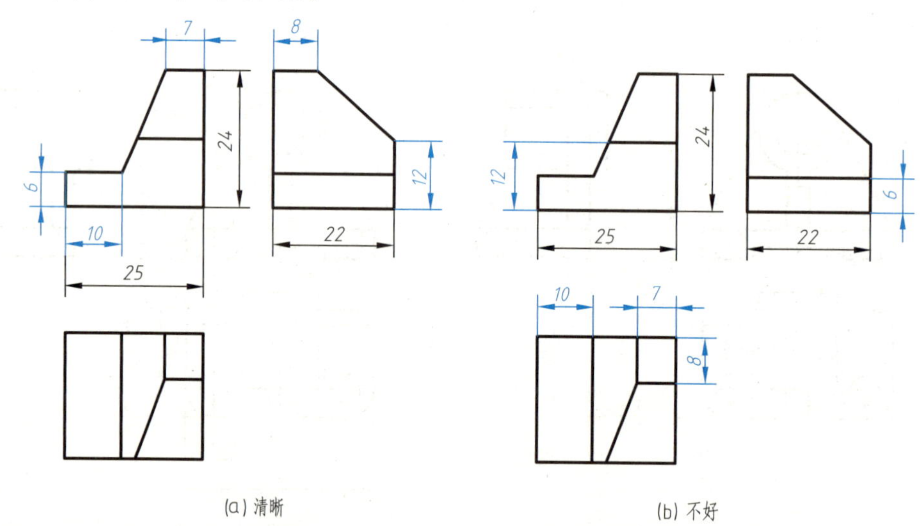

图 5-11 尺寸集中标注在特征视图上

③ 对称形体的尺寸，应以对称中心线为基准向两端标注尺寸，不能只标注一半的尺寸，如图 5-12 所示。

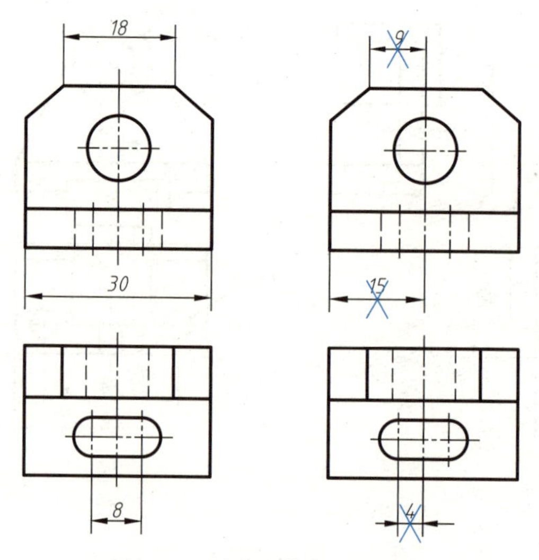

图 5-12 对称形体的尺寸标注

④ 为使图形清晰，应尽量将尺寸注在视图外面，如图 5-13 中的 $\phi10$、$R3$。与两视图有关的尺寸最好注在两视图之间，以便于看图，如图 5-13 中的 16、18、25。

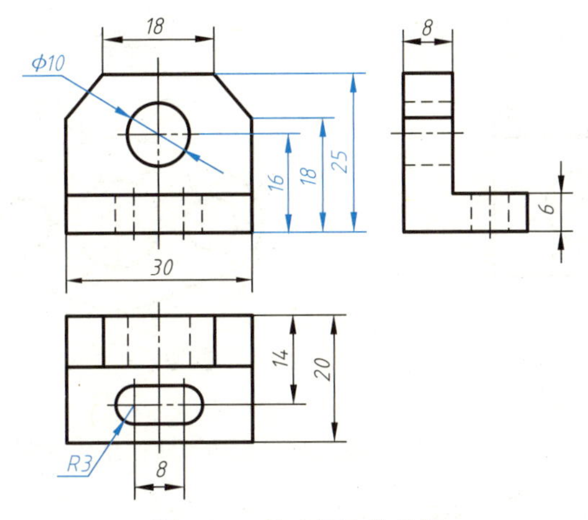

图 5-13　尺寸标注的位置

⑤ 同轴回转体的直径尺寸一般注在非圆视图上，如图 5-14（a）所示，标注在同心圆的视图上不清晰，如图 5-14（b）所示。

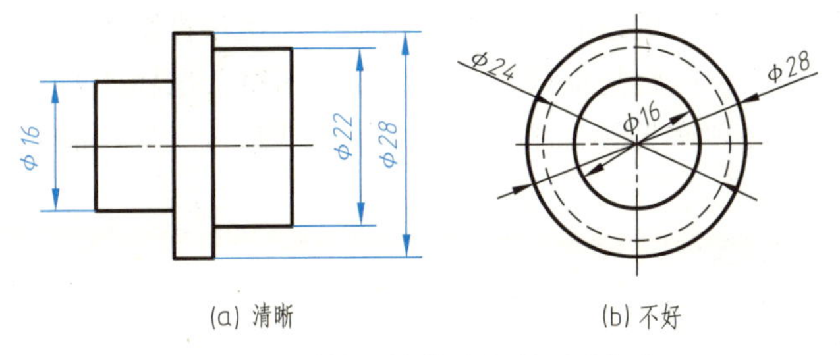

图 5-14　同轴回转体直径的尺寸标注

⑥ 圆弧半径尺寸必须标注在投影为圆弧的视图上，且相同圆角只标注一次，圆弧半径前不应标注圆弧数目，如图 5-15 所示。

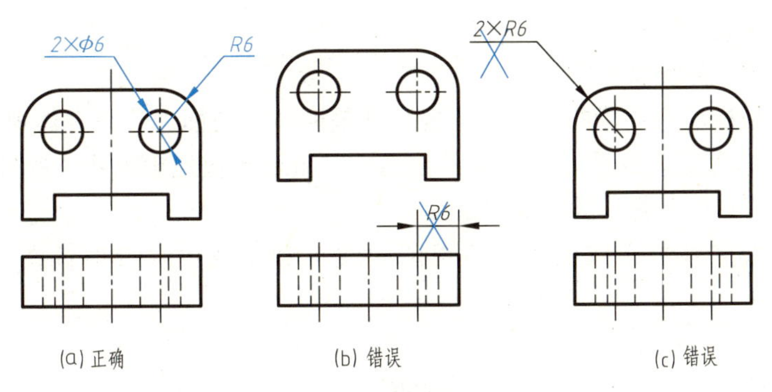

图 5-15　半径的尺寸标注

⑦ 对于物体上直径相同的几个小孔，只需标注其中一个孔的尺寸，在直径符号“ϕ”前注明孔数，如图 5-15（a）中的“$2\times\phi6$”。

⑧ 若组合体某个方向端部是回转面，该方向的总体尺寸一般通过标注回转面轴线的定

位尺寸和回转面半径尺寸来间接表示，如图 5-16（a）中 10、$R8$ 确定总长，18 是多余尺寸；如图 5-16（b）中 22、$R6$ 确定总长，34 是多余尺寸。

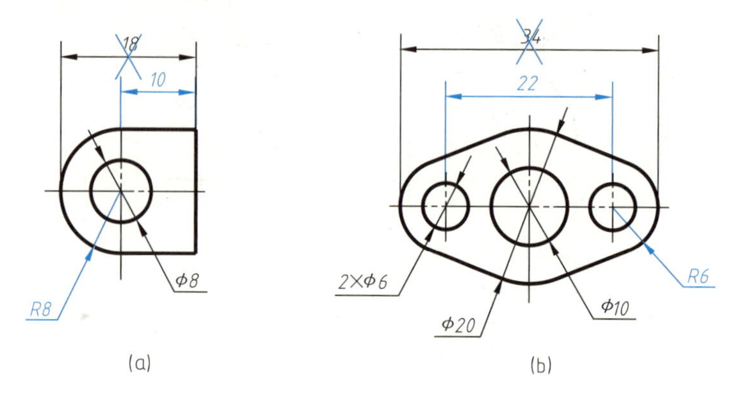

图 5-16　端部是回转面的尺寸标注

⑨ 为了保持图形清晰，尺寸应尽量避免标注在虚线上。

5.4　组合体的读图方法

学会画图和读图是本课程最终的学习目标。画图是用正投影法将空间物体以平面图形的形式在图纸上反映出来；读图则是根据投影规律由视图想象出物体的空间形状和结构。要正确、迅速地读懂视图，必须掌握读图的基本方法和步骤，培养空间想象能力，通过不断实践，逐步提高读图能力。

5.4.1　读图的基本要领

（1）熟练掌握各基本体的三视图

熟练掌握各基本体的三视图是组合体读图的基础。

（2）将几个视图联系起来读图

一个或两个视图不能确切地表达形体的结构形状，如图 5-17 所示，读图时需要几个视图联系起来一起读。

（3）抓住反映形体形状特征的视图

特征视图就是指反映形体的形状和位置特征最明显的视图。读组合体视图时，从特征视图入手，如图 5-18 所示左视图，再配合其他视图，就能较快地想象物体的形状来。

（4）明确视图中的图线和线框的含义

视图是由图线和线框组成的，弄清视图中线框和图线的含义对读图有很大帮助，如图 5-19 所示。

1）图线

① 具有积聚性的面（平面或曲面）的投影。

② 两个面的交线的投影。

③ 回转面轮廓转向线的投影。

2）封闭线框

① 平面的投影。

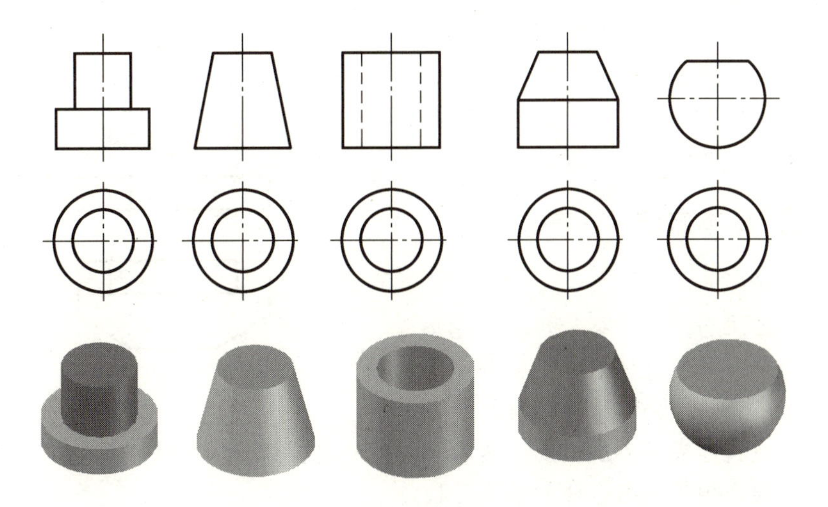

(a) 一个视图不能确切地表达形体的结构形状

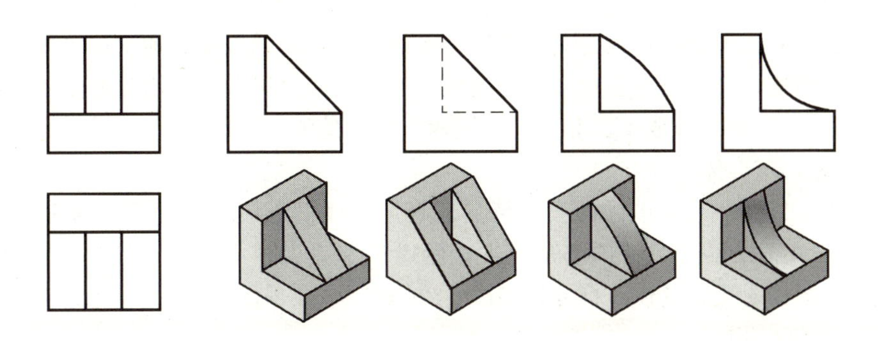

(b) 两个视图不能确切地表达形体的结构形状

图 5-17　几个视图联系起来一起读图

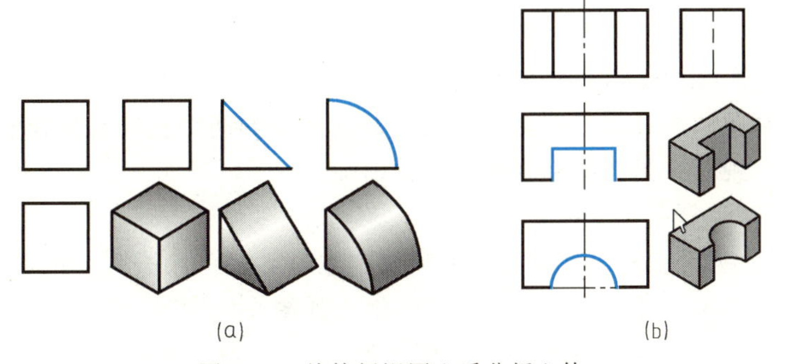

(a)　　　　(b)

图 5-18　从特征视图入手分析立体

② 曲面的投影。

③ 平面和曲面相切的投影。

④ 通孔的投影。

3）相邻的两个封闭线框

表示相交或相对凹凸的两个面。如图 5-19 中两个相邻线框Ⅲ、Ⅳ为相交，两个相邻线框Ⅰ、Ⅲ相对凹凸，即一前一后。

4）大线框内套小线框

一般表示相对凹凸的两个面或者是通孔。如图 5-19 中Ⅴ、Ⅵ线框相对凹凸，即一上一下。Ⅰ、Ⅱ线框中，Ⅱ线框表示通孔的投影。

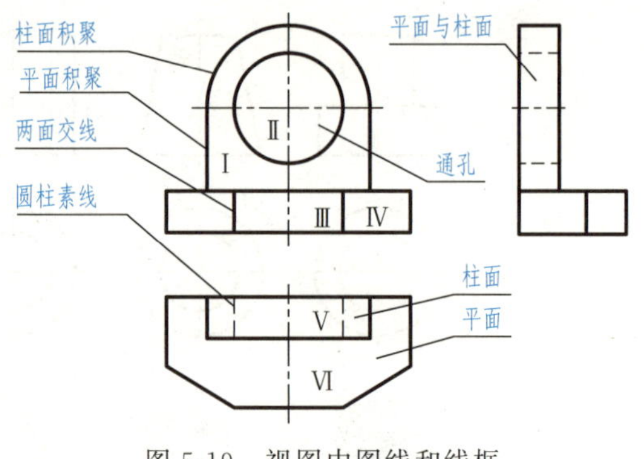

图 5-19 视图中图线和线框

5.4.2 读图的基本方法

(1) 形体分析法

读图的基本方法与画图一样，也是运用形体分析法。一般从反映组合体形状特征和位置特征明显的视图着手，将视图划分为若干部分，找出各部分在其他视图中的投影，然后逐一想象出各部分的形状以及各部分之间的相对位置，最后综合起来想象出组合体的整体形状。

现以支架的三视图为例（图 5-20），说明形体分析法读图的方法和步骤。

1）分线框，对投影

由于在物体的三视图中，凡是具有投影关系的三个封闭的线框，通常可以表示某一基本体或一个面。因此，读图时先在视图上分线框，然后按照投影关系找出各封闭线框的其他投影。如图 5-20（a）中，分成Ⅰ、Ⅱ、Ⅲ、Ⅳ四个封闭的线框。

2）按投影，定形体

分线框后，根据各种基本体的投影特点，确定各线框所表示的是哪一种基本体。如图 5-20（b）中，线框Ⅰ的三个视图都是矩形，所以确定为四棱柱底板，底板与半圆柱相交。底板上有两个圆柱通孔。其他线框分析如图 5-20（c）～(e）所示。

3）综合起来，想整体

确定了各线框所表示的基本体后，再分析各基本体的相对位置，就可以想象出物体的整体形状。从图 5-20（a）所示三视图可知，底板Ⅰ与半圆筒Ⅱ相交且下表面平齐，圆柱形凸台Ⅲ在半圆筒上方居中，两个竖板Ⅳ在底板和半圆筒上方前后对称，整个物体前后对称。这样，把它们综合起来，想象出整体形状，如图 5-20（f）所示。

【例 5-4】 读懂主、俯视图，补画左视图，如图 5-21（a）所示。

由物体两个视图画出其第三视图，必须先根据所给的两个视图想象出物体的结构形状，再画出正确的第三视图，是读图和画图的综合训练。

作图步骤：

① 通过主、俯视图确定该形体是叠加和切割综合方式的组合体，因此在已有视图上按照形体分析法先分成Ⅰ、Ⅱ、Ⅲ三个封闭的线框，如图 5-21（a）所示。

② 每个线框对投影、定形体、补画视图。如图 5-21（b）所示Ⅰ线框，通过主、俯视图可以确定该部分是由四棱柱切割而成。首先看主视图中的矩形不完整，中间下方缺了 V 形，俯视图中和其对应的虚线与矩形同宽，因此可以确定是四棱柱在下方从前向后截切 V 形通槽。再从俯视图中看，该矩形也是不完整，缺了一个半圆形，从主视图中与其对应的粗实线可以确定该四棱柱在前方、V 形槽的上方截切半圆形通槽。结构形状确定之后，补画该部分的左视图。分析补画其他线框，如图 5-21（c）、(d）所示。

③ 在补画其他线框时，一定要考虑各基本体在组合的过程中表面性质发生了变化，注意平齐与不平齐、相切与相交、轮廓线消失等图线画法。

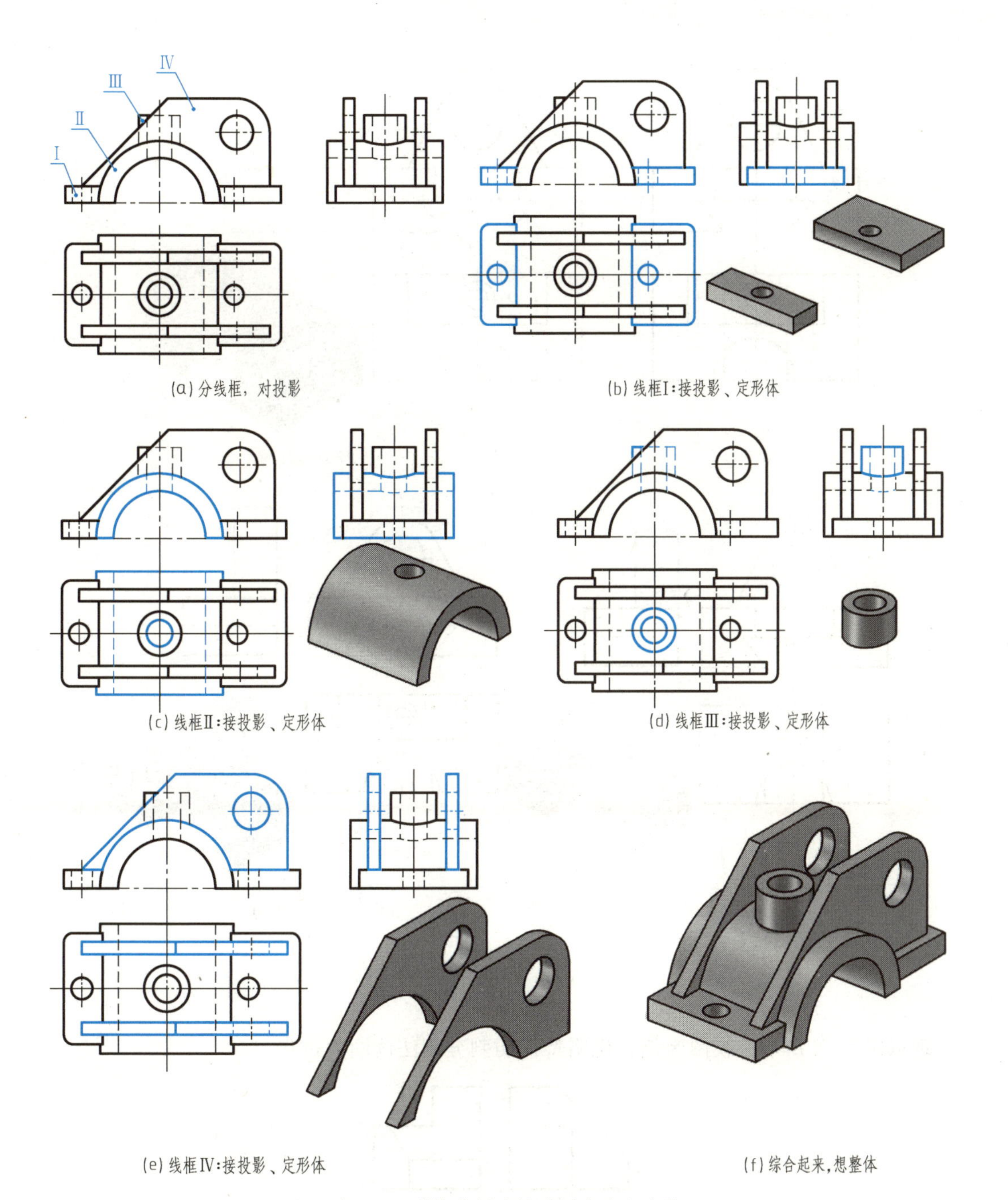

(a) 分线框，对投影

(b) 线框Ⅰ:接投影、定形体

(c) 线框Ⅱ:接投影、定形体

(d) 线框Ⅲ:接投影、定形体

(e) 线框Ⅳ:接投影、定形体

(f) 综合起来,想整体

图 5-20 形体分析法的读图方法和步骤

(2) 特征切割分析法

形体分析法是从“体”的角度将物体分解为由多个基本体组成，适合于叠加或综合组合方式形成的组合体。对于切割型的组合体，分线框之后，按照投影关系没有“体”和线框对应，只是一个面或者一条线与其有对应关系，这种情况下，就不能用形体分析法读图了。此时，可以从切割型组合体被切去部分的特征视图出发，分析被哪些面切去，在读图的过程中，可以边想象、边徒手画出轴测图，及时记录读图过程，帮助有效读懂视图。

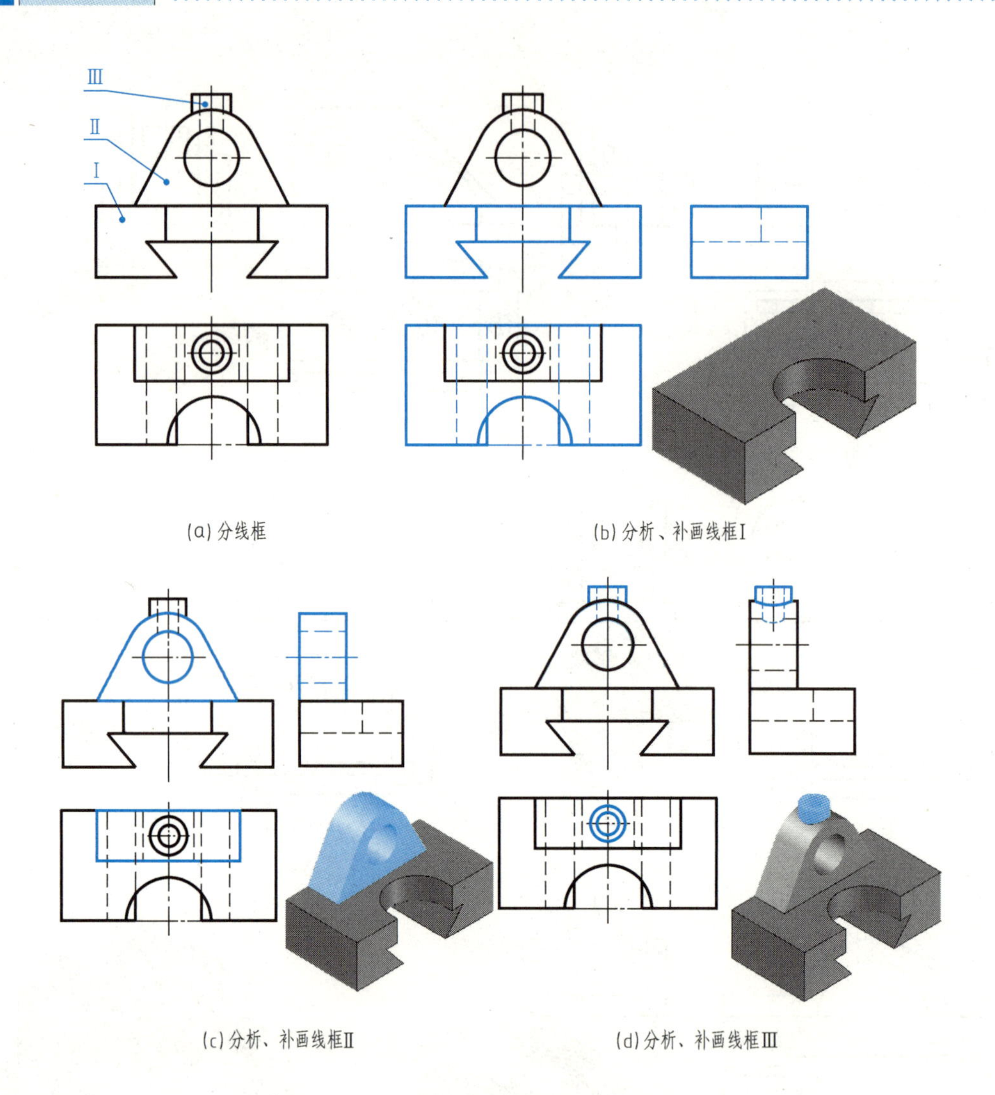

(a) 分线框

(b) 分析、补画线框Ⅰ

(c) 分析、补画线框Ⅱ

(d) 分析、补画线框Ⅲ

图 5-21 补画第三视图

现以图 5-22 所示三视图为例，说明特征切割分析法读图的过程。

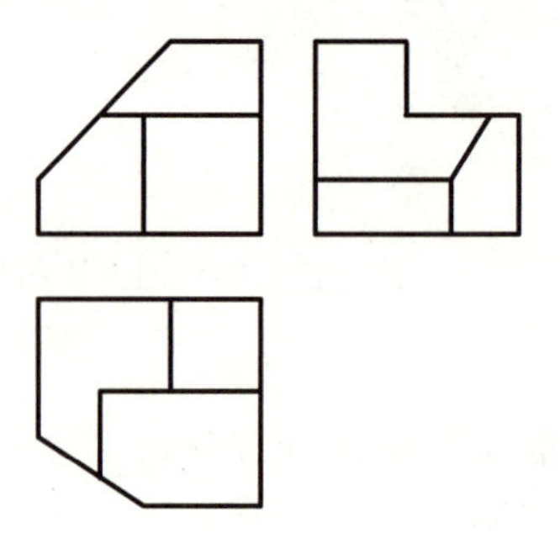

图 5-22 用于说明特征切割分析法的三视图

从图 5-22 可以看出，该形体是由四棱柱被多个平面切割而成，读图方法和步骤见表 5-5。

表 5-5 特征切割分析法读图方法和步骤

三视图	轴测图	读图说明
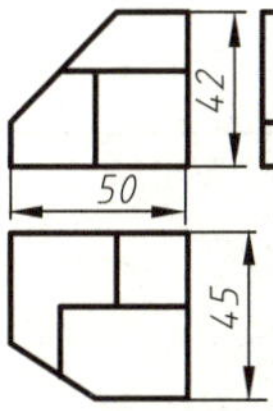	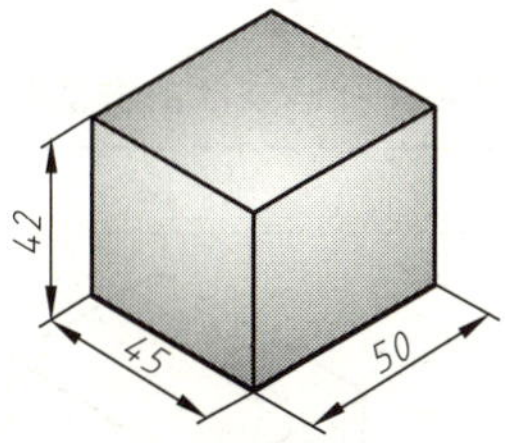	根据视图中的长、宽、高画出四棱柱的轴测图
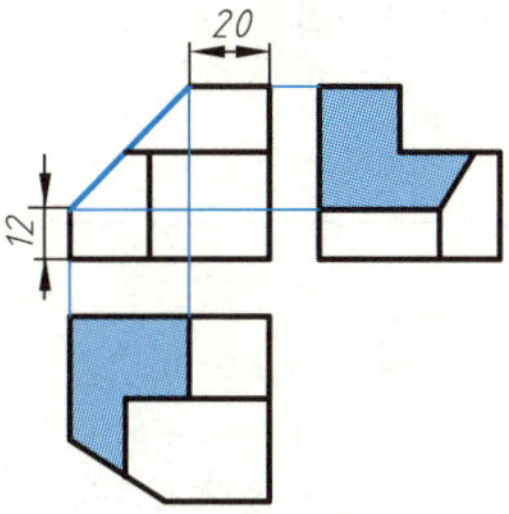	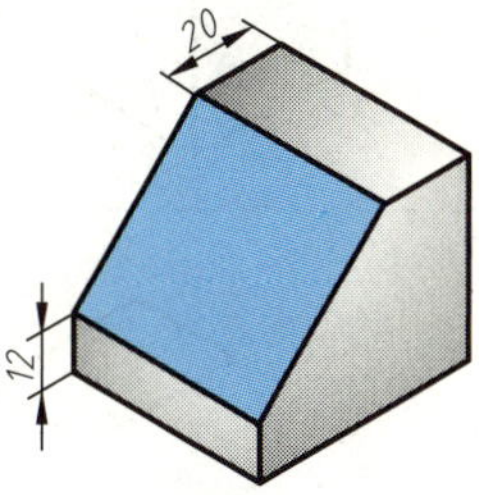	根据 20、12 定位尺寸画出正垂面切去左上角的轴测图
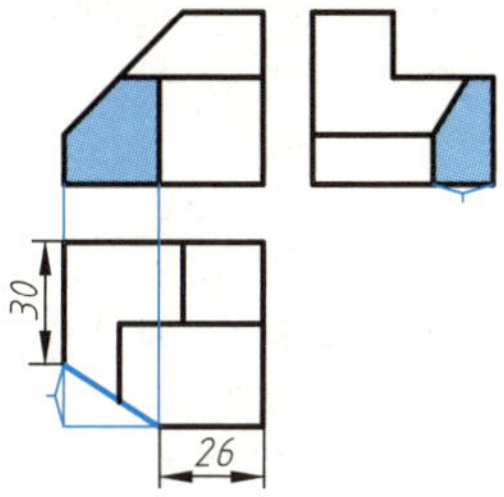	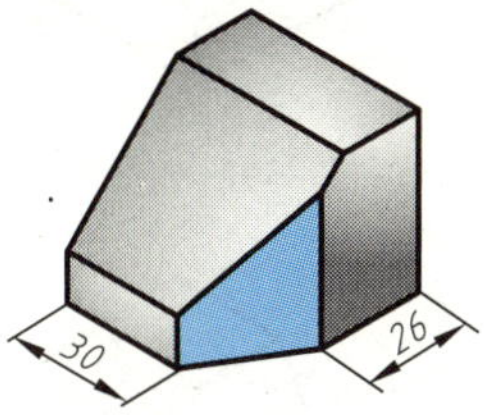	根据 26、30 两个定位尺寸画出铅垂面切去左前角的轴测图
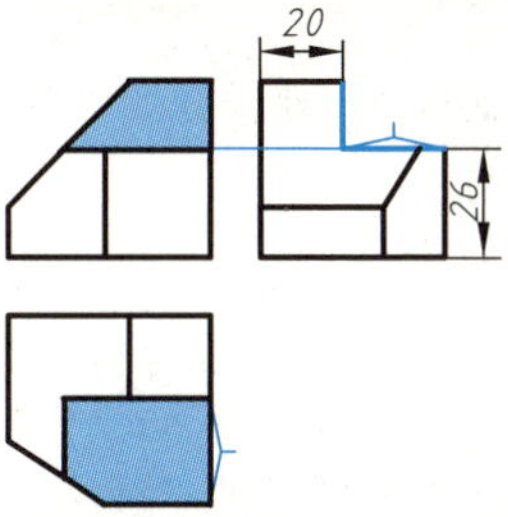	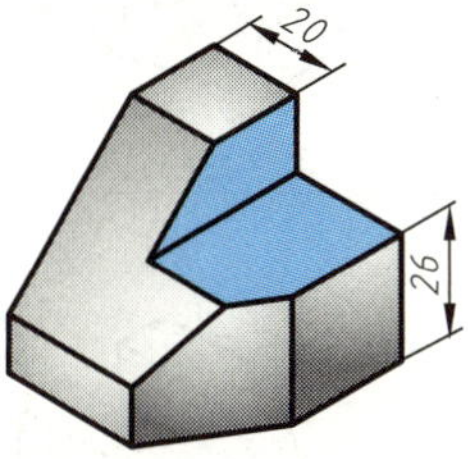	根据 26、20 两个定位尺寸画出切去前上角的轴测图

注：根据画出的轴测图，对应视图分析截切物体的特征面的形状，特征面在特征视图上积聚成直线，另外两面投影：与投影面垂直积聚为直线、与投影面平行是显实的平面图形、与投影面倾斜是类似的平面图形。

【例 5-5】 根据已有视图，补画图中所缺图线，如图 5-23 所示。

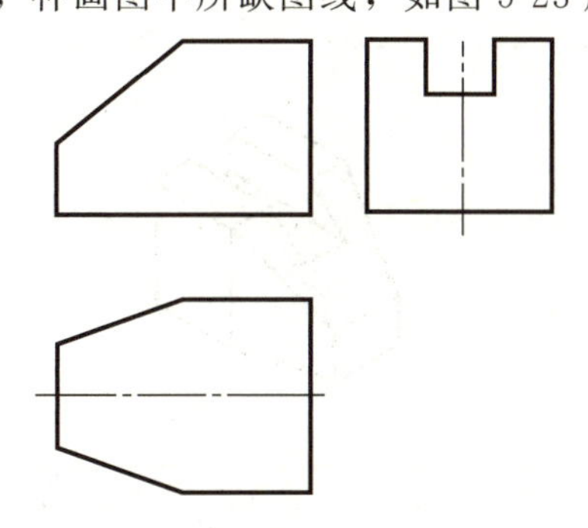

图 5-23 补画视图中的缺线

补画视图中的缺线，也是在读懂已有视图的基础上，想象出物体的结构形状，再补画视图中所缺图线。

补画缺线的方法与步骤见表 5-6。

表 5-6　补画缺线的方法与步骤

补画缺线	轴测图	步骤说明
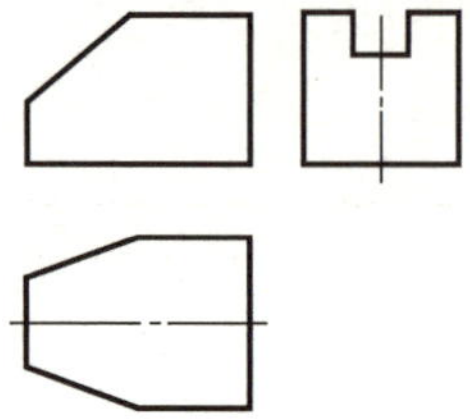	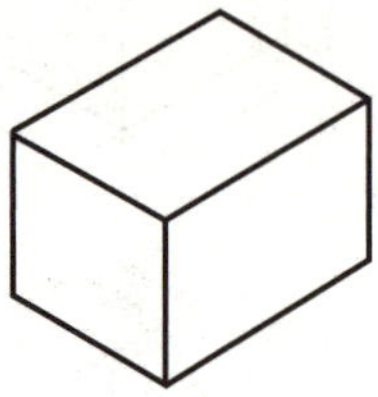	根据视图中的长、宽、高，画出四棱柱的轴测图
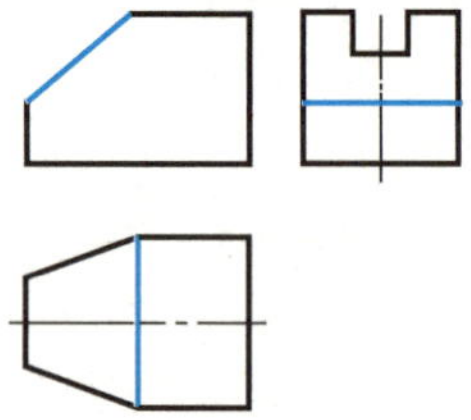	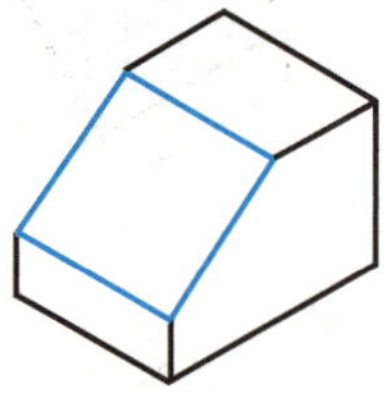	由主视图中矩形缺了左上角，可以确定该部分是由正垂面切去，由正垂面的位置先画出其轴测图，然后按长对正、高平齐画出俯、左视图的交线
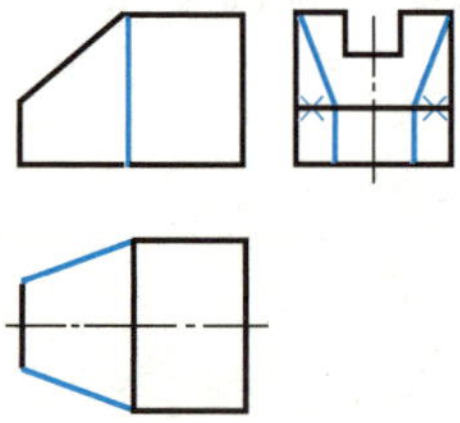	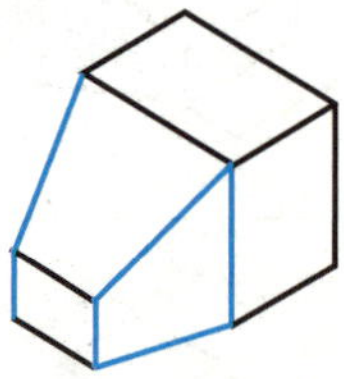	由俯视图中矩形缺了左前、左后两部分，可以确定该部分被两个铅垂面切去，由铅垂面的位置先画出其轴测图，然后按长对正、宽相等画出主、左视图的交线 两个铅垂面截切之后，原来正垂面截切的交线部分被切掉，需要擦除
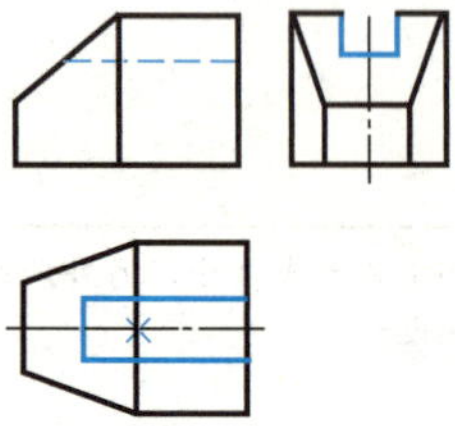	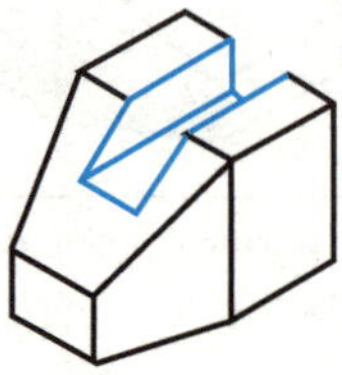	由左视图中矩形缺了上方中间部分，可以确定该部分被两个正平面和一个水平面切去，由三个面的位置先画出其轴测图，然后按高平齐画出主视图的细虚线，然后再按长对正、宽相等画出俯视图。三个面截切通槽之后，原来正垂面截切的交线部分被切掉，需要擦除
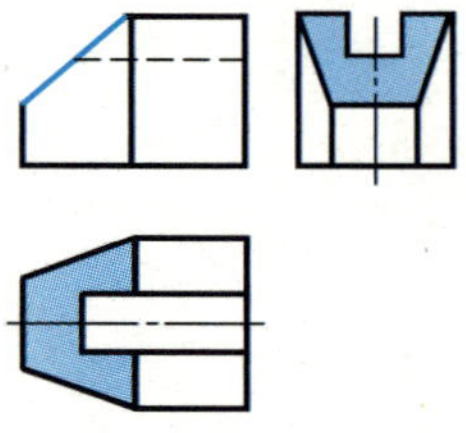		检查、调整 例如：四棱柱左上方被正垂面截切，在主视图中积聚成一条斜线，俯、左视图是类似的平面图形。从轴测图中可以看出该平面是八边形，补画出来的俯、左视图必须是类似的八边形才正确。其他面类似的按照平面的投影特性检查

注：在检查切割型组合体补缺线的过程中，根据平面的投影特性去检查，即与投影面平行是显实的平面图形、与投影面倾斜是类似的平面图形、与投影面垂直积聚成一条直线，简单地总结为“若非类似形，必有积聚性”。

第6章 机件的表达方法

能力目标

➢ 能够运用各种表达方法正确地表达机件。

知识点

➢ 视图的种类与选择。
➢ 剖视图的种类与画法。
➢ 剖切面的种类与选择。
➢ 简化画法。

前面介绍了用三视图表达机件的方法，但在工程实际中，机件的结构形状千变万化，有繁有简，仅用三视图很难将机件内外结构形状表达清楚。因此，国家标准《技术制图》《机械制图》规定了各种表达方法。掌握这些图样画法是正确绘制和阅读机械图样的基本条件。本章着重介绍这些常用表达方法。

6.1 视图（GB/T 13361—2012 和 GB/T 17451—1998）

视图主要用来表达机件的外部结构形状，视图通常有基本视图、向视图、局部视图和斜视图。

6.1.1 基本视图

将物体向基本投影面投射所得的视图，称为基本视图。

国家标准《技术制图》中规定，以正六面体的六个面为基本投影面，将物体放在正六面体中从 A、B、C、D、E、F 六个方向分别向基本投影面投射，即得到六个基本视图，如图 6-1 所示。

六个基本视图的名称和投射方向如下：

主视图——由前向后投射所得的视图。

左视图——由左向右投射所得的视图。

俯视图——由上向下投射所得的视图。

右视图——由右向左投射所得的视图。

仰视图——由下向上投射所得的视图。

后视图——由后向前投射所得的视图。

(1) 基本视图的位置关系

六个基本投影面展开时，正投影面保持不动，其余各投影面沿着投影轴旋转 90°展开至与正投影面处于同一平面上，后视图随着左视图一同旋转 180°，如图 6-2 所示。在同一张图纸内按图 6-2 配置视图时可不标注视图的名称。

(2) 基本视图之间的尺寸关系

六个基本视图之间仍保持“长对正、高平齐、宽相等”的尺寸关系，如图 6-3 所示。

(3) 基本视图与物体间的方位关系

主视图周围的四个基本视图靠近主视图的边是物体的后面，远离主视图的边是物体的前面。后视图反映物体的上、下和左、右方位，如图 6-4 所示。

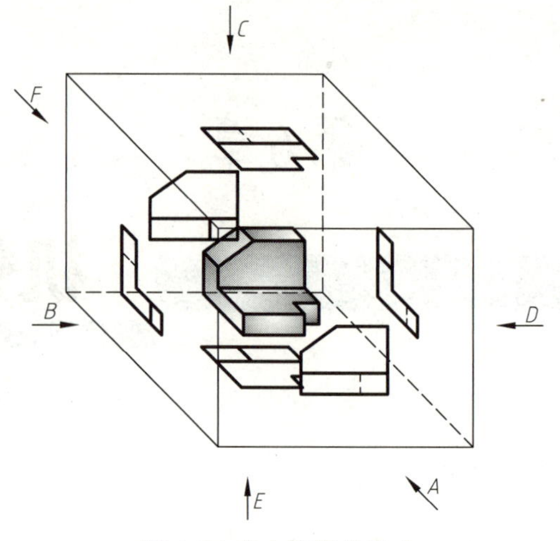

图 6-1 基本视图的形成

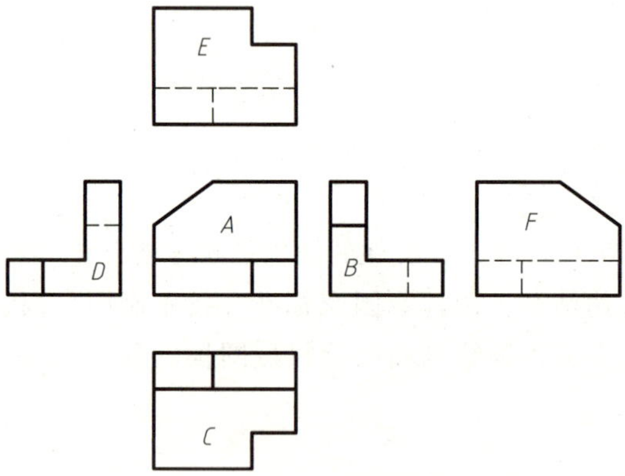

图 6-2 基本视图的位置关系

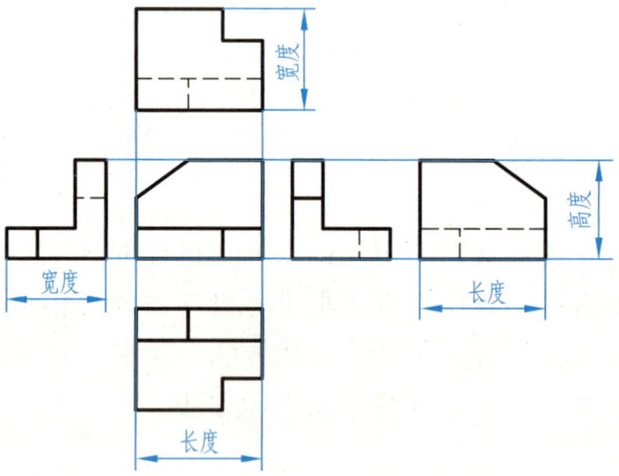

图 6-3 基本视图之间的尺寸关系

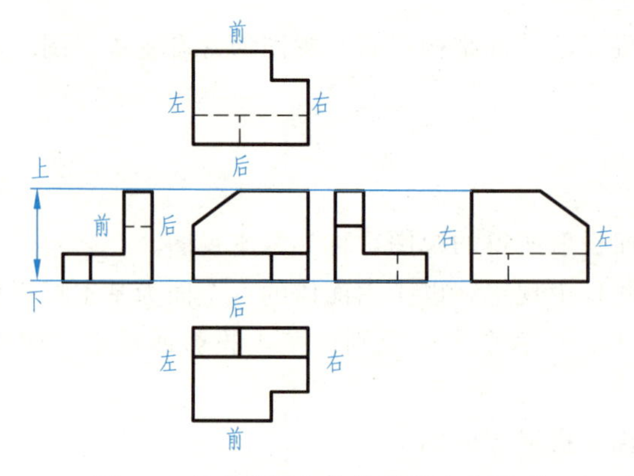

图 6-4 基本视图与物体间的方位关系

在实际绘图时，应根据机件的结构特点选用必要的基本视图。一般优先选用主、左、俯三个视图，任何机件的表达，都必须有主视图。

6.1.2　向视图（GB/T 17451—1998）

向视图是可自由配置的基本视图。向视图必须标注，机械制图在向视图的上方标注大写拉丁字母“×”，在相应视图的附近用箭头指明投射方向并标注相同的字母，如图 6-5 所示。

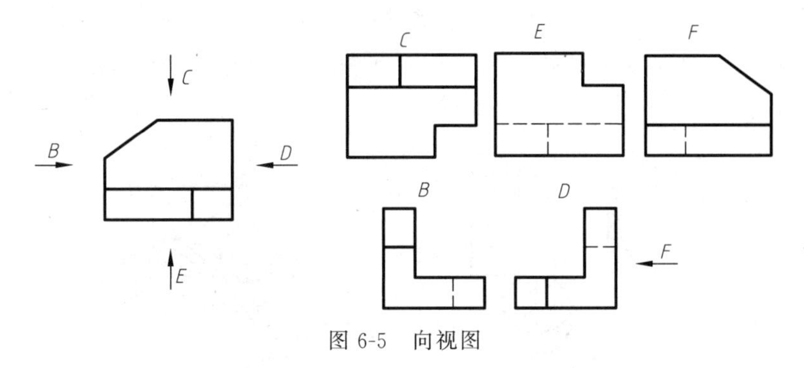

图 6-5　向视图

6.1.3　局部视图（GB/T 17451—1998）

局部视图是将物体的某一部分向基本投影面投射所得的视图。

在机械制图中，局部视图的配置可选择以下方式：

按基本视图的配置形式配置，如图 6-6（a）中的俯视图；

按向视图的配置形式配置并标注，如图 6-6（b）所示。

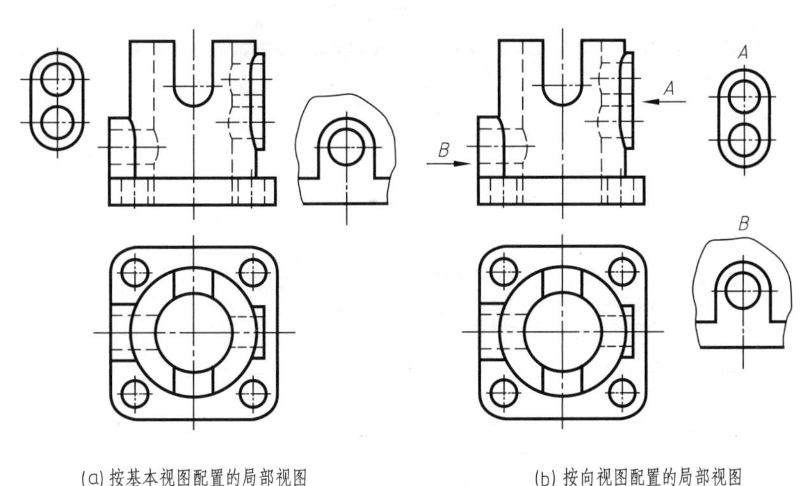

(a) 按基本视图配置的局部视图　　(b) 按向视图配置的局部视图

图 6-6　局部视图

画局部视图时，其断裂边界线用波浪线或双折线绘制，见图 6-6 中的 B 向局部视图。当所表示的局部视图的外轮廓成封闭时，则不必画出其断裂边界线，见图 6-6 中的 A 向局部视图。

标注局部视图时，通常在其上方用大写的拉丁字母标出视图的名称，在相应视图附近用箭头指明投射方向，并注上相同的字母，如图 6-6（b）所示。当局部视图按基本视图位置配置，中间又没有其他图形隔开时，则不必标注，如图 6-6（a）所示。

6.1.4 斜视图（GB/T 17451—1998）

斜视图是物体向不平行于基本投影面的平面投射所得的视图，如图 6-7 所示。

斜视图通常按向视图的配置形式配置并标注，如图 6-7（c）所示。必要时，允许将斜视图旋转配置，在旋转后的斜视图上方应标注视图名称“×”及旋转符号，旋转符号的箭头方向应与斜视图的旋转方向一致，表示该视图名称的大写拉丁字母应靠近旋转符号的箭头端，如图 6-7（d）所示。也允许将旋转角度标注在字母之后。旋转符号的尺寸和比例如图 6-7（e）所示。

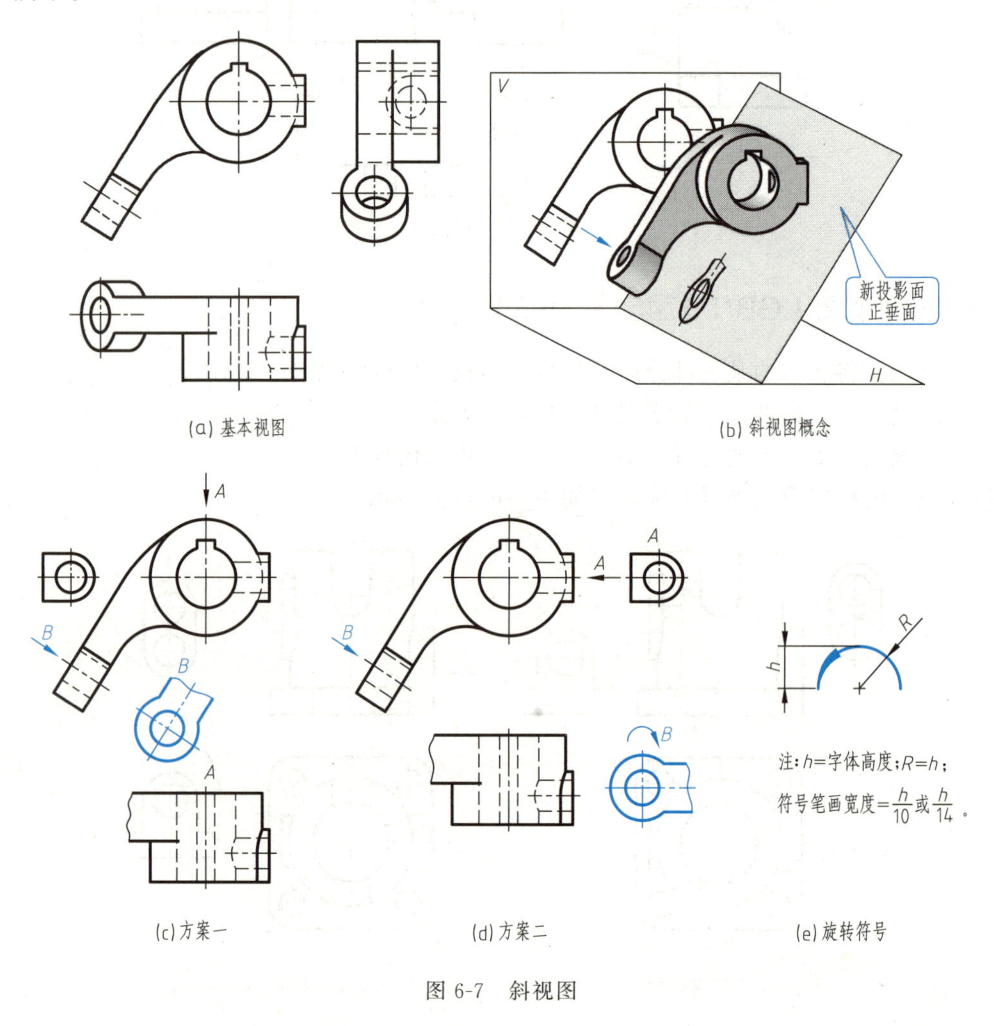

图 6-7 斜视图

6.2 剖视图（GB/T 4458.6—2002 和 GB/T 17452—1998）

在视图中，机件内部形状和孔、槽等不可见部分用细虚线绘制，如图 6-8 所示。但当机件内部形状比较复杂时，图上细虚线就比较多，有时还和外形轮廓重合，使图形很不清晰，给画图、读图和尺寸标注带来困难。为了清晰表达机件内部结构形状，国家标准规定用剖视图表达。

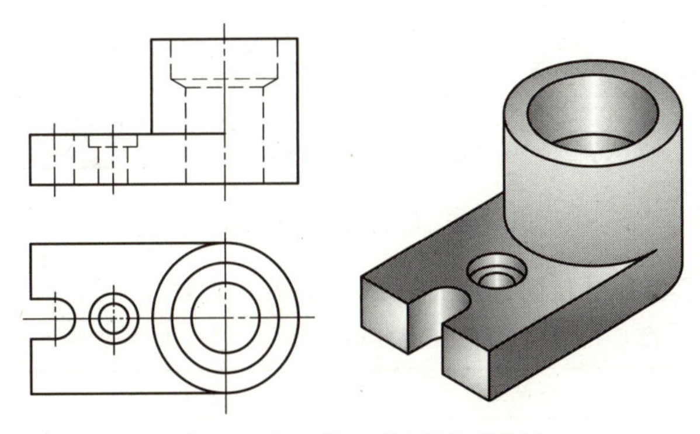

图 6-8 细虚线多使图形不清晰

6.2.1 剖视图概述

(1) 剖视图的概念

1）剖视图的形成

假想用剖切面剖开机件，将处在观察者和剖切面之间的部分移去，而将其余部分向投影面投射所得到的图形称为剖视图，简称剖视。

剖视图的形成过程如图 6-9（a）所示，图 6-9（b）中的主视图即是机件的剖视图。

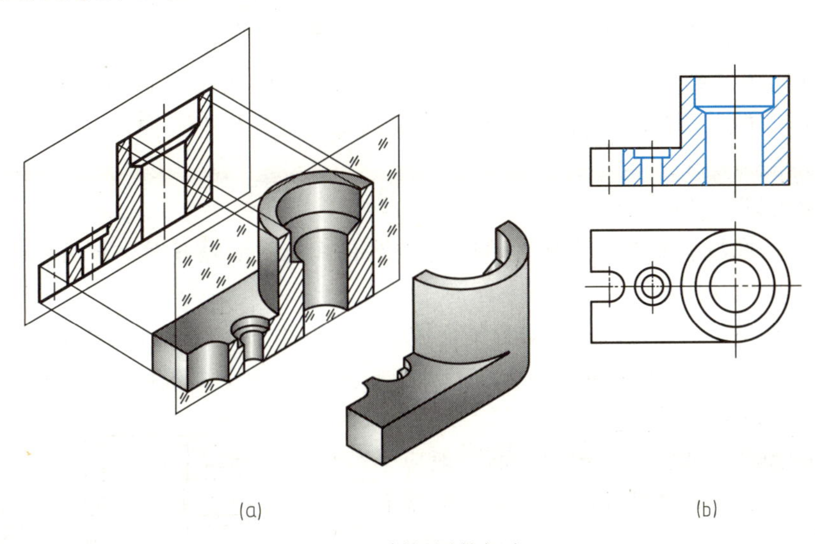

图 6-9 剖视图的概念

2）剖面符号

剖视图中的剖切面与机件接触处应画上剖面符号。在读图时，根据图形上有无剖面符号，就可以清楚地区分出机件的实体与空心部分，便于想象出机件的内、外结构形状。

通用剖面线的表示：不需在剖面区域中表示材料的类别时，可采用通用剖面线表示。

① 通用剖面线应以适当角度的细实线绘制，最好与主要轮廓或剖面区域的对称线成 45°角，间隔不小于 0.7mm，如图 6-10 所示。

② 同一物体的各个剖面区域，其剖面线画法应一致（方向相同、间距相等）。相邻物体的剖面线必须以不同的方向或以不同的间隔画出。

本书主要采用通用剖面线（以下简称剖面线）。

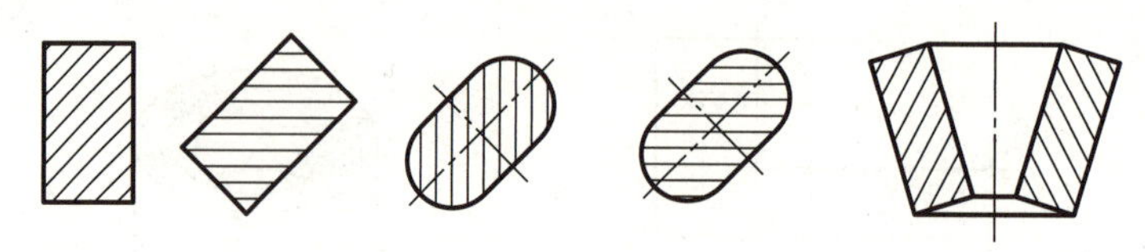

图 6-10 通用剖面线的表示法

国家标准中规定了各种材料的剖面符号，见表 6-1。

表 6-1 剖面符号（摘自 GB/T 4457.5—2013 节选）

材料名称	剖面符号	材料名称	剖面符号
金属材料（已有规定剖面符号除外）		非金属材料（已有规定剖面符号除外）	
线圈绕组元件		陶瓷、硬质合金型砂、粉末冶金等	
转子、变压器等的叠钢片		玻璃及其他透明材料	

3）标注

一般应标注剖视图的名称“×—×”，（“×”为大写拉丁字母或阿拉伯数字）。在相应的视图上（起始、转折、终止处）用剖切符号表示剖切位置和投射方向，并标注相同的字母，如图 6-11 所示的 $A—A$。

下列情况可以省略剖视图的标注。

① 当剖视图按基本视图位置配置，中间又没有其他图形隔开时，可省略箭头和名称，如图 6-11 所示的俯视图。

② 当单一剖切平面通过机件的对称平面或基本对称平面，且剖视图基本视图位置配置，中间又没有其他图形隔开时，可省略标注，见图 6-11 所示的主视图和图 6-9（b）。

4）画剖视图时注意事项

① 为使剖视图反映实形，剖切平面一般应平行于某一投影面；剖切时通过机件的对称面或内部孔、槽的轴线。

② 剖切面与实体的交线及剖切面后面的可见轮廓线均用粗实线画出。不可见轮廓线一般不画。只有当机件的结构没有完全表达清楚，若画出少量虚线可以减少视图数量，才画出必要的虚线，如图 6-12 所示。

③ 由于剖视是假想的，所以，当某个视图被画成剖视图后，其他视图仍应按完整的机件画出，如图 6-13 所示。

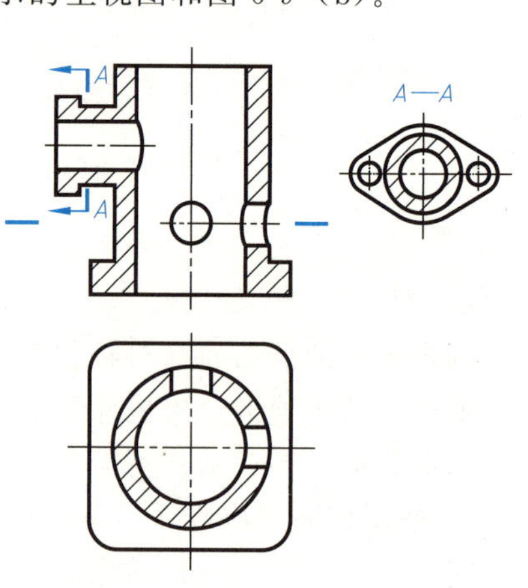

图 6-11 剖视图的标注

④ 不要遗漏剖切平面后面的可见轮廓线，表 6-2 列出了剖视图中常见漏线。

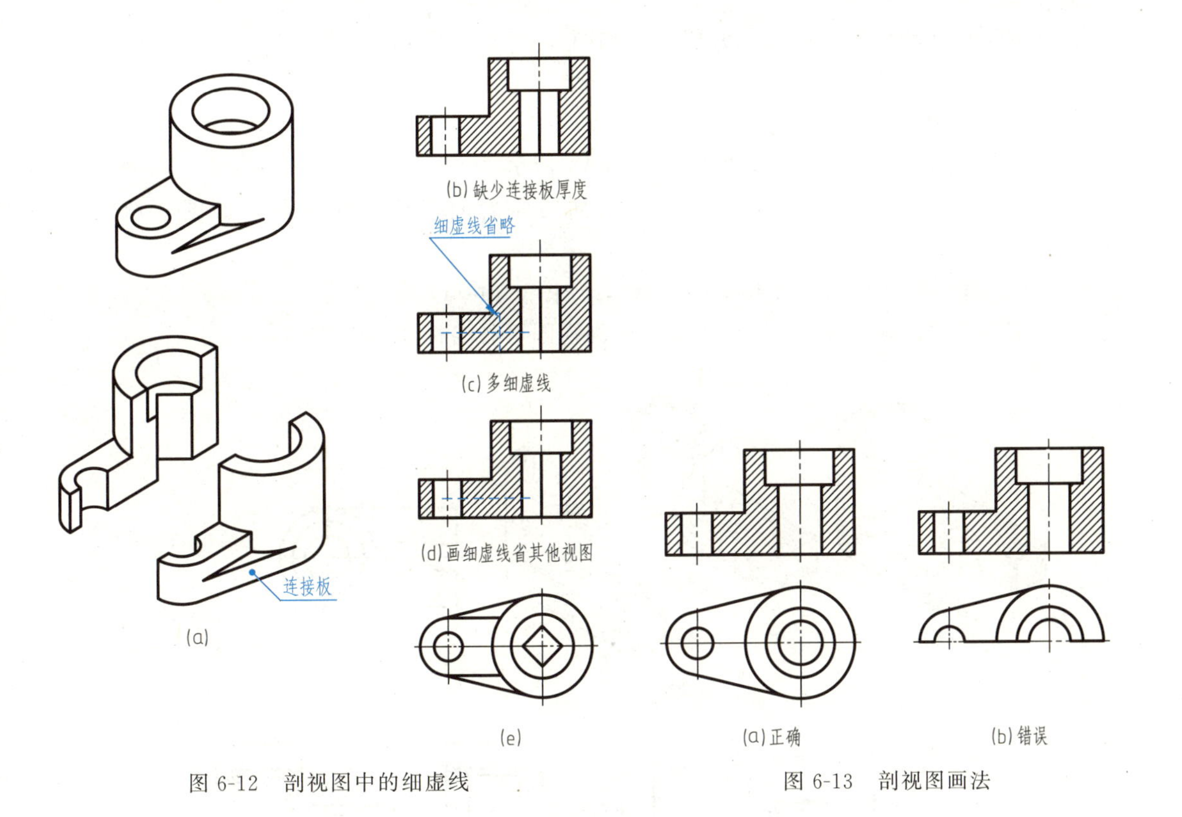

图 6-12　剖视图中的细虚线

图 6-13　剖视图画法

表 6-2　剖视图中常见漏线

轴测剖视图	剖视图漏线	正确画法
	□10　φ10	□10　φ10

(2) 剖视图的画法

画机件剖视图的思维方法，仍是上一章组合体的形体分析法。但与组合体不同的是：在形体分析法的基础上，根据机件的内外结构特点，选择适当的剖切面将机件假想地剖开之后进行投射。

如图 6-14（a）所示，剖视图绘图步骤如下。

① 确定剖切面的位置，假想剖开机件，如图 6-14（b）所示。

② 绘制俯视图，如图 6-14（c）所示。

③ 绘制剖视图（主视图）。

a. 画出主视图的外部轮廓线，如图 6-14（d）所示。

b. 画出剖切面与机件实体相交的交线及剖切面后面的可见轮廓线，如图 6-14（e）所示。

c. 画剖面线（剖切面与实体相交的区域），如图 6-14（f）所示。

d. 标注剖视图，如图 6-14（g）所示，该剖视图可省略标注。

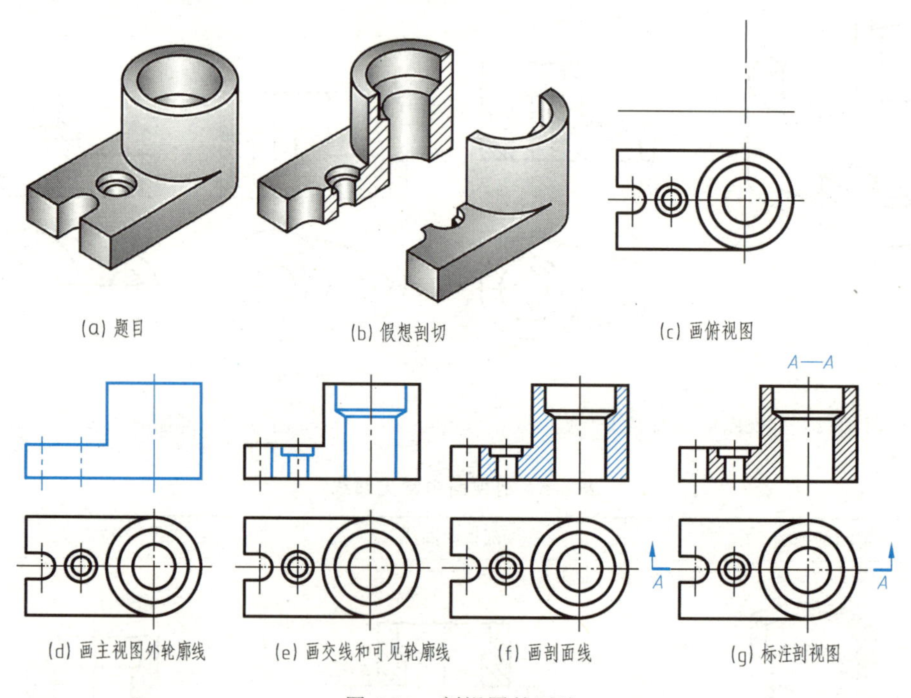

图 6-14 剖视图的画法

6.2.2 剖视图的种类

剖视图根据剖切面将机件剖开的范围可分为全剖视图、半剖视图和局部剖视图。

(1) 全剖视图

用剖切面完全地剖开机件所得的剖视图称为全剖视图。前面介绍的剖视图均为全剖视图。全剖视图主要用于表达外形简单、内部形状复杂的不对称机件，或外形简单的对称机件。

(2) 半剖视图

当机件具有对称平面时，向垂直于对称平面的投影面上投射所得的图形，可以对称中心线为界，一半画成剖视图，另一半画成视图，称为半剖视图，如图 6-15 所示。

半剖视图既表达了机件的内部形状，又保留了机件的外部形状，所以它是内、外形状都比较复杂的对称机件常采用的表达方法。

画半剖视图应注意的问题：

① 半个视图与半个剖视图的分界线应是细点画线；

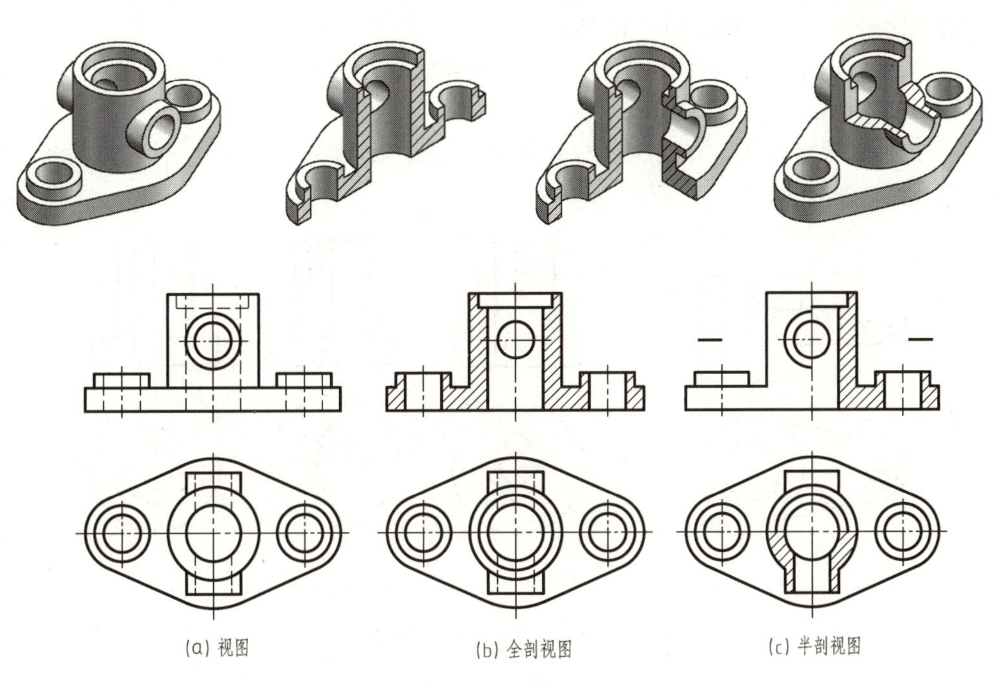

图 6-15 半剖视图的形成

② 在半个视图中表示内部形状的虚线，应省略不画；

③ 若机件的对称面上有轮廓线时，不能作半剖视图；

④ 在半剖视图中，只画出一半形状的部分，尺寸采用半标注；

⑤ 半剖视图是全部剖开，对称表达，因此标注方法应与全剖视图相同。

(3) 局部剖视图

用剖切面局部地剖开机件所得的剖视图称为局部剖视图，如图 6-16 所示。

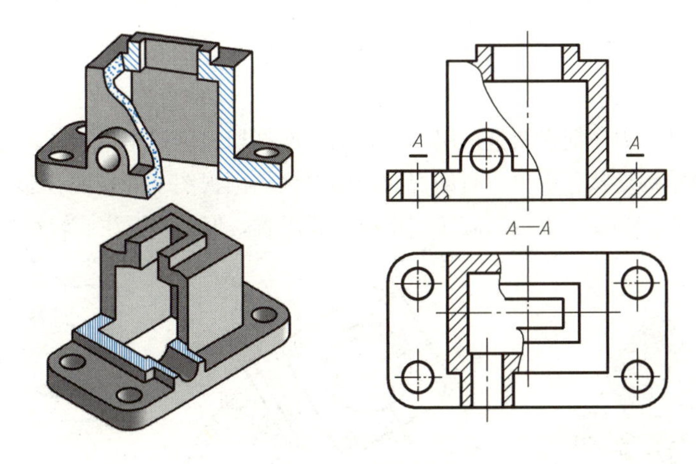

图 6-16 局部剖视图

局部剖视图既能把机件局部的内部形状表达清楚，又能保留机件的某些外形，是一种很灵活的表达方法。

画局部剖视图时应注意以下几点：

① 局部剖视图以波浪线为界，波浪线不应与轮廓线重合，不能用轮廓线代替，也不能

超出轮廓线之外，如图 6-16、图 6-17 所示。

② 当被剖切部分结构为回转体时，允许将该结构中心线作为局部剖视与视图的分界线，如图 6-17（a）所示。

③ 当机件对称且在图上有轮廓线与对称中心线重合时，不宜采用半剖视图，此时可采用局部剖视图，如图 6-17（b）所示。

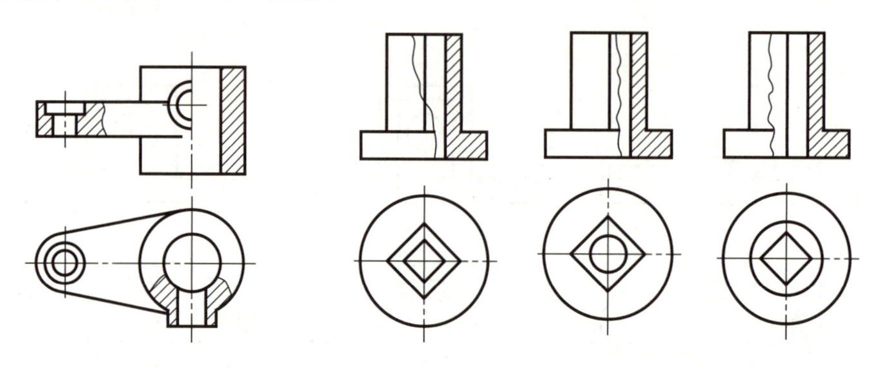

(a) 中心线作为分界线　　(b) 对称机件采用局部剖视图

图 6-17　局部剖视图剖切位置的选择

④ 局部剖一般可以省略标注，但当剖切位置不明显或局部剖视图未能按照投影关系配置时，则必须加以标注。

6.2.3　剖切面的种类

机件的内部结构是各种各样的，剖视图能否完整、清晰地表达其形状，与剖切面的选择是密切相关的。国家标准《技术制图》规定有三种剖切面：单一剖切面、几个平行的剖切平面、几个相交的剖切面。应根据机件的结构特点和表达的需要选用。

(1) 单一剖切面

单一剖切面指用一个剖切面剖切机件，图 6-14 是单一剖切面的全剖视图，图 6-15（c）是单一剖切面的半剖视图。

图 6-18 中的“*B*—*B*”剖视图是采用单一斜剖切面剖切得到的全剖视图，主要用于表达机件上倾斜部分的内部结构形状。用单一斜剖切面剖切得到的剖视图一般按照投影关系配置，也可以配置在其他适当位置。必要时也可以旋转到水平位置配置，但必须标注旋转符号。

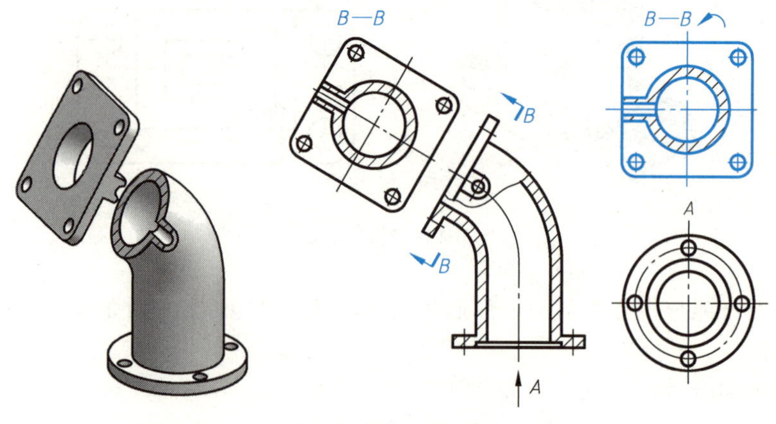

图 6-18　单一剖切面

(2) 几个平行的剖切平面

几个平行的剖切平面指两个或两个以上平行的剖切平面，并且要求各剖切平面的转折处必须是直角，如图 6-19 所示。

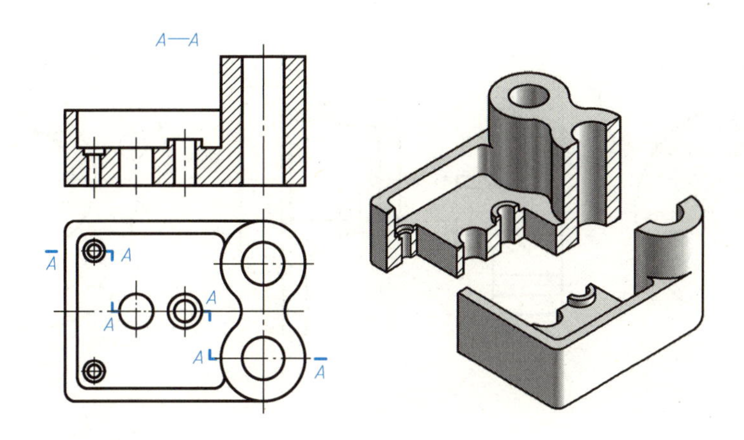

图 6-19 几个平行的剖切平面

采用几个平行的剖切平面画剖视图时，应注意以下几点：

① 必须在相应视图上用剖切符号表示剖切位置，在剖切平面的起止和转折处标注相同字母，剖切符号两端用箭头表示投射方向（当剖视图按投影关系配置，中间又无其他图形隔开时，可省略箭头），并在剖视图上方标出相同字母的剖视图名称“×—×”，如图 6-19 和图 6-20 所示。

② 在剖视图中，不应画出剖切平面转折处的投影，如图 6-20（b）所示。

③ 用几个平行的剖切平面画出的剖视图中，一般不允许出现不完整要素。仅当两个要素在图形上具有公共对称中心线或轴线时，可以对称中心线或轴线为界各画一半，如图 6-20（c）所示。

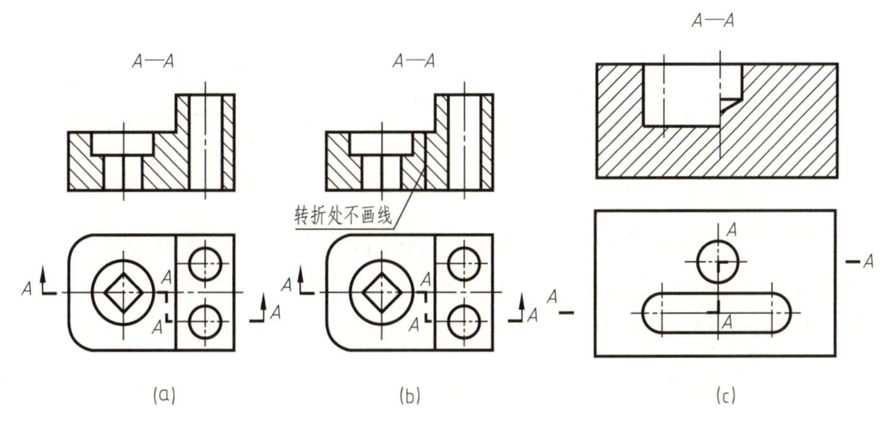

图 6-20 几个平行的剖切平面剖切注意事项

(3) 几个相交的剖切面

几个相交的剖切面指用相交的剖切面（交线垂直于某一基本投影面）剖切机件。

采用几个相交的剖切面画剖视图时，应注意以下几点：

① 用几个相交的剖切面获得的剖视图应旋转到一个投影平面上，先假想用相交剖切平

面剖开机件，然后将被剖切平面剖开的结构及其有关部分旋转到与选定的投影面平行再进行投射，如图 6-21 所示；或采用展开画法，此时应标注“×—×展开”，如图 6-22 所示。

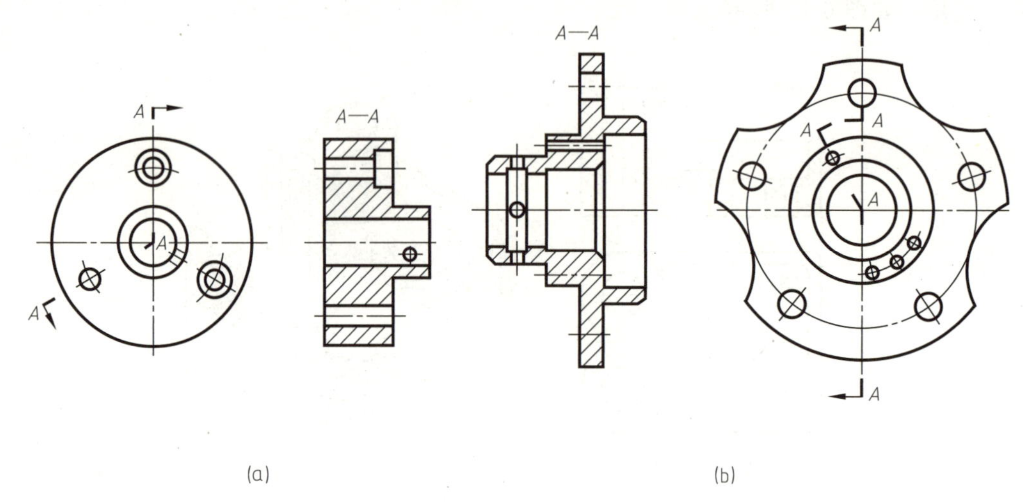

图 6-21　旋转绘制的剖视图

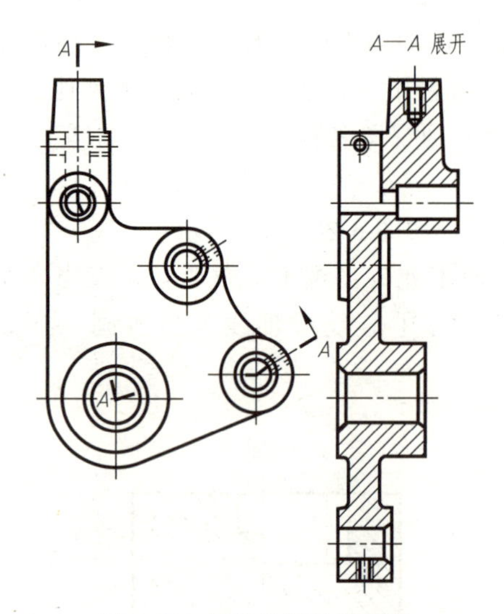

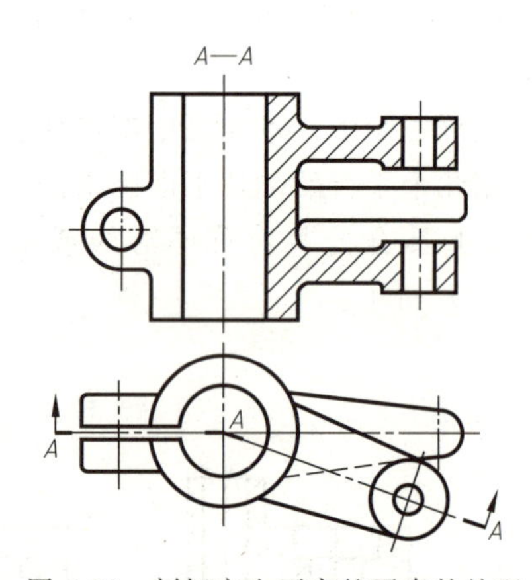

图 6-22　展开绘制的剖视图

图 6-23　剖切产生不完整要素的处理

② 在剖切平面后的其他结构一般仍按原来位置投射，如图 6-21（a）中空心圆柱上的小油孔。

③ 当剖切后产生不完整要素时，应将此部分按不剖绘制，如图 6-23 所示。

④ 用几个相交的剖切面画出的剖视图，必须加以标注，其标注方法如图 6-21～6-23 所示。

6.3　断面图（GB/T 4458.6—2002）

6.3.1　断面图的概念

假想用剖切面将物体的某处切断，仅画出该剖切面与物体接触部分的图形，称为断面图，简称断面，如图 6-24 所示。

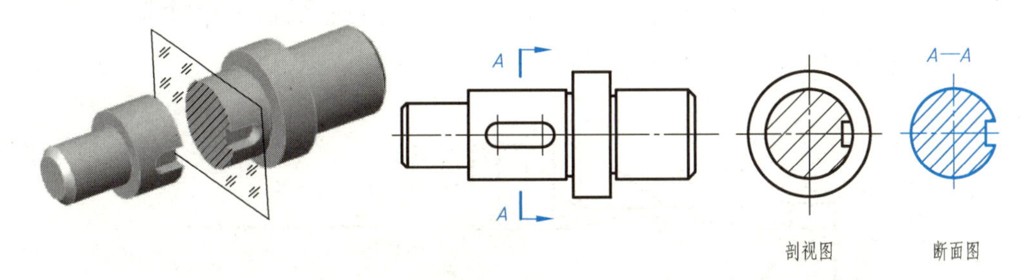

图 6-24　断面图

从图 6-24 中可以看出，断面图与剖视图不同之处是：断面图仅画出机件被切断面的图形，而剖视图则要求除画出机件被切断面的图形外，还要画出剖切面以后的所有部分的投影。

6.3.2　断面图的分类及画法

断面图按其图形所处位置不同，分为移出断面图和重合断面图两种。

(1) 移出断面图

画在视图轮廓之外的断面图称为移出断面图，如图 6-25 所示。

移出断面的轮廓线用粗实线绘制，在断面上画出剖面符号。移出断面应尽量配置在剖切线的延长线上，或其他适当位置。

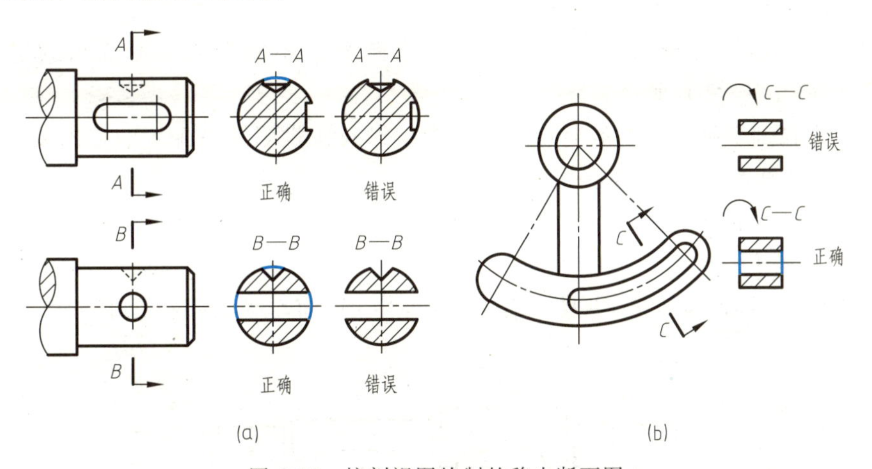

图 6-25　按剖视图绘制的移出断面图

当剖切平面通过回转面形成的孔或凹坑的轴线时，这些结构应按剖视图要求绘制，如图 6-25（a）所示。

当剖切平面通过非圆孔会导致出现完全分离的两个断面时，这些结构按剖视图要求绘制。在不致引起误解时，允许旋转绘制，如图 6-25（b）所示。

由两个或多个相交的剖切平面剖切得出的移出断面，中间一般应断开绘制，如图 6-26 所示。

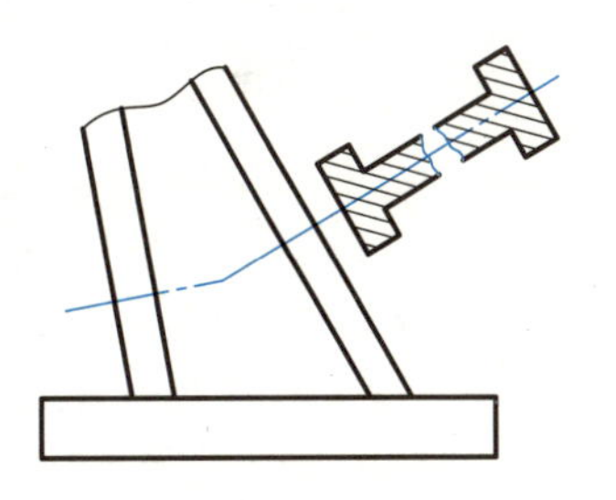

图 6-26　两个相交剖切平面的移出断面图

(2) 重合断面图

画在视图轮廓之内的断面图称为重合断面图，如图 6-27

(a) 所示。

重合断面的轮廓线用细实线绘制。当视图中的轮廓线与重合断面的图形重叠时，视图中的轮廓线仍应连续画出，不可间断，如图 6-27 (b) 所示。

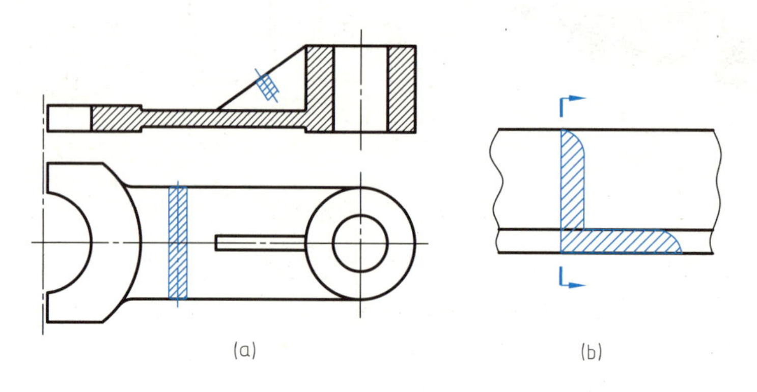

图 6-27　重合断面图的画法

6.3.3　断面图的标注

① 一般应用大写的拉丁字母标注移出断面图的名称“×—×”，在相应的视图上用剖切符号表示剖切位置和投射方向（用箭头表示），并标注相同的字母，如图 6-28 (d) 所示，剖切符号之间的剖切线可以省略不画。

② 配置在剖切符号延长线上的不对称移出断面和不对称重合断面可省略字母，如图 6-27 (b) 和 6-28 (b) 所示。

③ 不配置在剖切延长线上的对称移出断面，以及按投影关系配置的移出断面，一般不必标注箭头，如图 6-28 (a) 所示。

④ 配置在剖切符号延长线上的对称移出断面，不必标注字母和箭头，如图 6-28 (c) 所示。

⑤ 对称的重合断面及配置在视图中断处的对称移出断面，不必标注，如图 6-27 (a) 所示。

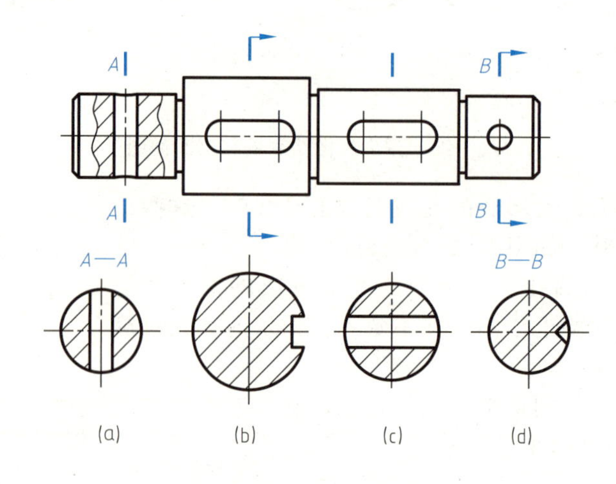

图 6-28　移出断面图的标注

6.4　局部放大图（GB/T 13361—2012）

将图样中所表示的物体部分结构，用大于原图形的比例所绘出的图形，称为局部放大图，如图 6-29 所示。

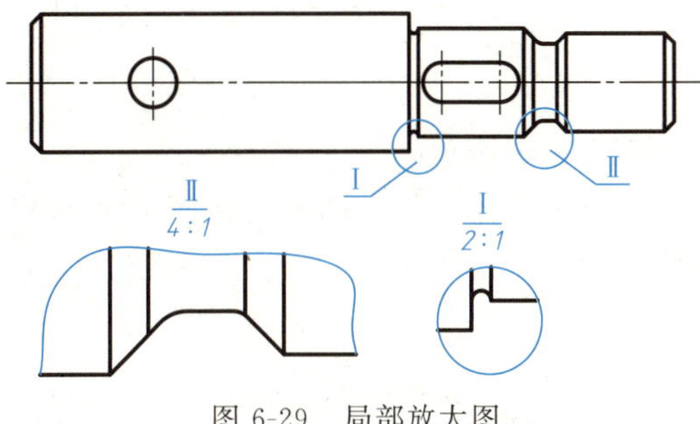

图 6-29　局部放大图

局部放大图可以根据需要画成视图、剖视图、断面图，它与被放大部分的表达方法无关。局部放大图应尽量配置在被放大部位的附近，方便读图。

局部放大图的断裂边界，可以采用细实线圆作为边界线，如图 6-29 所示的Ⅰ，也可以采用波浪线或双折线作为边界线，如图 6-29 所示的Ⅱ。

局部放大图应把被放大部位用细实线圆圈出，在相应的局部放大图上方标出放大比例。当机件上有几处被放大部位时，必须用罗马数字依次标明被放大部位，并在局部放大图上方标出相应的罗马数字和放大比例，如图 6-29 所示。

6.5　简化画法（GB/T 16675.1—2012）

简化画法是包括规定画法、省略画法、示意画法等在内的图示方法。

规定画法是对标准中规定的某些特定表达对象所采用的特殊图示方法。

省略画法是通过省略重复投影、重复要素、重复图形等达到使图形简化的图示方法。

示意画法是用规定符号和（或）较形象的图线绘制图样的表意性图示方法。

① 对于机件的肋板、轮辐及薄壁等结构，如按纵向剖切，这些结构都不画剖面符号，而用粗实线将它与其邻接部分分开，如图 6-30 所示。

② 当机件回转体上均匀分布的肋板、轮辐、孔等结构不处于剖切平面上时，可将这些结构旋转到剖切平面上画出，如图 6-31 所示。

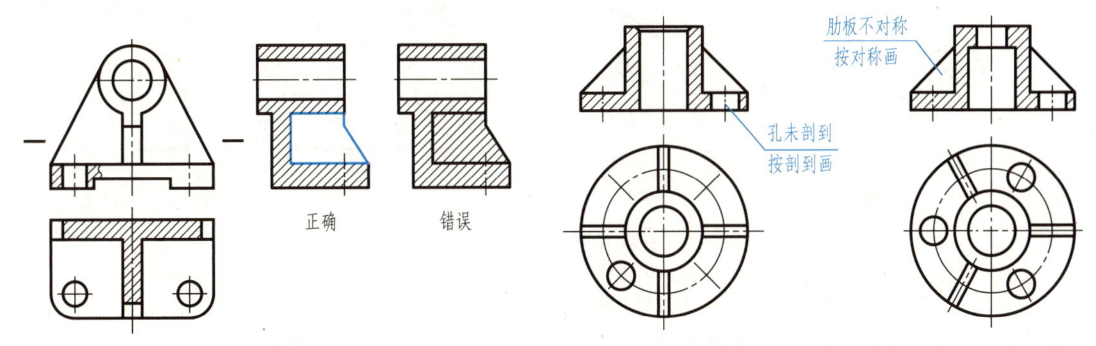

图 6-30　肋板的剖切画法　　图 6-31　回转体上规则分布结构要素的旋转画法

③ 较长的机件（如轴、杆、型材、连杆等），沿长度方向的形状一致或按一定规律变化时，可断开后缩短绘制，但要标注实际尺寸，如图 6-32 所示。

④ 与投影面倾斜角度小于或等于 30°的圆或圆弧，手工绘图时，其投影可用圆或圆弧代

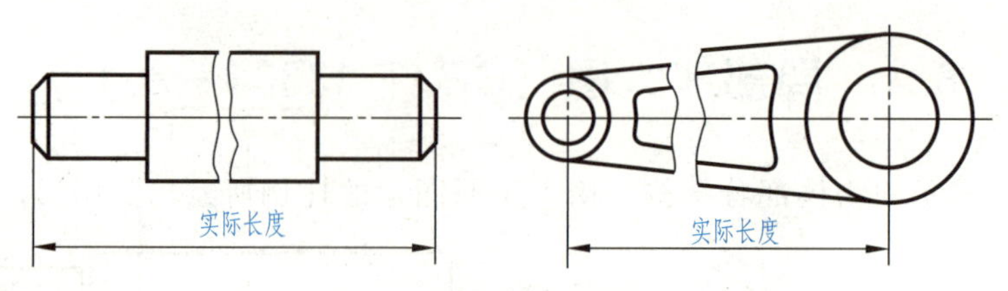

图 6-32 较长机件的简化画法

替，如图 6-33 所示。

⑤ 当回转体零件上的平面在图形中不能充分表达时，可用两条相交的细实线表示这些平面，如图 6-34 所示。

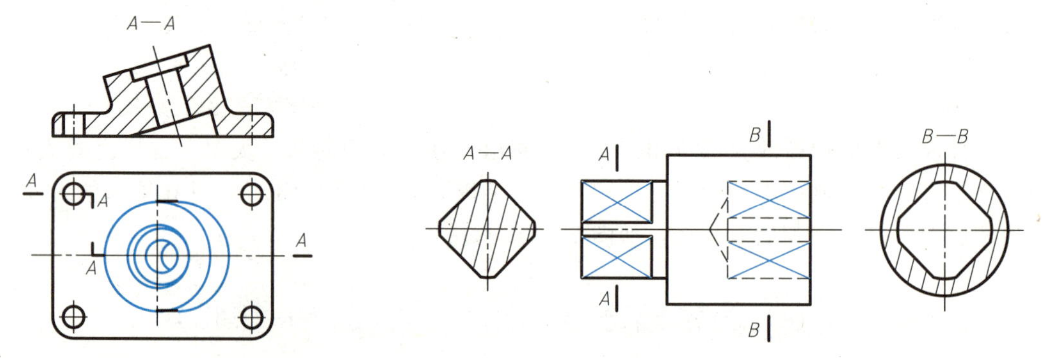

图 6-33 与投影面≤30°的圆的简化画法

图 6-34 平面的简化画法

⑥ 在不致引起误解时，对于对称机件的视图可以只画 1/2 或 1/4，并在对称中心线的两端画出两条与其垂直的平行细实线，如图 6-35（a）、（b）所示。

基本对称的零件仍可按对称零件的方式绘制，但应对其中不对称的部分加注说明，如图 6-35（c）、（d）所示。

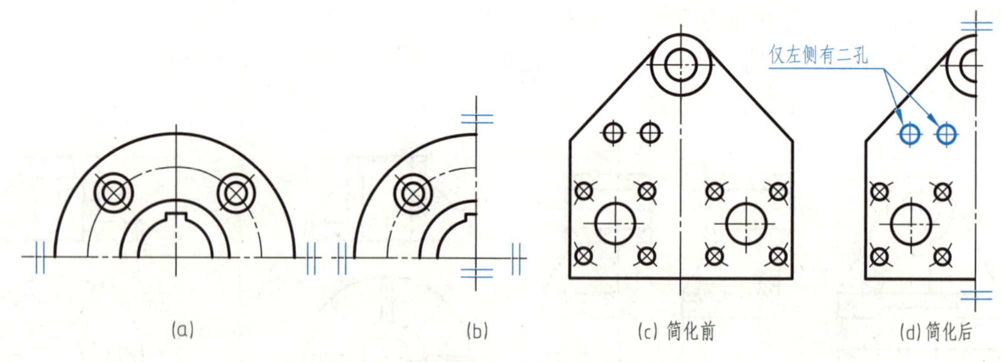

图 6-35 对称和基本对称机件的简化画法

⑦ 在不致引起误解时，图形中的过渡线、相贯线可以简化，例如用圆弧或直线代替非圆曲线，如图 6-36 所示。也可采用模糊画法表示相贯体，如图 6-37 所示。

⑧ 当机件具有若干相同结构（齿、槽、孔等），并按一定规律分布时，只需要画出几个完整的结构，其余用细实线相连或标明中心位置，在零件图中则必须注明该结构的总数，如图 6-38 所示。若干直径相同且成规律分布的孔，可以仅画出一个或少量几个，其余只需用细点画线或用“+”表示其中心位置。

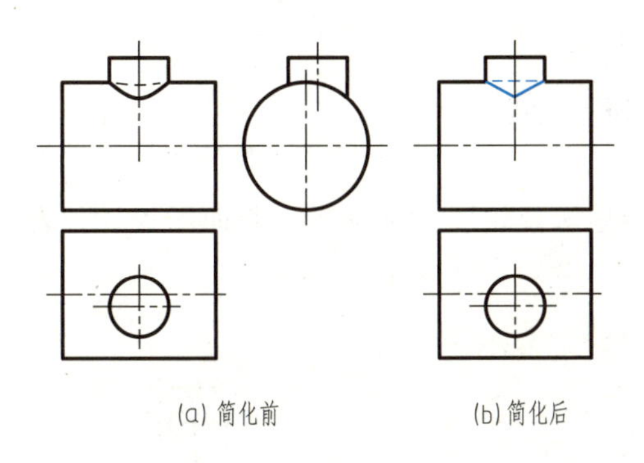

图 6-36 相贯线的简化画法

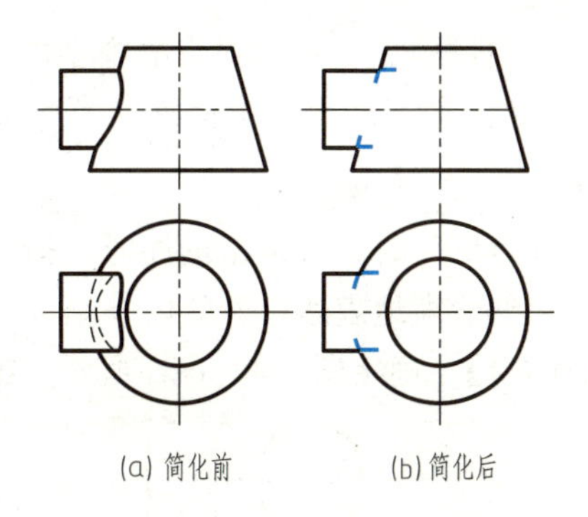

图 6-37 相贯线的模糊画法

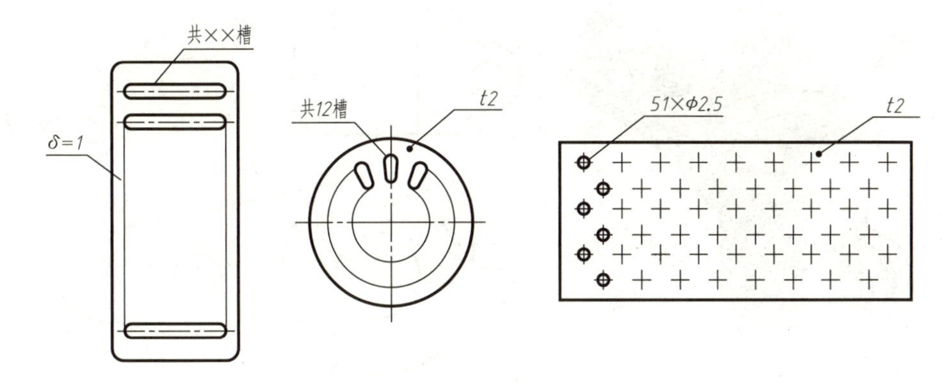

图 6-38 机件上相同结构的简化画法

⑨ 在不致引起误解的情况下，剖面符号可省略，如图 6-39 所示。

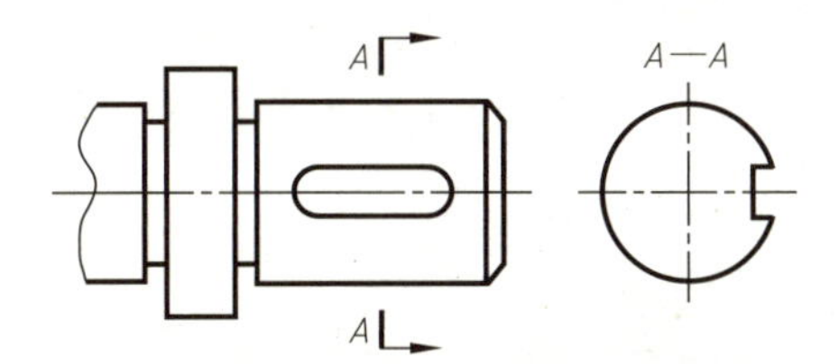

图 6-39 移出断面图的简化画法

⑩ 小圆角、小倒角的简化画法 在不至于引起误解时，零件图中的小圆角、锐边的倒角或 45°小倒角允许省略不画，但必须注明尺寸或在技术要求中加以说明，如图 6-40 所示。

⑪ 滚花一般采用在轮廓线附近用粗实线局部画出的方法表示，也可省略不画，如图 6-41 所示。

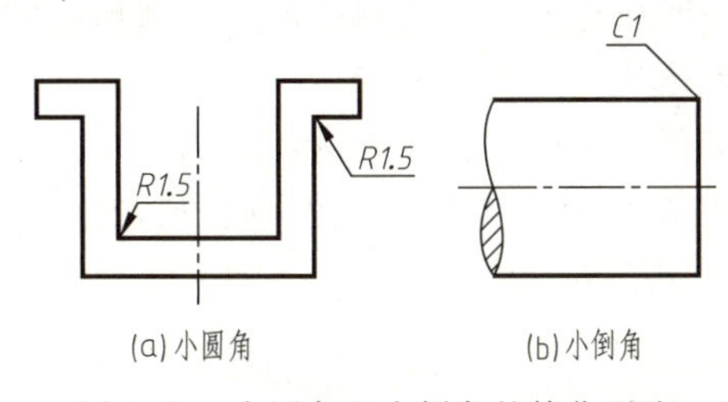

图 6-40 小圆角和小倒角的简化画法

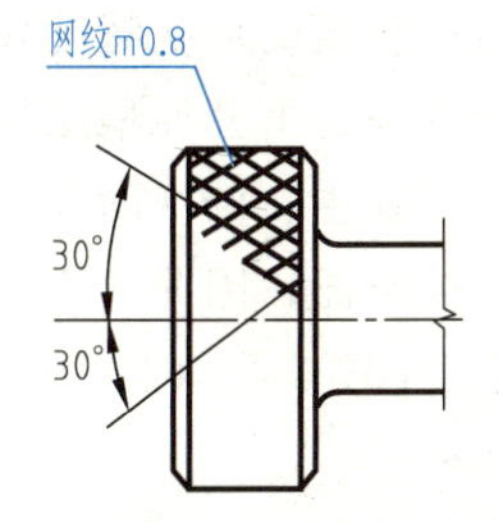

图 6-41 滚花结构的示意画法

6.6 表达方法的综合应用

在表达机件时，应根据机件的结构特点，适当地选择视图、剖视图、断面图等各种表达方法，完整清晰地表达机件的内外结构形状。

【例 6-1】 确定图 6-42（a）所示支架的表达方法。

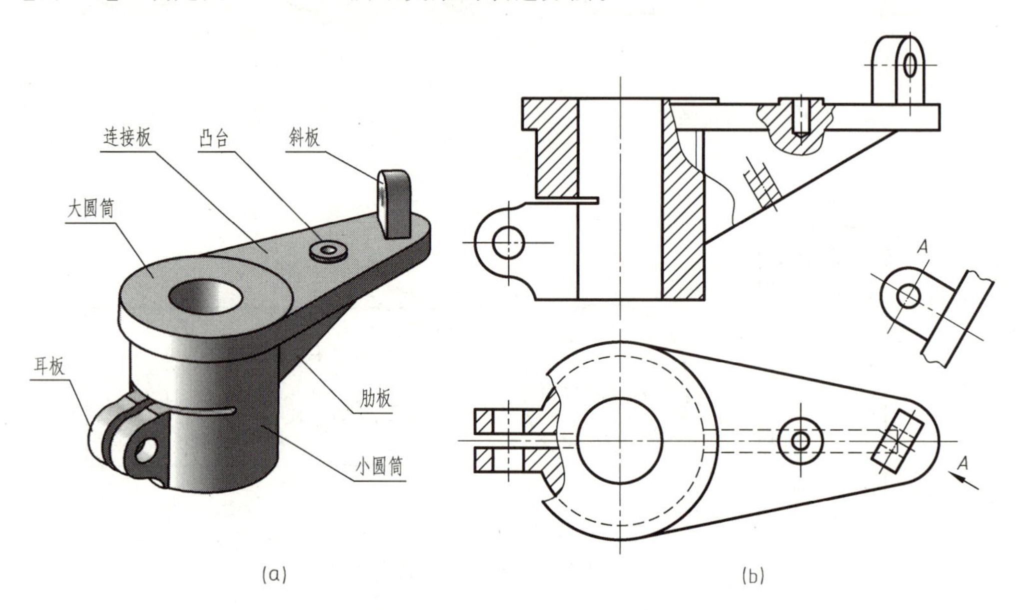

图 6-42 支架

(1) 形体分析

如图 6-42（a）所示，该支架由大圆筒、小圆筒、连接板、肋板、耳板、斜板、凸台构成，除斜板以外，其他结构前后均对称。

(2) 确定表达方案

1）确定主视图

首先把最能反映支架形状特征的方向作为主视图投射方向，为了表达支架的内外结构形状，采用局部剖视图表达。左边剖视部分，既表达了通孔、通槽的内部结构，也表达了耳板的外部结构；右上部分的局部剖视图，表达了凸台处盲孔的内部结构形状。肋板处用重合断面图表达肋板的宽度，如图 6-42（b）所示。

2）选择其他视图

为了表达连接板的形状特征及其与圆筒柱面相切的连接关系，绘制俯视图。俯视图能够表达耳板的位置及上下开通槽结构，该处用局部剖表达耳板上通孔结构。

斜板的位置在主、俯视图上已经表达清楚，但该部分结构形状未表达，该部分结构不平行于任何基本投影面，因此，用斜视图表达该部分的结构形状，如图 6-42（b）所示。

【例 6-2】 比较 6-43（a）所示支座的三种表达方案。

(1) 形体分析

用形体分析法分析该支座结构特点。该支座由圆筒Ⅰ、Ⅱ、Ⅲ和底板、连接板、肋板构

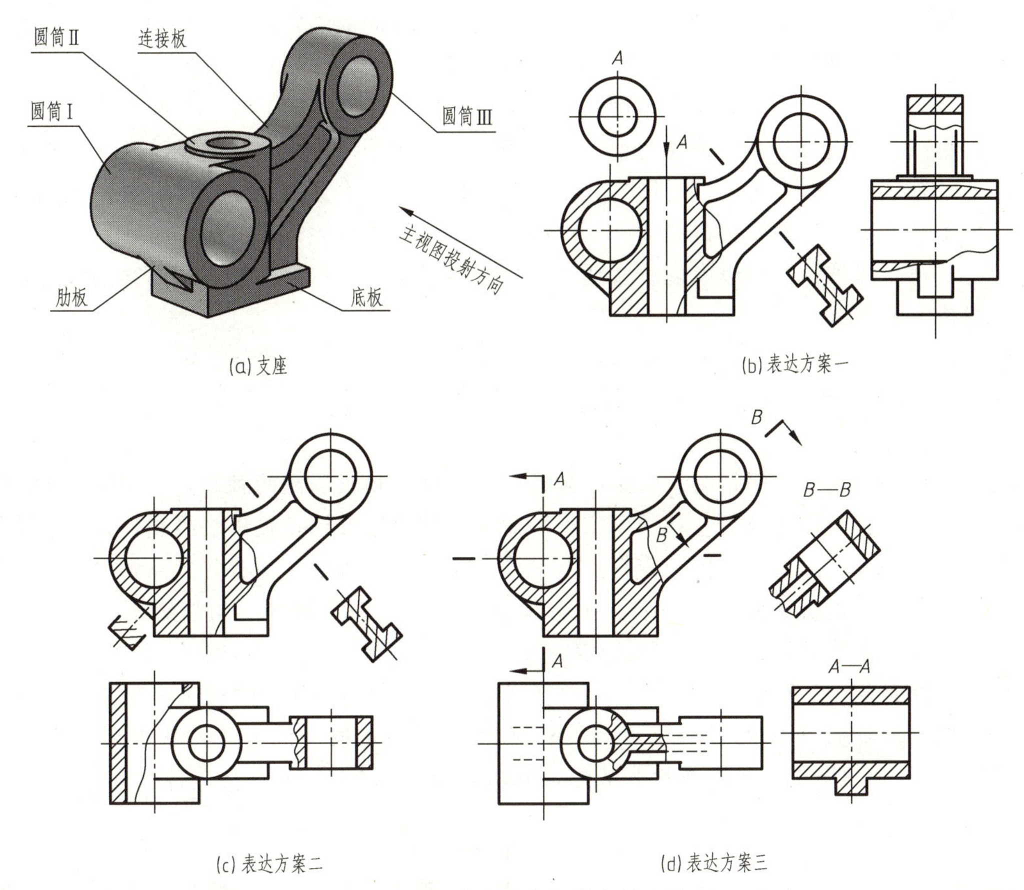

图 6-43 支座的表达方案的比较

成，整个支座前后对称。

(2) 确定表达方案

① 确定主视图。确定支座的放置位置和主视图投射方向，如图 6-43（a）所示，由于支座左右结构不对称，又有内部结构需要表达，因此，主视图可以采用局部剖视图表达。

② 选择其他视图。支座的宽度尺寸在主视图中未表达，圆筒Ⅰ、Ⅲ的内孔结构未表达，可以选择局部剖的俯视图或者左视图；连接板的断面形状和宽度可以选择移出断面图或者局部剖视图表达；肋板的断面形状和宽度可以选择移出断面图或者俯视图、左视图表达，左视图中肋板可见，优于俯视图。

(3) 表达方案比较

① 表达方案一：图 6-43（b）所示主视图采用局部剖，表达了支座整体的结构和圆筒Ⅱ的通孔结构；左视图采用局部剖视图表达支座的宽度方向的尺寸和圆筒Ⅰ、Ⅲ的通孔结构；*A* 向局部视图表达圆筒Ⅱ的形状特征（若有直径尺寸标注，省略 *A* 向局部视图）；移出断面图表达连接板的断面形状。

② 表达方案二：图 6-43（c）所示主视图采用局部剖，表达了支座整体的结构和圆筒Ⅱ的通孔结构；俯视图采用局部剖视图表达支座的宽度方向的尺寸和圆筒Ⅰ、Ⅲ的通孔结构；两个移出断面图分别表达连接板和肋板的断面形状。

③ 表达方案三：图 6-43（d）所示主视图采用局部剖，表达了支座整体的结构和圆筒Ⅱ

的通孔结构；俯视图采用局部剖视图表达连接板的宽度方向的结构；A—A 和 B—B 剖视图分别表达圆筒Ⅰ、Ⅲ的通孔结构。

三种表达方案中，表达方案三采用两个基本视图、两个剖视图，A—A 和 B—B 剖视图突出表达重点，但割裂感强，缺乏完整性，肋板俯视图中采用虚线，表达不清晰。表达方案一采用两个基本视图、一个局部视图、一个移出断面图，较表达方案三整体性强。表达方案二采用两个基本视图、两个移出断面图，简练、完整、清晰地表达了支座。

综上所述，机件往往可以有多种表达方案，读者可以自行探讨各种表达方案的优劣，从中选取最优表达方案。

6.7 第三角投影法简介

用正投影法绘制工程图样时，有第一角投影法和第三角投影法两种画法，国际标准 ISO 规定这两种画法具有同等效力。我国国家标准规定，技术图样用正投影法绘制，并优先采用第一角画法，必要时（如按合同规定等）才允许使用第三角画法。而有些国家则采用第三角投影法。为了便于进行国际间的技术交流和发展国际贸易，了解第三角投影是必要的，因此，将第三角投影法简述如下。

图 2-5 表示为三个相互垂直的投影面把空间分成八个分角。第三角投影法是将物体置于第三分角内，并使投影面处于观察者与物体之间而得到正投影的方法，从投射方向看是“人、投影面、形体”的关系。各投影的配置见图 6-44。

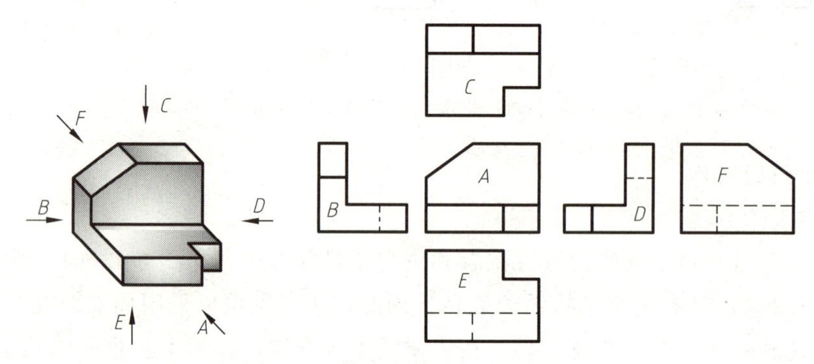

图 6-44 第三角投影的视图配置

当采用第三角画法时，必须在图样中画出第三角投影的识别符号，为了区别这两种画法，规定在标题栏中专设的格内用规定的识别符号表示，识别符号如图 1-14 所示。

第7章 标准件和常用件

能力目标

- 能够按照规定画法正确绘制标准件图。
- 能够正确写出标准件的规定标记。
- 能够正确查阅标准手册。

知识点

- 标准件和常用件的规定画法。
- 标准件的规定标记。
- 标准件图中标注方法。

组成各种机器和设备的零件一般都是通过螺纹紧固件进行连接。为加速设计工作和便于专业化生产，国家标准对连接件的结构、形式、材料、尺寸、精度及画法等全部予以标准化，这类零件称为标准件，如螺栓、螺柱、螺钉、螺母、垫圈、键、销、滚动轴承、圆柱螺旋压缩弹簧等。同时，在机械传动等方面，广泛使用齿轮等机件，因其结构典型、应用广泛，国家标准只对其部分结构和尺寸参数标准化，故称这类零件为常用件。

7.1 螺纹及螺纹紧固件

7.1.1 螺纹

(1) 螺纹的结构要素（GB/T 14791—2013）

螺纹的结构和尺寸是由牙型、直径（大径和小径）、线数、螺距和导程、旋向等要素确定的。

1）牙型

螺纹牙型是指在螺纹轴线平面内的螺纹轮廓形状。它由牙顶、牙底和两牙侧构成，并形成一定的牙型角。常见的螺纹牙型有三角形、梯形、锯齿形及矩形等，如图 7-1 所示。不同牙型有不同用途，三角形螺纹用于连接，梯形、锯齿形螺纹用于传动。在工程图样中，螺纹牙型用螺纹特征代号表示。常用标准螺纹的牙型角、螺纹代号及示例见表 7-1。

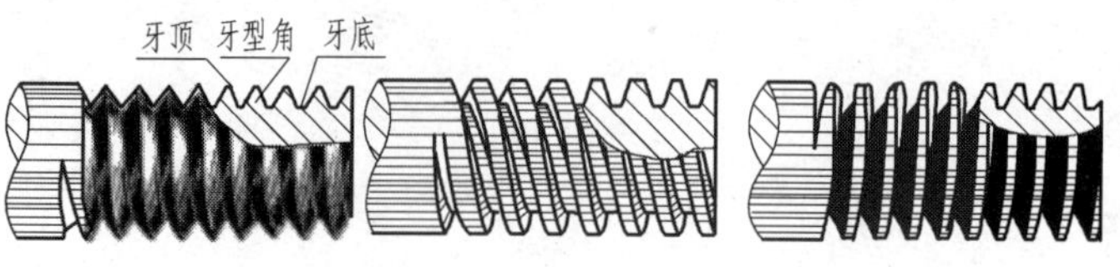

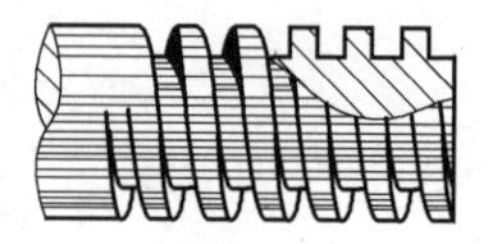

(a) 三角形　(b) 梯形　(c) 锯齿形　(d) 矩形

图 7-1　常见的螺纹牙型

表 7-1　常用标准螺纹

<table>
<tr><th colspan="4">螺纹分类</th><th>外形及牙型图</th><th>特征代号</th><th>说　明</th></tr>
<tr><td rowspan="6">连接螺纹</td><td rowspan="2">普通螺纹</td><td colspan="2">粗牙</td><td rowspan="2">60°</td><td rowspan="2">M</td><td>用于一般零件的连接，是应用最广泛的连接螺纹</td></tr>
<tr><td colspan="2">细牙</td><td>用于细小的精密或薄壁零件</td></tr>
<tr><td rowspan="4">管螺纹</td><td colspan="2">非螺纹密封管螺纹</td><td>55°</td><td>G</td><td>用于水管、气管、油管等一般低压管路的连接</td></tr>
<tr><td rowspan="3">用螺纹密封的管螺纹</td><td>圆锥外</td><td>55°</td><td>R</td><td rowspan="3">适用于密封性要求高的水管、油管、煤气管等中、高压的管路系统中</td></tr>
<tr><td>圆锥内</td><td>55°</td><td>R_c</td></tr>
<tr><td>圆柱内</td><td>55°</td><td>R_p</td></tr>
<tr><td rowspan="2">传动螺纹</td><td colspan="3">梯形螺纹</td><td>30°</td><td>Tr</td><td>可双向传递运动和动力，如各种机床的传动丝杠等</td></tr>
<tr><td colspan="3">锯齿形螺纹</td><td>3° 30°</td><td>B</td><td>只能传递单向动力，例如螺旋压力机的传动丝杠</td></tr>
</table>

2）直径。

螺纹直径分大径、小径、中径三种。

大径：与外螺纹牙顶或内螺纹牙底相切的假想圆柱或圆锥的直径。内、外螺纹的大径分别用 D、d 表示。在表示螺纹时采用的是公称直径，公称直径是代表螺纹尺寸的直径。普通螺纹的公称直径就是大径。

小径：与外螺纹牙底或内螺纹牙顶相切的假想圆柱或圆锥的直径。内、外螺纹的小径分别用 D_1、d_1 表示。

中径：中径圆柱或中径圆锥的直径。中径圆柱（或中径圆锥）是一个假想圆柱（或圆锥），该圆柱（或圆锥）母线通过圆柱螺纹（或圆锥螺纹）上牙厚与牙槽宽相等的地方。内、外螺纹的中径分别用 D_2、d_2 表示。图 7-2（a）为外螺纹，图 7-2（b）为内螺纹。

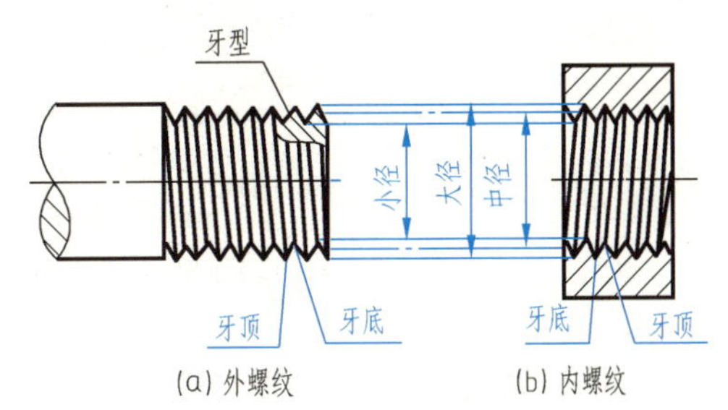

图 7-2　螺纹的直径

3）线数

螺纹线数有单线和多线之分。只有一个起点的螺纹，称为单线螺纹，如图 7-3（a）所示；具有两个或两个以上起点的螺纹称为多线螺纹，如图 7-3（b）所示。螺纹的线数用 n 表示。

4）螺距和导程

相邻两牙体上的对应牙侧与中径线相交两点间的轴向距离，称为螺距，用“P”表示。最邻近的同名牙侧与中径线相交两点间的轴向距离，称为导程，导程是一个点沿着中径圆柱或中径圆锥上的螺旋线旋转一周所对应的轴向位移，用“Ph”表示。导程与螺距有如下关系：螺距＝导程/线数，如图 7-3 所示。

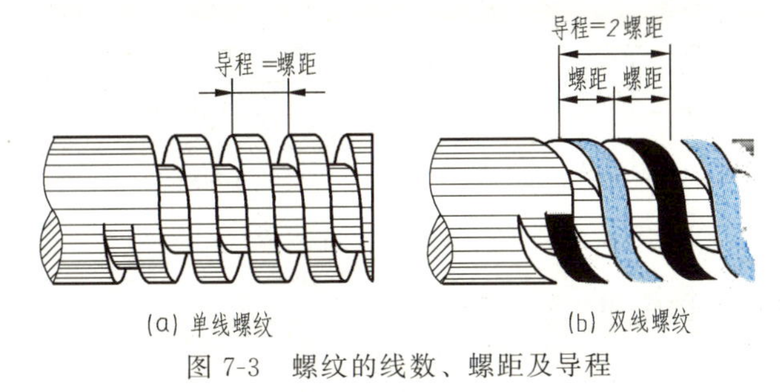

图 7-3　螺纹的线数、螺距及导程

5）旋向

螺纹分左旋和右旋两种。顺时针旋转时旋入的螺纹，称为右旋螺纹（RH）。逆时针旋转时旋入的螺纹，称为左旋螺纹（LH），如图 7-4 所示。

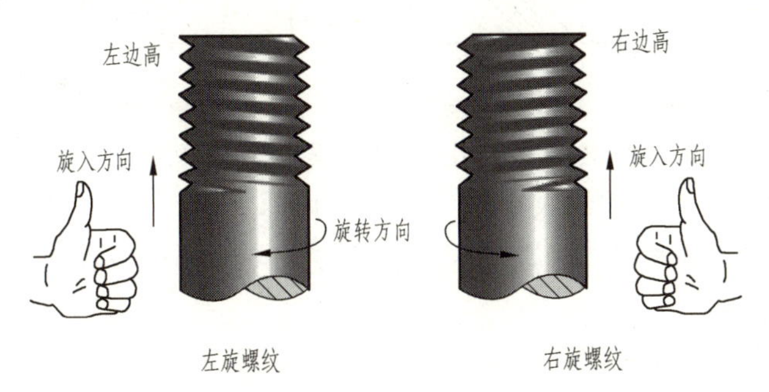

图 7-4　螺纹的旋向

内外螺纹必须成对配合使用，只有螺纹的牙型、大径、螺距、线数和旋向，这五个要素完全相同时，内外螺纹才能相互旋合。

(2) 螺纹的分类

螺纹的分类如下：

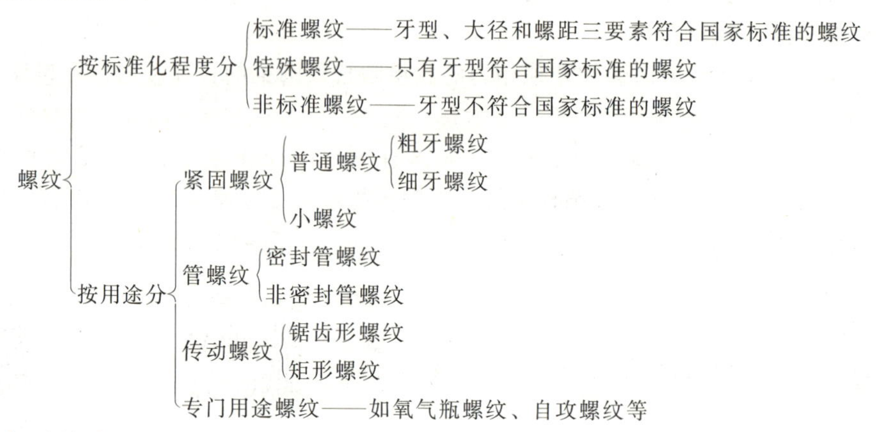

(3) 螺纹的表示法（GB/T 4459.1—1995）

1）单个螺纹的表示法

① 外螺纹和剖视图中内螺纹，其牙顶圆的投影用粗实线表示，牙底圆的投影用细实线表示，在螺杆的倒角或倒圆部分也应画出。小径可近似地画成大径的 0.85 倍。有效螺纹终止界线（简称螺纹终止线）用粗实线表示。无论外螺纹还是内螺纹，在剖视图中的剖面线都应画到粗实线。在垂直于螺纹轴线的投影面的视图中，表示牙底圆的细实线只画约 3/4 圈，此时，螺杆或螺孔上的倒角投影不应画出，如图 7-5、图 7-6 所示。

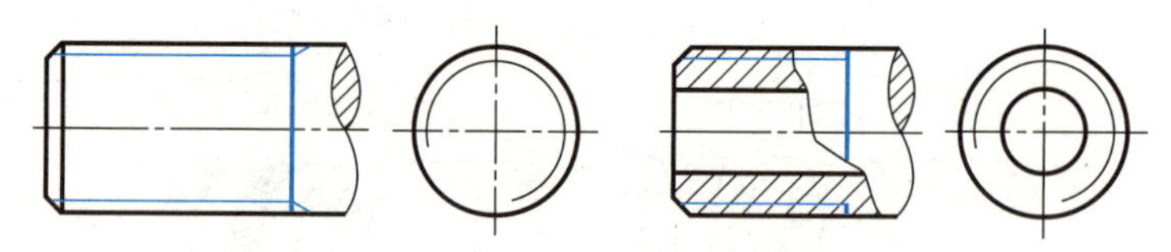

图 7-5 外螺纹的表示法

② 不可见螺纹的所有图线用虚线绘制，如图 7-7 所示。

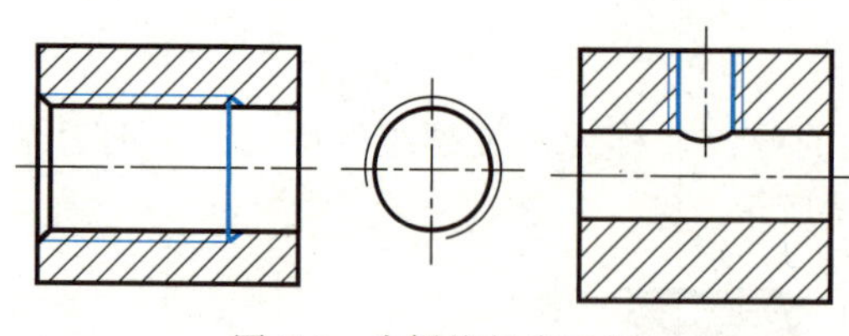

图 7-6 内螺纹的表示法

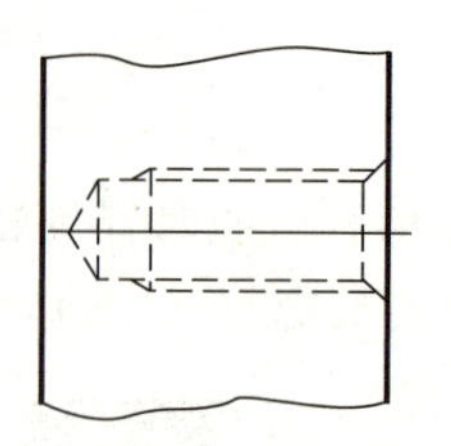
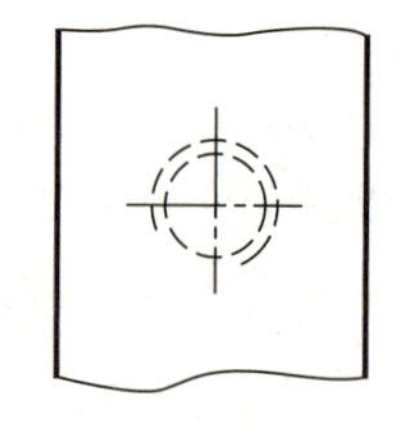

图 7-7 不可见螺纹的表示法

③ 绘制不穿通螺孔时，一般应将钻孔深度与螺纹部分的深度分别画出。钻孔深度一般应比螺纹深度大 0.5D（D 为螺纹大径），如图 7-8 所示。

④ 螺尾部分一般不必画出，当需要表示螺尾时，该部分用与轴线成 30°的细实线画出，如图 7-5～图 7-7 所示。

2）内、外螺纹旋合的表示法

以剖视图表示内外螺纹连接时，其旋合部分应按照外螺纹的表示法绘制，其余部分仍按

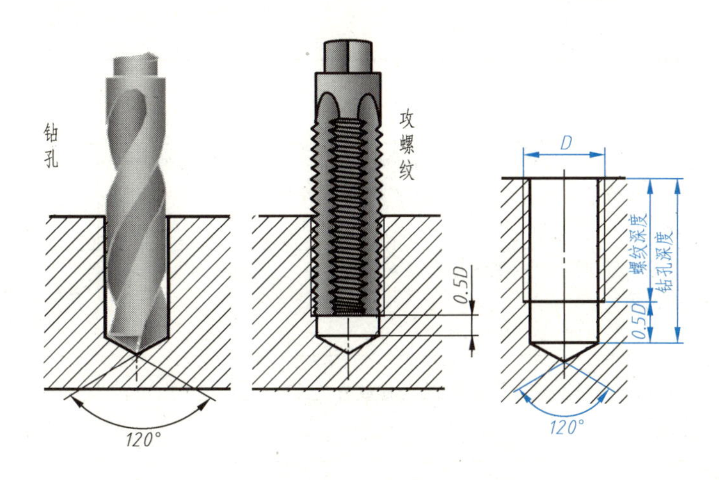

图 7-8　不穿通螺孔（盲孔）的表示法

各自的表示法绘制，如图 7-9 所示。

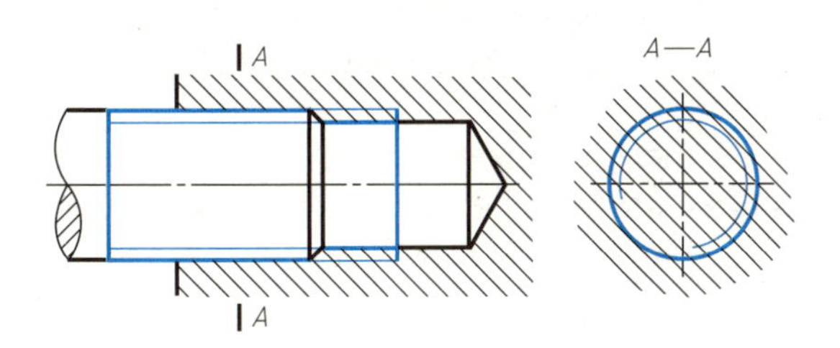

图 7-9　内外螺纹旋合的表示法

(4) 螺纹标记

1）普通螺纹标记（GB/T 197—2018）

完整螺纹标记由螺纹特征代号、尺寸代号、公差带代号及其他有必要进一步说明的个别信息组成。具体标记内容及示例见表 7-2。

表 7-2　螺纹的标记（摘自 GB/T 197—2018）

<table>
<tr><th>标记项目</th><th colspan="3">标记说明</th><th>标记示例</th></tr>
<tr><td>特征代号</td><td colspan="3">螺纹特征代号见表 7-1</td><td>M</td></tr>
<tr><td rowspan="5">尺寸代号</td><td rowspan="2">单线螺纹</td><td>细牙</td><td>公称直径×螺距</td><td>M8×1</td></tr>
<tr><td>粗牙</td><td>可以省略标注其螺距</td><td>M8</td></tr>
<tr><td rowspan="3">多线螺纹</td><td colspan="2">公称直径×Ph 导程 P 螺距</td><td>M16×Ph3P1.5-6H</td></tr>
<tr><td colspan="2">如果没有误解风险，可以省略导程代号 Ph</td><td>M16×3P1.5-6H</td></tr>
<tr><td colspan="2">为了更加清晰地标记多线螺纹，可以在螺距后增加括号，用英语说明螺纹的线数。双线为 two starts；三线为 three starts；四线为 four starts</td><td>M16 × Ph3P1.5 (two starts)-6H</td></tr>
</table>

续表

标记项目	标记说明			标记示例
公差带代号	公差带代号包含中径公差带代号和顶径公差带代号。各直径的公差带代号由表示公差等级的数值和表示公差带位置的字母(内螺纹用大写字母，外螺纹用小写字母)组成			M10×1.25-5g6g M10×1.25-5H6H
	如果中径公差带代号和顶径(内螺纹小径或外螺纹大径)公差带代号相同，只标注一个公差带代号 螺纹尺寸代号与公差带间用“-”号分开			M10-6g M10-6H
	表示螺纹配合时，内螺纹公差带代号在前，外螺纹公差带代号在后，中间用斜线“/”分开			M6-6H/6g M20×2-6H/5g6g
	在下列情况下，中等公差精度等级的公差带代号可以省略	内螺纹	—5H 公称直径小于或等于1.4mm时 —6H 公称直径大于或等于1.6mm时	M10 中径公差带和顶径公差带为6g、中等公差精度等级的粗牙外螺纹或中径公差带和顶径公差带为6H、中等公差精度等级的粗牙内螺纹
		外螺纹	—6h 公称直径小于或等于1.4mm时 —6g 公称直径大于或等于1.6mm时	
其他信息	旋合长度	对旋合长度为短组和长组螺纹，宜在公差带代号后分别标注“S”和“L”代号。对旋合长度为中等组螺纹，不标注其旋合长度组代号(N)		M20×2-5H-S M6-7H/7g6g-L M6
	旋向	对左旋螺纹，应在螺纹标记的最后标注代号“LH” 右旋螺纹不标注旋向代号		M8×1-LH M6×0.75-5h6h-S-LH M14×Ph6P2-6H-L-LH M14×Ph6P2(three starts)-6H-L

2) 梯形螺纹标记(GB/T 5796.4—2005)

完整的梯形螺纹标记应包括螺纹特征代号、尺寸代号、公差带代号和旋合长度代号，具体标记内容及示例见表7-3。

表7-3 梯形螺纹标记(摘自GB/T 5796.4—2005)

标记项目	标记说明			标记示例
特征代号	螺纹特征代号见表7-1			Tr
尺寸代号	单线螺纹	公称直径×螺距		Tr40×7
	多线螺纹	公称直径×导程(P螺距)		Tr40×14(P7)
	旋向	左旋螺纹	应加注代号“LH”	Tr40×14(P7)LH
		右旋螺纹	不标注旋向代号	Tr40×14(P7)
公差带代号	公差带代号仅包含中径公差带代号。公差带代号由表示公差等级的数值和表示公差带位置的字母(内螺纹用大写字母，外螺纹用小写字母)组成。螺纹尺寸代号与公差带间用“－”号分开。			Tr40×7-7H Tr40×7-7e Tr40×14(P7)LH-7e
	表示螺纹配合时，内螺纹公差带代号在前，外螺纹公差带代号在后，中间用斜线“/”分开。			Tr40×7-7H/7e Tr40×14(P7)-7H/7e

续表

标记项目	标记说明		标记示例
旋合长度	长旋合长度组	宜在公差带代号后分别标注“L”代号。	Tr40×7-7H/7e-L
	中等旋合长度组	不标注其旋合长度组代号 N	Tr40×7-7e

3）管螺纹标记（GB/T 7306.1—2000，GB/T 7306.2—2000，GB/T 7307—2001）

管螺纹的标记由螺纹的特征代号和尺寸代号组成，如表 7-4 所示。

表 7-4　管螺纹标记（摘自 GB/T 7306.1—2000，GB/T 7306.2—2000，GB/T 7307—2001）

管螺纹	标记说明			标记示例
55°非密封管螺纹(GB/T 7307—2001)	特征代号	管螺纹 G		G
	尺寸代号	附表 1-2　第 1 栏中所规定的分数和整数		
	公差等级代号	外螺纹	分 A、B 两级进行标记	G3A　G4B
		内螺纹	不标记公差等级代号	G2
	旋向	当螺纹为左旋时，加注“LH” 右旋不标注		G2-LH G3A-LH G4B-LH
	螺纹副	仅需标注外螺纹的标记代号		G3A
55°密封管螺纹(GB/T 7306.1—2000，GB/T 7306.2—2000)	特征代号	圆柱内螺纹 R_p，与圆柱内螺纹相配合的圆锥外螺纹 R_1 圆锥内螺纹 R_c，与圆锥内螺纹相配合的圆锥外螺纹 R_2		R_p、R_1、R_c、R_2
	尺寸代号	附表 1-2　第 1 栏中所规定的分数和整数		
	旋向	当螺纹为左旋时，加注“LH” 右旋不标注		R_p3/4 LH R_c3/4
	螺纹副	圆柱内螺纹和圆锥外螺纹	前面为内螺纹、后面为外螺纹的特征代号，中间用斜线分开	$R_p/R_1$3/4
		圆锥内螺纹和圆锥外螺纹		$R_c/R_2$3

(5) 螺纹标注方法（GB/T 4459.1—1995）

① 标准的螺纹，应注出相应标准所规定的螺纹标记。

② 公称直径以 mm 为单位的螺纹，其标记应直接注在螺纹的大径的尺寸线上或其延长线上，如图 7-10 所示。

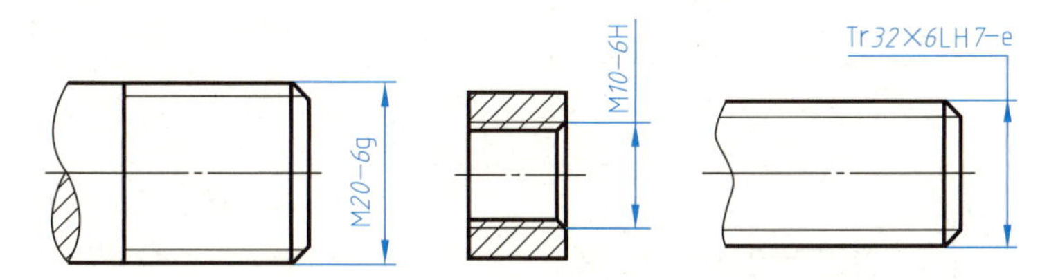

图 7-10　公称直径以 mm 为单位的螺纹的标记示例

③ 管螺纹，其标记一律注在引出线上，引出线应由大径处引出，或由对称中心处引出，如图 7-11 所示。

④ 非标准的螺纹，应画出螺纹的牙型，并注出所需要的尺寸及有关要求，如图 7-12 所示。

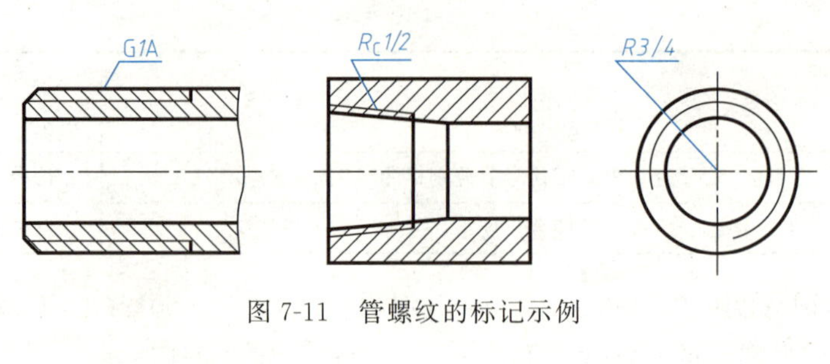

图 7-11　管螺纹的标记示例

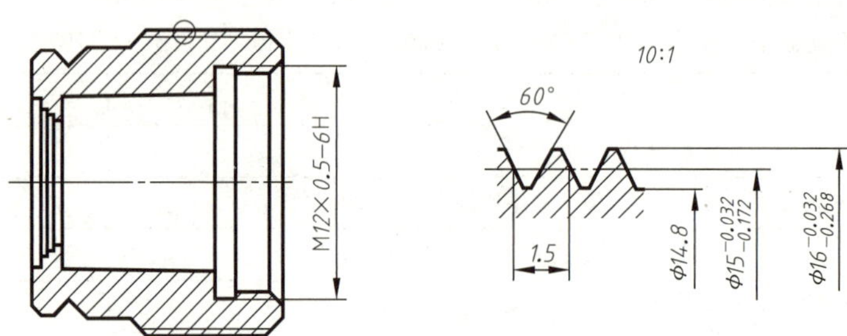

图 7-12　非标准螺纹的标记示例

7.1.2 螺纹紧固件

螺纹紧固件均属于标准件，一般由标准件厂家大量生产。不需画零件图，外购时根据规定标记购买。

7.1.2.1 螺纹紧固件及其规定标记

常用的螺纹紧固件有螺栓、双头螺柱、螺钉、螺母、垫圈等，国家标准规定了螺纹紧固件的结构、形状、尺寸及其标记，螺纹紧固件的简化画法及简化标记如表 7-5 所示。

表 7-5　螺纹紧固件的简化画法及简化标记

名称	简化画法(GB/T 4459.1—1995)	简化标记(GB/T 1237—2000)
六角头螺栓		螺纹规格 d=M12、公称长度 l=80mm、性能等级为 8.8 级、表面氧化、产品等级为 A 级 螺栓　GB/T 5782　M12×80
双头螺柱	30	旋入端为粗牙普通螺纹，紧固端为 P=1mm 的细牙普通螺纹，d=10mm，l=30mm、性能等级为 4.8 级、A 型 螺柱　GB/T 897　AM10-M10×1×30
开槽沉头螺钉		螺纹规格 d=M6、公称长度 l=20mm、性能等级为 4.8 级、不经表面处理、产品等级为 A 级 螺钉　GB/T 68　M6×20
开槽圆柱头螺钉		螺纹规格 d=M6、公称长度 l=20mm、性能等级为 4.8 级、不经表面氧化、产品等级为 A 级 螺钉　GB/T65　M6×20

续表

名称	简化画法(GB/T 4459.1—1995)	简化标记(GB/T 1237—2000)
开槽锥端紧定螺钉	40	螺纹规格 d=M10、公称长度 l=40mm、性能等级为 4.8 级、不经表面氧化、产品等级为 A 级 螺钉 GB/T 71 M10×40
内六角圆柱头螺钉		螺纹规格 d=M6、公称长度 l=20mm、性能等级为 8.8 级、表面氧化、产品等级为 A 级 螺钉 GB/T 70.1 M6×20
1 型六角螺母		螺纹规格 D=M16、性能等级为 8 级、不经表面处理、产品等级为 A 级 螺母 GB/T 6170 M16
弹簧垫圈		规格 16mm，材料为 65Mn、表面氧化的标准型弹簧垫圈 垫圈 GB/T 93 16
平垫圈		标准系列、公称规格 16mm、由钢制造的硬度等级为 220HV 级、不经表面处理、产品等级为 A 级的平垫圈 垫圈 GB/T 97.1 16

7.1.2.2 螺纹紧固件的连接及其画法

常见的螺纹连接有螺栓连接、双头螺柱连接和螺钉连接三种。画装配图时，应首先遵守下列基本规定。

① 在装配图中，当剖切平面通过螺杆的轴线时，对于螺栓、螺柱、螺钉、螺母及垫圈等紧固件均按未剖切绘制，即仍画出其外形。螺纹紧固件的工艺结构，如倒角、退刀槽、缩颈、凸肩等均可省略不画。

② 在装配图中，不穿通的螺纹孔可不画出钻孔深度，仅按有效螺纹部分的深度（不包括螺尾）画出。

③ 在剖视图、断面图中，相邻两零件的剖面线应方向相反或间隔不等。但同一个零件在各个视图中的剖面线方向和间隔应一致。

④ 两零件表面接触时，只画一条粗实线，不接触时画两条粗实线。

(1) 螺栓连接及其画法

用螺栓穿过两个被连接零件的通孔后套上垫圈，并拧紧螺母即为螺栓连接。

螺栓公称长度 L 可按下式估算：

$$L \geqslant \delta_1 + \delta_2 + h(\text{垫圈厚}) + m(\text{螺母厚}) + a \quad (7\text{-}1)$$

式中，δ_1、δ_2 为被连接件的厚度，mm；$h=0.15d$；$m=0.8d$；a 为螺栓伸出螺母的长度，mm，取 $0.2 \sim 0.4d$。

根据式 (7-1) 计算出螺栓公称长度后，再查表选取与它接近的标准长度，简化画法如图 7-13 所示。

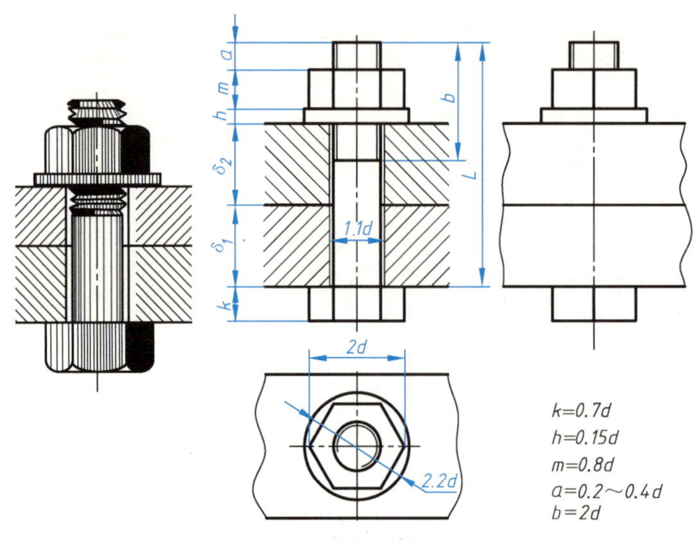

图 7-13 螺栓连接画法

(2) 双头螺柱连接及其画法

将双头螺柱一端（旋入端）旋紧在被连接件的螺孔内，在另一端（紧固端）套上带通孔的被连接零件，加上垫圈，拧紧螺母，即完成螺柱连接。螺柱旋入端的长度 b_m 由被旋入的零件的材料强度来定。当零件材料是钢或青铜时，$b_m=d$；当零件材料是铸铁时，$b_m=1.25d$；当零件材料强度在铸铁与铝之间时，$b_m=1.5d$；当零件材料是纯铝时，$b_m=2d$。

双头螺柱的公称长度 L 按下列公式计算：

$$L \geqslant \delta + S(\text{垫圈厚}) + m(\text{螺母厚}) + a \tag{7-2}$$

式中，δ 为通孔零件的厚度，mm；$S=0.25d$；$m=0.8d$；a 为螺柱伸出螺母的长度，mm，取 $0.2 \sim 0.4d$。

根据式（7-2）计算出螺柱公称长度后，选取与它接近的标准值即可绘制。简化画法如图 7-14 所示。

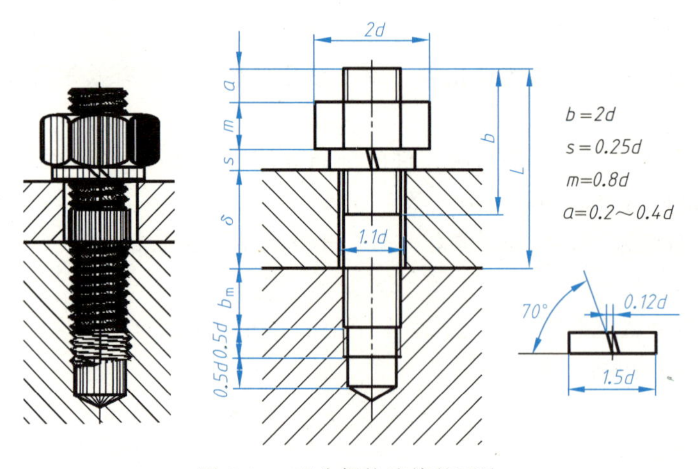

图 7-14 双头螺柱连接的画法

(3) 螺钉连接及其画法

将螺钉穿过一被连接零件上的通孔，再拧入另一被连接件的螺孔，将两个零件连接起来，即为螺钉连接。

螺钉的公称长度按下列公式计算，然后从螺钉标准的长度系列中选取与它接近的标准值。

$$L=l_1+\delta \tag{7-3}$$

式中，δ 为通孔零件的厚度，mm；l_1 为螺钉的旋入端长，mm。

l_1 与带螺孔的被连接件的材料有关，可参照双头螺柱的旋入端长度 b_m 值，近似选取 $l_1=b_m$。

提示：螺钉螺纹终止线应高于螺纹孔端面，或在螺杆全长上都制有螺纹，而连接部分的画法与螺柱旋入端画法相近。螺钉头部的一字槽，在垂直于螺钉轴线的投影面的视图中，一字槽应倾斜 45°画出，左右倾斜均可。当图中槽宽≤2mm 时，允许涂黑表示，如图 7-15 所示。

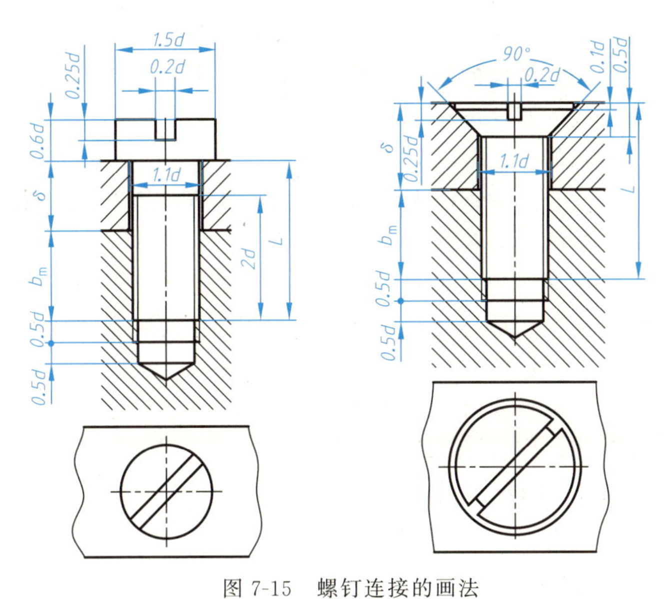

图 7-15 螺钉连接的画法

7.2 齿　　轮

7.2.1 术语和定义（GB/T 3374.1—2010）

(1) 齿轮

齿轮是一个构件，它与另一个有齿构件通过共轭齿面的相继啮合，从而传递或接受运动。

(2) 齿轮副

齿轮副是可围绕其轴线转动的两齿轮组成的机构，其轴线的相对位置是固定的，通过轮齿的相继接触作用由一个齿轮带动另一个齿轮转动。

常用的齿轮副有以下三种（图 7-16）：

平行轴齿轮副（直齿圆柱齿轮传动）——两轴线相互平行的齿轮副，如图 7-16（a）所示；

锥齿轮副（圆锥齿轮传动）——两轴线相交的齿轮副，如图7-16（b）所示；

交错轴齿轮副（蜗轮蜗杆传动）——两轴线交错的齿轮副，如图7-16（c）所示。

(a) 直齿圆柱齿轮传动

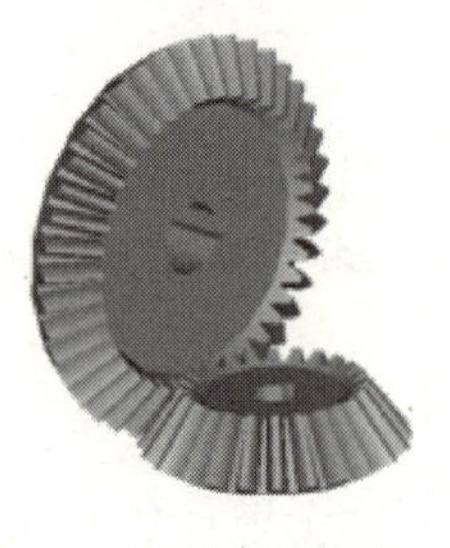
(b) 圆锥齿轮传动

(c) 蜗轮蜗杆传动

图7-16 齿轮副的种类

(3) 直齿轮

圆柱齿轮是分度曲面为圆柱面的齿轮，圆柱齿轮的轮齿有直齿、斜齿和人字齿。直齿轮是分度圆柱面齿线为直母线的圆柱齿轮。

(4) 直齿圆柱齿轮轮齿的各部分名称（图7-17）

轮齿：齿轮上的一个凸起部分，插入配对齿轮的相应凸起部分之间的空间，凭借其外形以保证一个齿轮带动另一个齿轮运转。

① 齿顶圆（直径 d_a）：齿顶圆柱面被垂直于其轴线的平面所截的截线称为齿顶圆。

② 齿根圆（直径 d_f）：齿根圆柱面被垂直于其轴线的平面所截的截线称为齿根圆。

③ 分度圆（直径 d）：分度圆柱面与垂直于其轴线的一个平面的交线，称为分度圆；节圆柱面被垂直于其轴线的一个平面所截的截线，称为节圆（直径 d'）。在一对标准齿轮啮合中，两齿轮分度圆柱面相切，即 $d=d'$。

④ 齿顶高（h_a）：从分度圆到齿顶圆的径向距离。

⑤ 齿根高（h_f）：从分度圆到齿根圆的径向距离。

⑥ 齿高（h）：轮齿在齿顶圆与齿根圆之间的径向距离，即齿顶高与齿根高之和（$h=h_a+h_f$）。

⑦ 端面齿槽宽（e）：在端平面（垂直于轴线的平面）上，一个齿槽的两侧齿廓之间的分度圆弧长。

⑧ 端面齿厚（s）：一个齿的两侧端面齿廓之间的分度圆弧长。

⑨ 端面齿距（p）：两个相邻同侧端面齿廓之间的分度圆弧长称为齿距，$p=s+e$。对于标准齿轮，分度圆上齿厚与齿槽宽相等，故 $s=e=p/2$。

⑩ 齿宽（b）：齿轮的有齿部位沿分度圆柱面的母线方向度量的宽度称为齿宽。

⑪ 齿数（z）：一个齿轮的轮齿总数。

⑫ 中心距（a）：齿轮副的两轴之间的最短距离称为中心距。

⑬ 齿形角（α）：端面齿廓与分度圆交点处的端面压力角，即该点处的径向直线与齿廓在该点处切线所夹的锐角，如图7-17（b）所示。

(5) 直齿圆柱齿轮的基本参数

① 模数（m）。

齿轮分度圆周长为

$$\pi d = pz \tag{7-4}$$

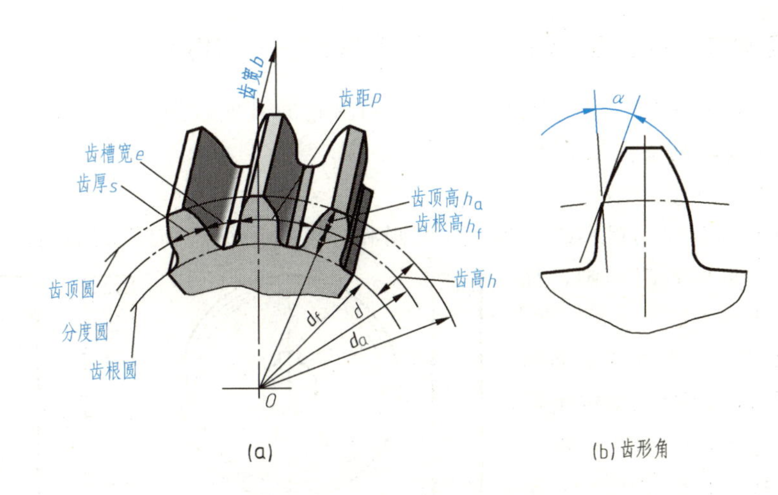

图 7-17　标准直齿圆柱齿轮部分名称和代号

则分度圆直径为

$$d=\frac{pz}{\pi} \tag{7-5}$$

国家标准规定：分度曲面上的齿距（以 mm 计）除以圆周率 π 所得的商称为模数，用符号“m”表示，单位为 mm，即

$$m=\frac{p}{\pi} \tag{7-6}$$

将式（7-6）代入式（7-5），得

$$d=mz \tag{7-7}$$

一对正确啮合齿轮的模数 m 必须相等。模数的数值已标准化，其值如表 7-6 所示。

表 7-6　渐开线圆柱齿轮模数系列（摘自 GB/T 1357—2008）

第一系列	1,1.25,1.5,2,2.5,3,4,5,6,8,10,12,16,20,25,32,40,50
第二系列	1.125,1.375,1.75,2.25,2.75,3.5,4.5,5.5,(6.5),7,9,11,14,18,22,28,36,45

注：选用模数时应优先选用第一系列，其次是第二系列，括号内的模数尽可能不用。

② 齿轮各部分尺寸与模数的关系。

直齿齿轮轮齿各部分的尺寸，都需根据模数来确定。直齿圆柱齿轮轮齿（正常齿）各部分的尺寸与模数的关系见表 7-7。

表 7-7　直齿齿轮轮齿各部分的尺寸与模数的关系

名称及代号	计算公式	名称及代号	计算公式
模数 m	$m=p/\pi=d/z$	分度圆直径 d	$d=mz$
齿顶高 h_a	$h_a=m$	齿顶圆直径 d_a	$d_a=d+2h_a=m(z+2)$
齿根高 h_f	$h_f=1.25m$	齿根圆直径 d_f	$d_f=d-2h_f=m(z-2.5)$
齿高 h	$h=2.25m$	中心距 a	$a=\frac{d_1+d_2}{2}=m\frac{z_1+z_2}{2}$
齿距 p	$p=\pi m$		

7.2.2 直齿圆柱齿轮的表示法（GB/T 4459.2—2003）

由于圆柱齿轮齿廓曲线作图复杂，一般不画出它的真实投影。为了简明地表达轮齿部分，国家标准对齿轮画法作如下规定。

(1) 单个直齿圆柱齿轮的表示法

① 齿顶圆和齿顶线用粗实线绘制；分度圆和分度线用细点画线绘制；齿根圆和齿根线用细实线绘制，也可省略不画，如图 7-18（a）、（b）所示。

② 在剖视图中，当剖切平面通过齿轮的轴线时，轮齿一律按不剖处理，即轮齿上不画剖面线，齿根线用粗实线绘制，如图 7-18（c）所示。

③ 当需要表示齿线的特征时，可用三条与齿线方向一致的细实线表示，如图 7-18（d）、（e）所示。

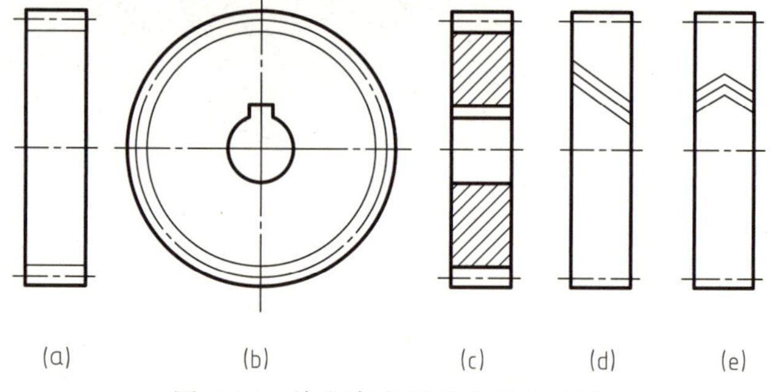

图 7-18 单个直齿圆柱齿轮的画法

(2) 两直齿圆柱齿轮啮合的表示法

① 在平行于圆柱齿轮轴线的投影面的视图中，啮合图的齿顶线和齿根线不需画出，节线用粗实线绘制，其他处的节线用细点画线绘制，如图 7-19（a）所示。

② 在垂直于圆柱齿轮轴线的投影面的视图中，啮合区内的齿顶圆均用粗实线绘制，两节圆相切用细点画线绘制，齿根圆用细实线绘制，如图 7-19（b）所示；其省略画法如图 7-19（d）所示。

③ 在通过齿轮轴线的剖视图中，当剖切平面通过两啮合齿轮的轴线时，在啮合区内，两节线重合，用细点画线绘制；将一个齿轮的轮齿用粗实线绘制，另一个齿轮的轮齿被遮挡的部分用细虚线绘制（这条虚线也可以省略不画），如图 7-19（c）所示。在剖视图中，当剖切面不通过啮合齿轮的轴线时，齿轮一律按不剖绘制。当需要表示齿线的特征时，可用三条与齿线方向一致的细实线表示，如图 7-19（e）所示。

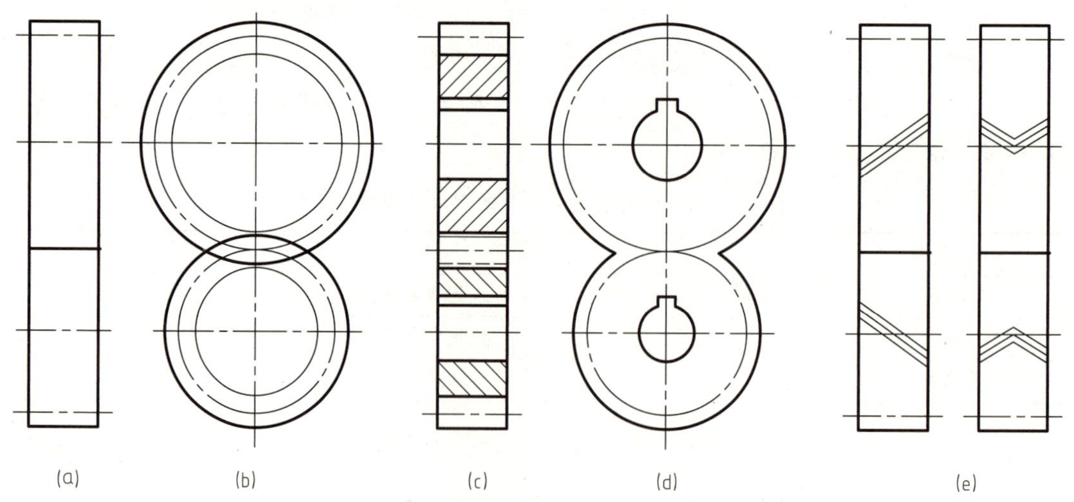

图 7-19 两直齿圆柱齿轮的啮合画法

图 7-20 是一张齿轮零件图，从图上可以看出，制造一个齿轮必须表示出齿轮的形状、尺寸及技术要求，而且要列出制造齿轮所需要的参数和公差值，参数表一般配置在图样的右上角，参数项目可根据需要进行增加或减少。

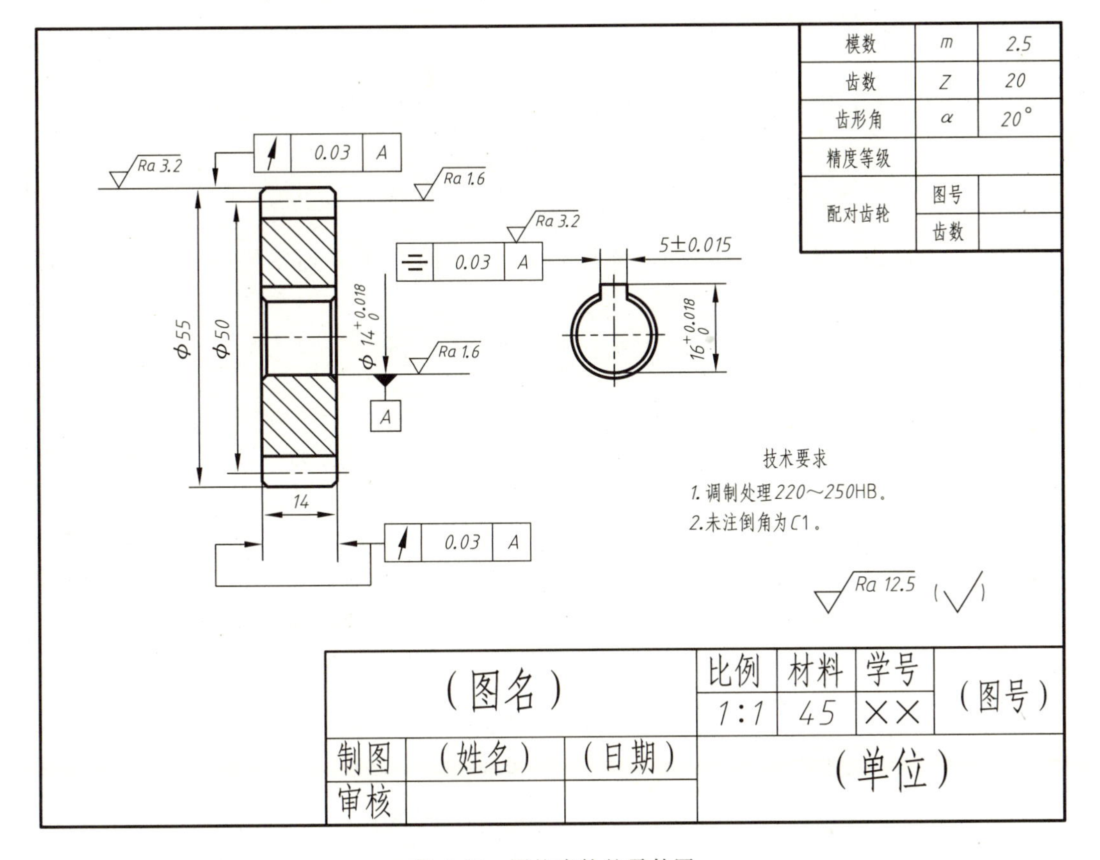

图 7-20　圆柱齿轮的零件图

7.3　键及其连接

键连接是一种可拆式连接。键主要用于连接轴和装在轴上的齿轮、皮带轮等传动件，使轴和传动件一起运动，以传递扭矩和旋转运动。

(1) 普通平键的种类及规定标记（GB/T 1096—2003）

键的种类很多，常用的有普通平键、半圆键、钩头楔键等，目前应用较广的是普通平键。普通平键有 A 型、B 型、C 型三种类型，如图 7-21 所示。

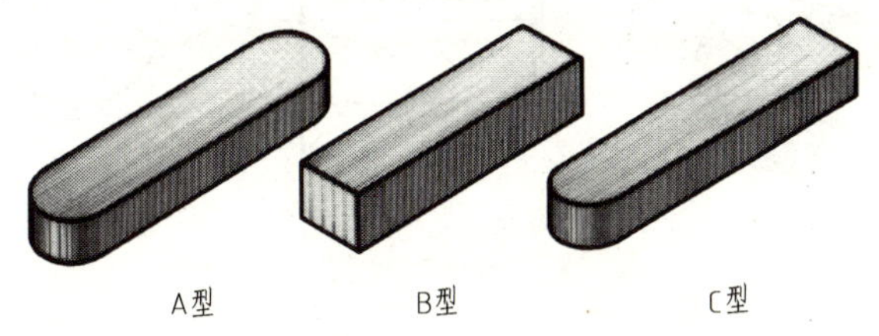

图 7-21　普通平键的类型

键的规定标记格式为：

标准编号　名称　类型　键宽×键高×键长

A型普通平键省略类型的标注。

标记示例：

键宽 $b=10$mm，键高 $h=8$mm，键长 $l=40$mm 的A型普通平键（A型）的标记示例为：

GB/T 1096 键 10×8×40

键宽 $b=10$mm，键高 $h=8$mm，键长 $l=40$mm 的B型普通平键（B型）的标记示例为：

GB/T 1096 键 B10×8×40

(2) 普通平键键连接的表示法（GB/T 1095—2003）

① 零件图中键槽的表示法和尺寸注法如图 7-22（a）、（b）所示。键槽尺寸参照 GB/T 1095。

② 在装配图上键连接的表示法如图 7-22（c）所示。

普通平键靠侧面传递扭矩，两侧面为工作表面，在装配图上，键与轴、轮毂上键槽两侧面相接触，分别画一条线。键的上表面为非工作面，与轮毂键槽顶面不接触，应留有空隙，画两条线。

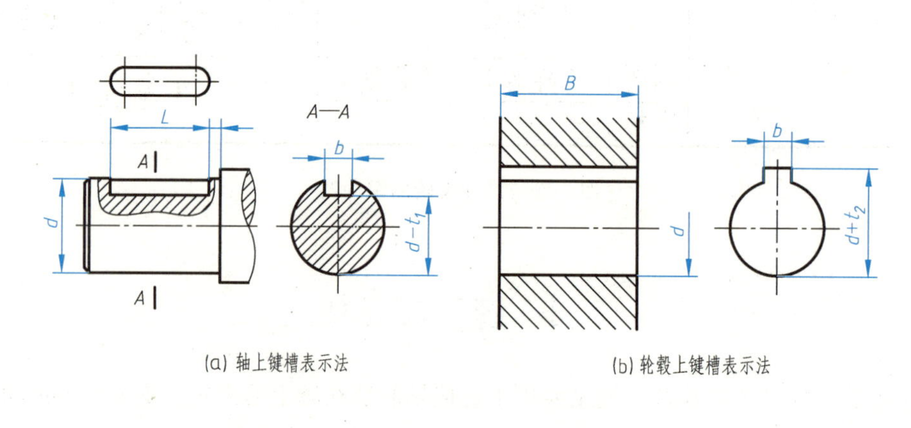

(a) 轴上键槽表示法　　(b) 轮毂上键槽表示法

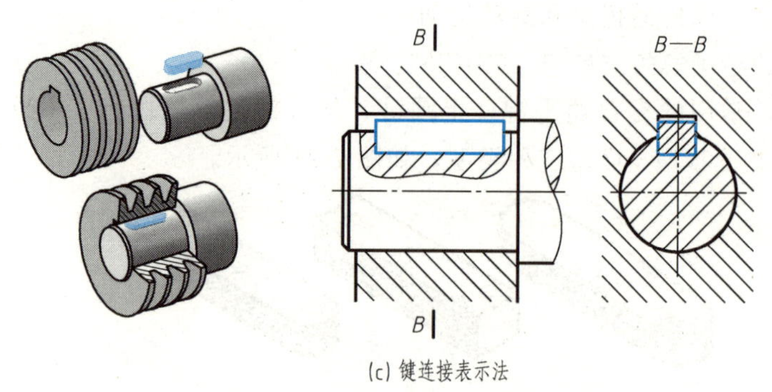

(c) 键连接表示法

图 7-22　普通平键连接表示法

7.4　销及其连接

(1) 销的种类及规定标记

销主要用于两零件之间的连接或定位。常用的销有圆柱销、圆锥销和开口销，如图 7-23 所示。

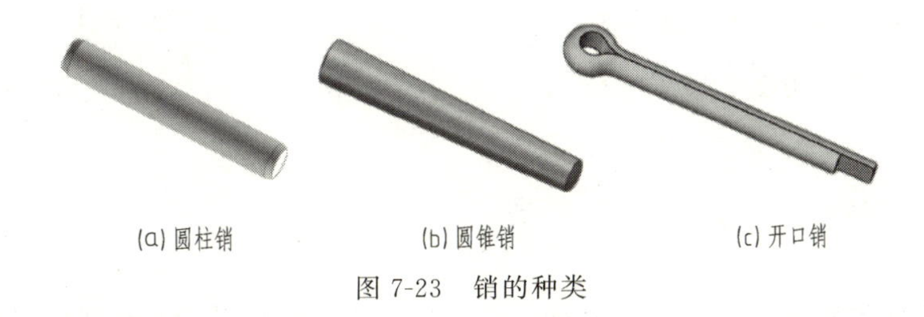

图 7-23　销的种类

常用销的简化规定标记格式为：

名称　标准编号　类型　公称直径　公差代号×公称长度

例 1：公称直径 d=6mm、公差为 m6、公称长度 l=30mm、材料为钢、不经淬火、不经表面处理的圆柱销的标记：

销　GB/T 119.1　6 m6×30

例 2：公称直径 d=10、公称长度 l=40、材料为 35 钢，热处理硬度 28～38HRC、表面氧化处理的 A 型圆锥销标记：

销　GB/T 117　10×40

例 3：公称规格为 5、公称长度 l=50、材料为低碳钢，不经表面处理的开口销标记：

销　GB/T 91　5×50

(2) 销孔的加工方法及尺寸标注

圆柱销和圆锥销用于零件间的连接或定位时，为保证其定位精度，两零件的销孔应该在被连接零件装配后用钻头同时钻出，然后用铰刀铰孔。如图 7-24 (a) (b) 所示。且标注时应在零件图上注写“装配时配作”或“与××件配”。圆锥销孔的公称直径是指小端直径，标注时应引出标注，如图 7-24 (c) 所示。

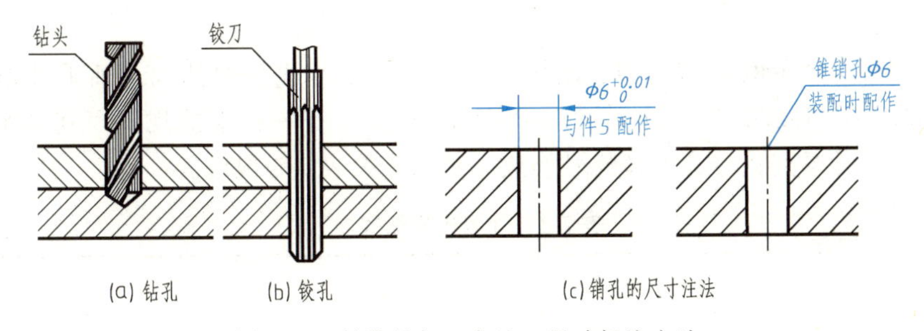

图 7-24　销孔的加工方法、尺寸标注方法

(3) 销连接装配图画法

销连接装配图的画法如图 7-25、图 7-26 所示。

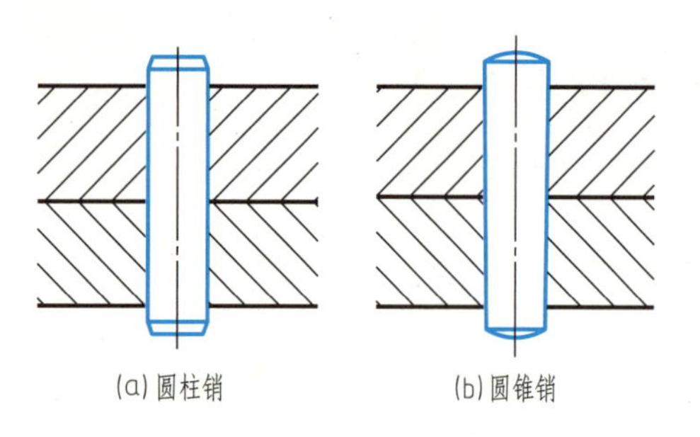

(a) 圆柱销 (b) 圆锥销

图 7-25 圆柱销和圆锥销连接装配图画法

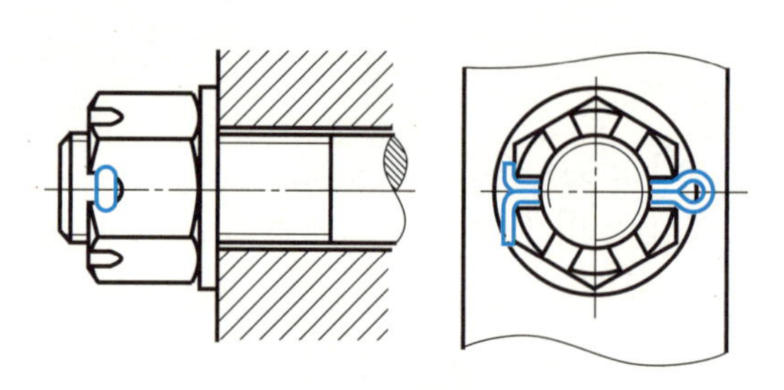

图 7-26 开口销连接装配图画法

7.5 滚动轴承

轴承可分为滚动轴承和滑动轴承两种，主要用于支持轴旋转及承受轴上的载荷。由于滚动轴承应用广泛，因此，下面仅对滚动轴承的基础知识作简单介绍。

滚动轴承是标准部件，一般由外圈、内圈、滚动体和保持架（隔离圈）四部分组成，如图 7-27 所示。

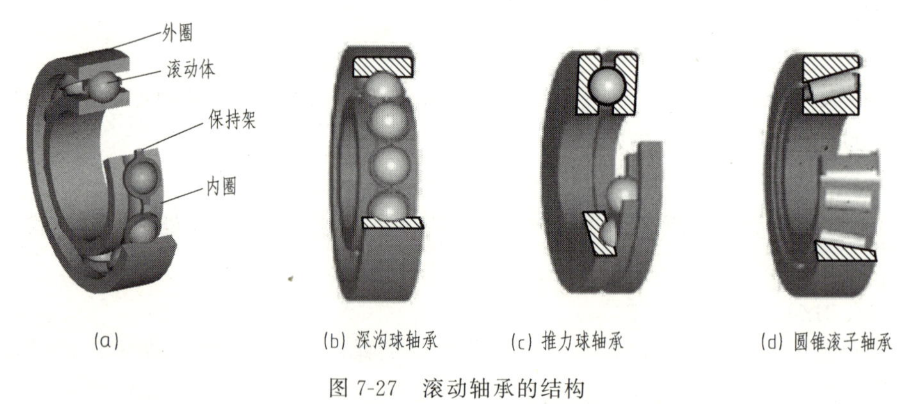

(a) (b) 深沟球轴承 (c) 推力球轴承 (d) 圆锥滚子轴承

图 7-27 滚动轴承的结构

7.5.1 滚动轴承的代号和标记（GB/T 272—2017）

滚动轴承（以下简称轴承）代号由基本代号、前置代号和后置代号三部分构成。

(1) 基本代号（滚针轴承除外）

基本代号表示轴承的基本类型、结构和尺寸，是轴承代号的基础。轴承外形尺寸符合 GB/T 273.1、GB/T 273.2 、GB/T 273.3、GB/T 3882 任一标准的规定，其基本代号由轴承类型代号、尺寸系列代号、内径代号构成，其顺序按表 7-8 规定。

表 7-8 轴承代号的顺序

<table>
<tr><td rowspan="4">前置代号</td><td colspan="4">基本代号</td><td rowspan="4">后置代号</td></tr>
<tr><td colspan="3">轴承系列</td><td rowspan="3">内径代号</td></tr>
<tr><td rowspan="2">类型代号</td><td colspan="2">尺寸系列代号</td></tr>
<tr><td>宽度(或高度)系列代号</td><td>直径系列代号</td></tr>
</table>

1）类型代号

轴承类型代号用阿拉伯数字（以下简称数字）或大写拉丁字母（以下简称字母）表示，按表 7-9 的规定。

表 7-9 轴承类型代号

代号	轴承类型	代号	轴承类型
0	双列角接触球轴承	N	圆柱滚子轴承
1	调心球轴承		双列或多列用字母 NN 表示
2	调心滚子轴承和推力调心滚子轴承	U	外球面球轴承
3	圆锥滚子轴承	QJ	四点接触球轴承
4	双列深沟球轴承	C	长弧面滚子轴承(圆环轴承)
5	推力球轴承		
6	深沟球轴承		
7	角接触球轴承		
8	推力圆柱滚子轴承		

注：1. 在代号后或前加字母或数字表示该类轴承中的不同结构。

2. 符合 GB/T 273.1 的圆锥滚子轴承代号由基本代号和后置代号构成。

2）尺寸系列代号

尺寸系列代号用数字表示。由轴承的宽（高）度系列代号和直径系列代号组合而成。向心轴承、推力轴承尺寸系列代号按表 7-10 规定。

表 7-10 轴承尺寸系列代号

直径系列代号	向心轴承								推力轴承			
	宽度系列代号								高度系列代号			
	8	0	1	2	3	4	5	6	7	9	1	2
	尺寸系列代号											
7	—	—	17	—	37	—	—	—	—	—	—	—
8	—	08	18	28	38	48	58	68	—	—	—	—
9	—	09	19	29	39	49	59	69	—	—	—	—
0	—	00	10	20	30	40	50	60	70	90	10	—
1	—	01	11	21	31	41	51	61	71	91	11	—
2	82	02	12	22	32	42	52	62	72	92	12	22
3	83	03	13	23	33	—	—	—	73	93	13	23
4	—	04	—	24	—	—	—	—	74	94	14	24
5	—	—	—	—	—	—	—	—	—	95	—	—

3）内径代号

轴承的内径代号用数字表示，按表 7-11 规定。

(2) 前置代号、后置代号

前置、后置代号是轴承在结构形状、尺寸、公差、技术要求等有改变时左右添加的补充代号。

表 7-11 轴承内径代号

轴承公称内径 mm		内径代号	示例
0.6～10(非整数)		用公称内径毫米数直接表示，在其与尺寸系列代号之间用"/"分开	深沟球轴承 617/0.6 d=0.6mm 深沟球轴承 618/2.5 d=2.5mm
1～9(整数)		用公称内径毫米数直接表示，对深沟及角接触球轴承直径系列 7、8、9，内径与尺寸系列代号之间用"/"分开	深沟球轴承 625 d=5mm 深沟球轴承 618/5 d=5mm 角接触球轴承 707 d=7mm 角接触球轴承 719/7 d=7mm
10～17	10	00	深沟球轴承 6200 d=10mm
	12	01	调心球轴承 1201 d=12mm
	15	02	圆柱滚子轴承 NU 202 d=15mm
	17	03	推力球轴承 51103 d=17mm
20～480(22,28,32 除外)		公称内径除以 5 的商数，商数为个位数，需在商数左边加"0"，如 08	调心滚子轴承 22308 d=40mm 圆柱滚子轴承 NU 1096 d=480mm
≥500 以及 22,28,32		用公称内径毫米数直接表示，但在与尺寸系列之间用"/"分开	调心滚子轴承 230/500 d=500mm 深沟球轴承 62/22 d=22mm

1）前置代号

前置代号用字母表示，经常用于表示轴承分部件（轴承组件）。代号及含义按表 7-12 的规定。

表 7-12 前置代号

代号	含义	示例
L	可分离轴承的可分离内圈或外圈	LNU 207，表示 NU 207 轴承的内圈 LN 207，表示 N 207 轴承的外圈
LR	带可分离内圈或外圈与滚动体的组件	
R	不带可分离内圈或外圈的组件(滚针轴承仅适用于 NA 型)	RNU 207，表示 NU 207 轴承的外圈和滚子组件 RNA 6904，表示无内圈的 NA 6904 滚针轴承
K	滚子和保持架组件	K 81107，表示无内圈和外圈的 81107 轴承
WS	推力圆柱滚子轴承轴圈	WS 81107
GS	推力圆柱滚子轴承座圈	GS 81107
F	带凸缘外圈的向心球轴承(仅适用于 $d \leqslant$ 10mm)	F 618/4
FSN	凸缘外圈分离型微型角接触球轴承(仅适用于 $d \leqslant$ 10mm)	FSN 719/5-Z
KIW-	无座圈的推力轴承组件	KIW-51108
KOW-	无轴圈的推力轴承组件	KOW-51108

2）后置代号

后置代号用字母（或加数字）表示。后置代号所表示轴承的特性及排列顺序按表 7-13 的规定。

表 7-13 后置代号

组别	1	2	3	4	5	6	7	8	9
含义	内部结构	密封与防尘与外部形状	保持架及其材料	轴承零件材料	公差等级	游隙	配置	振动及噪声	其他

(3) 标记示例

滚动轴承　6203　GB/T 276—2013

6—类型代号，深沟球轴承；2—尺寸系列（02）代号；03—内径代号，d=17mm。

滚动轴承　719/7　GB/T 292—2007

7—类型代号，角接触球轴承；19—尺寸系列代号；7—内径代号，d=7mm。

滚动轴承　N2210　GB/T 283—2007

N—类型代号，圆柱滚子轴承；22—尺寸系列（02）代号；10—内径代号，d=50mm。

7.5.2 滚动轴承表示法（GB/T 4459.7—2017）

GB/T 4459.7—2017《机械制图滚动轴承表示法》的部分规定了滚动轴承的通用画法、特征画法和规定画法，见表 7-14。本部分适用于在装配图中不需要确切地表示其形状和结构的标准滚动轴承。采用通用画法或特征画法绘制滚动轴承时，一般应绘制在轴的两侧，在同一图样中一般只采用一种画法。

表 7-14 常见滚动轴承的画法

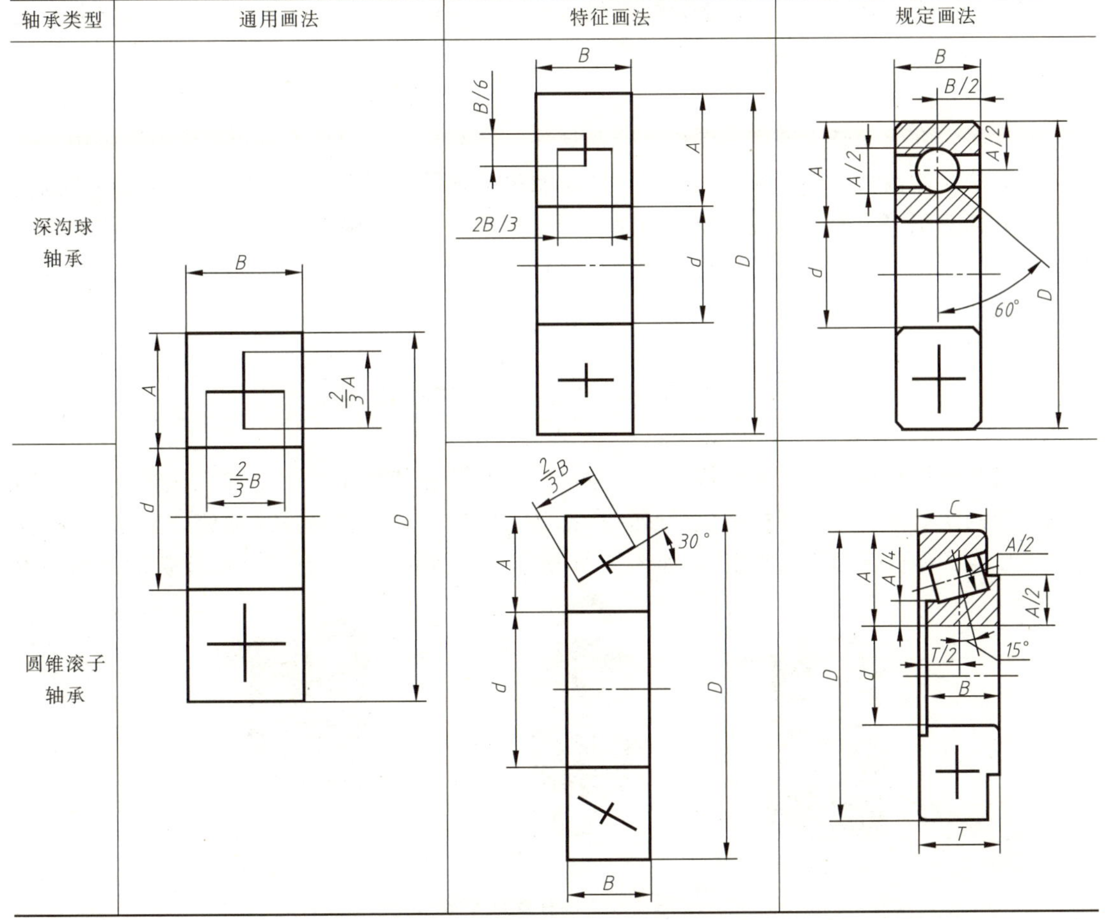

轴承类型	通用画法	特征画法	规定画法
深沟球轴承			
圆锥滚子轴承			

续表

轴承类型	通用画法	特征画法	规定画法
推力球轴承	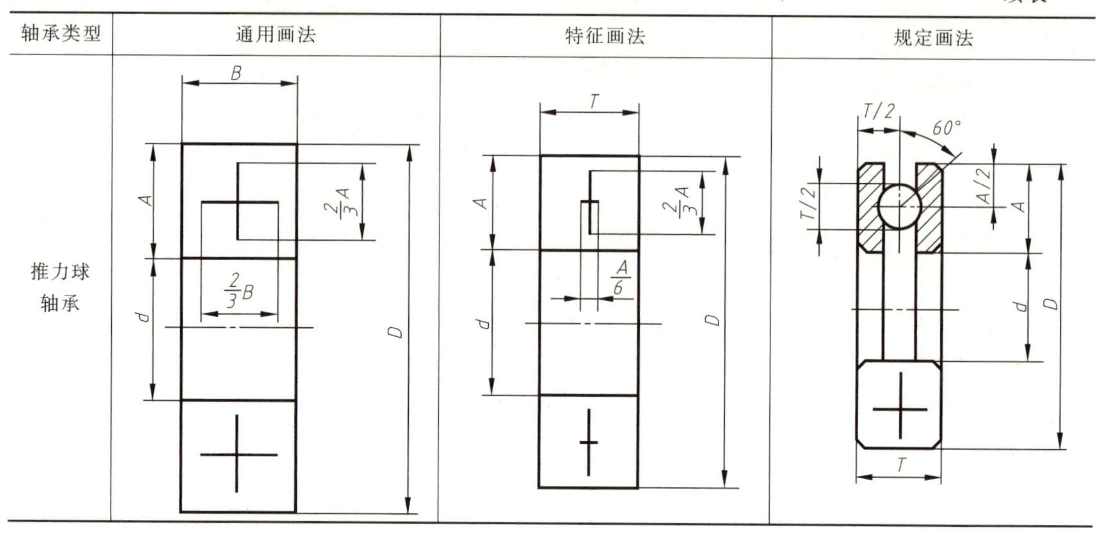		

(1) 通用画法

在剖视图中，当不需要确切地表示滚动轴承的外形轮廓、载荷特性和结构特征时，可用矩形线框及位于线框中央正立的十字符号表示，见表 7-14，十字符号不应与矩形线框接触。

(2) 特征画法

在剖视图中，如需较形象地表示滚动轴承的结构特征，可采用在矩形线框内画出其结构要素符号的表示方法表示滚动轴承，见表 7-14。

(3) 规定画法

必要时，在滚动轴承的产品图样、产品样品、产品标准、用户手册和使用说明书中可采用规定画法绘制滚动轴承。在采用规定画法绘制滚动轴承的剖视图时，轴承的滚动体不画剖面线，其各套圈等一般应画成方向和间隔相同的剖面线。在不致引起误解时，也允许省略不画。在装配图中，滚动轴承的保持架及倒角等可省略不画。规定画法一般绘制在轴的一侧，另一侧按通用画法绘制。

7.6 弹　　簧

弹簧是利用材料的弹性和结构特点，通过变形和储存能量工作的一种机械零（部）件，呈圆柱形的螺旋弹簧称为圆柱螺旋弹簧，根据受力情况不同可分为压缩弹簧（Y 型）、拉伸弹簧（L 型）和扭转弹簧（N 型），如图 7-28 所示。本节介绍圆柱螺旋压缩弹簧的基本知识

(a) 压缩弹簧

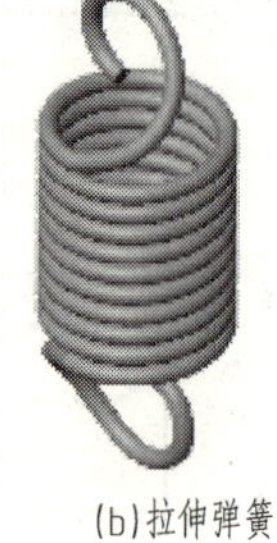

(b) 拉伸弹簧

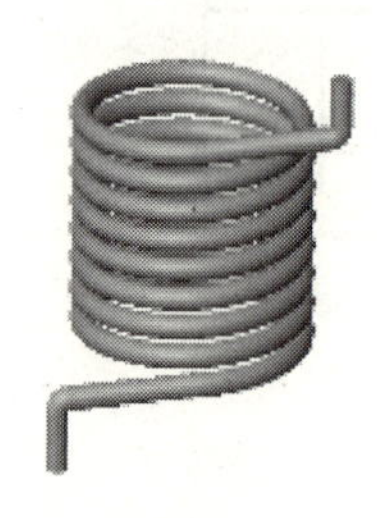

(c) 扭转弹簧

图 7-28　圆柱螺旋弹簧

和规定画法。

7.6.1 圆柱螺旋压缩弹簧的各部分名称和代号（GB/T 1805—2001）

圆柱螺旋压缩弹簧的画法和尺寸代号如图 7-29 所示，其各部分名称和尺寸计算关系如下。

① 线径（材料直径）d：用于缠绕弹簧的钢丝直径。

② 弹簧中径 D：弹簧内径和外径的平均值，按标准选取。

③ 弹簧内径 D_1：弹簧内圈直径，$D_1=D-d$。

④ 弹簧外径 D_2：弹簧外圈直径，$D_2=D+d$。

⑤ 总圈数 n_1：沿螺旋线两端间的螺旋圈数。

⑥ 有效圈数 n：用于计算弹簧总变形量的簧圈数量，即保持相等节距的圈数。

⑦ 支承圈数 n_2：为使压缩弹簧的端面与轴线垂直，工作平稳、端面受力均匀，要求在制造时将两端并紧且磨平。弹簧端部用于支承或固定的圈数，称为支承圈。支承圈有 1.5 圈、2 圈及 2.5 圈三种形式，其中较常见的是 2.5 圈。

⑧ 节距 t：螺旋弹簧两相邻有效圈截面中心线的轴向距离。

⑨ 旋向：从螺旋弹簧一端观察，以顺时针方向螺旋形成为右旋，以逆时针方向螺旋形成为左旋。

⑩ 自由高度（长度）H_0：弹簧无负荷作用时的高度（长度）。

两端圈磨平时 H_0 的计算方法（GB/T 23935—2009）：

$$n_2=1.5 \qquad H_0=nt+d$$

$$n_2=2 \qquad H_0=nt+1.5d$$

$$n_2=2.5 \qquad H_0=nt+2d$$

⑪ 弹簧的展开长度 L：制造弹簧时所需金属丝的长度。按螺旋线展开可得

$$L\approx n_1\sqrt{(\pi D)^2+t^2}$$

7.6.2 圆柱螺旋压缩弹簧的表示法（GB/T 4459.4—2003）

（1）圆柱螺旋压缩弹簧的规定画法

① 在平行于螺旋弹簧轴线的投影面的视图中，其各圈的轮廓应画成直线。

② 螺旋弹簧均可画成右旋，对必须保证的旋向要求应在“技术要求”中注明。

③ 螺旋压缩弹簧，如要求两端并紧且磨平时，不论支承圈的圈数多少和末端贴紧情况如何，均按支承圈数为 2.5 圈的形式绘制。必要时也可按支撑圈的实际结构绘制。

④ 有效圈数在 4 圈以上的螺旋弹簧中间部分可以省略，用通过中径的细点画线连接起来，两端只画 1～2 圈有效圈。圆柱螺旋弹簧中间部分省略后，允许适当缩短图形的长

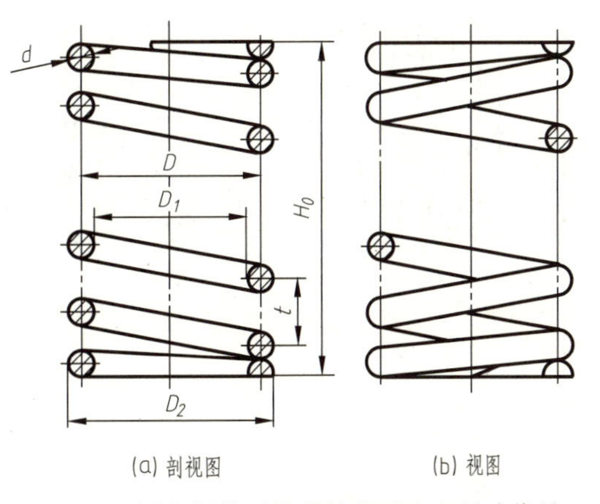

图 7-29 圆柱螺旋压缩弹簧的画法和尺寸代号

度，但标注尺寸时仍按实际长度标注。

(2) 圆柱螺旋压缩弹簧的画图步骤

已知弹簧的中径 D，弹簧材料直径 d、节距 t、有效圈数 n 和支承圈数 n_2，先算出自由高度 H_0，具体作图步骤如图 7-30 所示。

① 根据弹簧中径 D 和自由高度 H_0 作出矩形线框，如图 7-30（a）所示。

② 画出支承圈部分直径与簧丝直径相等的圆和半圆，如图 7-30（b）所示。

③ 画出有效圈数部分直径与簧丝直径相等的圆，先画出右侧圆，如图 7-30（c）所示。再画出左侧有效圈部分的圆，如图 7-30（d）所示。

④ 按右旋方向作相应圆的公切线及剖面线，即完成作图，如图 7-30（e）所示。

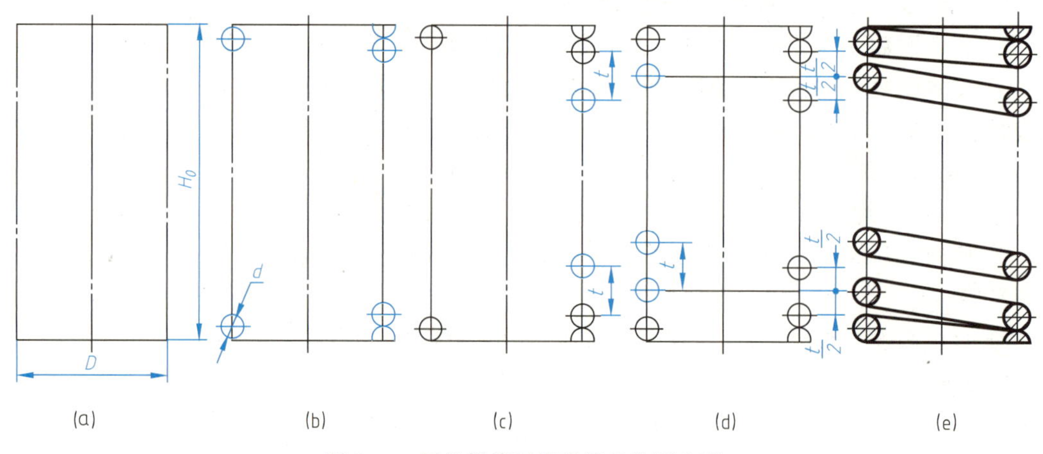

图 7-30 圆柱螺旋压缩弹簧的作图步骤

(3) 圆柱螺旋压缩弹簧工作图（图 7-31）

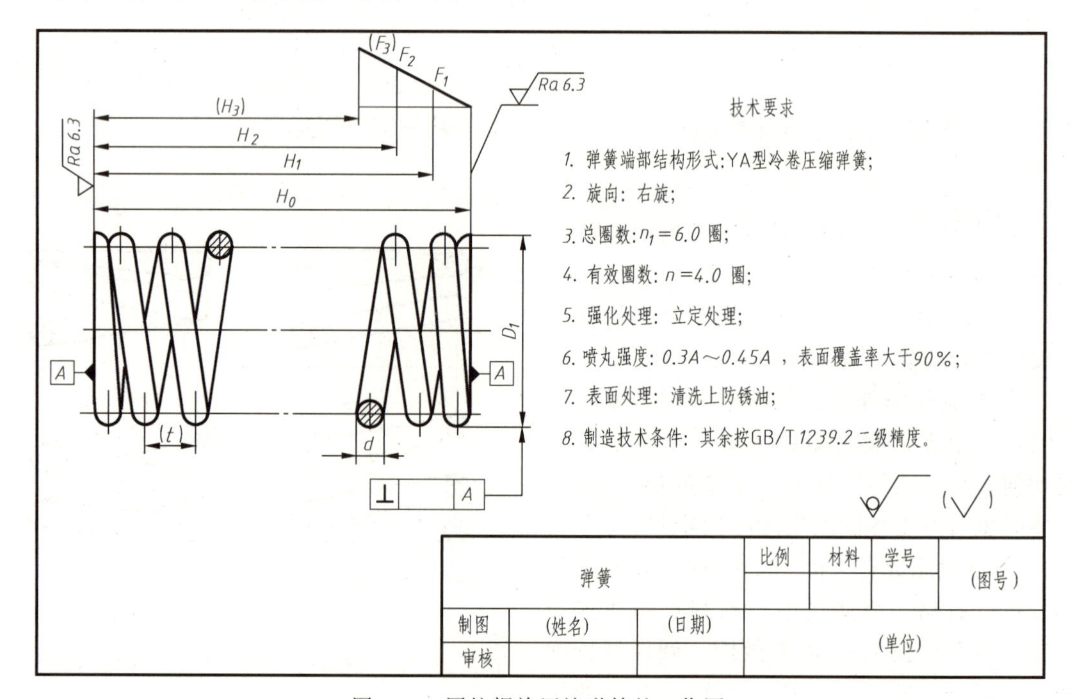

图 7-31 圆柱螺旋压缩弹簧的工作图

（4）装配图中弹簧的画法

① 弹簧被挡住的结构一般不画出，可见部分应从弹簧的外轮廓线或从弹簧钢丝剖面的中心线画起，如图 7-32（a）所示。

② 型材尺寸较小（弹簧钢丝直径在图形上等于或小于 2mm 时）的螺旋弹簧允许用示意图表示，如图 7-32（c）所示。当弹簧被剖切时，也可用涂黑表示，如图 7-32（b）所示。

③ 被剖切弹簧的截面尺寸在图形上等于或小于 2mm 时，并且弹簧内部还有零件，为了便于表达，可用图 7-32（d）的形式表示。

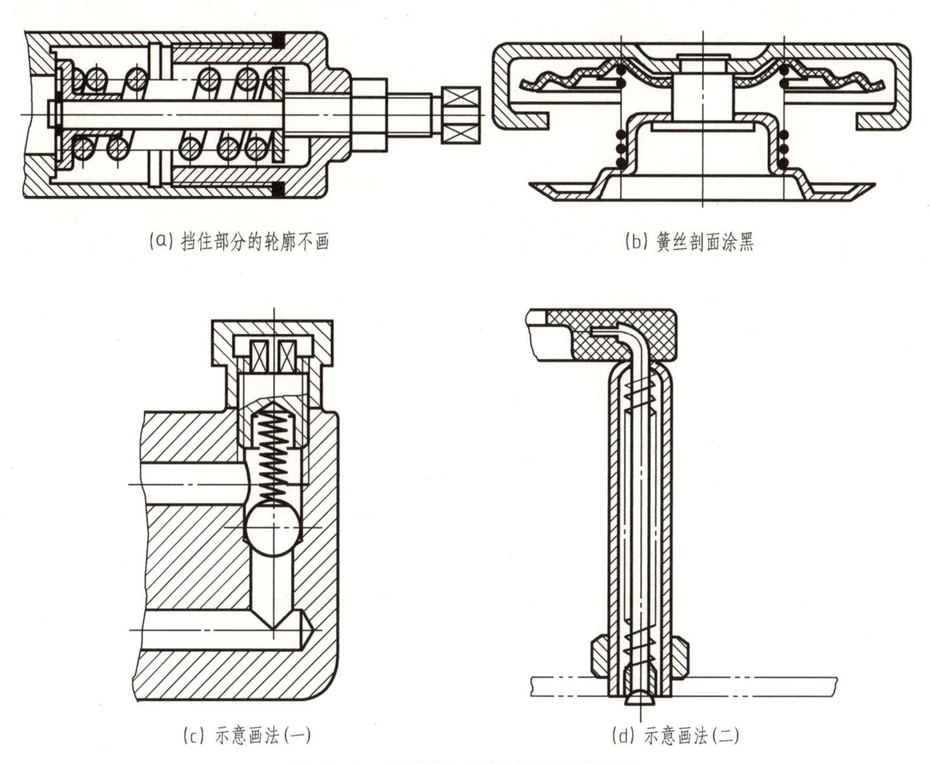

(a) 挡住部分的轮廓不画　(b) 簧丝剖面涂黑

(c) 示意画法(一)　(d) 示意画法(二)

图 7-32　装配图中弹簧的规定画法

7.6.3　普通圆柱螺旋压缩弹簧的规定标记（GB/T 2089—2009）

弹簧的标记由类型代号、规格、精度代号、旋向代号和标准号组成，规定如下：

类型代号　规格—精度代号　旋向代号　标准号

类型代号：YA 为两端圈并紧且磨平的冷卷压缩弹簧，YB 为两端圈并紧制扁的热卷压缩弹簧。

规格：$d \times D \times H_0$。

精度代号：2 级精度制造不表示，3 级应注明“3”级。

旋向代号：左旋应注明为左，右旋不表示。

标准号：GB/T 2089（省略年号）。

标记示例 1：

YA 型弹簧，材料直径为 1.2mm，弹簧中径为 8mm，自由高度 40mm，精度等级为 2 级，左旋的两端圈并紧且磨平的冷卷压缩弹簧。

标记：YA 1.2×8×40 左 GB/T 2089

标记示例 2：

YB 型弹簧，材料直径为 30mm，弹簧中径为 160mm，自由高度 200mm，精度等级为 3 级，右旋的两端圈并紧制扁的热卷压缩弹簧。

标记：YB 30×160×200—3 GB/T 2089

第8章 零件图

能力目标

➢ 能够根据零件结构形状，制定合理的表达方案表达零件的内外结构形状。

➢ 能够绘制和识读零件图。

知识点

➢ 零件图的内容。

➢ 典型零件的视图表达方案。

➢ 合理标注零件尺寸。

➢ 零件图中技术要求的标注。

➢ 读零件图的方法和步骤。

8.1 零件图的作用和内容

任何机器或者部件，都是由若干零件按照一定的要求装配而成的，表示零件结构、大小及技术要求的图样称为零件图。零件图是零件加工制造、质量检验必不可少的技术文件，包含了生产和检验零件的全部技术资料。图 8-1 是球阀阀盖的立体图，它的零件图见图 8-2。从图纸上看出，一张完整的零件图应该包括以下四方面的内容。

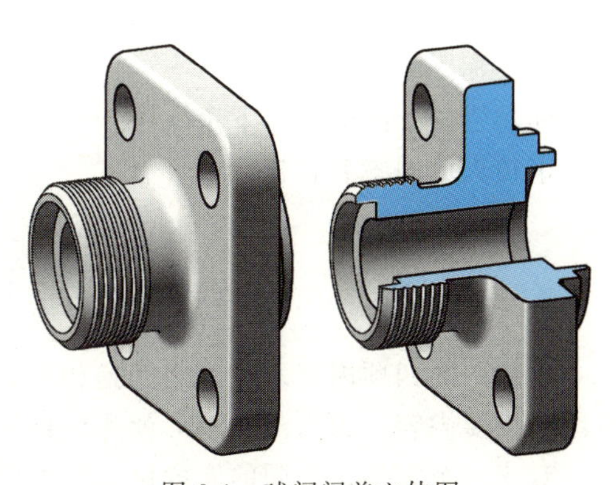

图 8-1 球阀阀盖立体图

(1) 一组图形

用一定数量的视图、剖视图、断面图、局部放大图等，准确、完整、清晰地表达零件各部分的内外结构形状。

(2) 尺寸标注

正确、完整、清晰、合理地标注零件各部分的大小及相对位置尺寸，提供制造和检验零件所需要的全部尺寸。

(3) 技术要求

说明零件在制造和检验时应达到的质量要求，例如尺寸公差、表面结构要求、几何公

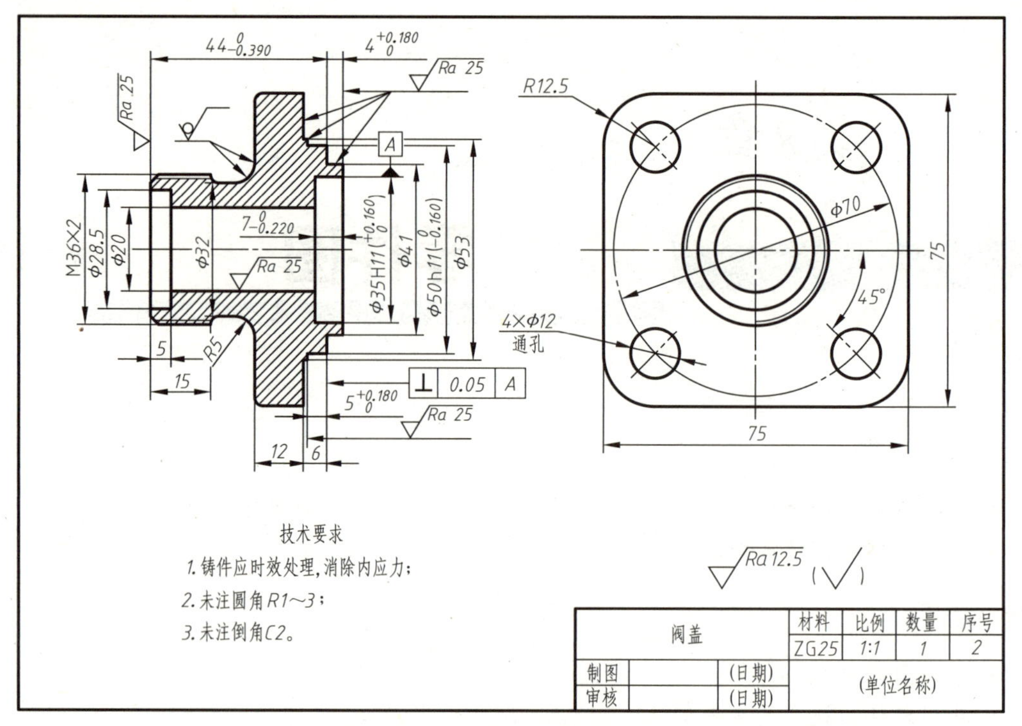

图 8-2 球阀阀盖零件图

差、热处理及表面处理要求。技术要求用符号注写在图上［例如，在主视图上，阀盖右端圆柱面 ϕ50h11（$^{+0}_{-0.160}$）的外圆表面结构要求为 Ra12.5μm，右侧端面相对于 ϕ50h11（$^{+0}_{-0.160}$）回转轴线几何公差垂直度要求为 0.05］，或者在图纸空白处统一写出（如在图纸标题栏右上角写出 $\sqrt{Ra12.5}$ ($\sqrt{}$)；以及在技术要求中统一写出的，对铸件进行时效处理的要求）。

(4) 标题栏

标题栏位于图框的右下角，用于填写零件的名称、数量、材料、比例、图号，设计、制图、审核人员的签名和日期。

8.2 零件图的视图选择

零件图的四项内容，彼此之间是相互联系而又不可缺少的。其中，以“图形”一项为零件图的主要内容，因为没有图形就无法标注尺寸和注写技术要求等基本内容。

对于一个零件，不同的安放位置和投射方向，可得到不同特征的视图。画图时首先必须研究用一组完整、简练而又清晰的视图，把零件的结构形状表达出来，便于画图和看图。要实现这个要求，对零件的视图必须有所选择。零件图的视图选择，包括两个方面：一是主视图的选择；二是其他视图的选择。

8.2.1 主视图的选择

主视图是最重要的视图。因此在表达零件时，应该先确定主视图，然后确定其他视图。在选择主视图时，应考虑以下几个问题。

(1) 零件的安放位置

一般来说，零件图中的主视图应该反映出零件在机器中的工作位置或主要加工位置。

① 加工位置原则：加工位置原则是按照零件主要加工工序的位置画主视图，这样便于技术人员对照图纸进行看图、测量及加工生产。轴类零件主要在车床上加工，装夹和加工时，轴线按水平位置放置，因此轴类零件应将轴线水平放置画出主视图。类似的还有轴套、轮、盘等零件，它们的主视图也以轴线水平放置画出。

② 工作位置原则：工作位置原则是按照零件在机器中工作时的位置作为主视图的放置位置。主要针对叉架、箱体等形状结构比较复杂的零件，加工部位较多，加工位置不是单一方向，这类零件一般按照工作位置选择主视图。箱体类零件，由于加工面多，加工时装夹位置又各不相同，应将这类零件按其在机器中工作时的位置画出主视图，便于画图、读图及与装配图直接对照。

(2) 投射方向——应能清楚地显示出零件的形状特征

以能够最清楚地显示出组成零件各基本形体的形状及其相对位置的方向，作为零件主视图的投射方向。如图 8-7 所示弯臂，从箭头 *A*、*B* 两个方向进行投射，比较所得的视图可以看出，*A* 向投影得到的视图更能显示叉架类零件的形状特点，故选用 *A* 向作为主视图的投射方向。

(3) 表达方法的选择

主视图投射方向确定后，还应考虑选用恰当的表达方法，如视图、剖视图、断面图等表达方法。如图 8-2 中球阀阀盖主视图采用全剖视图表达内部孔槽的情况；图 8-4 中，轴的主视图采用了局部剖视图表达键槽位置和深度。

以上所述的各项原则，在实际应用中，一般情况下是相互一致的，有时则相互矛盾。因此，需要根据具体情况进行分析、比较，不能刻板地只遵循某个原则。例如，对于在机器中是运动的零件或者工作位置倾斜的零件，应在显示零件形状特征的前提下，按加工位置或将零件放成正常位置后画出主视图。

8.2.2 其他视图的选择

其他视图选择的原则是：配合主视图，力求用最少的图形把零件内、外结构形状表达完整、清晰。

对于形状简单的零件，用一个视图加文字说明或符号标注能表达清楚的，就不要用两个视图。

对于形状比较复杂的零件，往往需要两个以上的视图才能表示清楚，必须应用形体分析法，结合主视图进行全面考虑，其具体步骤如下。

① 结合主视图，分析还需要哪些基本视图才能把组成零件的主要形体表达清楚。

② 检查还有哪些局部形状或细小结构尚未表达出来，可采用局部视图、斜视图、断面图或局部放大图等来解决。

总之，主视图以外的其他视图（包括基本视图），都是为了补充主视图不足而画出的图形，所以每增加一个视图，都要有其表达的侧重点。

8.2.3 典型零件的视图选择

尽管生产中零件的种类繁多，结构形状千差万别，表达方案也不尽相同。但是根据其结构特征及用途，一般可将零件分成轴套类、轮盘类、叉架类和箱体类四类典型零件，每一类典型零件的结构有相似之处，表达方法也类似。

(1) 轴套类零件

轴套类零件包括轴、轴套、衬套等。

1）结构特点

轴套类零件一般由若干段回转体组合而成，通常轴向长度大于径向直径。轴类零件多为实芯杆件，套类零件是中空的。轴上常见的结构有轴肩、键槽、螺纹、螺纹退刀槽、砂轮越程槽、倒角、倒圆等，如图 8-3 所示的连接轴。

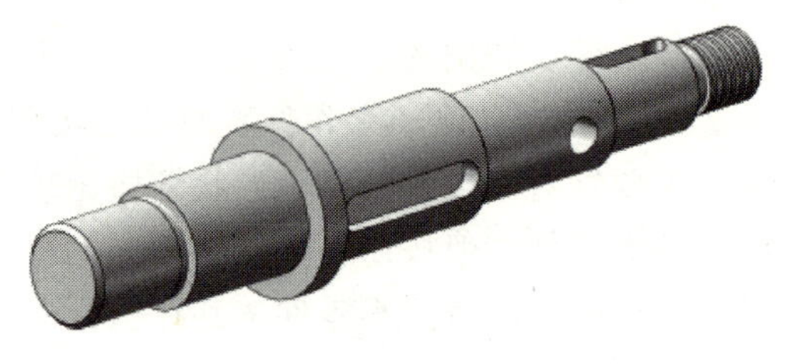

图 8-3 连接轴立体图

2）作用

轴类零件主要用来支承传动零件、传递动力；套类零件一般安装在轴上或孔中，起定位、支承、保护传动零件的作用。

3）视图选择

① 选择主视图。轴套类零件主视图按照加工位置（轴线水平）放置，以垂直轴线方向作为主视图的投射方向。由于实心轴通过轴线剖切按不剖绘制，因此轴上局部结构、内部结构可采用局部剖视图表达；若为空心轴套，则一般采用全剖视图表达其内部结构。

② 选择其他视图。在注出直径 ϕ 的情况下，不需要其他基本视图即可表明是回转体。键槽或其他细小结构（如退刀槽等），可用断面图、局部放大图等来表达。

如图 8-4 所绘制的连接轴零件图中，连接轴的主视图按加工位置放置，轴上两处键槽分

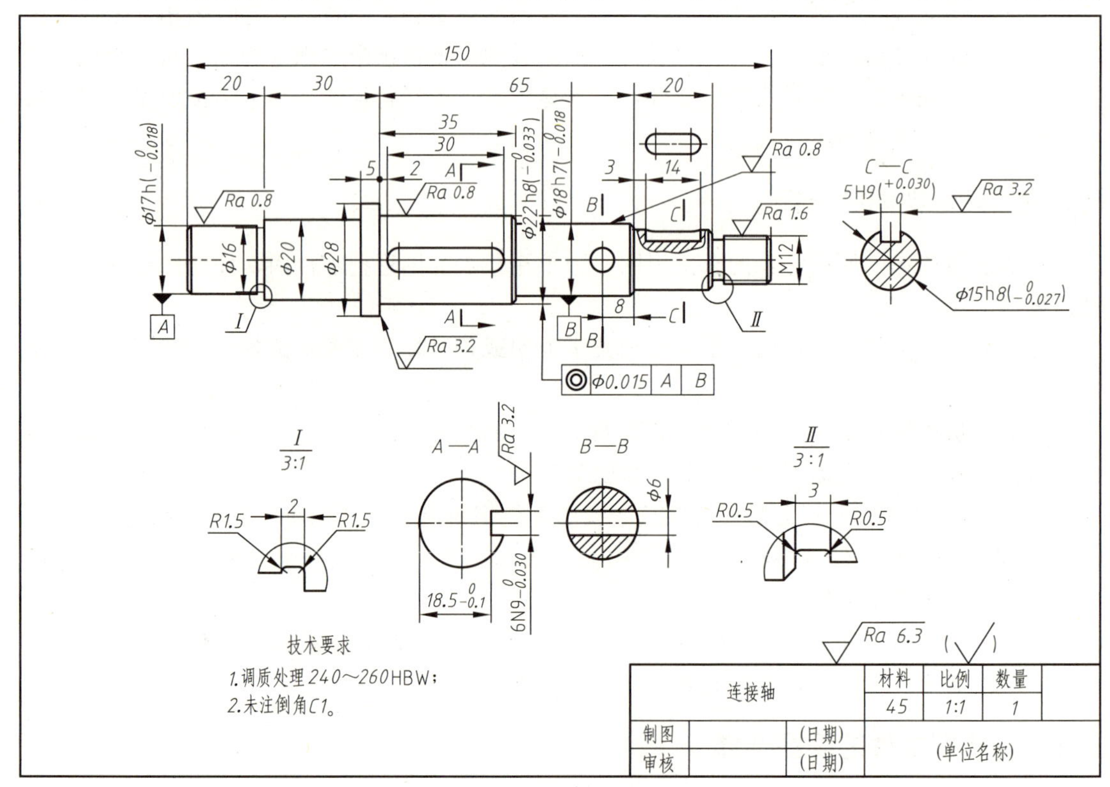

图 8-4 连接轴零件图

别采用了移出断面图 $A—A$ 及 $C—C$ 进行表达；$\phi 18$ 轴段上的通孔 $\phi 6$ 也采用了 $B—B$ 断面图表达。对于轴上的细小结构，如左侧 $\phi 16$ 轴段右端的越程槽，则用局部放大图表示，轴上右侧螺纹段左端的退刀槽也采用局部放大图表达。

(2) 轮盘类零件

轮盘类零件包括手轮、带轮、端盖、压盖、法兰盘等。

1) 结构特点

这类零件的主要结构是由同一轴线的回转体组成，轴向尺寸较小，径向尺寸较大。为了与其他零件连接，其上通常有孔、螺孔、键槽、凸台、轮辐等结构，多以车削加工为主。图 8-5 为磨床中的法兰盘立体图。

2) 作用

轮类零件一般通过键、销与轴连接起来传递动力和扭矩；盘盖类零件主要起支承、定位和密封作用。

3) 视图选择

① 选择主视图。轮盘类零件一般按加工位置（轴线水平）放置，选择垂直于轴线的投射方向画主视图。一些不以车削为主要加工方式的轮盘类零件，主视图可按形状特征和工作位置来考虑。为了表达内部结构，主视图常采用过轴线的全剖视图。图 8-6 所示法兰盘主视图采用两个相交的剖切面剖切的全剖视图清楚地表达了中心孔、螺纹孔、沉孔等内部结构。

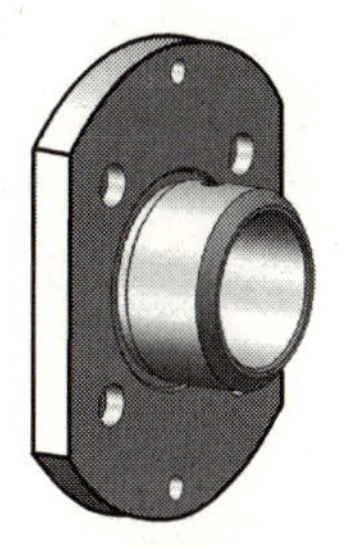
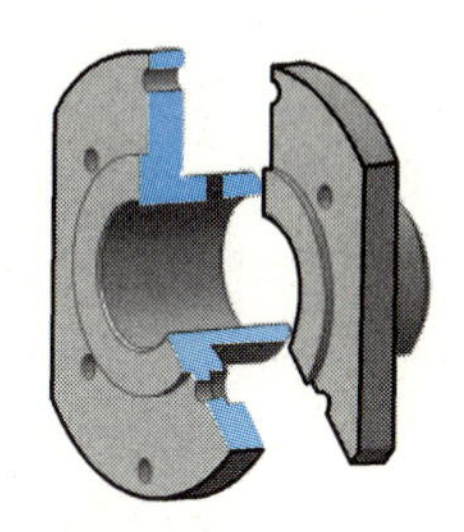

图 8-5 法兰盘立体图

② 选择其他视图。轮盘类零件一般需要两个或

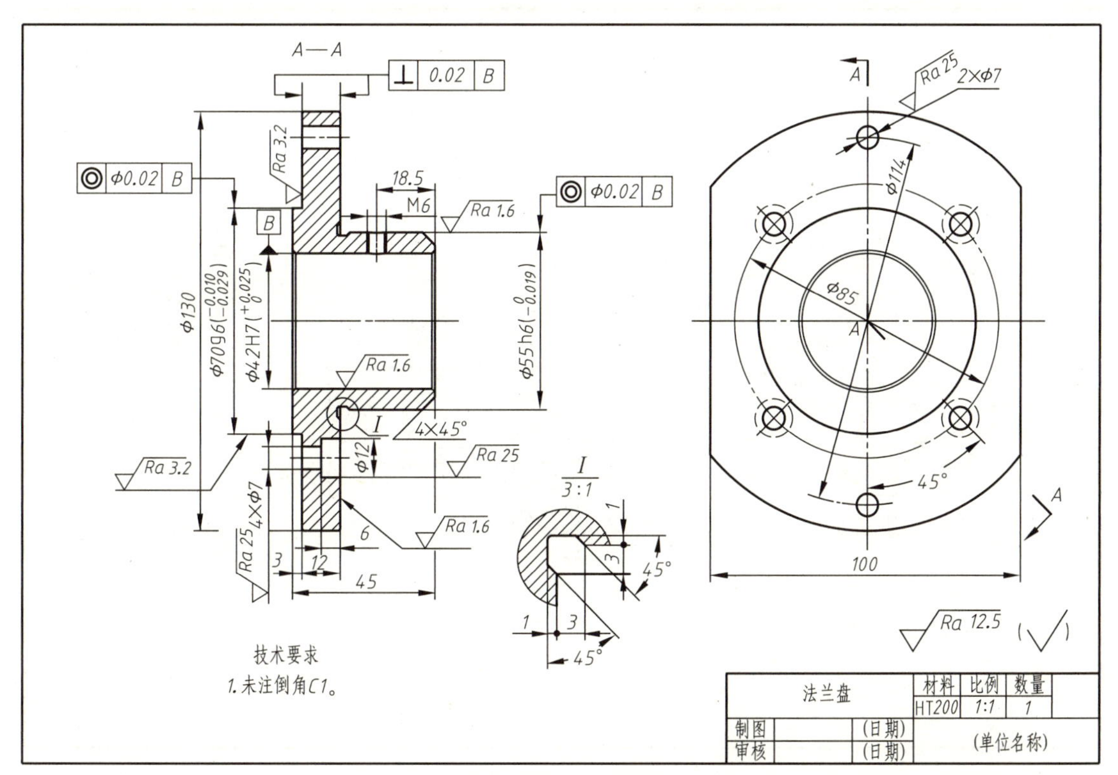

图 8-6 法兰盘零件图

两个以上的基本视图。除主视图之外，一般选择左视图表达轮辐、圆孔等的分布及数量。对于键槽或一些细小结构，往往还需要用到断面图或局部放大图，如图 8-6 法兰盘零件图所示，除主视图和左视图以外，法兰盘 $\phi55$ 根部的砂轮越程槽用局部放大图来表达。

(3) 叉架类零件

叉架类零件包括各种用途的拨叉、连杆、摇杆、支架和支座等。

1）结构特点

这类零件的结构形状差别很大，但一般都由支承部分、工作部分和连接部分组成。连接部分多是肋板结构，同时起到增加强度的作用。它们的毛坯多为铸造件或锻造件，再经过机械加工而成。零件上常见有圆孔、油槽、螺孔等。

2）作用

拨叉主要起操纵调速的作用；支架主要起支承和连接的作用。

3）视图选择

① 选择主视图。由于这类零件结构形式比较复杂，加工工序较多，加工位置经常变换，因此，通常按其工作位置放置零件。有些叉架类零件在机器上的工作位置正好处于倾斜状态，为了便于制图，也可将其位置放正，选择最能反映形状特征的一面作为主视图的投影方向。如图 8-7 所示的弯臂，它在机器上工作时不停摆动，没有固定的工作位置。为了画图方便，一般都把零件主要轮廓放置成垂直或水平位置，如图 8-8 所示。弯臂零件图中主视图采用局部剖视图，既表达了弯臂各部分之间的相对位置和局部的形状，又反映了螺孔、阶梯孔的穿通情况。

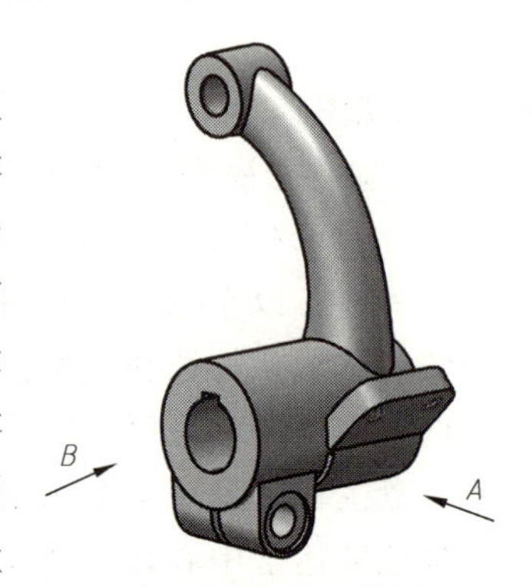

图 8-7　弯臂立体图

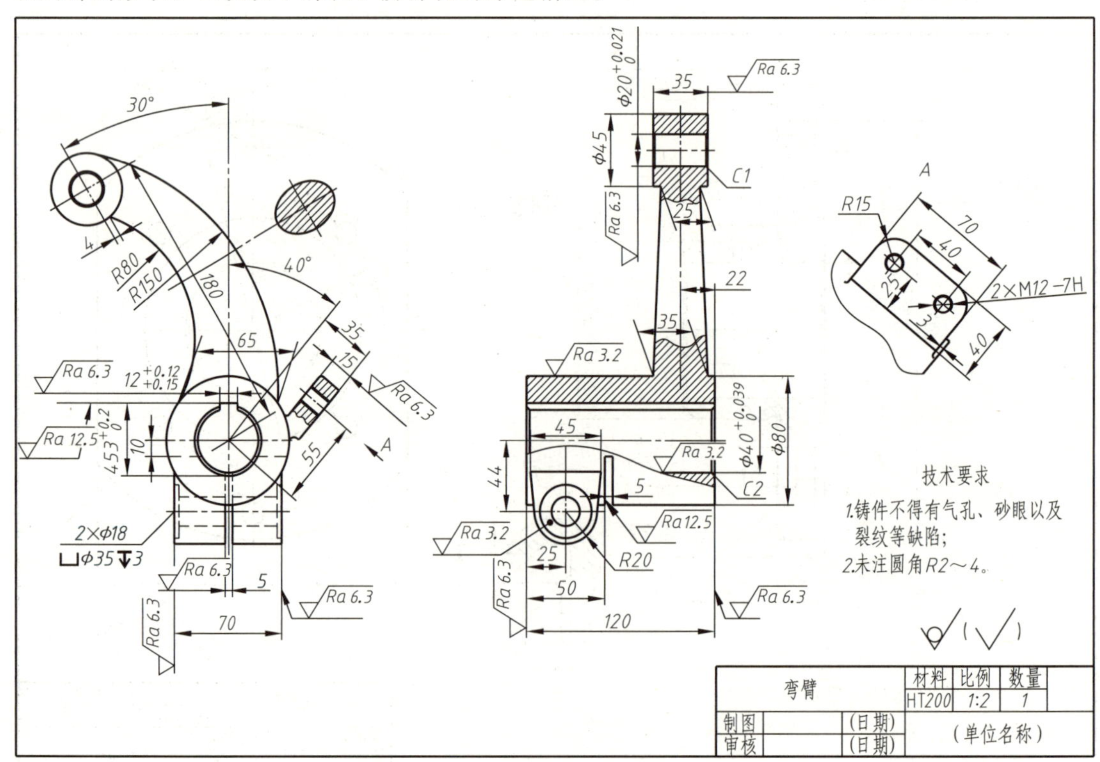

图 8-8　弯臂零件图

② 选择其他视图。叉架类零件一般需要两个或两个以上的基本视图。除此之外，由于其形状一般不太规则，往往还会有一些弯曲和倾斜结构，需要采用局部视图、斜视图、断面图、局部剖视图等表达。如图 8-8 所示，弯臂中间的连接部分采用了移出断面图表达椭圆的断面形状，而弯臂的斜板部分，由于它不平行于任何基本投影面，因此采用斜视图 A 表达它的外形结构。

(4) 箱体类零件

箱体类零件包括泵体、箱体、阀体和壳体等。

1）结构特点

箱体类零件的毛坯多为铸造件，结构、形状较前三类零件更复杂。一般内部有较大的空腔，以容纳运动零件及气、油等介质。此外通常还具有轴孔、轴承孔、凸台及肋板等结构。

为了使其他零件能够安装在箱体上，以及将箱体再安装到机座上，箱体上通常还安装底板、法兰、安装孔和螺纹孔等结构。图 8-9 所示为蜗轮蜗杆二级减速器箱体。

2）作用

这类零件主要是机器（或部件）的外壳或座体，因此它起着支承、包容和密封其他零件的作用。

3）视图选择

① 选择主视图。由于箱体类零件加工位置多样，通常以工作位置作为主视图的摆放位置，以最能反映形状特征及相对位置的一面作为主视图的投射方向。为了表达空腔结构，主视图一般采用剖视图。根据箱体的复杂程度、是否对称等情况合理选择全剖、半剖或局部剖视图。

② 选择其他视图。箱体类零件一般需要三个或三个以上的基本视图和其他视图。在选择其他视图时，应加以比较、分析，结合主视图，在表达完整、清晰的前提下，优先考虑选择基本视图，灵活应用各种表达方法。

图 8-9 蜗轮蜗杆二级减速器箱体立体图

如图 8-9 所示箱体立体图，属于典型的箱体类零件，绘制箱体零件图时，一般按工作位置放置，采用基本视图加其他视图进行表达。

a. 选择基本视图。箱体前后结构不对称，左、右壁上又有多个不在同一轴线上的凸台、轴承孔及螺纹孔需要表达，因此主视图宜采用剖视绘制，但是考虑到箱体的前后外壁上有凸台及螺孔分布，外形需要表达，因此，主视图宜采用局部剖视，一处局部剖视是表达箱体左侧壁前下方凸台 $\phi68$ 和右侧壁凸台 $\phi54$ 的外形、轴承孔及螺纹孔，剖切位置见俯视图中 B—B 剖切符号，另一处局部剖视是对箱体右侧的两螺纹孔进行表达，以看清螺纹孔内形及其沉孔深度，主视图中未剖切部分为表达前后外壁上对称的凸台外形及螺孔分布。箱体的前后壁各有一个带有轴承孔的凸台，外形结构已在主视图中进行表达，但内部结构未表达，故左视图需要进行剖切，剖切位置见主视图 A—A 剖切符号，此处使用全剖既可表达凸台、轴承孔、箱体宽度方向的内部结构，也可表达底板的形状结构。俯视图需要表达箱体和底座外形，以及其上的螺孔分布情况，宜采用视图表达，又因左外侧壁后上方凸台及轴承孔未在主、左视图进行表达，因此在俯视图上还需加一处局部剖视进行表达。

b. 选择其他视图。在完成箱体的主体结构表达以后，箱体的细节结构，可采用局部视图

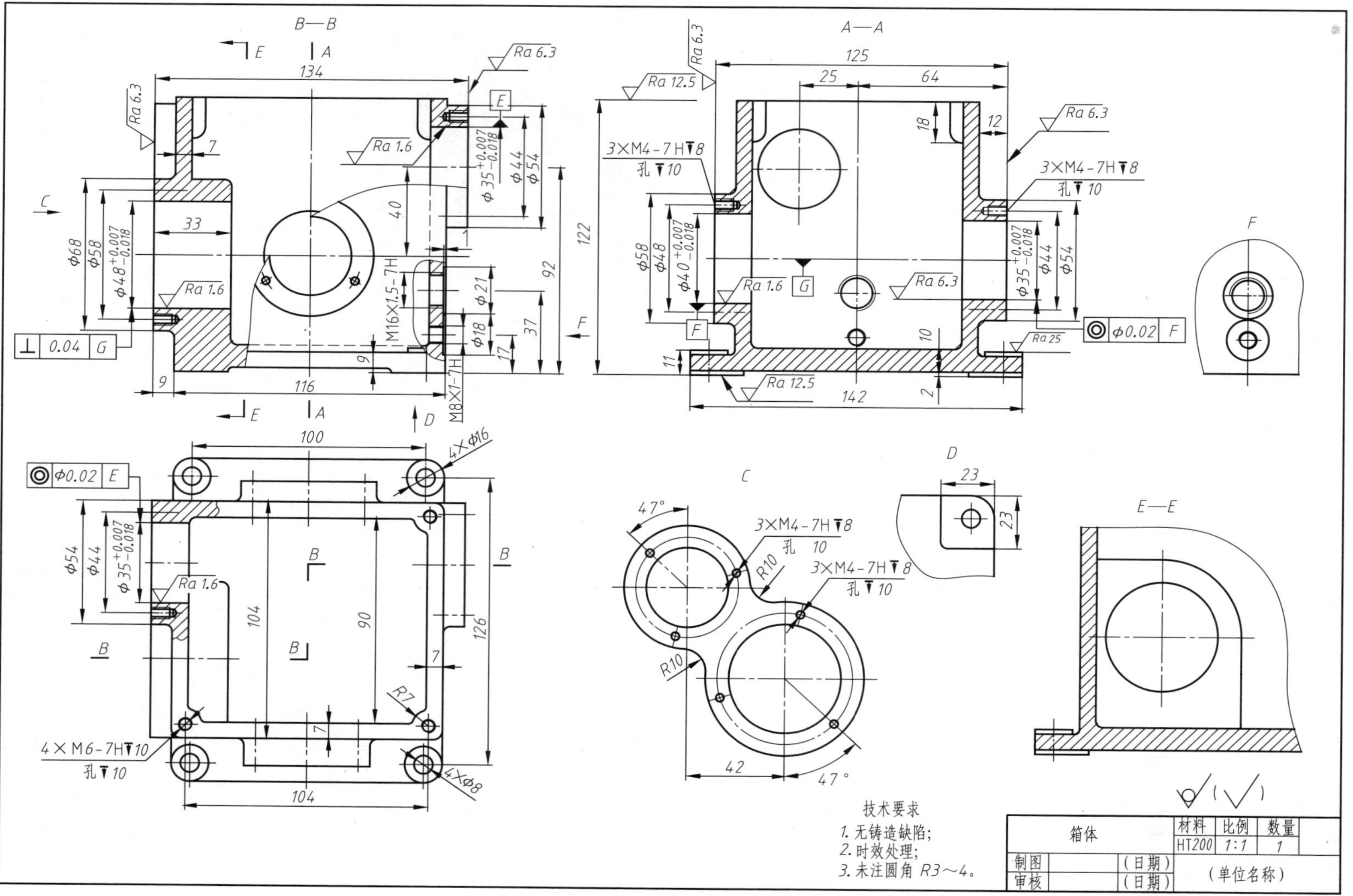

图 8-10 蜗轮蜗杆二级减速器箱体零件图

进行表达，如为了完整表达左外壁上的8字形凸台、两个轴承孔及其周围螺孔的分布情况，可绘制 C 向局部视图；对于箱体底座上四个凸台及其上面通孔的分布，以及箱体底部开了纵横两槽的整体形状结构，没必要再绘制仰视图，而是可采用 D 向局部视图进行表达；尽管箱体左内壁凸台的厚度在主视图中的局部剖视中已表达清楚，但还缺乏外形表达，因此可绘制 E—E 局部剖视图进行表达；最后，右外侧壁两螺孔以及锪平的凹坑外形同样可绘制 F 向局部视图进行表达。至此，箱体结构上所有的内外形状结构共采用了3个基本视图、3个局部视图和一个局部剖视进行了完整表达，箱体零件图见图8-10。

8.3 零件图的尺寸标注

尺寸标注是零件图的主要内容之一，是零件加工制造和检验的重要依据。因此，在零件图中，必须正确、完整、清晰、合理地标注零件尺寸。对于正确、完整、清晰的尺寸标注要求，前面相关章节已经作了介绍，本节重点讨论合理标注尺寸的一些基本问题和常见结构的尺寸注法，使得标注的尺寸既能满足设计要求，又符合生产实际，便于加工、测量和检验。

8.3.1 尺寸基准的选择

尺寸标注必须有尺寸基准，即尺寸标注的起点。要做到合理地标注尺寸，首先必须选择好尺寸基准。在选择尺寸基准时，必须考虑零件在机器或部件中的位置、作用、零件之间的装配关系以及零件在加工过程中的定位和测量要求等，因此，基准应根据设计要求、加工精度和测量方法确定。按基准的用途可分为设计基准、工艺基准等。按基准的主次可分为主要基准和辅助基准。下面介绍一下设计基准和工艺基准。

(1) 设计基准

设计基准指在设计过程中用来确定零件在机器中的位置及其几何关系的基准面或基准线。如图8-11所示，标注支架轴孔的中心高（40±0.02）mm，应以底面 D 为基准标注出。

因为一根轴要用两个支架支承，为了保证轴线的水平位置，两个轴孔的中心应在同一轴线上。标注底板两孔的定位尺寸，长度方向以对称面 B 为基准，以保证两孔与轴孔的对称关系，故 B、D 为设计基准。

(2) 工艺基准

工艺基准是零件在加工、测量时的基准面或基准线。在图8-11中，上部凸台的顶面 E 是工艺基准，以此为基准测量螺孔的深度比较方便。

此外，根据尺寸基准的重要性不同，基准又分为主要基准和辅助基准。同一个方向只能有一个主要基准，可以有多个辅助基准。辅助基准和主要基准之间应该有尺寸联系，如图8-11所示，零件在长、宽、高三个方向都应有一个主要基准 B、C、D；在高度方向上，辅助基准 E 和主要基准 D 之间有联系尺寸58mm。

在选择基准时，应尽可能将设计基准和工艺基准统一起来，即基准重合原则。如图8-12中阶梯轴的轴线既是径向尺寸的设计基准又是工艺基准。当两者不能重合时，以设计基准作为主要基准，工艺基准作为辅助基准。

通常零件上可作为基准的线、面有：

① 零件上主要回转面的轴线；

② 零件的对称面；

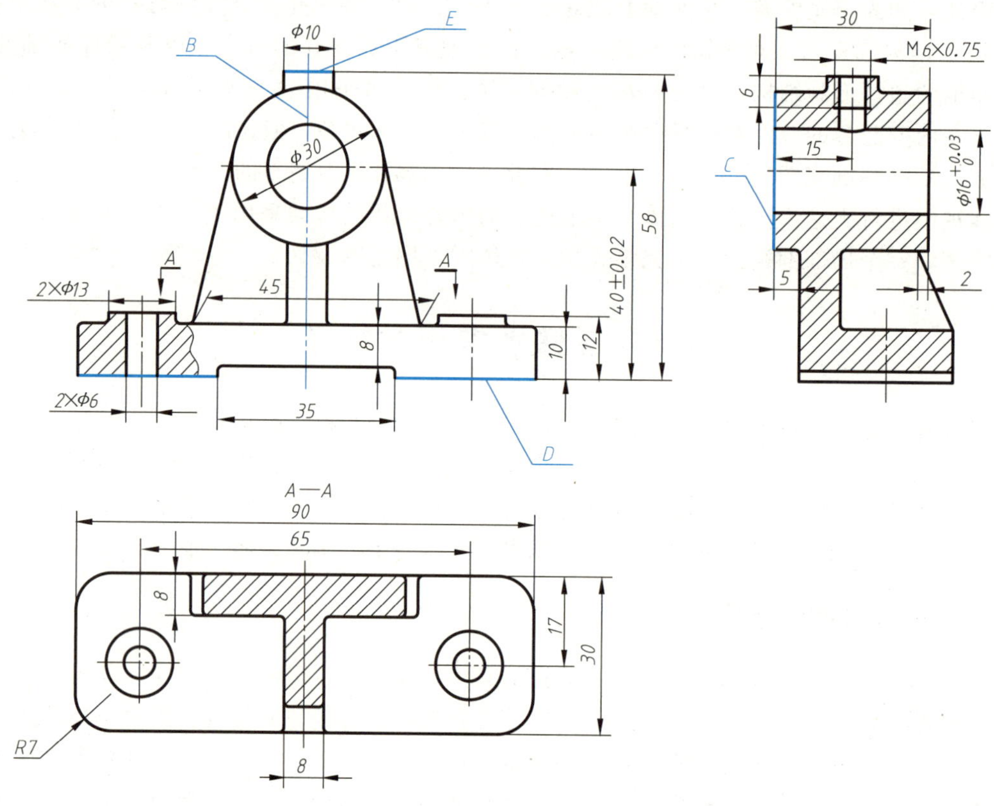

图 8-11 尺寸基准

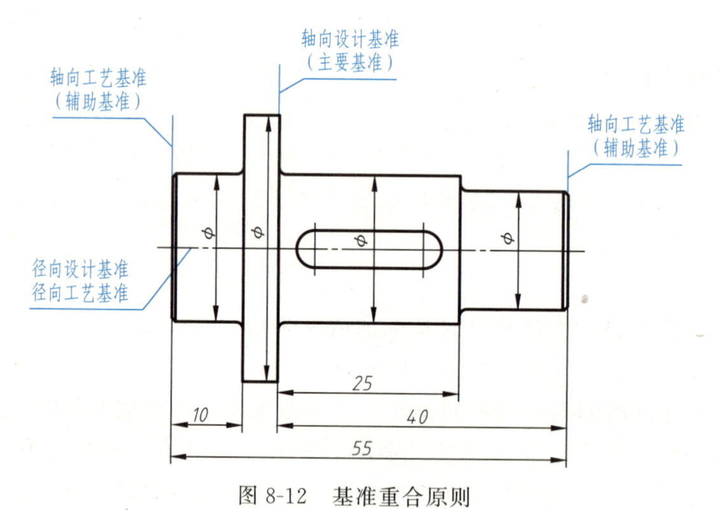

图 8-12 基准重合原则

③ 零件的主要支承面或装配面；

④ 零件的主要加工面。

8.3.2 零件图尺寸标注的要点

(1) 主要尺寸直接从设计基准标注出

零件在机器或部件中影响性能、工作精度和配合的尺寸，如配合尺寸、连接尺寸、安装尺寸、重要的定位尺寸等都是主要尺寸。而零件的外形轮廓尺寸、非配合尺寸，满足机械性能、工艺要求等方面的尺寸为非主要尺寸。

对于零件上的主要尺寸，应从设计基准直接注出，以便优先保证主要尺寸的精确性。如图 8-12 中的尺寸 25 和图 8-13（a）轴承座的 B 和 C。图 8-13（b）所示的标注方式则不合理。

图 8-12 中的 40 和 10 为非主要尺寸，从工艺基准标出，便于加工和测量。

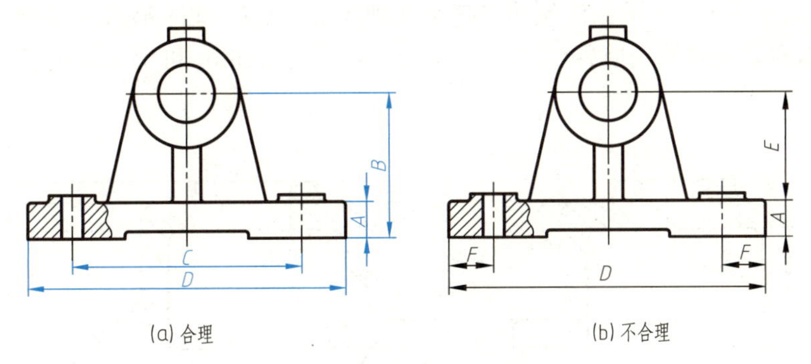

图 8-13 主要尺寸标注的合理性

(2) 标注尺寸应符合加工顺序

标注尺寸应符合加工工艺要求。图 8-14 所示轴的加工工艺要求是：① 按尺寸 36 确定越程槽的位置，并加工越程槽［图 8-14（a）］。② 车 ϕ18mm 的外圆和轴端倒角［图 8-14（b）］。图 8-14（c）的尺寸标注合理，图 8-14（d）的尺寸标注不合理。

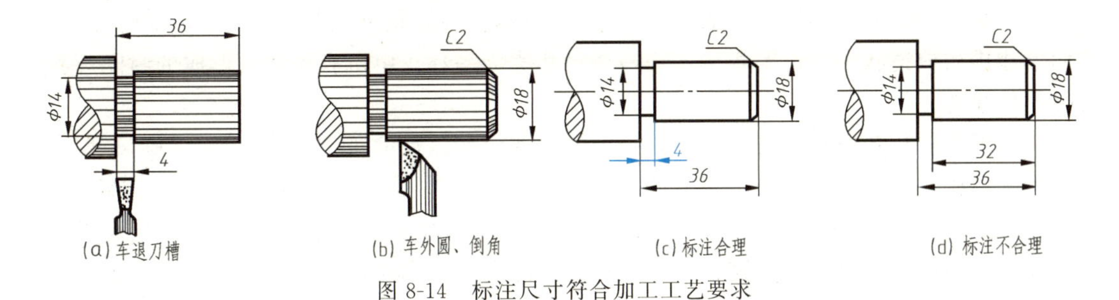

图 8-14 标注尺寸符合加工工艺要求

(3) 标注尺寸应考虑测量方便

标注尺寸还要考虑测量方便，尽量做到使用普通工具就能测量，以减少专用量具的设计和制造。如图 8-15 所示套筒轴向尺寸的标注。按图 8-15（a）标注尺寸，尺寸 A、C 便于测量；若按图 8-15（b）标注尺寸，则尺寸 C 不便于测量。

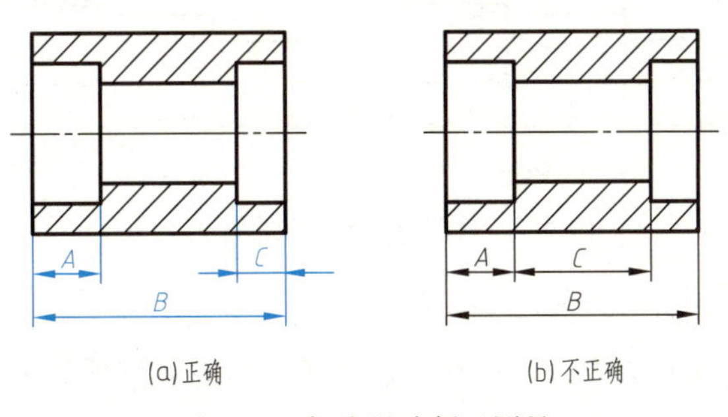

图 8-15 标注尺寸便于测量

(4) 同一个方向只能有一个非加工面与加工面联系

如果零件在同一个方向上有若干非加工面和加工面，则非加工面、加工面尺寸应该分别标注。一般在同一个方向上，只能有一个非加工面与加工面有尺寸联系。这是因为铸造件、锻造件表面误差较大，如果每一个非加工面都和加工面有尺寸联系，在切削加工面时，这些联系尺寸都将发生改变，很难同时保证这些尺寸的精度。图 8-16（a）中，沿铸件的高度方向上有三个非加工面 B、C 和 D，其中只有 B 面与加工面 A 有尺寸 8mm 的联系，这是合理的。如果按图 8-16（b）所示标注尺寸，三个非加工面 B、C 和 D 都与加工面 A 有联系，那么在加工 A 面时，就很难同时保证三个联系尺寸 8mm、34mm 和 42mm 的精度，因此是不合理的。

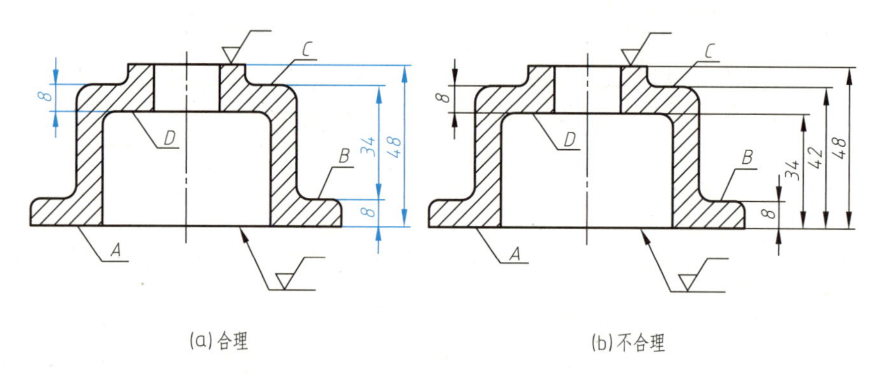

图 8-16　毛坯面和加工面的尺寸标注

(5) 避免标注成封闭的尺寸链

零件在同一个方向的尺寸，如图 8-17（a）所示，各段长分别是 A、B、C，总长为 D。它们尺寸排列成链状，且首尾相接，每一个尺寸称为一环，由所有尺寸所形成的封闭环称为封闭的尺寸链。

在加工零件的各段长度时，总会有一定的误差。如以尺寸 D 作为封闭链，则尺寸 D 的误差是 A、B、C 各段误差的总和。若要保证尺寸 D 在一定的误差范围里，就应减小 A、B、C 各段的误差，使尺寸 A、B、C 各段的误差总和不能超过 D 的允许误差，从而提高了生产成本。因此，通常将尺寸链中某一最不重要的尺寸不标注，形成开口环；或将此尺寸作为参考尺寸加括号标注出来，如图 8-17（b）所示，使制造误差都集中在这个尺寸上，既保证了重要尺寸精度，又便于加工制造。

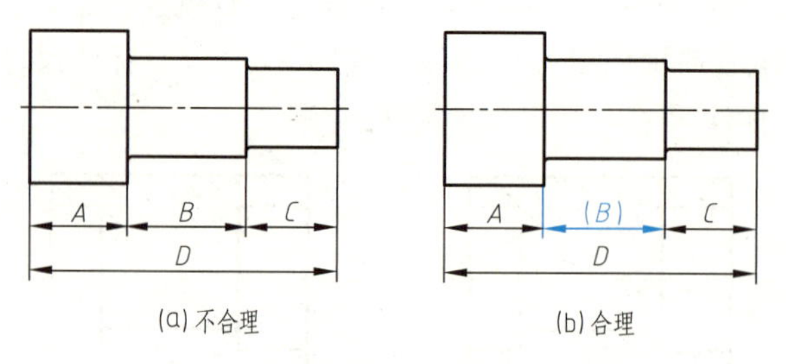

图 8-17　避免标注成封闭的尺寸链

(6) 零件上常见结构的尺寸注法

零件上常见结构和典型结构（如各种孔、倒角、砂轮越程槽、退刀槽）的尺寸标注方法见表 8-1 和表 8-2。

表 8-1 常见结构的尺寸标注方法

序号	类型	旁注法		普通注法	说明
1	光孔	4×Φ7↧18	4×Φ7↧18	4×Φ7 18	四个直径为 ϕ7，深为 18，均匀分布的孔
2	螺孔	4×M10－6H	4×M10－6H	4×M10－6H	四个均匀分布的螺纹孔，大径为 M10，螺纹公差等级为 6H
3		4×M6－6H↧10	4×M6－6H↧10	4×M6－6H 10	四个均匀分布的螺纹孔，大径为 M6，螺纹公差等级为 6H，螺孔深为 10
4		4×M6－6H↧10 孔↧12	4×M6－6H↧10 孔↧12	4×M6－6H 10 12	四个均匀分布的螺纹孔，大径为 M6，螺纹公差等级为 6H，螺孔深为 10，光孔深为 12
5	沉孔	6×Φ7 ⌵Φ13×90°	6×Φ7 ⌵Φ13×90°	90° Φ13 6×Φ7	锥形沉孔的直径 ϕ7，锥角 90°，均需标注
6		4×Φ6 ⌴Φ12↧4.5	4×Φ6 ⌴Φ12↧4.5	Φ12 4.5 4×Φ6	柱形沉孔的直径为 ϕ6，深度为 4.5，均需标注

续表

序号	类型	旁注法		普通注法	说明
7	沉孔	4×Φ9 ⌴Φ20	4×Φ9 ⌴Φ20	Φ20锪孔 4×Φ9	锪平孔 $\phi20$ 的深度不需表达，一般锪平到光面为止

表 8-2 典型结构的尺寸标注方法

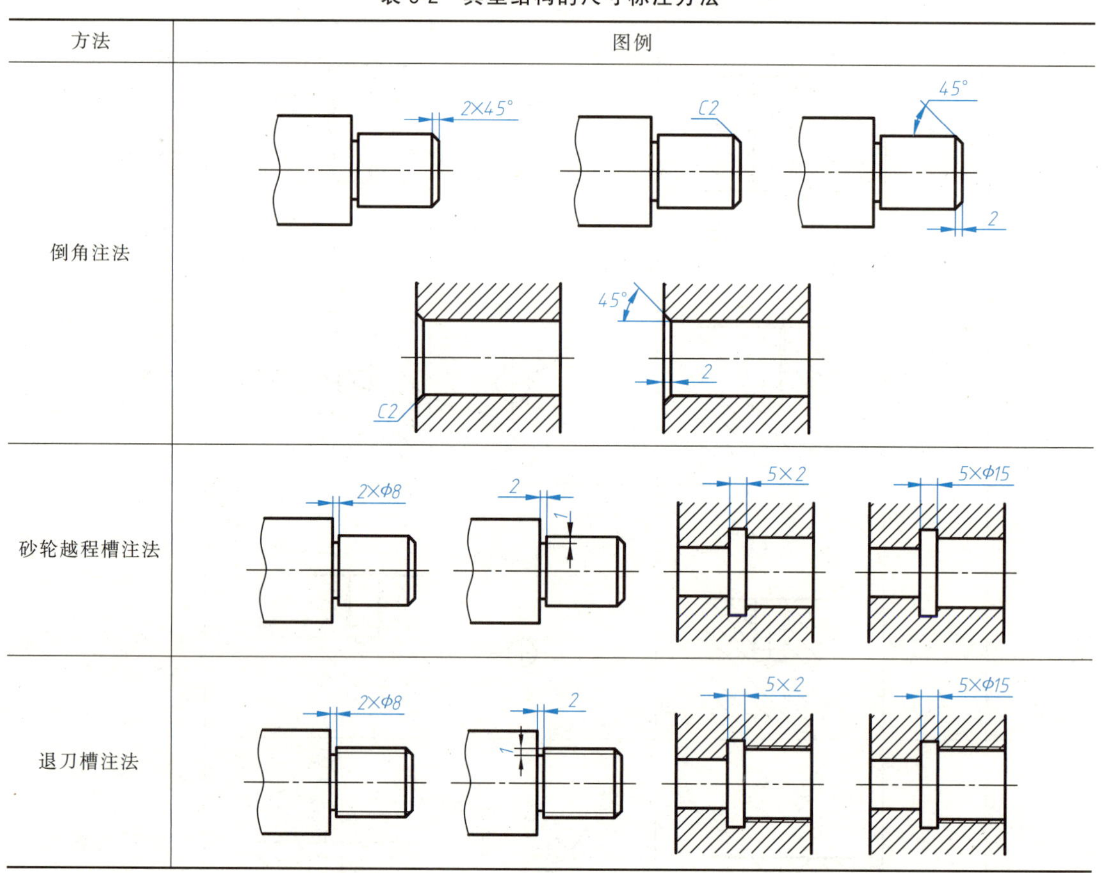

方法	图例
倒角注法	2×45°　C2　45°　2　45°　C2　2
砂轮越程槽注法	2×Φ8　2　1　5×2　5×Φ15
退刀槽注法	2×Φ8　2　1　5×2　5×Φ15

8.4 零件图的技术要求

为了保证零件的使用性能，必须在零件图中注明零件在制造过程中应该达到的技术要求。零件图中通常标注的技术要求有：

① 表面结构；

② 尺寸公差；

③ 几何公差；

④ 热处理及表面处理要求；

⑤ 零件的加工、检验要求，其他特殊要求或说明。

技术要求中的表面结构、尺寸公差、几何公差、热处理及表面处理要求，应按照有关技术标准的规定，用指定的代（符）号、字母和文字注写在图形上。对于无法注写在图形上，或需要统一说明的内容，可用简明的文字逐项写在图纸下方的空白处。

8.4.1 表面结构

表面结构是衡量零件表面质量的一项重要指标。它对零件的配合、耐磨性、腐蚀性、密封性和外观都有影响。因此，应该在零件图上注明零件在加工后应该达到的表面结构要求。

(1) 表面结构的基本概念（GB/T 3505—2009）

不论采用何种加工方法所获得的零件实际表面，都不是绝对平整和光滑的，如图 8-18 所示用一个指定平面与实际表面相交得到轮廓称为表面轮廓，这种由凹凸不平的峰谷构成的表面轮廓可用原始轮廓（*P* 轮廓）、粗糙度轮廓（*R* 轮廓）和波纹度轮廓（*W* 轮廓）来描述。

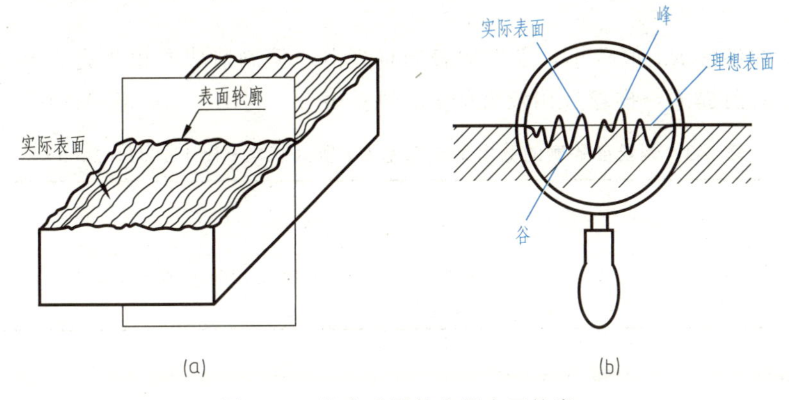

图 8-18 放大后零件实际表面轮廓

① 粗糙度轮廓。粗糙度轮廓是忽略了较大间距表面不平度，而仅考虑表面轮廓中具有较小间距和峰谷所组成的微观几何形状特征。它主要是由于在加工过程中刀具在零件表面上留下的刀痕、切削时金属表面的塑性变形和机床振动等因素的影响，使得零件表面存在微观凹凸不平的几何特性。它是评定粗糙度轮廓参数的基础。

② 波纹度轮廓。波纹度轮廓是忽略了微观的凹凸不平的几何特性（即忽略了粗糙度轮廓），仅考虑表面轮廓中不平度间距比粗糙度大得多的那部分轮廓。它是评定波纹度轮廓参数的基础。

③ 原始轮廓。原始轮廓是忽略粗糙度轮廓和波纹度轮廓之后的总的轮廓。它具有宏观几何形状特性，如零件表面不平、圆截面不圆等。它是评定原始轮廓参数的基础。

零件的表面结构特性可通过粗糙度、波纹度和原始轮廓的一系列参数进行表征，是评定表面质量和保证其表面功能的重要技术指标。

(2) 评定表面结构的参数（GB/T 3505—2009）

GB/T 3505—2009《产品几何技术规范（GPS）表面结构轮廓法术语、定义及表面结构参数》中规定了评定零件表面结构的三组轮廓参数：*R* 轮廓（粗糙度轮廓）参数、*W* 轮廓（波纹度轮廓）参数、*P* 轮廓（原始轮廓）参数。

表面结构的参数值要根据零件表面功能分别选用，粗糙度轮廓参数是评定零件表面质量的一项重要指标，它对零件的配合性质、强度、耐磨性、抗腐蚀性、密封性等影响很大。因此，此处主要介绍生产中常用的评定粗糙度轮廓（*R* 轮廓）的两个主要参数：轮廓的算术平均偏差 *Ra* 和轮廓的最大高度 *Rz*（*Ra* 和 *Rz* 为表面结构参数代号，由一个大写字母和一小写字母组成，写成斜体）。

① 轮廓的算术平均偏差（*Ra*）：在一个取样长度 *l* 内，纵坐标 *Y* 绝对值的算术平均值（图 8-19）。

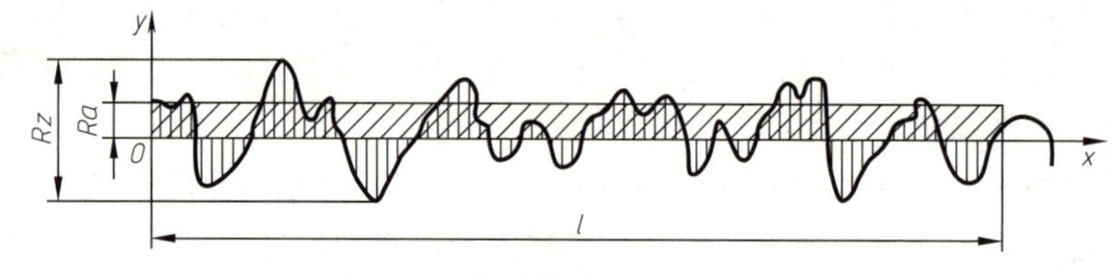

图 8-19　轮廓算术平均偏差 *Ra*

② 轮廓最大高度（*Rz*）：在一个取样长度内，最大轮廓峰高和最大轮廓谷深之和的高度（图 8-19）。

粗糙度轮廓参数 *Ra* 值越小，零件的表面越光滑，但制造成本也越高。一般情况下，在满足使用要求的前提下，推荐选用较大的 *Ra* 值。表 8-3 列出了 *Ra* 值的选用系列。

表 8-3　粗糙度轮廓的算术平均偏差 *Ra* 值（摘自 GB/T 1031—2009）　μm

Ra（优先系列）	0.012,0.025,0.050,0.10,0.20,0.40,0.80,1.60,3.2,6.3,12.5,25,50,100
Ra（补充系列）	0.008,0.010,0.020,0.032,0.040,0.063,0.080,0.125,0.160,0.25,0.32,0.050,0.063,1.00,1.25,2.00,2.5,4.0,5.0,8.0,10.0,16.0,20,32,40,63,80

（3）表面结构的图形符号（GB/T 131—2006）

GB/T 131—2006《产品几何技术规范（GPS）技术产品文件中表面结构的表示法》规定了表面结构的图形符号及其参数的注写，零件图中对表面结构的要求可用几种不同的图形符号表示，表面结构的图形符号及其含义如表 8-4 所示。

表 8-4　表面结构的图形符号及其含义

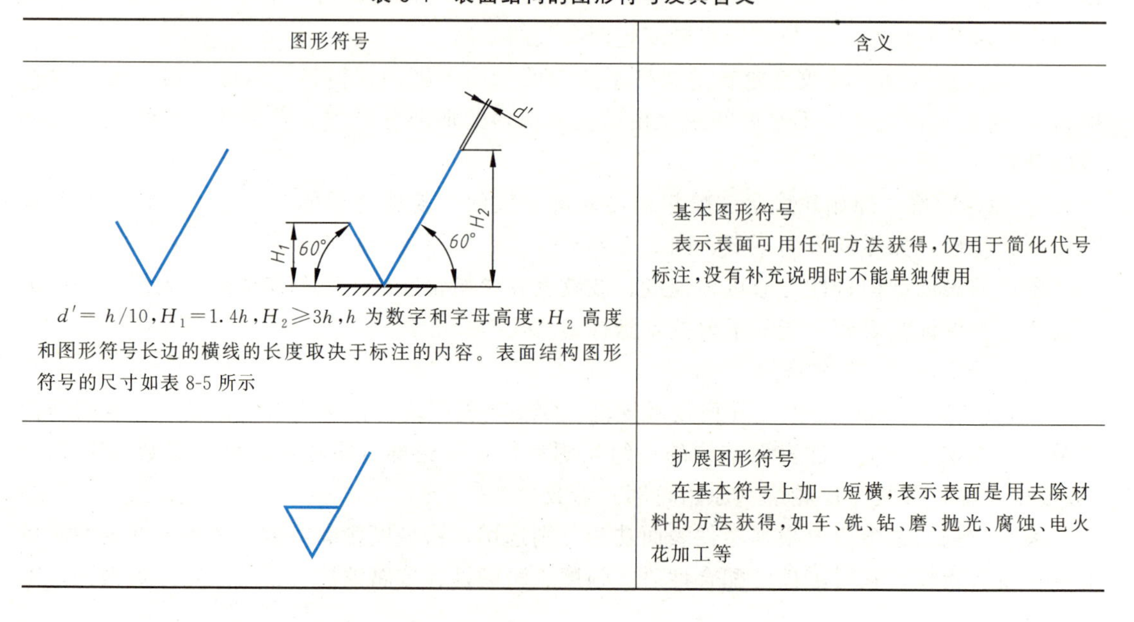

图形符号	含义
$d'=h/10$，$H_1=1.4h$，$H_2\geq 3h$，h 为数字和字母高度，H_2 高度和图形符号长边的横线的长度取决于标注的内容。表面结构图形符号的尺寸如表 8-5 所示	基本图形符号 表示表面可用任何方法获得，仅用于简化代号标注，没有补充说明时不能单独使用
	扩展图形符号 在基本符号上加一短横，表示表面是用去除材料的方法获得，如车、铣、钻、磨、抛光、腐蚀、电火花加工等

续表

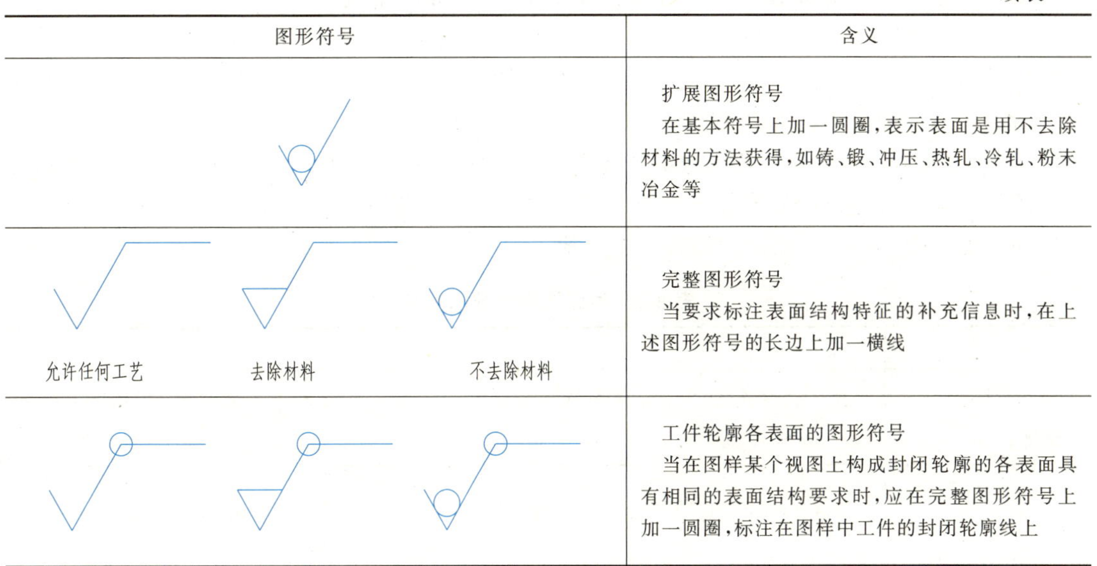

图形符号	含义
	扩展图形符号 在基本符号上加一圆圈，表示表面是用不去除材料的方法获得，如铸、锻、冲压、热轧、冷轧、粉末冶金等
允许任何工艺　去除材料　不去除材料	完整图形符号 当要求标注表面结构特征的补充信息时，在上述图形符号的长边上加一横线
	工件轮廓各表面的图形符号 当在图样某个视图上构成封闭轮廓的各表面具有相同的表面结构要求时，应在完整图形符号上加一圆圈，标注在图样中工件的封闭轮廓线上

表 8-5　表面结构图形符号的尺寸　μm

数字和字母高度 h	2.5	3.5	5	7	10	14	20
符号线宽 d' 字母线宽 d	0.25	0.35	0.5	0.7	1	1.4	2
高度 H_1	3.5	5	7	10	14	20	28
高度 H_2（最小值）①	7.5	10.5	15	21	30	42	60

① H_2取决于标注内容。

(4) 表面结构代号（GB/T 131—2006）

表面结构代号由完整图形符号、参数代号（如 Ra、Rz）和参数值（极限值）组成，为了明确表面结构要求，必要时还应在图形符号的适当位置上标注补充要求，补充要求包括传输带或取样长度、加工工艺、表面纹理及方向、加工余量等，如图 8-20 所示。

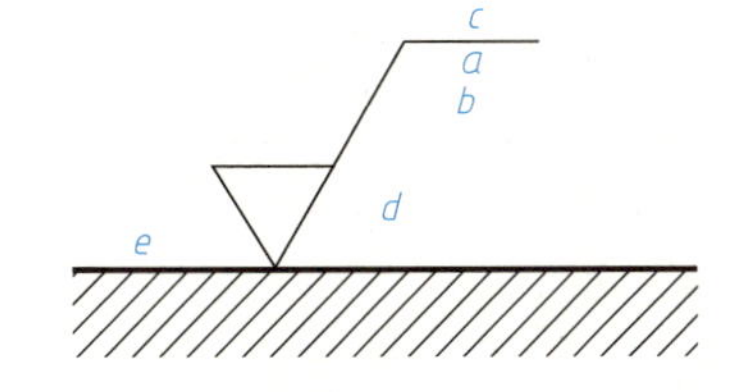

位置 a — 注写表面结构的单一要求
位置 a 和 b — 注写两个或多个表面结构要求
位置 c — 注写加工方法
位置 d — 注写表面纹理和方向
位置 e — 注写加工余量

图 8-20　表面结构参数补充要求的注写位置

(5) 表面结构参数的含义

表面结构要求中给定的参数极限值的判断规则有两种。

① 16%规则：当参数的规定值为上限值时，如果所选参数在同一评定长度上的全部实测值中，大于图样或技术产品文件中规定值的个数不超过实测值总数的 16%，则该表面合格。当参数的规定值为下限值时，如果所选参数在同一评定长度上的全部实测值中，小于图样或技术产品文件中规定值的个数不超过实测值总数的 16%，则该表面合格。16%规则是所有表面结构要求标注的默认规则。

指明参数的上、下限值时，所用参数符号没有“max”标记。

当只标注参数代号、参数值时，默认为参数的单向上限值；若为参数的单向下限值时，参数代号前应加 L。若要表示双向极限时，上极限在上方，参数代号前加注 U；下极限在下方，参数代号前加注 L，如表 8-6 所示。

② 最大规则：检验时，若参数的规定值为最大值，则在被检表面的全部区域内测得的参数值一个也不应超过图样或技术产品文件中的规定值。若规定参数的最大值，应在参数符号后面增加一个“max”标记，如表 8-6 所示。

表 8-6　表面结构参数的含义

代号	含　义
Ra 12.5	16%规则(默认)。表示不允许去除材料，粗糙度轮廓算数平均偏差 *Ra* 的单项上限值为 12.5μm
Ra 3.2	16%规则(默认)。表示去除材料，粗糙度轮廓算数平均偏差 *Ra* 的单项上限值为 3.2μm
U Ra3.2 L Ra 1.6	16%规则(默认)。表示去除材料，双项极限值，粗糙度轮廓算数平均偏差 *Ra* 的上限值为 3.2μm，下限值为 1.6μm
Ra max3.2	最大规则。表示去除材料，单项最大值，粗糙度轮廓算数平均偏差最大值为 3.2μm
Rz 6.3	16%规则(默认)。表示去除材料，粗糙度轮廓最大高度 *Rz* 的单项上限值为 6.3μm

(6) 表面结构要求在图样中的表示法（表 8-7）

表 8-7　表面结构要求在图样中的表示法

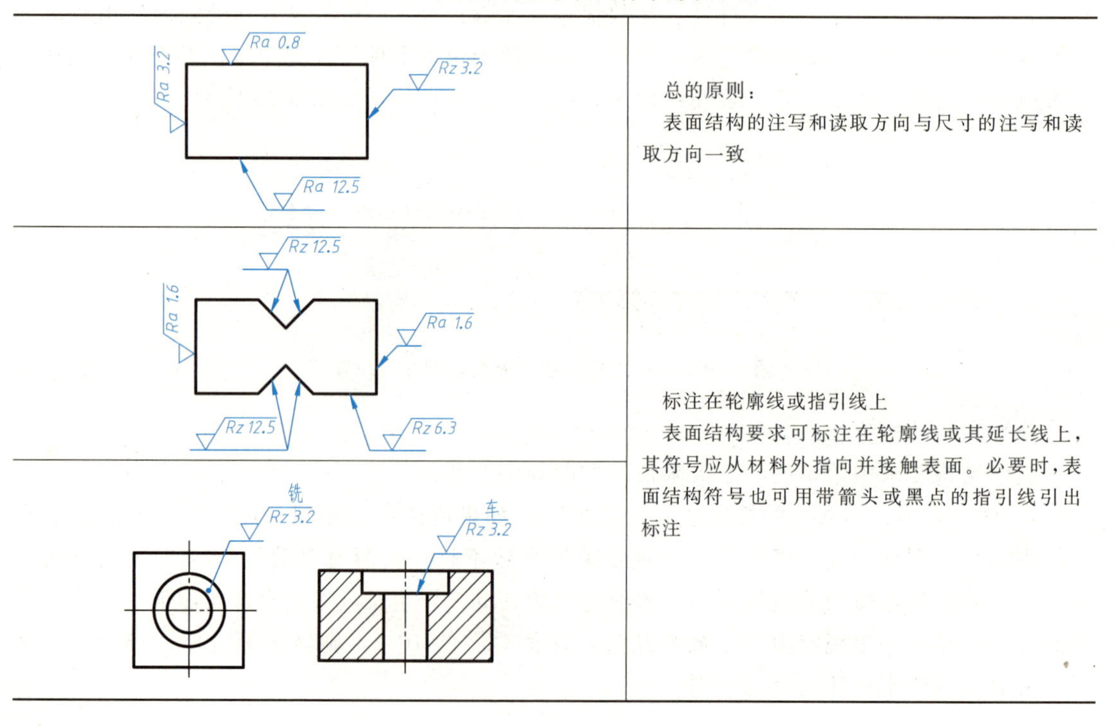

图例	说明
	总的原则： 表面结构的注写和读取方向与尺寸的注写和读取方向一致
	标注在轮廓线或指引线上 表面结构要求可标注在轮廓线或其延长线上，其符号应从材料外指向并接触表面。必要时，表面结构符号也可用带箭头或黑点的指引线引出标注

续表

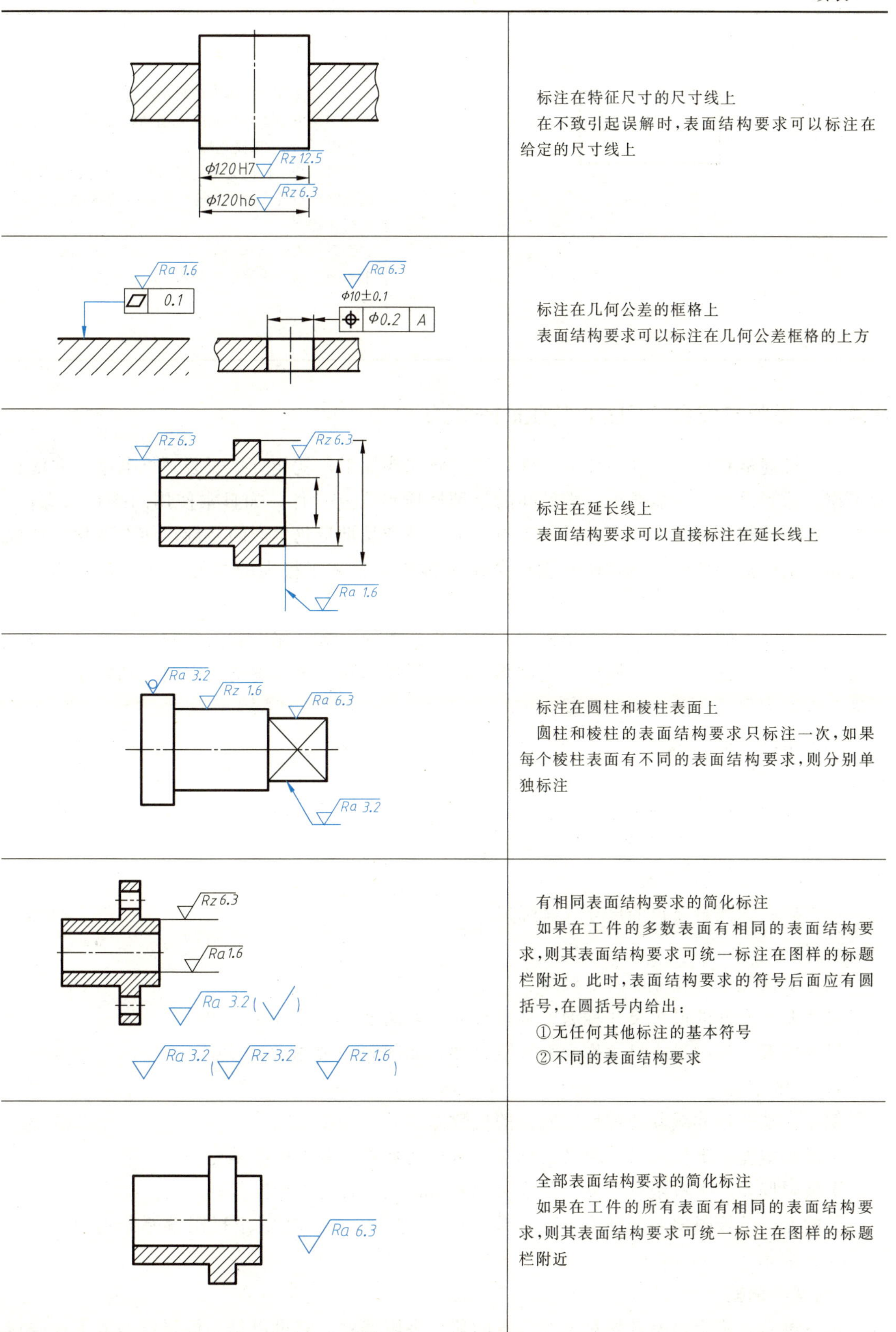

标注在特征尺寸的尺寸线上

在不致引起误解时，表面结构要求可以标注在给定的尺寸线上

标注在几何公差的框格上

表面结构要求可以标注在几何公差框格的上方

标注在延长线上

表面结构要求可以直接标注在延长线上

标注在圆柱和棱柱表面上

圆柱和棱柱的表面结构要求只标注一次，如果每个棱柱表面有不同的表面结构要求，则分别单独标注

有相同表面结构要求的简化标注

如果在工件的多数表面有相同的表面结构要求，则其表面结构要求可统一标注在图样的标题栏附近。此时，表面结构要求的符号后面应有圆括号，在圆括号内给出：

①无任何其他标注的基本符号

②不同的表面结构要求

全部表面结构要求的简化标注

如果在工件的所有表面有相同的表面结构要求，则其表面结构要求可统一标注在图样的标题栏附近

续表

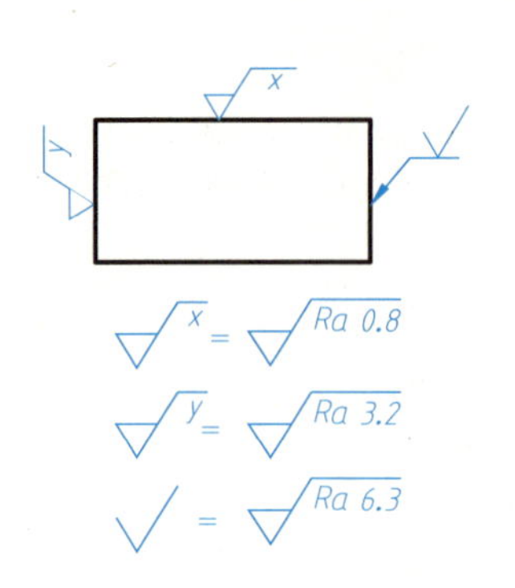	多个表面有共同要求的简化注法 当多个表面具有相同的表面结构要求或图纸空间有限时，可采用简化标注 ①可用带字母的完整符号，以等式形式，在图形或标题栏附近，对有相同表面结构要求的表面进行简化标注 ②只用表面结构符号，以等式的形式给出对多个表面共同的表面结构要求

8.4.2 极限与配合（GB/T 1800.1—2009）

在一批规格相同的零件中任取一件，不经修配或加工，就能直接安装到机器中，并能正常工作，达到设计的性能要求，零件间的这种性质称为互换性。如日常使用的螺钉、螺母、灯泡和灯头等都具有互换性。零件的互换性是机械产品批量化生产的基础，使专业化生产成为可能，从而提高劳动效率，给机器的装配和维修都带来了极大的方便，具有很大的经济效益。

在零件加工的过程中，由于受机床、刀具等因素的影响，完工后的实际尺寸总存在一定的误差。为了保证零件的互换性，允许零件的实际尺寸在一个合理的范围内变动，这个尺寸变动范围称为尺寸公差，简称公差。

(1) 基本术语

1）公称尺寸

由图样规范确定的理想形状要素的尺寸，是在设计时根据零件的强度、刚度和结构要求确定的尺寸，如图 8-21 中孔 $\phi30^{+0.028}_{+0.007}$ 的 $\phi30$。

2）实际（组成）要素

加工后实际测量获得的尺寸（实际尺寸）。

3）极限尺寸

尺寸要素允许的尺寸的两个极端。

尺寸要素允许的最大尺寸称为上极限尺寸，如图 8-21 中孔 $\phi30.028$。

尺寸要素允许的最小尺寸称为下极限尺寸，如图 8-21 中孔 $\phi30.007$。

4）极限偏差

偏差：某一尺寸减其公称尺寸所得的代数差。

上极限偏差：上极限尺寸减其公称尺寸所得代数差称为上极限偏差。

下极限偏差：下极限尺寸减其公称尺寸所得代数差称为下极限偏差。

孔的上、下极限偏差分别用大写字母 ES、EI 表示，轴的上、下极限偏差分别用小写字母 es、ei 表示。

5）基本偏差

基本偏差是确定公差带相对零线位置的那个极限偏差。它可以是上极限偏差或下极限偏差，一般为靠近零线的那个偏差，如图 8-22 所示，孔的下极限偏差和轴的上极限偏差靠近零线，是基本偏差。

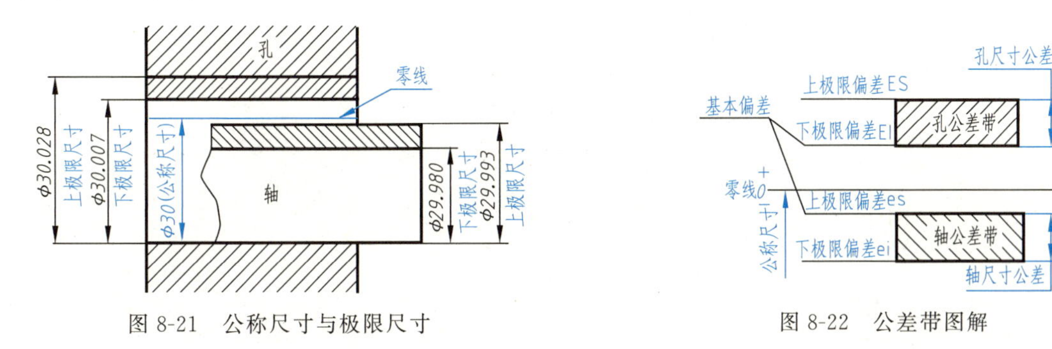

图 8-21　公称尺寸与极限尺寸

图 8-22　公差带图解

6）尺寸公差（简称公差）

上极限尺寸减下极限尺寸之差，或上极限偏差减下极限偏差之差，它是尺寸允许的变动量。尺寸公差恒为正值。

7）标准公差

由国家标准 GB/T 1800.1—2009《产品几何技术规范（GPS）极限与配合第 1 部分：公差、偏差和配合的基础》所规定的任一公差。标准公差数值由公称尺寸和标准公差等级所确定，可在国家标准（GB/T 1800.1—2009）中查出，见附表 5-1。

标准公差等级是确定尺寸精度的等级，标准公差等级代号用符号 IT（“国际公差”的符号）和数字组成，例如 IT7。国家标准在公称尺寸 0～500mm 内规定了 IT01、IT0、IT1～IT18 共 20 个标准公差等级；公称大于 500～3150mm 内规定了 IT1～IT18 共 18 个标准公差等级，从 IT01～IT18 精度等级依次降低。同一公差等级对所有公称尺寸被认为具有同等精确程度。

8）零线、公差带

零线：在公差带图解中，表示公称尺寸的一条直线，以其为基准确定偏差和公差。通常零线沿水平方向绘制，正偏差位于其上，负偏差位于其下，如图 8-22 所示。

公差带：在公差带图解中，由代表上极限偏差和下极限偏差或上极限尺寸和下极限尺寸的两条直线所限定的一个区域。如图 8-23 所示，公差带是由公差大小和其相对零线位置来确定的，公差大小由标准公差确定，而公差带相对零线位置则由基本偏差确定。

国家标准根据不同的使用要求，对孔和轴分别规定了 28 个基本偏差。孔的基本偏差代号用大写的拉丁字母表示，轴的基本偏差代号用小写的拉丁字母表示。从图 8-23 基本偏差系列示意图中可以看出，孔的基本偏差从 A～H 为下极限偏差，从 K～ZC 为上极限偏差；轴的基本偏差从 a～h 为上极限偏差，从 k～zc 为下极限偏差；H、h 的基本偏差为零，其他基本偏差的数值可查国家标准 GB/T 1800.1—2009；JS 和 js 没有基本偏差，其公差带对称分布于零线两侧，分别是 IT/2、－IT/2。

基本偏差系列图中的基本偏差值表示公差带的各个位置，另一端是开口的，开口的方向表示公差带延伸的方向，它的大小由标准公差决定。

9）公差带代号

孔和轴公差带代号由基本偏差代号和标准公差等级代号组成，如 H7、g7 等。在零件图中尺寸公差表示如下。

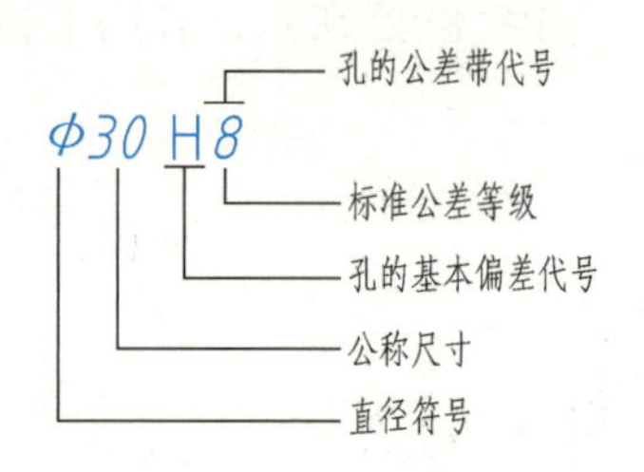

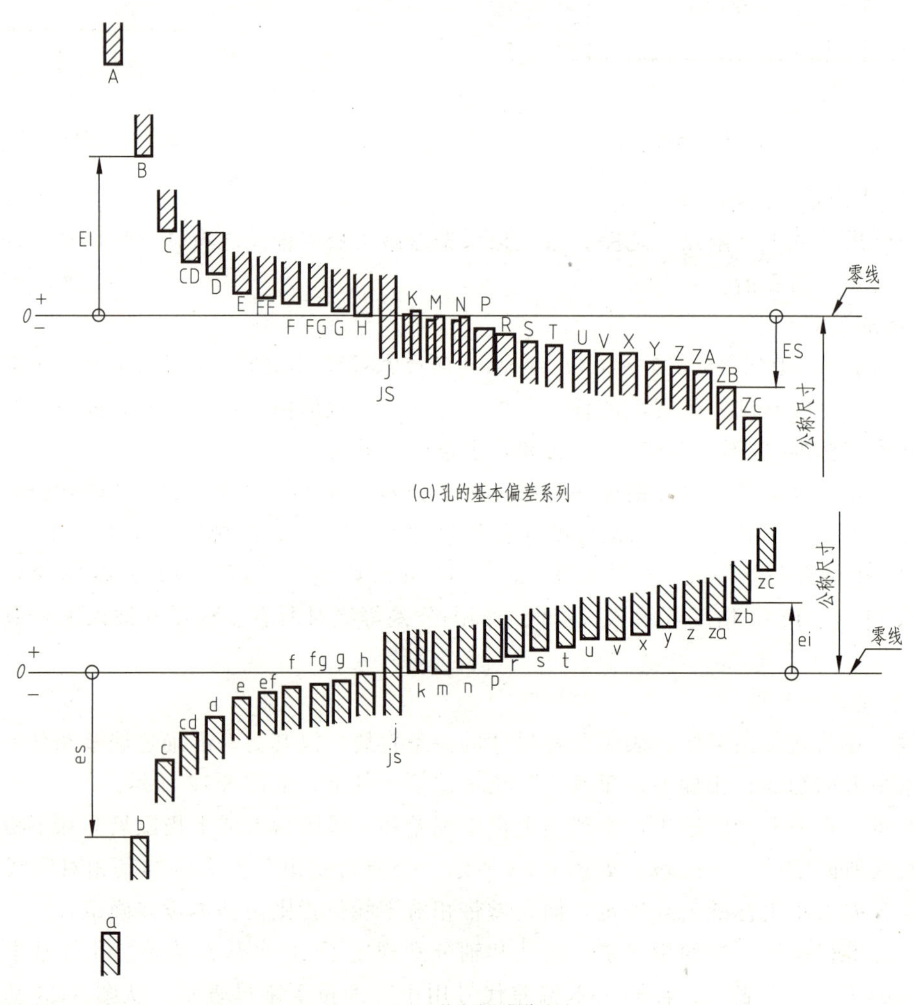

图 8-23 孔和轴的基本偏差系列

当孔或轴的基本尺寸和公差等级确定以后，可在附表 5-2、附表 5-3 中查得孔或轴的上、下偏差数值。

(2) 配合

基本尺寸相同并且相互结合的孔和轴公差带之间的关系称为配合。轴通常指工件的圆柱形外尺寸要素，也包括非圆柱形的外尺寸要素（由两平行平面或切面形成的被包容面）；孔通常指工件的圆柱形内尺寸要素，也包括非圆柱形的内尺寸要素（由两平行平面或切面形成的包容面）。

1）配合种类

由于孔和轴的实际尺寸不同，装配后可能产生“间隙”和“过盈”，在孔与轴的配合中，孔的尺寸减去相配合的轴的尺寸之差为正时称为间隙，为负时称为过盈。根据不同的工作要求，轴和孔之间的配合分为三类。

① 间隙配合：具有间隙（包括最小间隙等于零）的配合。此时孔的公差带在轴的公差带之上，如图 8-24 所示。

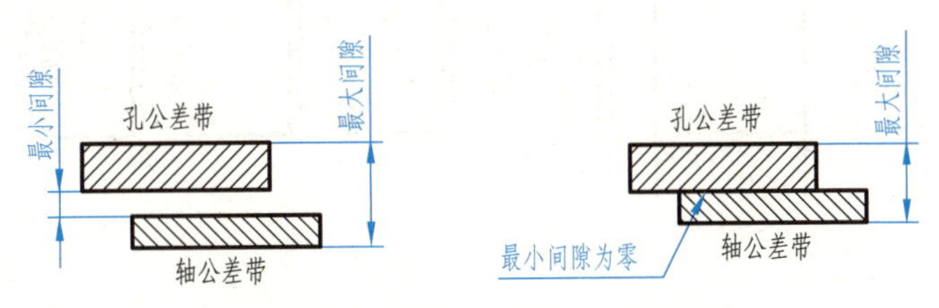

图 8-24 间隙配合孔和轴公差带关系

② 过盈配合：具有过盈（包括最小过盈等于零）的配合。此时孔的公差带在轴的公差带之下，如图 8-25 所示。

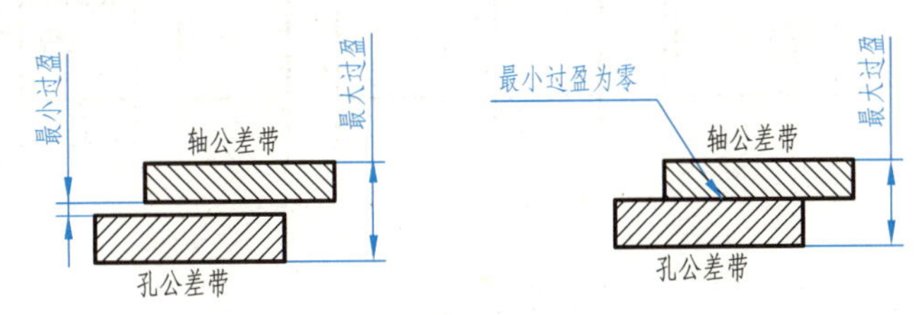

图 8-25 过盈配合孔和轴公差带关系

③ 过渡配合：可能具有间隙或过盈的配合，此时，孔的公差带和轴的公差带相互交叠，如图 8-26 所示。

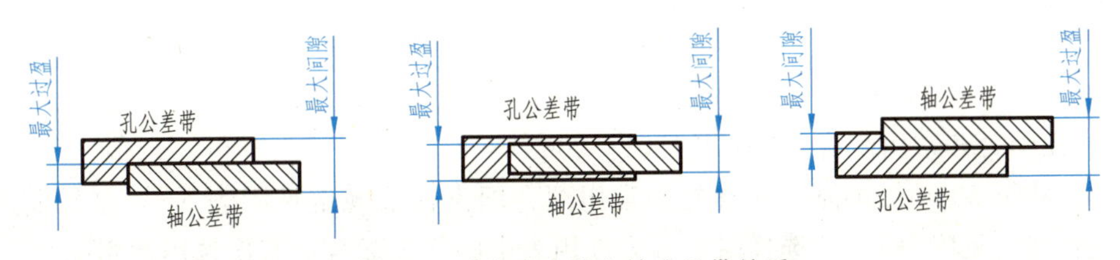

图 8-26 过渡配合孔和轴公差带关系

2）配合制

同一极限制的孔和轴组成的一种配合制度。

当基本尺寸确定后，为了得到孔和轴之间不同性质的配合，需要制定其公差带，如果孔和轴都可以任意变动，则配合情况变化极多，不便于零件的设计和制造。因此，国家标准对配合规定了两种常用的基准制：基孔制和基轴制。

① 基孔制　基本偏差为一定的孔的公差带，与不同基本偏差的轴的公差带形成各种配合的一种制度，是孔的下极限尺寸与公称尺寸相等、孔的下极限偏差为零的一种配合制，如图 8-27（a）所示。基孔制的孔称为基准孔，其基本偏差代号为“H”。

② 基轴制　基本偏差为一定的轴的公差带，与不同基本偏差的孔的公差带形成各种配合的一种制度，是轴的上极限尺寸与公称尺寸相等、轴的上极限偏差为零的一种配合制，如

图 8-27（b）所示。基轴制的轴称为基准轴，其基本偏差代号为“h”。

在一般情况下，优先选用基孔制配合。如有特殊需求，允许将任一孔、轴公差带组成配合。

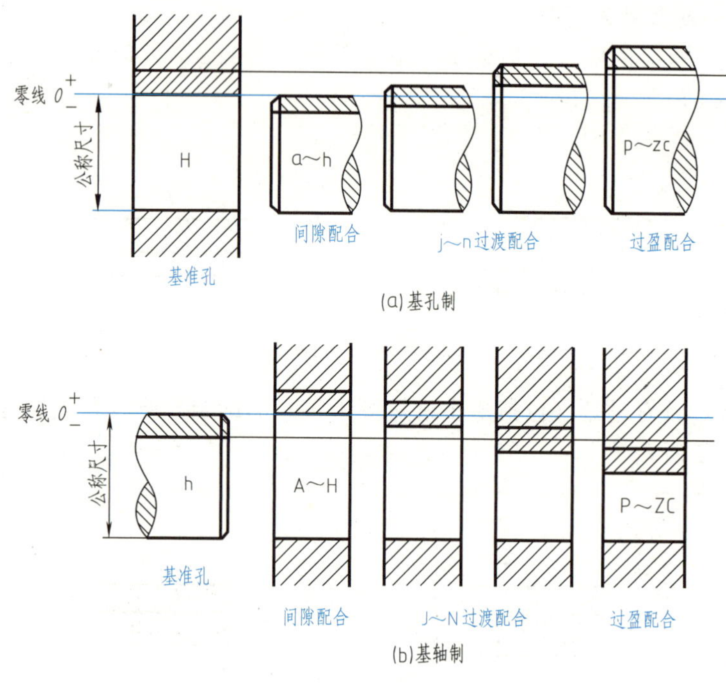

图 8-27 基准制

3）配合代号

配合采用相同的公称尺寸后面标注孔、轴公差带的形式表示。孔、轴公差带写成分数形式，分子为孔公差带，分母为轴公差带。例如：

$$\phi 30\ \frac{H8}{f7} \text{或}\ \phi 30H8/f7$$

4）优先配合和常用配合（GB/T 1801—2009）

公称尺寸至 500mm 的基孔制优先和常用配合国家标准规定见附表 5-6，基轴制的优先和常用配合规定见附表 5-7。选择时，首先选用表中的优先配合，其次选用常用配合。

公称尺寸大于 500～3150mm 的配合一般采用基孔制的同级配合。

(3) 极限与配合在图上的标注（GB/T GB 4458.5—2003）

1）极限在零件图中的标注

在零件图中标注尺寸公差，可用以下三种形式中的一种进行标注（图 8-28）：

① 在基本尺寸后标注公差带代号；

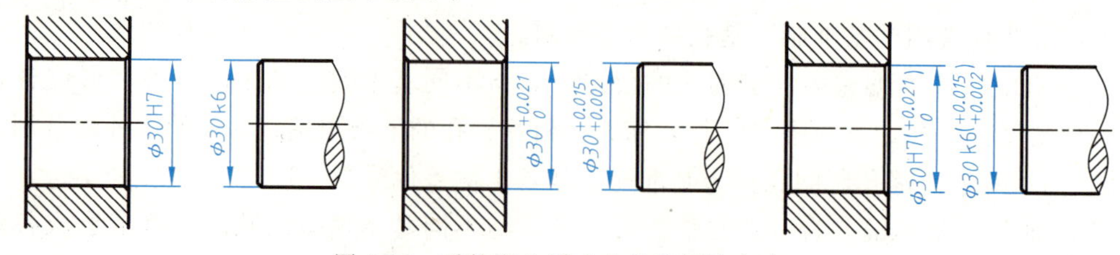

图 8-28 零件图上尺寸公差的标注方法

② 在基本尺寸后标注极限偏差值；

③ 在基本尺寸后既标注公差带代号，又标注极限偏差值。

2）配合在装配图中的标注

在装配图中配合代号用分式表示，分子表示孔的公差带代号，分母表示轴的公差带代号，如图 8-29（a）、（b）所示。

当设计机器时，滚动轴承属于外购件，是由专门工厂生产的标准部件，因此与滚动轴承内圈相配的轴，采用基孔制，只注轴公差带代号，而与外圈相配的外壳孔，采用基轴制，只注孔的公差带代号，如图 8-29（c）所示。

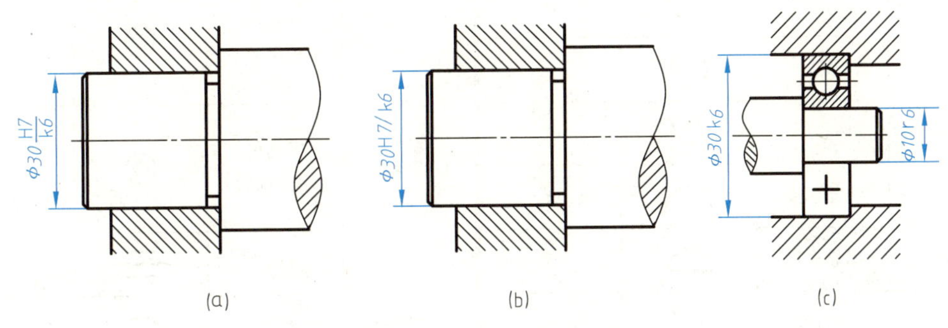

图 8-29 配合代号在装配图中的标注

3）标注尺寸公差时应注意的问题

① 上、下极限偏差的字高比尺寸数字小一号，且下极限偏差与尺寸数字在同一水平线上。

② 当公差带相对于公称尺寸对称时，可采用“±”加偏差的绝对值来表示，如 $\phi30\pm0.016$。

③ 上、下极限偏差的小数位必须相同、对齐，当上极限偏差或下极限偏差为零时，只用数字“0”标出。

8.4.3 几何公差（GB/T 1182—2018）

（1）几何公差的基本概念

零件的加工过程中，由于加工中出现的变形和机床、刀具、夹具系统中存在的几何误差等原因，从而使得零件加工后，不但会产生尺寸误差，而且会产生几何误差。几何公差是实际（形状和位置）要素对公称（形状和位置）要素所允许的变动量。要素是指工件上的特定部分，如点、线或面，这些要素可以是组成要素（如圆柱体的外表面），也可以是导出要素（如中心线或中心面）。

机器中某些精确度较高的零件，不仅需要保证其尺寸公差，而且还要保证其几何公差。对于一般零件来说，它的几何公差可由尺寸公差、加工机床的精度等来保证。对精度要求较高的零件，则根据设计要求，需要在零件图上注出有关的几何公差。

（2）几何公差的几何特征和符号

1）几何公差的类型

国家标准中规定了几何公差的类型、几何特征符号，见表 8-8。

2）几何公差的组成

几何公差规范标注的组成包括公差框格，可选的辅助平面和要素标注以及可选的相邻标

注（补充标注），见图 8-30（a）。几何公差规范应使用参照线与指引线相连。如果没有可选的辅助平面或要素标注，参照线与公差框格的左侧或右侧中点相连。如果有可选的辅助平面或要素标注，参照线应与公差框格的左侧中点或最后一个辅助平面和要素框格的右侧中点相连。

表 8-8 几何特征符号

公差类型	几何特征	符号	有无基准
形状公差	直线度	—	无
	平面度	⏥	无
	圆度	○	无
	圆柱度	⌭	无
	线轮廓度	⌒	无
	面轮廓度	⌓	无
方向公差	平行度	∥	有
	垂直度	⊥	有
	倾斜度	∠	有
	线轮廓度	⌒	有
	面轮廓度	⌓	有
位置公差	位置度	⌖	有或无
	同心度（用于中心点）	◎	有
	同轴度（用于轴线）	◎	有
	对称度	⌯	有
	线轮廓度	⌒	有
	面轮廓度	⌓	有
跳动公差	圆跳动	↗	有
	全跳动	⌰	有

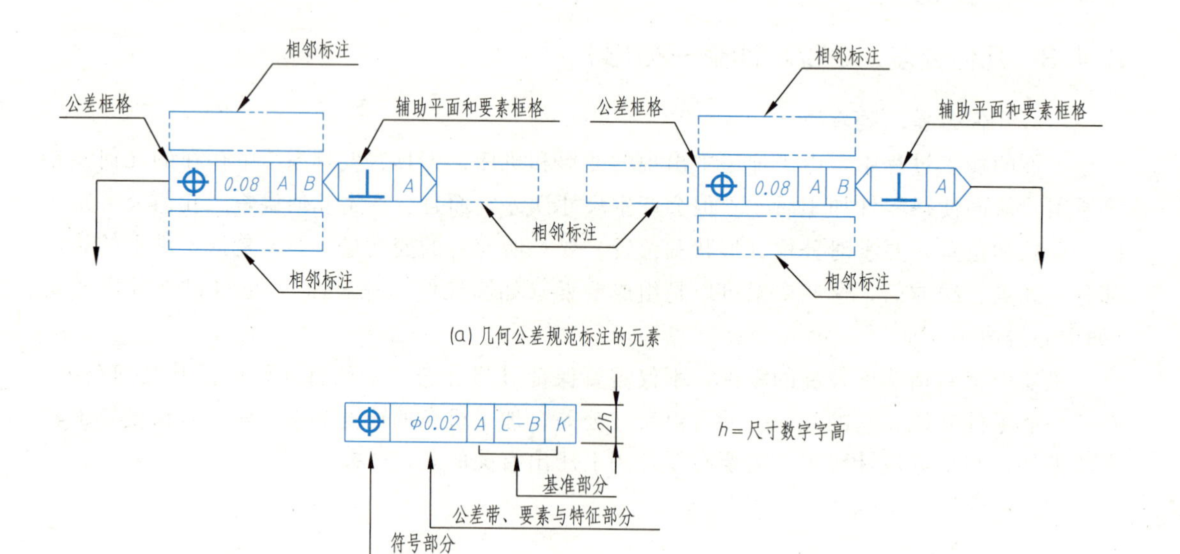

(a) 几何公差规范标注的元素

(b) 公差框格

图 8-30 几何公差的组成

3）公差框格

公差要求应标注在划分成两个部分或三个部分的矩形框格内。第三个部分可选的基准部分可包含一至三格。如图 8-30（b）所示，这些部分自左向右顺序排列如下。

① 符号部分：应包含几何特征符号。

② 公差带、要素与特征部分：公差值应以线性尺寸所使用的单位给出。如果被测要素是线要素或点要素且公差是圆形、圆柱形，或圆管形，公差值前面应标注符号“ϕ”；如果被测要素是点要素且公差带是球形，公差值前面应标注符号“$S\phi$”。

③ 基准部分：用以建立基准的表面通过一个位于基准符号内的大写字母来表示。当基准由单一要素表示时，该基准应在公差框格的第三格中用相应的大写拉丁字母标出；当公共基准由两个或多个要素表示时，该基准应在公差框格的第三格中用被短画线分开的两个或多个字母标出；当一个基准体系由两个或三个要素建立时，它们的基准代号字母应按各基准的优先顺序在公差框格的第三格到第五格中依次标出，序列中的第一个基准被称作“第一基准”，第二个被称作“第二基准”，第三个被称为“第三基准”。如图 8-30（b）所示。

4）基准

用来定义公差带的位置和（或）方向或用来定义实体状态的位置和（或）方向的一个（组）方位要素。与被测要素相关的基准符号用一个大写字母表示，字母标注在基准方格内，与一个涂黑或空白的三角形（涂黑或空白的基准三角形含义相同）相连以表示基准（见图 8-31）；框格高度一般为 2 倍字体高度，宽度与所标注内容相适应。

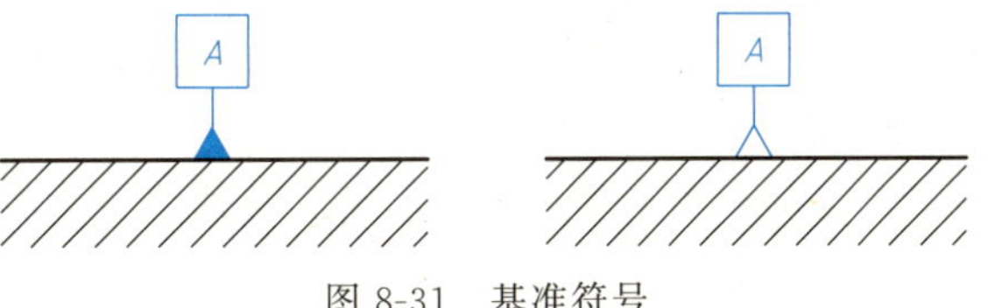

图 8-31　基准符号

(3) 几何公差在图上的标注

1）被测要素的标注

① 当几何公差规范指向组成要素时，该几何公差规范标注应当通过指引线与被测要素连接，并以下列方式之一终止。

a. 若指引线终止在要素的轮廓或其延长线上，则以箭头终止，如图 8-32（a）所示。

b. 当标注要素是组成要素且指引线终止在要素的界限以内，则以圆点终止，如图 8-32（b）所示。当该面要素可见时，此圆点是实心的，指引线为实线；当该面要素不可见时，这个圆点为空心，指引线为虚线。

c. 该箭头可放在指引线横线上，并使用指引线指向该面要素。

② 当几何公差规范适用于导出要素（中心线、中心面或中心点）时，应按如下方式之一进行标注。

a. 使用参照线与指引线进行标注，并用箭头终止在尺寸要素的尺寸延长线上，如图 8-32（c）所示。

b. 可将修饰符Ⓐ（中心要素）放置在回转体的公差框格内公差带、要素与特征部分。此时，指引线应与尺寸线对齐，可在组成要素上用圆点或箭头终止，如图 8-32（d）所示。

2）基准要素的标注

基准要素由基准代号表示，表示基准的字母应在公差框格内注明，无论基准要素在图中

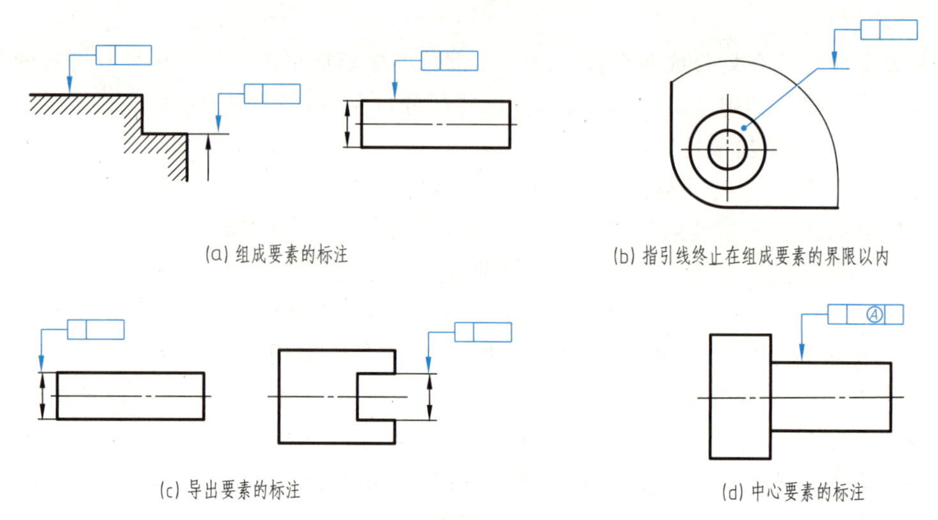
(a) 组成要素的标注

(b) 指引线终止在组成要素的界限以内

(c) 导出要素的标注

(d) 中心要素的标注

图 8-32 被测要素的标注

的方向如何变化，其方格中的字母一律水平书写。带基准字母的基准三角形应按如下规定放置。

① 当基准要素是一个球的球心时，基准三角与球的直径尺寸线对齐标注，如图 8-33 (a) 所示；当基准要素是一个圆的圆心时，基准三角与圆的直径尺寸线对齐标注，如图 8-33 (b) 所示。

② 当基准要素是尺寸要素确定的轴线、中心平面时，基准三角形应放置在该尺寸线的延长线上，如图 8-33 (c)、(d) 所示。

③ 当基准要素是一个零件的平面时，基准三角形可放置在该平面轮廓线或轮廓线的延长线上，如图 8-33 (e) 所示。

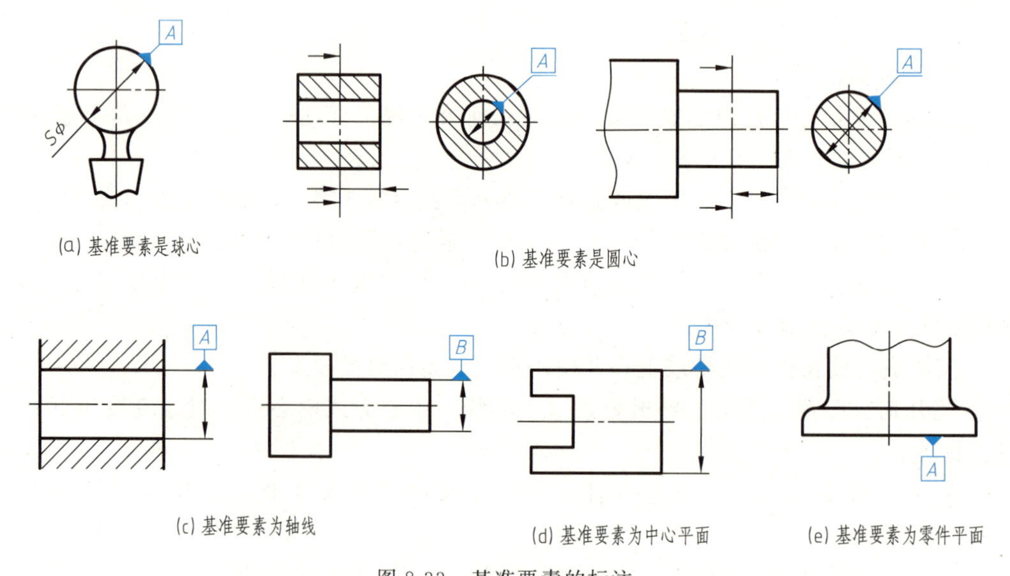

(a) 基准要素是球心

(b) 基准要素是圆心

(c) 基准要素为轴线

(d) 基准要素为中心平面

(e) 基准要素为零件平面

图 8-33 基准要素的标注

(4) 几何公差标注示例

表 8-9 列出了一些常见几何公差的标注示例及说明。

表 8-9 常见几何公差标注示例和说明

几何特征	示例	说明
直线度	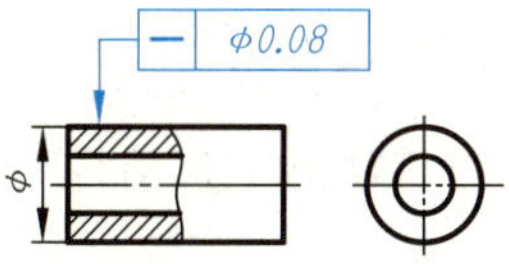	圆柱面的提取(实际)中心线应限定在直径等于 ϕ0.08 的圆柱面内
平面度	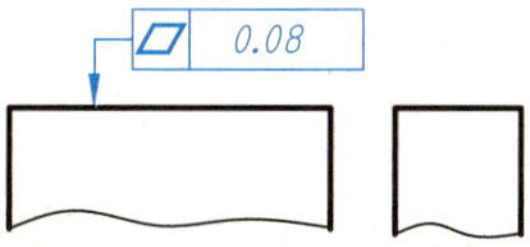	提取(实际)表面应限定在间距等于 0.08 的两平行面之间
圆度	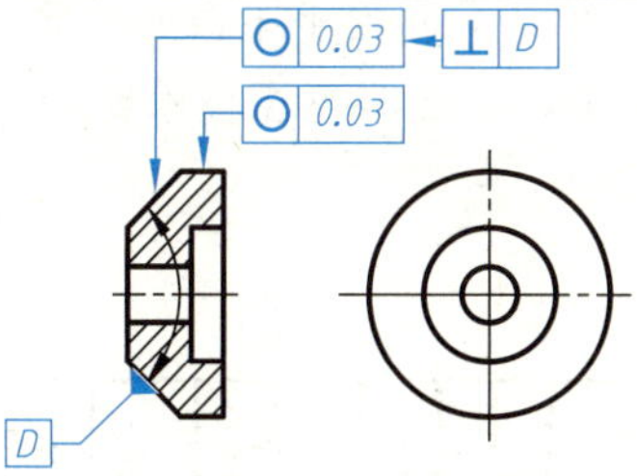	在圆柱面和圆锥面的任意横截面内,提取(实际)圆周应限定在半径差等于 0.03 的两共面同心圆之间
圆柱度	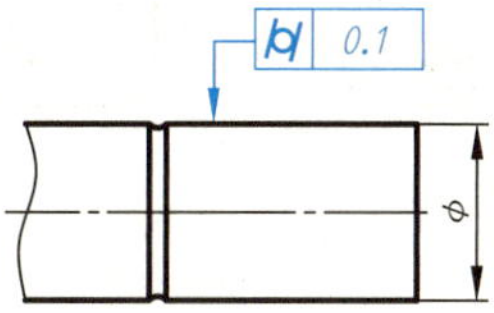	提取(实际)圆柱表面应限定在半径差等于 0.1 的两同轴圆柱面之间
平行度	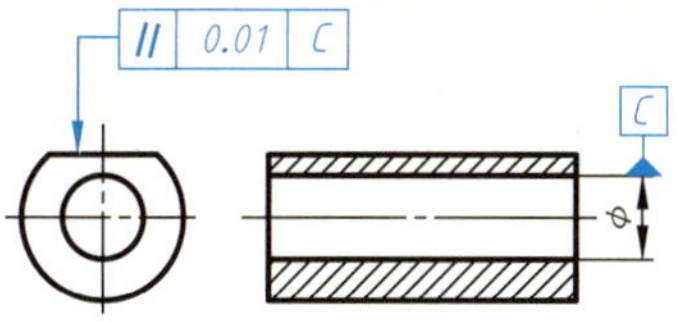	提取(实际)面应限定在间距等于 0.01、平行于基准轴线 C 的两平行平面之间
垂直度	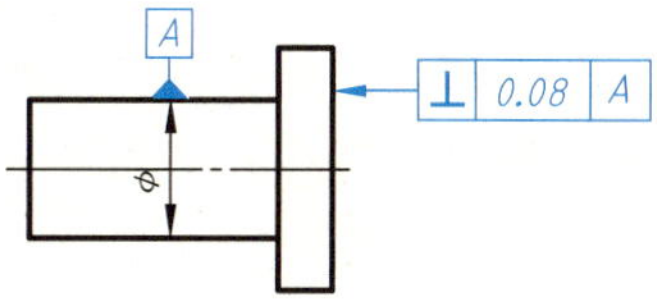	提取(实际)面应限定在间距等于 0.08 的两平行平面之间。该两平行平面垂直于基准轴线 A
同轴度	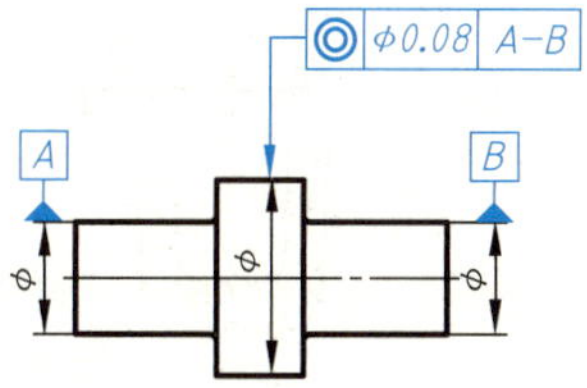	被测圆柱的提取(实际)中心线应限定在直径等于 ϕ0.08、以公共基准轴线 $A—B$ 为轴线的圆柱面内
对称度	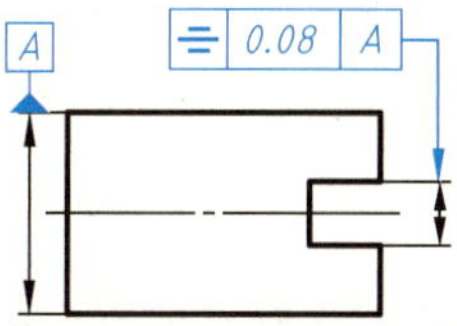	提取(实际)中心表面应限定在间距等于 0.08、对称于基准中心平面 A 的两平行平面之间

8.5 常见的零件工艺结构

零件的结构形状主要是由零件在机器中的功能决定的，但是制造、加工方法对零件的结构也有一定的要求，这种由加工工艺确定的零件结构称为零件的工艺结构。下面介绍一些常见的工艺结构，供绘图时参考。

8.5.1 铸造工艺结构

(1) 起模斜度（拔模斜度）

铸件造型时，为了便于取出木模，铸件的内、外壁沿起模方向应设计斜度，称为起模斜度。如图 8-34 所示。起模斜度的大小：木模常取 1°～3°；金属模手工造型时取 1°～2°，机械造型时取 0.5°～1°。起模斜度较小时在图中一般不画出，必要时可在技术要求中注明。

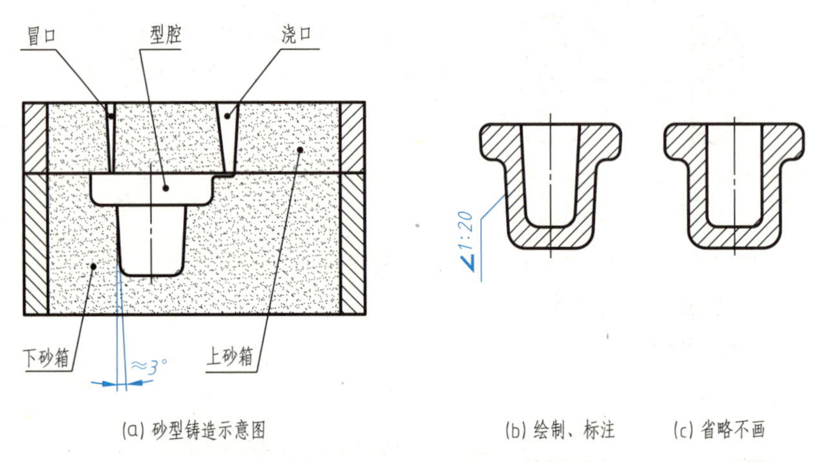

图 8-34 起模斜度

(2) 铸造圆角

为了避免砂型落砂和铸件在冷却时产生裂纹和缩孔，在铸件各表面相交处应做成圆角。若毛坯表面经过切削加工，则铸件圆角被削平，如图 8-35 所示。铸造圆角的半径一般取壁厚的 0.2～0.4，或查阅手册；同一铸件圆角半径的种类尽可能减少；圆角半径可在技术要求中统一注明。

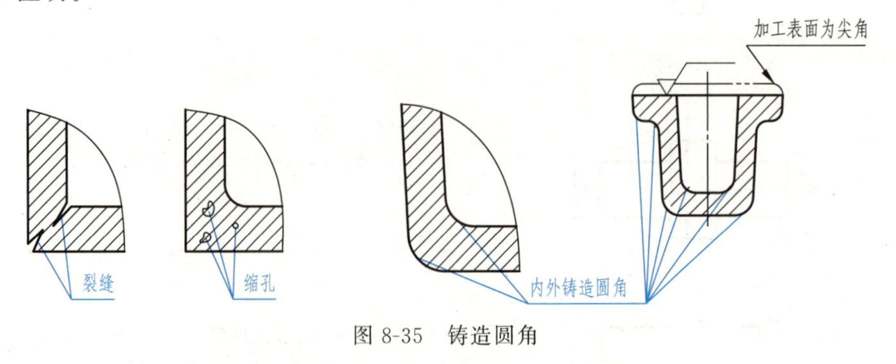

图 8-35 铸造圆角

(3) 铸件壁厚

铸造零件毛坯时，为了避免浇注后零件各部分因冷却速度不同而产生裂纹或缩孔，铸件的壁厚应均匀或逐渐过渡变化，以避免壁厚突变或局部肥大的不匀现象，如图 8-36 所示。

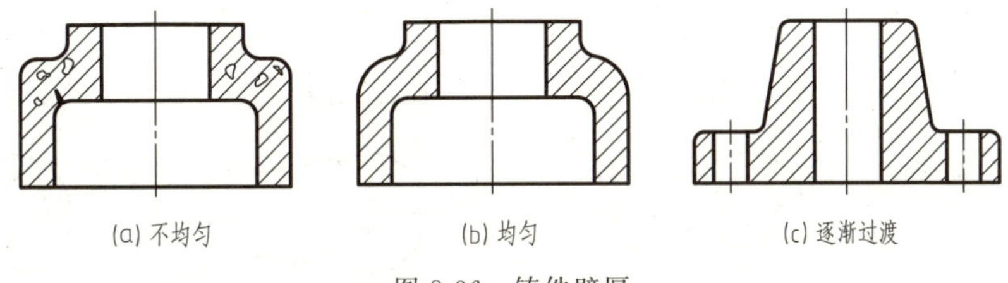

图 8-36 铸件壁厚

(4) 过渡线

由于铸造圆角、起模斜度等影响，铸件表面的相贯线变得不太明显，这种线称为过渡线。过渡线的画法与相贯线相同，只是其端点处不与圆角轮廓线接触，即过渡线只画到理论交点处，且线型为细实线。常见铸件的过渡线画法如下。

① 当两曲面相交时，过渡线不应与圆角轮廓接触，如图 8-37（a）所示；

② 当平面与平面相交或平面与曲面相交时，应在转角处断开，并加画过渡圆弧，如图 8-37（b）所示；

③ 当平面、曲面与曲面相交相切时，相切处不画切线，加画过渡圆角，曲面与曲面的素线相切处，过渡线断开，要准确画出平面、曲面与曲面交线的分界点，如图 8-37（c）所示。

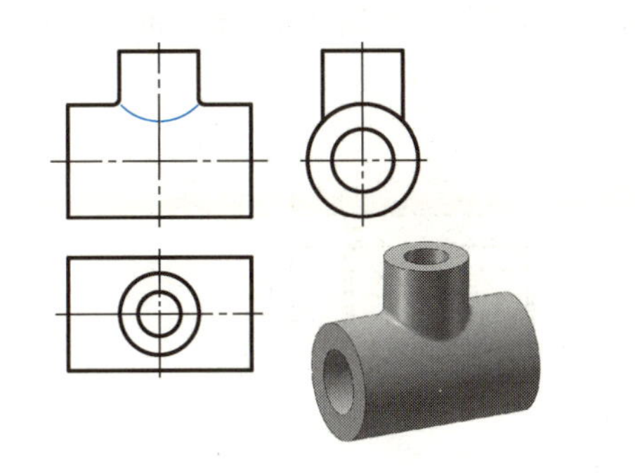
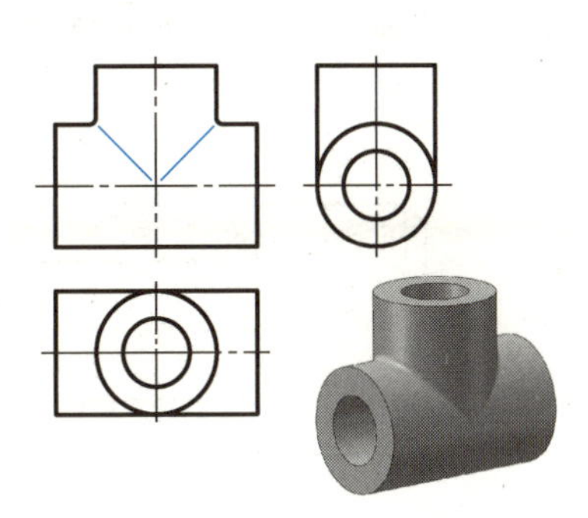

(a)

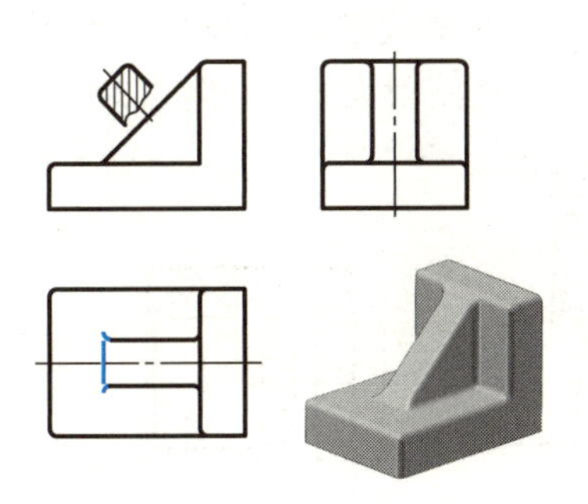
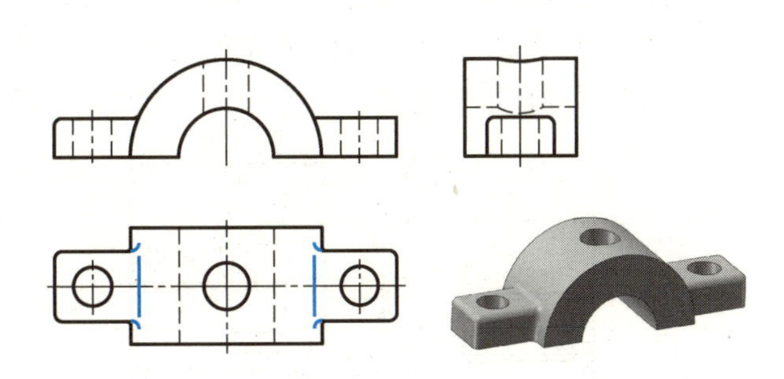

(b)

图 8-37

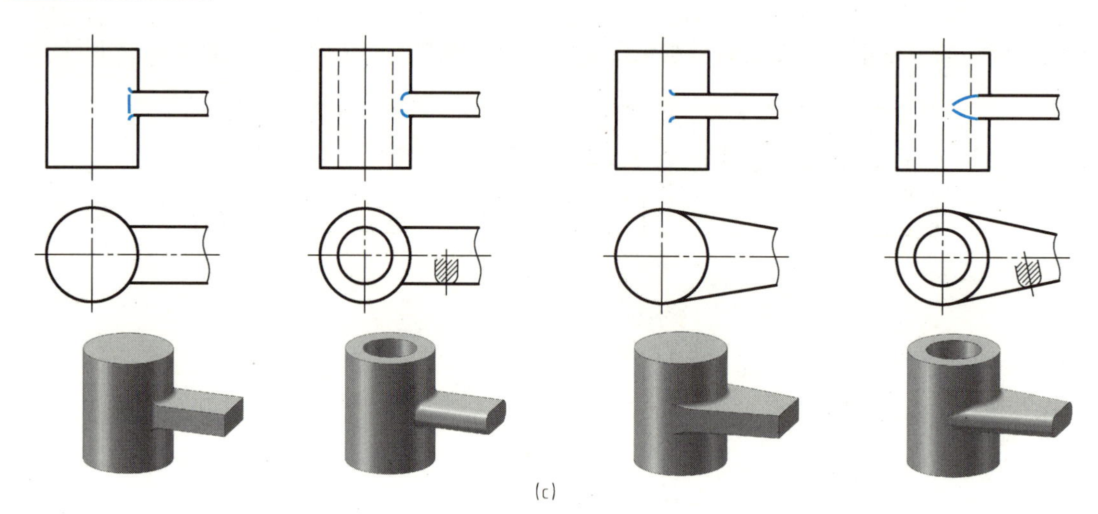

图 8-37 过渡线

8.5.2 机械加工工艺结构

(1) 倒角和倒圆

为了去除零件加工表面转角处的毛刺、锐边，以便于安装和操作安全，在轴、孔的端部一般都用锥顶角为 45°的圆锥刀头切除锐边加工成锥面，这种结构称为倒角。为了避免应力集中而产生裂纹，在轴肩处加工成圆角过渡，称为倒圆，如图 8-38 所示。倒角和倒圆的尺寸可查阅附表 6-1 或机械设计手册。

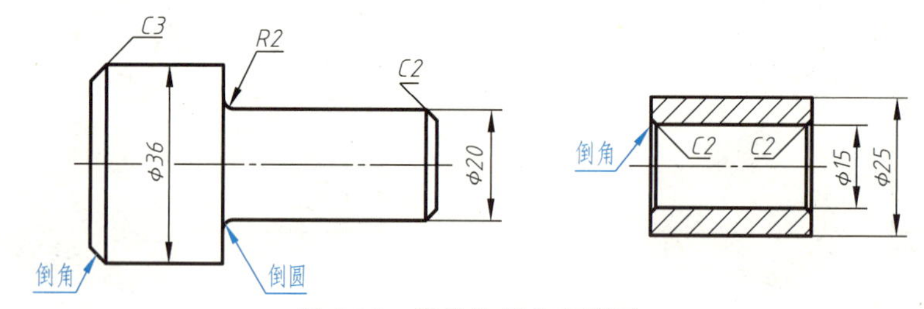

图 8-38 零件的倒角和倒圆

(2) 退刀槽和砂轮越程槽

在车削（特别是车削螺纹）或磨削加工时，为了方便刀具进入、退出，或使砂轮能稍微越过加工面，常在被加工面的末端预先车出一个槽，称为螺纹退刀槽或砂轮越程槽，如图 8-39 所示尺寸注成“槽宽×深度”或“槽宽×直径”。具体尺寸可查阅附表 6-3 和附表 6-4。

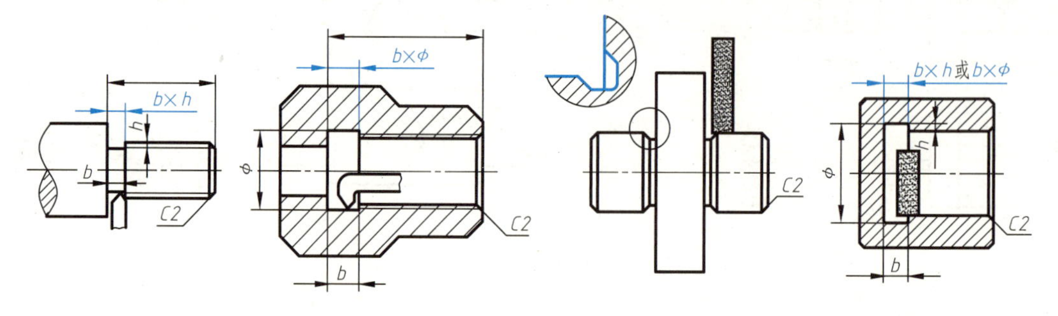

图 8-39 退刀槽和砂轮越程槽

(3) 凸台和凹坑

为了保证零件在装配时有良好的接触，零件和零件之间的接触面一般都需要机械加工。为了减少加工面积，节约成本，常在铸造件表面接触处设计成凸台和凹坑形式，如图 8-40 所示。

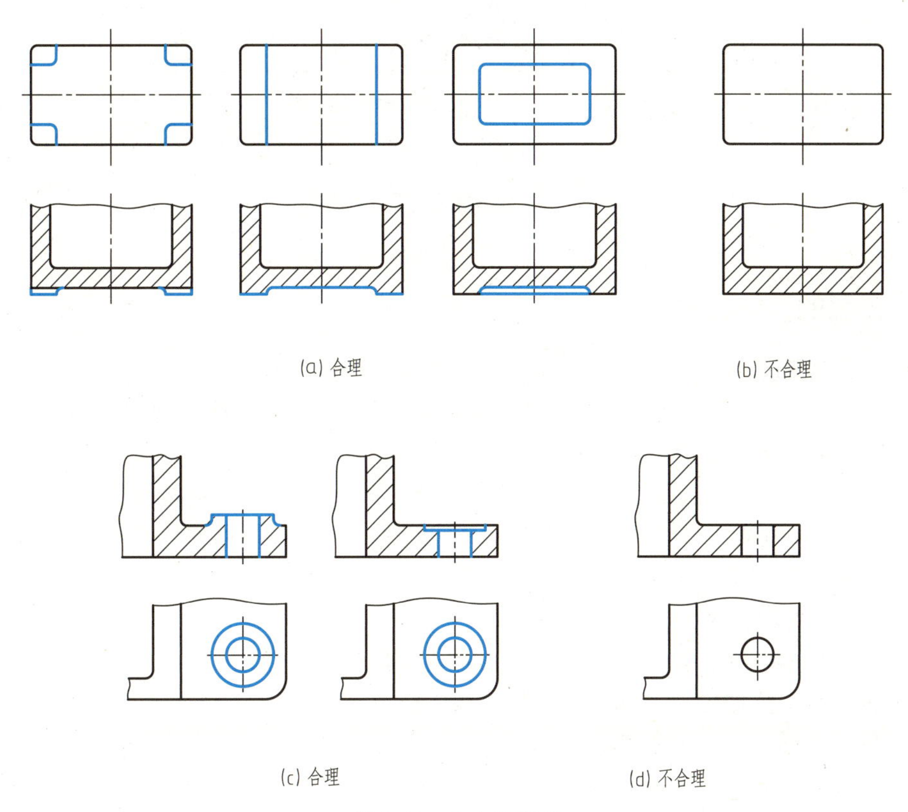

图 8-40 凸台和凹坑

(4) 钻孔结构

在零件上钻孔时，如果是盲孔，则孔底部有一个 120°的锥孔；如果是阶梯孔，则大小孔过渡处有一个 120°的锥台，如图 8-41 所示。用钻头钻孔时，为了保证钻孔的位置准确和避免钻头因受力不均而折断，应使钻头轴线尽量垂直于被钻孔的端面。因此在与孔轴线倾斜的表面处，常需设计出平台或凹坑结构，并且还要避免单边加工。但当钻头与倾斜面的夹角大于 60°时，也可以直接钻孔，如图 8-42 所示。

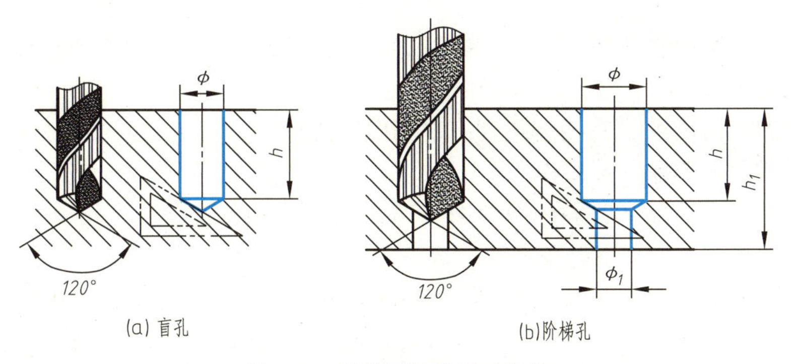

图 8-41 孔的画法及尺寸标注

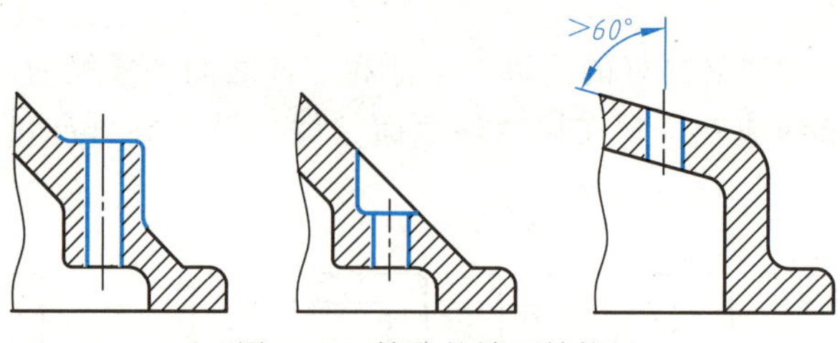

图 8-42 钻孔的端面结构

8.6 零件图的识读

8.6.1 读图的目的和要求

(1) 读图的目的

工程设计人员在设计零件时，经常要参考同类机器零件的图样，这就需要会看零件图。生产制造技术人员在制造零件时，也需要看懂零件图，想象出零件的结构形状，了解各部分尺寸及技术要求等，以便加工出合格的零件。检验、维修技术人员在检验或维修零件时也需要查看零件图，以判断零件是否达到技术要求。总之，从事各种工程技术专业工作的技术人员，必须具备读零件图的能力。

(2) 读零件图的要求

① 了解零件的名称、材料和用途（包括各组成形体的作用）。

② 分析视图，读懂零件各部分的结构形状。

③ 分析尺寸标注，了解零件设计和工艺。

④ 分析技术要求，了解零件制造方法。

8.6.2 读零件图的方法和步骤

以图 8-43 阀体零件图为例，介绍读零件图的一般方法和步骤。

(1) 概括了解

看零件图的标题栏，了解零件的名称、材料、绘图比例、质量等内容，大体可了解零件的功用。

从标题栏中可知该零件的名称为阀体，属于箱体类零件，起容纳、支承、密封等作用。

阀体选用材料是铸钢（ZG25），经铸造成形、时效处理后，对需要加工的内外表面进行切削加工而制造出来。

该零件图的绘图比例是 1∶1，可知实物和图形一样大。

(2) 分析视图并想象零件结构

根据零件类别，结合典型零件的视图表达方案，观察视图布局，找出主视图和其他视图，分析它们之间的关系，以及各视图所表达的侧重点。如主视图主要表达外形结构，全剖视图主要表达内部结构，半剖视图或局部剖视图则内外兼顾。若是剖视图或断面图，还应弄清楚具体的剖切方法和剖切位置，以及剖切要表达的主要内部结构。在视图分析的基础上，运用形体分析和结构分析的方法，根据投影关系，想象各部分的结构形状和零件的总体结构形状。分析视图的基本方法是：先看主要部分，后看次要部分；先看易懂的部分，后看难理解的部分；先看整体，后看细节。

① 分析视图。阀体的零件图画出了主、俯、左三视图，其中主视图采用全剖视图，左视图采用半剖视图，俯视图采用外形视图，并对螺纹孔采用局部剖视的表达方法，三个视图结合起来，即表达了阀体的外部结构形状，也表达了其复杂的内部结构。

② 零件整体结构形状分析。阀体上部为圆柱管状，圆柱管的下部与球形阀身相贯，球形阀身的内部有一左右方向水平管道通路，通路的右端为圆柱管形结构，通路的左端为方形凸缘结构，左、右通道口和上部圆柱管内均有切削加工的阶梯孔。整个阀体呈前后对称结构，如图 8-43 俯视图所示。

③ 细部结构及功能分析。阀体的基本形状是一个球形壳体。左边方形凸缘上有四个螺孔，是与阀盖用螺柱相连接的部分。上部的圆柱筒内孔处有阶梯孔和环形槽，以便安装阀杆、密封填料等。阀体右端的外螺纹是为接入管路系统而设计的。

对照主视图和俯视图可以看出，在阀体的顶部有一个呈前后 45°对称结构的扇形限位凸块，用来控制与之相连的转动件的旋转角度。

根据上述分析，综合想象零件整体结构形状，如图 8-44 所示。

(3) 分析尺寸

根据零件类别和结构特点，分析确定各方向的尺寸基准，了解各部分的定形尺寸、定位尺寸及总体尺寸。

① 尺寸基准。长、宽、高三个方向的尺寸基准如图 8-43 所示。由这些基准出发，可确定总体尺寸、定形尺寸和定位尺寸等。

②主要尺寸分析。阀体右端与管路系统相连接的外螺纹 M36×2 以及阀体上端的内螺纹 M24×1.5 均为特性尺寸。方形凸缘上的四个螺孔尺寸 4×M12 及其定位尺寸 ϕ70mm 和 45°，均为安装到管路系统时的安装尺寸。限位凸块的定形尺寸 45°±30′，限定与之相配件的运动极限位置。

(4) 分析技术要求

分析尺寸的极限与配合、表面结构、几何公差要求及其他要达到的指标等，用以明确主要加工面，制定正确的制造工艺方案。

① 尺寸的极限与配合。图中标注极限偏差要求的尺寸有 $21_{-0.13}^{\ 0}$、$56_{\ 0}^{+0.46}$ 等，标注公差带代号和极限偏差要求的尺寸有 ϕ50H11 ($_{\ 0}^{+0.160}$)、ϕ35H11 ($_{\ 0}^{+0.160}$)、ϕ22H11 ($_{\ 0}^{+0.130}$)、ϕ18H11 ($_{\ 0}^{+0.110}$) 等，这几处均为基孔制的配合。

② 表面结构要求。由图 8-43 中标注可以看出，表面粗糙度轮廓要求最高的是阀体内圆柱面 ϕ22H11 和 ϕ18H11 两处，其表面粗糙度值均为 Ra6.3μm。还有多处加工面的表面粗糙度值为 Ra12.5μm、Ra25μm。没有标注的表面均为不加工的铸造表面，这些表面的质量要求不高，由图中标题栏附近给出的符号“⌀√ (▽√)”统一表示。

③ 几何公差。由图 8-43 可知，图中共有两处垂直度要求，即 ϕ18H11 孔的轴线对 B 基准（ϕ35H11 孔的轴线）的垂直度公差，应限定在间距等于 0.08、垂直于基准轴 B 的两平行平面之间；ϕ35H11 孔的右端面相对于 B 基准（ϕ35H11 孔的轴线）的垂直度公差，应限定在间距等于 0.06 的两平行平面之间，该两平行平面垂直于基准轴线 B。

④ 用文字说明的技术要求。标题栏上方共注写了两条技术要求：a. 铸件应时效处理，

消除内应力；b. 未注圆角 $R1\sim3$。

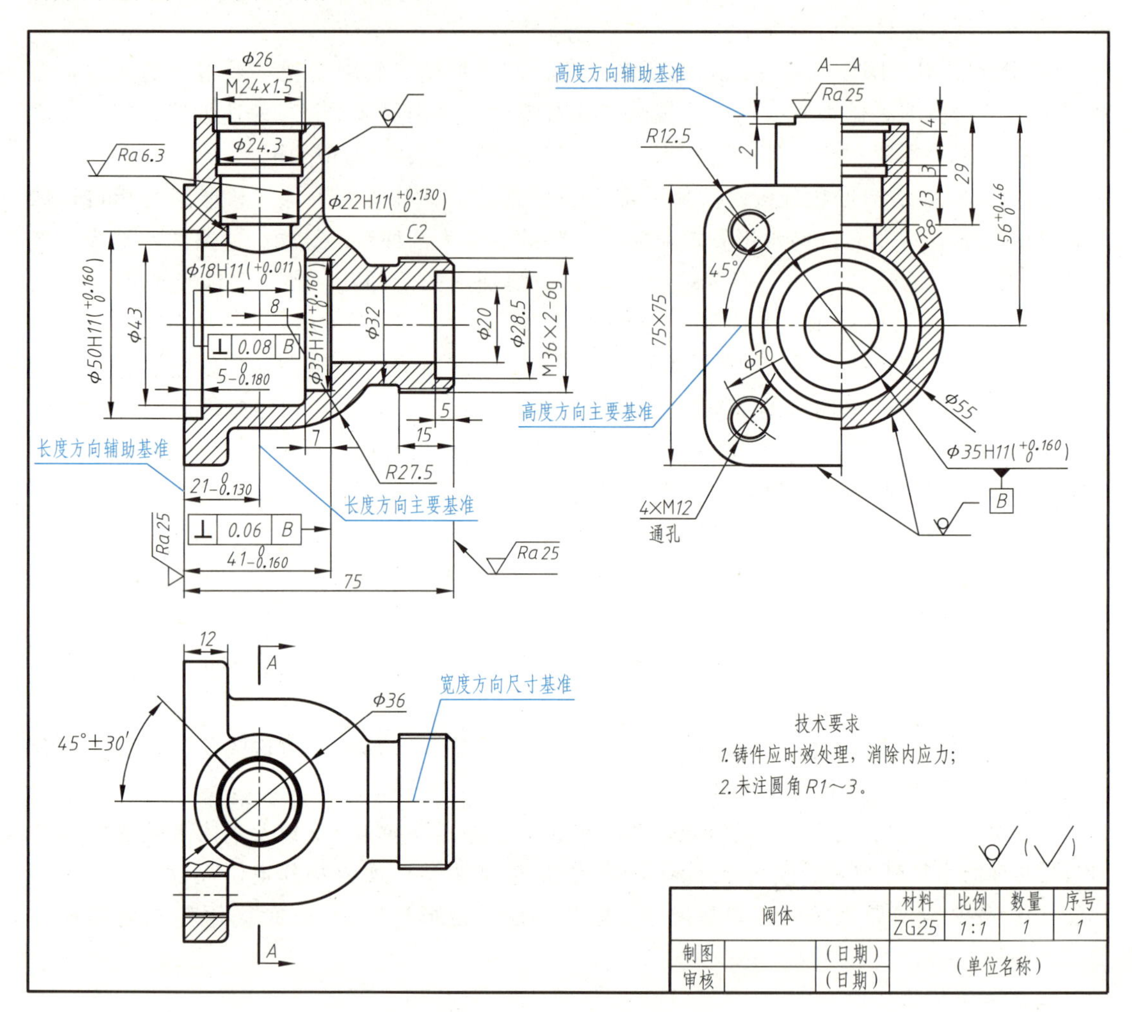

图 8-43 阀体零件图

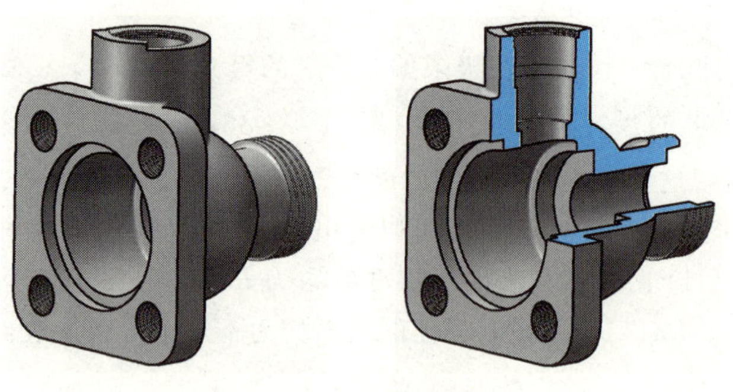

图 8-44 阀体立体图

第9章 装配图

能力目标

➢ 能够根据装配体的结构形状，制定合理的表达方案表达装配体的工作原理及内外形状结构。

➢ 能够绘制和识读装配图。

知识点

➢ 装配图的内容。

➢ 装配图的表达方法。

➢ 装配图中标注必要的尺寸。

➢ 装配工艺结构。

➢ 绘制装配图。

➢ 读装配图及由装配图拆画零件图。

9.1 装配图的作用和内容

一台机器或一个部件都是由若干个零件按照一定的装配关系和技术要求组装而成的，表示产品及其组成部分的连接、装配关系及技术要求的图样，称为装配图。通常，表达整台机器各零部件装配关系的图样叫总装配图或总装图，表达部件各零件间装配关系的图样叫部装图。部装图和总装图所包含的内容和所起的作用本质上没有区别。部件是构成整台机器的功能模块，是密切相关的具有一定功能的零件组。一台机器可以先装配成若干个部件，再组装成整台机器。

设计者通过装配图来反映其设计意图，由装配图表达机器或部件的工作原理和主要性能、零件间的装配关系、主要零件的结构形状及在装配、检验、安装调试时的技术要求。

通常，机器或部件的设计流程采用自顶向下的方式，即按设计要求首先绘制装配图，然后再根据装配图设计所有的非标零件并绘制零件图；零件制造完后，按装配图装配成机器或部件，并按装配图要求进行检验调试；用户在使用和维修保养机器或部件时也要参考装配图。因此，装配图是机器或部件设计、制造、使用、维修保养以及技术交流的重要技术文件。图 9-1 为球阀装配图。

在装配图中，一般包括如下内容。

(1) 一组图形

应用适当的表达方法绘制一组图形，用以正确、完整、清晰地表达部件的结构形状、工作原理和各零件间的装配关系等内容。

(2) 必要的尺寸

装配图中只需要标注一些必要的尺寸：部件的性能规格尺寸、装配尺寸、安装尺寸、总体尺寸等。

(3) 技术要求

技术要求是机器或部件在装配、安装、调试、检验和使用过程中应满足的条件和要求，用文字或符号说明。

(4) 零部件序号、明细栏和标题栏

为了便于读图和组织管理生产，装配图中应对每个不同的零件编写序号，并在明细栏中依次填写各零件的名称、件数、材料、备注等内容，还要填写相应的标题栏。

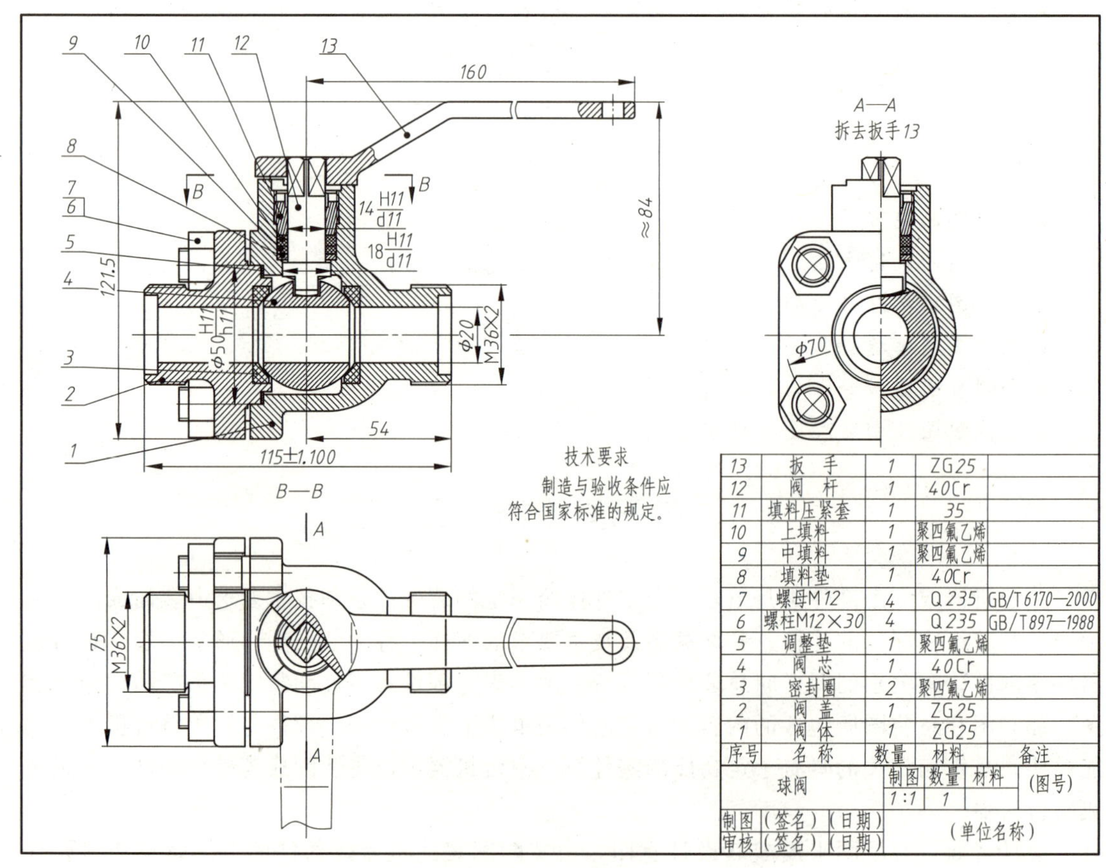

图 9-1 球阀装配图

9.2 装配图的表达方法

前面章节所介绍的机件各种表达方法，如视图、剖视图、断面图、简化画法等，对装配图也同样适用。但是由于装配图表达的是多个零件及其相互关系，比单个零件复杂，所以还具有一些规定画法和特殊画法。

9.2.1 装配图的规定画法

(1) 接触面、配合面的画法

在装配图中，相邻两零件的接触表面、基本尺寸相同的配合面，规定只画一条轮廓线；相邻两零件的非接触面、非配合面，即使间隙很小，也要按照夸大画法绘制成两条线，如图 9-2 所示。

(2) 紧固件和实心零件的画法

对于螺纹紧固件及实心的轴、杆、球、手柄、键等零件，若剖切平面通过其对称平面或轴线时，则这些零件均按不剖绘制，应按外形画出，如图 9-2（a）、（c）所示；如需表明零件的凹槽、键槽、销、孔等结构，可用局部剖视图表示。

(3) 剖面线的画法

① 同一零件在不同视图中的剖面线方向和间隔必须一致，如图 9-1 所示。

② 相邻两个或多个零件的剖面线应有所区别，或者方向相反，或者方向一致但疏密间距不同，明显相互错开，如图 9-2（b）所示。

③ 断面厚度≤2mm 的零件，其断面允许涂黑处理。

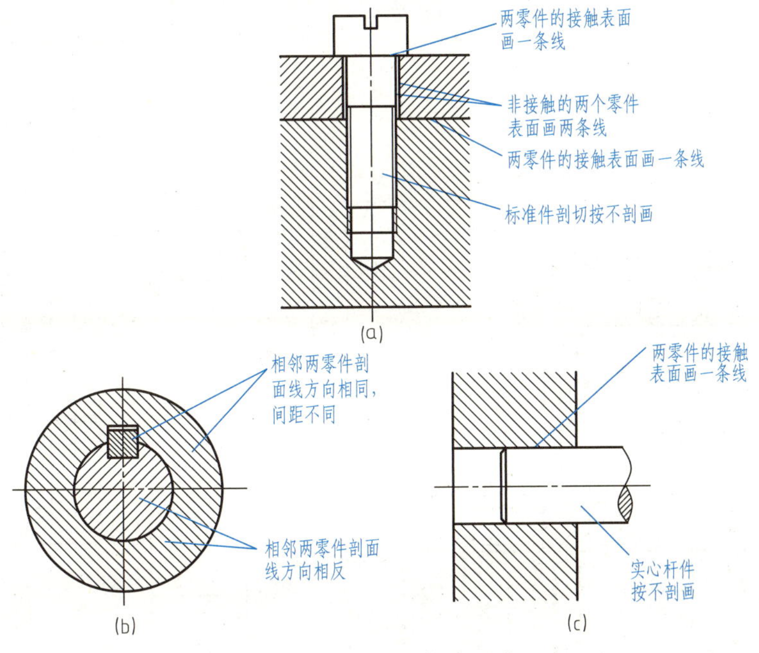

图 9-2 装配图的规定画法

9.2.2 装配图的特殊表达方法

(1) 拆卸画法

在装配图中，当某个或某些零件在已有的视图上已经表达清楚其结构和位置，或者在其他视图上遮挡了需要表达的零件结构或装配关系时，可假想拆去这些零件，只画拆卸后剩余部分的视图，这种画法叫拆卸画法。拆卸画法一般要标注“拆去×××”等字样，如图 9-1 球阀装配图左视图即采用拆卸画法，拆去扳手 13 后画出的。

(2) 沿结合面剖切画法

有时为了清楚地表达部件的内部结构，可假想沿两个零件的结合面剖切。结合面不画剖面线，但被剖切到的其他零件应该按照剖视图绘制。沿结合面剖切的优点是既可清楚地表达

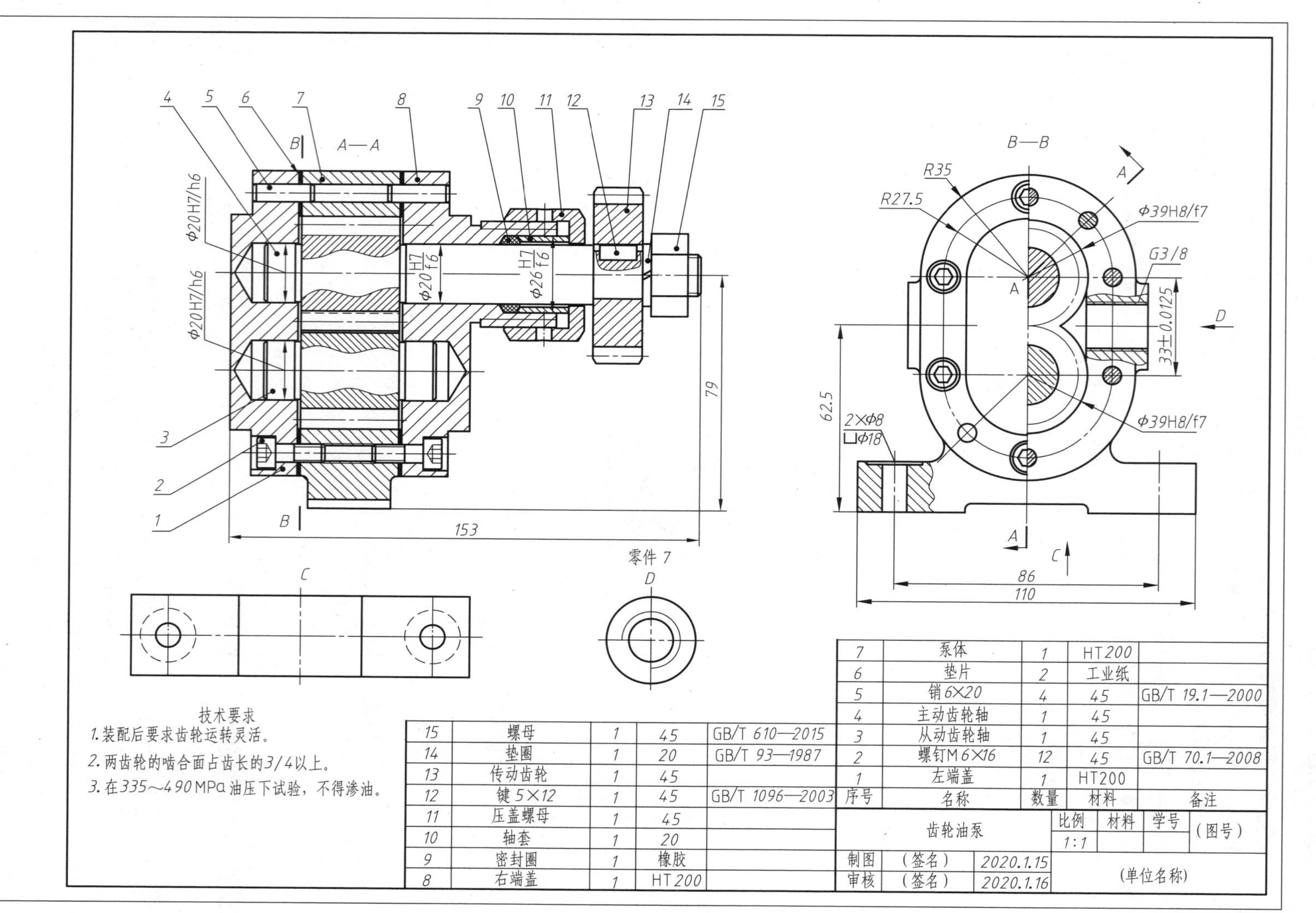

序号	名称	数量	材料	备注
15	螺母	1	45	GB/T 610—2015
14	垫圈	1	20	GB/T 93—1987
13	传动齿轮	1	45	
12	键 5×12	1	45	GB/T 1096—2003
11	压盖螺母	1	45	
10	轴套	1	20	
9	密封圈	1	橡胶	
8	右端盖	1	HT200	
7	泵体	1	HT200	
6	垫片	2	工业纸	
5	销 6×20	4	45	GB/T 19.1—2000
4	主动齿轮轴	1	45	
3	从动齿轮轴	1	45	
2	螺钉M6×16	12	45	GB/T 70.1—2008
1	左端盖	1	HT200	

齿轮油泵			比例	材料	学号	（图号）
			1:1			
制图	（签名）	2020.1.15	（单位名称）			
审核	（签名）	2020.1.16				

图 9-3　齿轮油泵装配图

部件内部的装配关系，又可避免画大量剖面线；既减少了画图的工作量，又可保持图面的清晰。如图 9-3 齿轮油泵装配图中的左视图，即沿泵盖和泵体结合面剖切，*B*—*B* 泵体表面上不画剖面线，而被剖切到的轴、螺钉需要画上剖面线。

(3) 假想画法

为了表示运动零件的运动范围，可先在一个极限位置正常画出该零件，在另外一个极限位置用细双点画线画出其轮廓；另外，为了表达与本部件有装配关系但又不属于本部件的其他相邻零件或部件的位置关系和连接情况，也可用细双点画线把相邻零部件画出（其剖面区域不画剖面线），这种画法叫假想画法。如图 9-1 中球阀的俯视图所示，用假想画法表示了球阀关闭时手柄运动的极限位置。

(4) 夸大画法

对某些尺寸较小的零件或结构，按实际的大小和总体的比例无法清楚地表达，如薄垫片、细丝弹簧等零件及微小间隙和锥度结构，可不按原比例将其适当夸大画出，这种画法称为夸大画法，如图 9-1 球阀装配体中的零件 5 调整垫。

(5) 简化画法

① 零件的工艺结构，如圆角、倒角和退刀槽等可不画出。

② 螺母或螺栓头也可采用简化画法。对于有若干组相同螺纹连接件时，可仅详细画出其中一组，其余只在装配位置用细点画线表示出位置即可，如图 9-1 所示。

(6) 单独表达某个零件

当某个零件的形状未表达清楚而又对理解装配关系或部件的工作原理有影响时，可单独画出该零件的某一视图，并在投影部位用箭头表示投射方向，用字母表示名称，在画出的视图上方标注视图的名称，如图 9-3 中的“零件 7 *D* 向”。

(7) 展开画法

为了表达不在同一平面上的空间平行的轴和轴的装配关系以及轴上零件，可按传动顺序沿着各轴线作剖切，然后依次展开在同一平面上，并注上“×—×展开”，如图 6-22 所示挂轮架的 *A*—*A* 展开图。

9.3 装配图的视图选择

为了满足生产的需要，应正确运用装配图的各种表达方法，将机器或部件的工作原理，各零件间的连接、装配关系及主要零件的基本结构清晰地表达出来。视图表达方案力求简明，便于读图。

9.3.1 主视图的选择

根据装配图的内容和要求，在选择主视图时应着重考虑以下两点。

(1) 工作位置

通常将部件摆放成工作位置后画其主视图。如图 9-3 所示的齿轮油泵就是按其工作位置摆放的。

(2) 装配关系

装配体选择主视图时，还应考虑尽可能多地显示部件的结构特征，特别是能清楚地表达机器或部件的主要装配关系、功能和工作原理。如图 9-3 所示，主视图中的剖切面通过一对啮合齿轮的轴线，清楚地反映了齿轮油泵的主要装配关系。

9.3.2 其他视图的选择

针对主视图中未表达清楚的部分，还应辅以其他视图进行补充表达。此时应将装配关系及工作原理的表达放在首位，其次考虑主要零件的结构形状等。图 9-3 左视图中补充表达了齿轮油泵的工作原理、螺钉和装配位置以及泵体和泵盖的外形结构，并采用局部剖视图反映了进油口的形状。由左视图可知，其工作原理为：当两个齿轮按图 9-4 中箭头所示的方向旋转时，在齿轮啮合区的右侧产生真空吸力，将油从吸油口吸入泵内，随着齿轮的转动，不断地从出油口将具有一定压力的油输送出去。

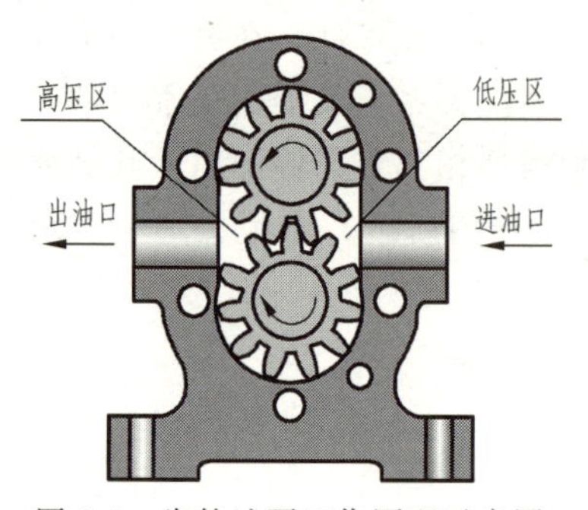

图 9-4 齿轮油泵工作原理示意图

左视图确定后，再根据装配图应表达的内容，检查还有哪些内容是没有表达清楚的。据此再选择其他视图，使每个视图都有明确的表达目的。图 9-3 所示的齿轮油泵装配图中，增加了 *D* 向局部视图，以表达泵体上吸油口、出油口处凸台的形状，增加了 *C* 向视图，用来表达泵体的底座的结构和形状。但有时为了能选定一个最佳方案，最好多考虑几种表达方案，以供比较和选用。

9.4 装配图的标注

9.4.1 尺寸标注

装配图是表达机器或部件及其组成部分的连接、装配关系的，因此，在装配图中只需要标注一些必要的尺寸。不同的部件由于其功能和组成的零件不同，可能在装配图中出现的尺寸类型不一样，但总体来说可以归纳为以下几类。

(1) 性能尺寸（规格尺寸）

广义讲，直接或间接影响部件使用性能的尺寸都称为性能（规格）尺寸，它是选用该部件的依据，在设计中确定。通常要与相关的零件和系统相匹配。如齿轮油泵的吸油口、出油口管螺纹尺寸 G3/8，它与泵的吸油、出油量有关，所以是性能（规格）尺寸。

(2) 装配尺寸

表示部件中有关零件间装配关系的尺寸，包括以下两种。

1）配合尺寸

表示两个零件之间配合性质的尺寸，如图 9-3 所示齿轮油泵装配图上的 ϕ39H8/f7，由公称尺寸和孔轴的公差带代号所组成，它是拆画零件图时，确定零件尺寸偏差的依据。

2）相对位置尺寸

表示装配机器和拆画零件图时，需要保证的零件间相对位置的尺寸，如图 9-3 中 33±0.0125。又如零件沿轴向装配后所占部位的轴向定位尺寸，是装配、调整所需要的尺寸，也是拆画零件图，校图时所需要的尺寸。

(3) 安装尺寸

机器安装到基座上或部件安装到机器上所需的尺寸称为安装尺寸。如图 9-3 齿轮油泵中泵体底座上两孔的中心距 86 及孔的尺寸 $2\times\phi8$。

(4) 总体尺寸

机器（或部件）的总长、总宽和总高称为总体尺寸。它反映了机器或部件的体积大小，为该机器或部件在包装、运输和安装过程中所占据的空间的大小提供了参考，如图 9-3 中的 153（总长）、110（总宽）和 114（总高$=79+R35$）。

(5) 其他重要尺寸

除以上四类尺寸外，在装配或使用中必须加以说明的尺寸。这种尺寸在拆画零件图时不能改变，包括主要零件的重要尺寸及运动零件的极限尺寸等。如图 9-3 中泵体与泵盖上安装螺钉用的螺孔分布半径尺寸 $R27.5$。

需要说明的是：装配图上的某些尺寸有时兼备几种意义，而且每一张图上也不一定都具有上述五类尺寸。在标注尺寸时，必须明确每一个尺寸的作用，对装配图没有意义的结构尺寸不需要注出。

9.4.2 零部件序号及其编排方法（GB/T 4458.2—2003）

为了便于读图、组织生产和图样管理，装配图上对每种零件或部件都必须编注序号或代号，并在明细栏中对应填写零件信息。

(1) 基本要求

① 装配图中所有的零、部件均应编号。

② 装配图中一个部件可以只编写一个序号；同一装配图中相同的零、部件用一个序号，一般只标注一次；多处出现的相同的零、部件，必要时也可重复标注。

③ 装配图中零、部件序号，应与明细栏（表）中的序号一致。

(2) 序号的编排方法

① 指引线应自所指部分的可见轮廓线内引出，并在末端画一圆点，若所指部分（很薄的零件或涂黑的剖面）内不便画圆点时，可在指引线的末端画出箭头，并指向该部分的轮廓，如图 9-5 所示。指引线不能相交。当指引线通过有剖面线的区域时，它不应与剖面线平行。

指引线可以画成折线，但只能曲折一次。

② 序号可以写在水平的基准（细实线）上、圆（细实线）内或在指引线的非零件端的附近，序号的字号比该装配图中所注尺寸数字的字号大一号或两号，如图 9-5 所示。

③ 同一装配图中编排序号的形式应一致。

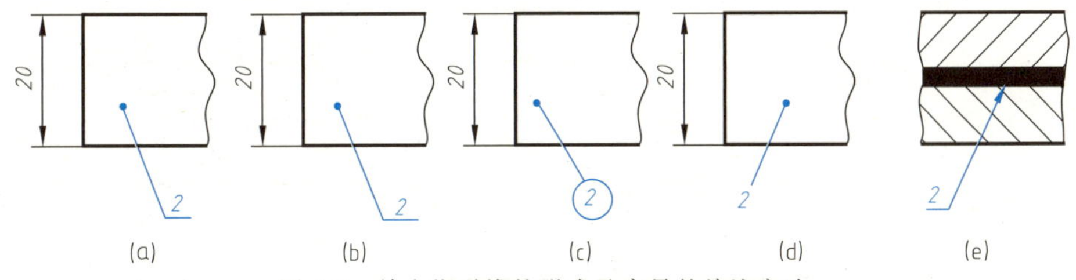

图 9-5　单个指引线的形式及序号的编注方法

④ 一组紧固件以及装配关系清楚的零件组，可以采用公共指引线，如图 9-6 所示。

⑤ 装配图中的序号按顺时针或逆时针顺次排列，在整个图上无法连续时，可只在水平或竖直方向顺次排列整齐，如图 9-1、图 9-3 所示。

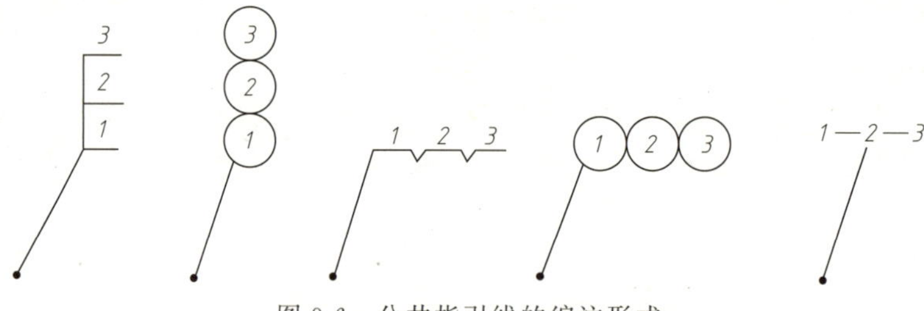

图 9-6 公共指引线的编注形式

9.4.3 标题栏和明细栏（GB/T 10609.2—2009）

国家标准对标题栏和明细栏都有明确的规定。其中标题栏参照第 1 章国家标准有关规定部分。明细栏一般由序号、代号、名称、数量、材料、质量、分区、备注等内容组成，也可按实际需要增加或减少。

明细栏的基本要求：

① 装配图中一般应有明细栏。

② 明细栏一般配置在装配图中标题栏的上方，按由下而上的顺序填写。其格数应根据需要而定。当由下而上延伸位置不够时，可紧靠在标题栏的左边自下而上延续。

③ 当装配图中不能在标题栏的上方配置明细栏时，可作为装配图的续页按 A4 幅面单独给出。其顺序应是由上而下延伸。还可连续加页，但应在明细栏的下方配置标题栏。

④ 装配图中明细栏各部分的尺寸与格式如图 9-7、图 9-8 所示。

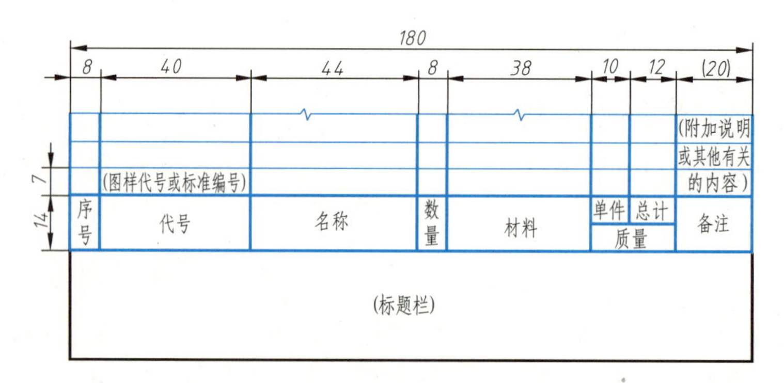

图 9-7 明细栏的尺寸与格式（一）

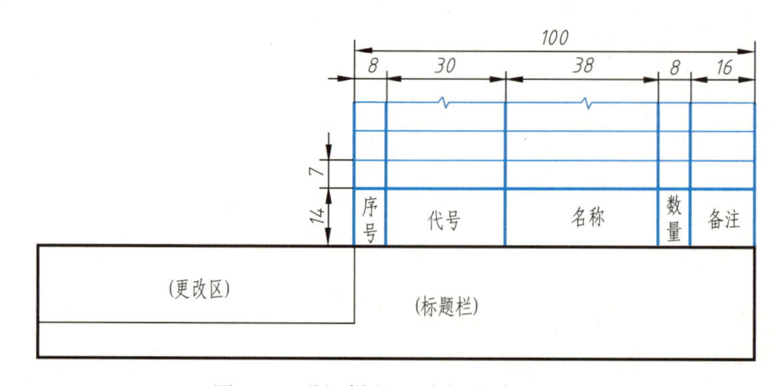

图 9-8 明细栏的尺寸与格式（二）

9.4.4 技术要求

装配图中的技术要求有别于零件图中的技术要求，主要侧重于说明部件的性能、装配、安装、检验、调试和使用以及包装运输等方面应达到的技术性能和质量要求。

① 装配时的注意事项和装配后应满足的要求等。

② 装配后对基本性能的检验、试验方法和条件，以及技术指标等的要求和说明。

③ 部件在包装运输、使用、保养维修时的注意事项和涂装要求等。

技术要求一般注写在装配图的下方空白处，力求文字简练。

9.5 装配结构的合理性

为了保证机器（或部件）的工作性能，在装配体设计表达中，一定要考虑装配结构的合理性，否则在装配的时候就会发生干涉，甚至达不到设计要求。装配结构的合理性要在装配图中反映出来，以便确定零件图中对应结构的尺寸和技术要求。本节主要介绍一些常见的装配工艺结构。

(1) 接触面与配合面的结构

① 两个零件在同一方向上，只允许有一对接触面，如图 9-9 所示。这样便于装配，又降低了制造成本。

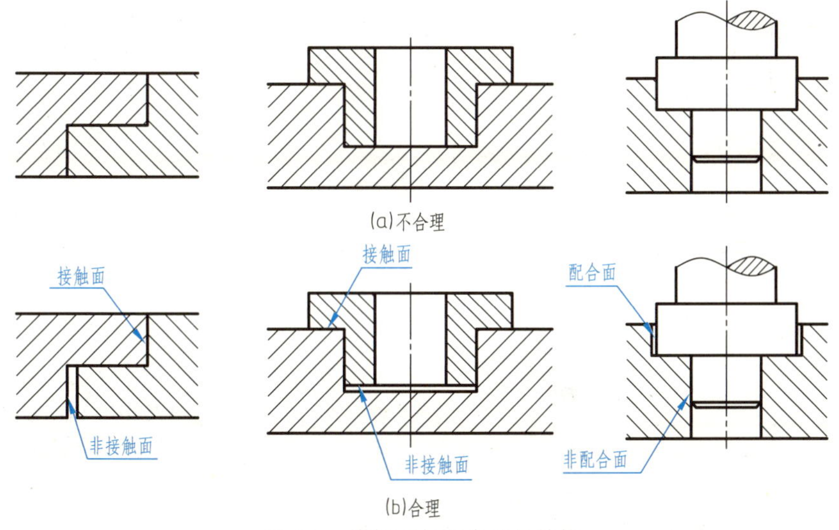

图 9-9 接触面与配合面的结构

② 两个圆锥体零件在两个方向（轴向、径向）上，只允许有一对接触面。如图 9-10 所示，图 9-10（a）中在轴向和径向均有两对接触面，是不合理的；而图 9-10（b）中则沿轴向和径向只有一对接触面，这样能够确保这对锥面接触良好。

(2) 接触面转角处的结构

当孔与轴配合，并且轴肩与孔端面接触时，为了保证接触良好，孔口应制作适当的倒角（或圆角），或在轴根处加工退刀槽，如图 9-11 所示。

(3) 密封装置结构

1）毡圈密封装置结构

在装轴的孔内开出一个环槽（属于标准结构，尺寸可查有关手册），将毛毡圈置于槽内并

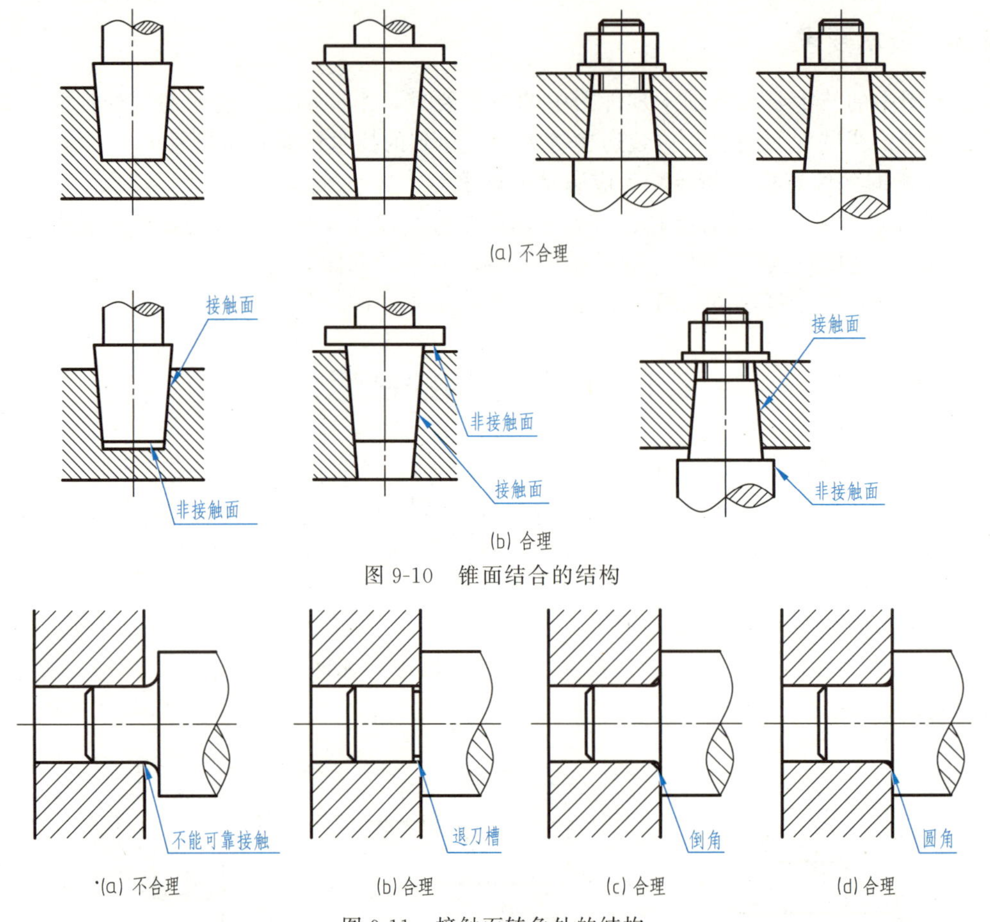

图 9-10 锥面结合的结构

图 9-11 接触面转角处的结构

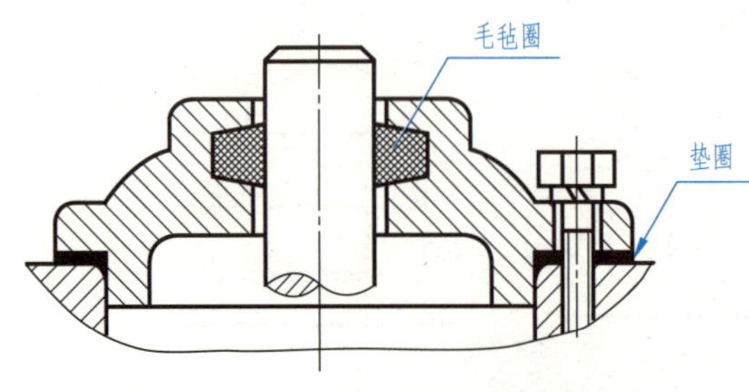

图 9-12 毡圈密封装置

与轴紧密接触，可起密封作用，如图 9-12 所示。

2）填料函密封装置结构

通过螺母调节填料压盖的位置，将填料压紧而起到密封作用。画图时应使填料压盖处于可调节位置，一般使其调节量为 3～5mm，如图 9-13 所示。

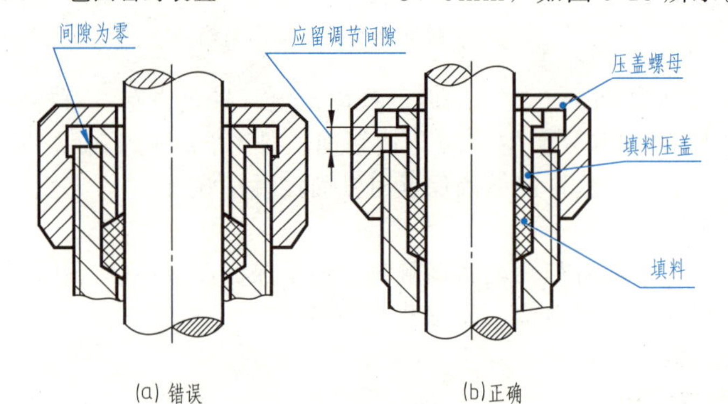

图 9-13 填料函密封装置

3）垫片密封装置结构

在两零件结合面常采用垫片密封，当垫片厚度小于或等于 2mm 时，应采用夸大画法将其涂黑，如图 9-12、图 9-14 所示。

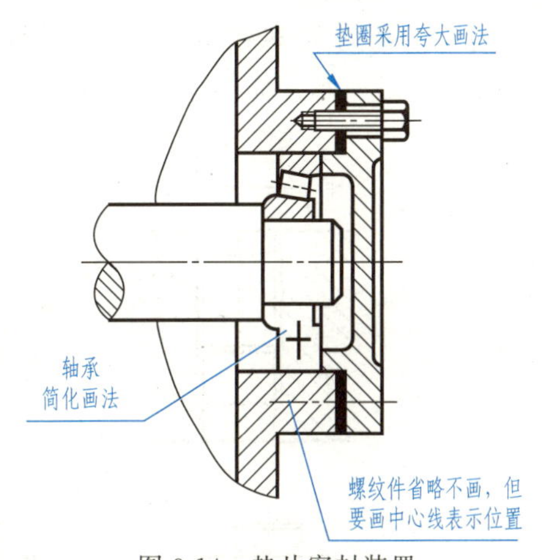

图 9-14 垫片密封装置

(4) 滚动轴承的装配结构（属于拆装方便结构）

如图 9-15 所示，滚动轴承通过轴肩和孔的台肩进行轴向定位，为拆卸方便，轴肩应小于轴承内圈的径向厚度尺寸，孔的台肩应大于轴承外圈的径向厚度尺寸。

(5) 销的装配结构（属于拆装方便结构）

一般来说，为使两零件在拆装前后不一致降低装配精度，通常用圆柱销或圆锥销定位。为了方便拆卸，销孔尽可能作为通孔，如图 7-25 和图 9-16（a）、（b）所示。在不能做成通孔的情况下，盲孔的深度应留足够的余量，如图 9-16（c）、（d）所示。

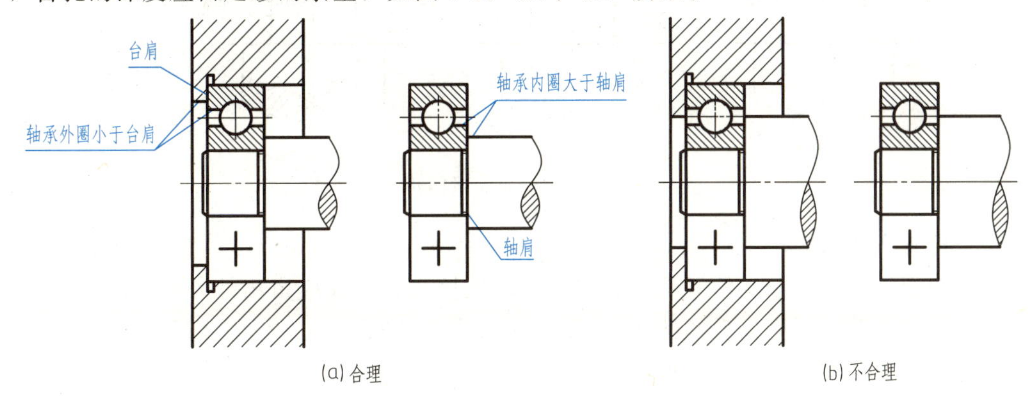

图 9-15 滚动轴承的装配结构

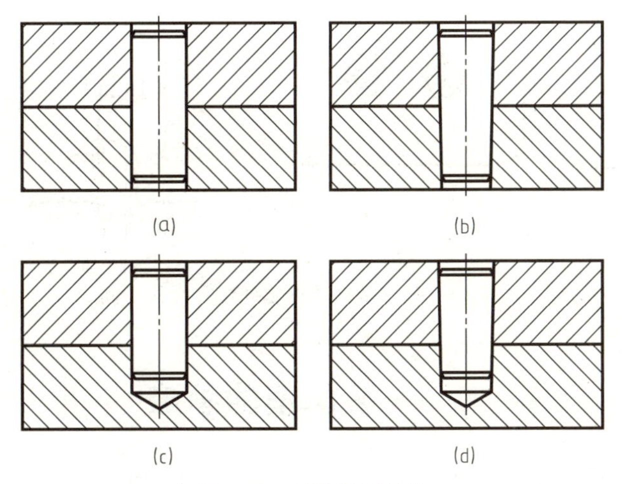

图 9-16 销的装配结构

(6) 可靠连接结构

① 要使外螺纹全部拧入内螺纹中，外螺纹结束处应有退刀槽，内螺纹起始处应有倒角，如图 9-17（a）所示。

② 当轴端为螺纹连接时，螺纹段应留出余量，以保证螺母可以继续旋入，如图 9-17（b）所示。而图 9-17（c）则因螺纹段未留出余量，导致螺母无法拧入。

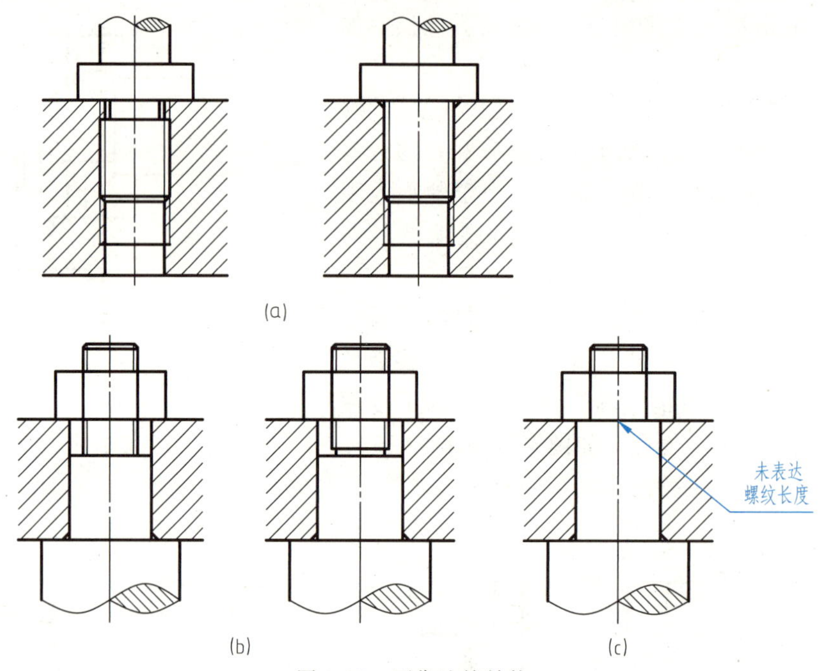

图 9-17　可靠连接结构

(7) 拆装方便结构

在装有螺纹紧固件处应留有足够的空间，以便拆装。不仅应留出拧入螺栓所需的空间，同时还应考虑拆装时所用扳手的活动范围，如图 9-18（b）、（d）所示。而图 9-18（a）、（c）所示则是无法安装和拆卸的不合理情况。

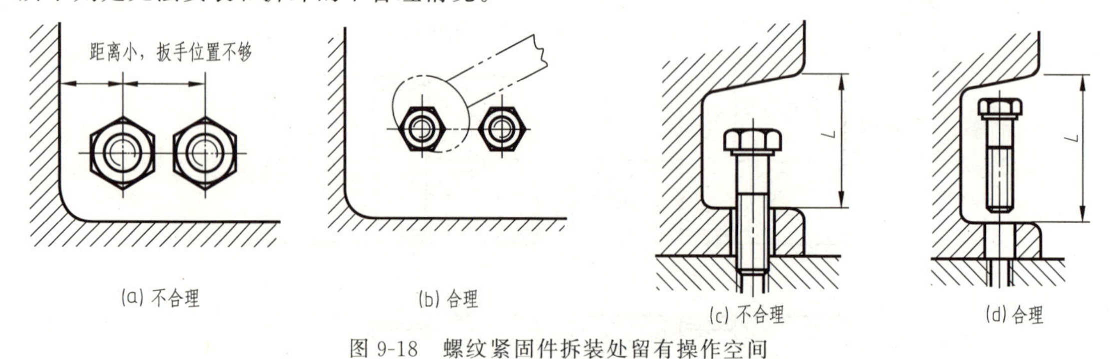

图 9-18　螺纹紧固件拆装处留有操作空间

9.6　装配图的画法

装配图的表达对象是整台机器或部件，表达重点是机器或部件的工作原理、各零部件之间的相对位置和装配关系，以及机器或部件的整体结构，因此装配图的方案选择有别于零件图。本节以齿轮油泵为例讲解装配图的画法。

(1) 装配图表达方案的选择

① 选择主视图：根据前述装配图主视图的选择原则，图 9-19 所示齿轮油泵按其工作位

置放置，主视图投射方向垂直于主动齿轮轴的轴线。为了表达齿轮油泵内部各零部件间的相对位置关系及配合情况，用两个相交的剖切平面将主视图进行全剖。

② 选择其他视图：除主视图之外，沿结合面剖切绘制齿轮油泵左视方向的 $B—B$ 半剖视图，兼顾表达齿轮油泵泵体和泵盖的外形，以及表达齿轮油泵的工作原理。另外，齿轮油泵的底座部分在主、左视图中并未体现，因此还需绘制一个仰视方向的 C 向视图，以反映齿轮油泵的底座外形及安装情况，为表达进出油口凸台的形状，可绘制 D 向局部视图。

图 9-19　齿轮油泵装配结构分解图

(2) 装配图的画图步骤

① 确定图纸幅面与绘图比例。

根据机器或部件的表达方案和总体尺寸的大小，选择合适的图幅和比例（齿轮油泵非标准件零件图如图 9-20 所示）。齿轮油泵的装配图比例选择为 1∶1，图幅选择为 A3 图幅。

② 布置图纸，画基准线

布置图纸就是确定各个图形在图面上的合理位置，注意留出尺寸标注、零件序号的编写位置和空间。画出各个视图的定位基准面和基准线。

图 9-19 所示的齿轮油泵，选择泵体与泵盖的结合面作为长度方向的基准；选择主动齿轮轴轴线作为高度方向的主要基准，泵体底面作为高度方向的辅助基准；选择前后对称面为宽度方向的基准。在图纸中画出对应的基准线，以及部分零件的轴线或中心线，如图 9-21 所示。

③ 绘制底稿

先用细实线绘制底稿，以便修改。画图应该按照正确的顺序进行。一般来说，对于剖视图应从内向外画，即先画最内层的零件，然后向外逐个画出各零件，这样可以避免画出被遮挡的轮廓线。对于外形视图应从外向内画，避免把被外部零件遮挡的内部零件的轮廓线画出来。绘制某个零件，最好几个视图一起画，避免漏画某个视图。对前后、上下和左右具有明显层次关系的零件，应按照次序逐个绘制。

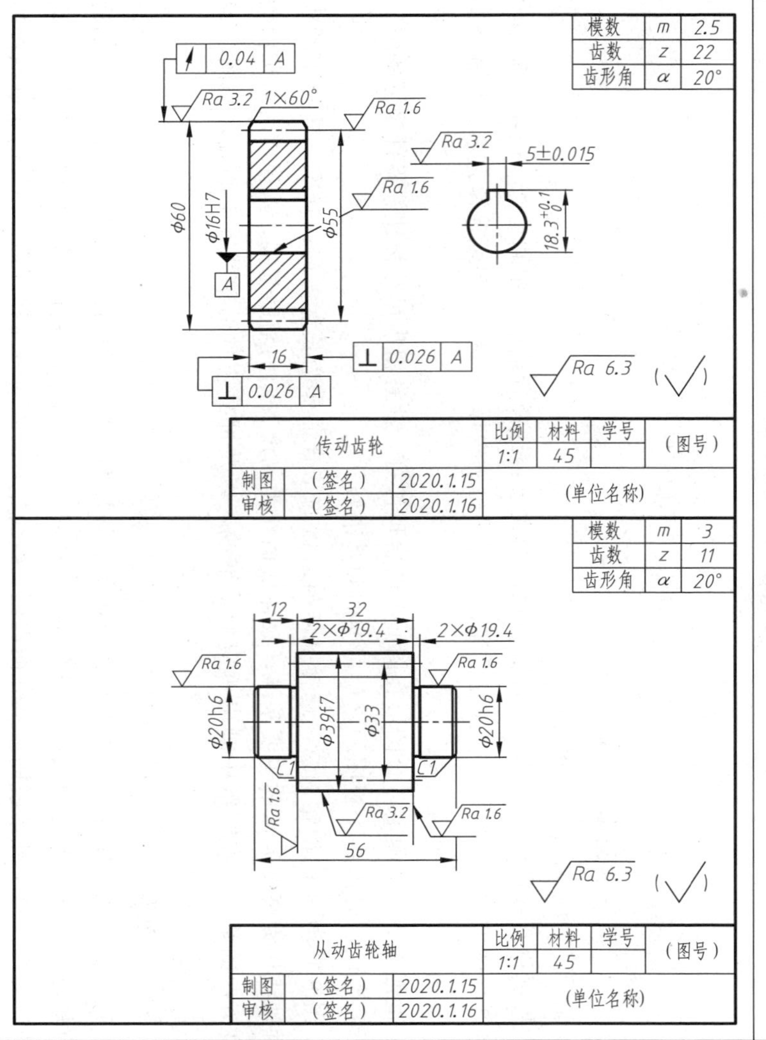
模数 m 2.5
齿数 z 22
齿形角 α 20°
0.04 A
Ra 3.2 1×60°
Ra 1.6
Ra 3.2
5±0.015
Ra 1.6
Φ60
Φ16H7
Φ55
A
16
⊥ 0.026 A
⊥ 0.026 A
Ra 6.3 (√)
传动齿轮
比例 材料 学号
1:1 45
(图号)
制图 (签名) 2020.1.15
审核 (签名) 2020.1.16
(单位名称)
模数 m 3
齿数 z 11
齿形角 α 20°
12
32
2×Φ19.4
2×Φ19.4
Ra 1.6
Φ20h6
Φ39f7
Φ33
Φ20h6
C1
Ra 3.2
56
Ra 6.3 (√)
从动齿轮轴
比例 材料 学号
1:1 45
(图号)
制图 (签名) 2020.1.15
审核 (签名) 2020.1.16
(单位名称)

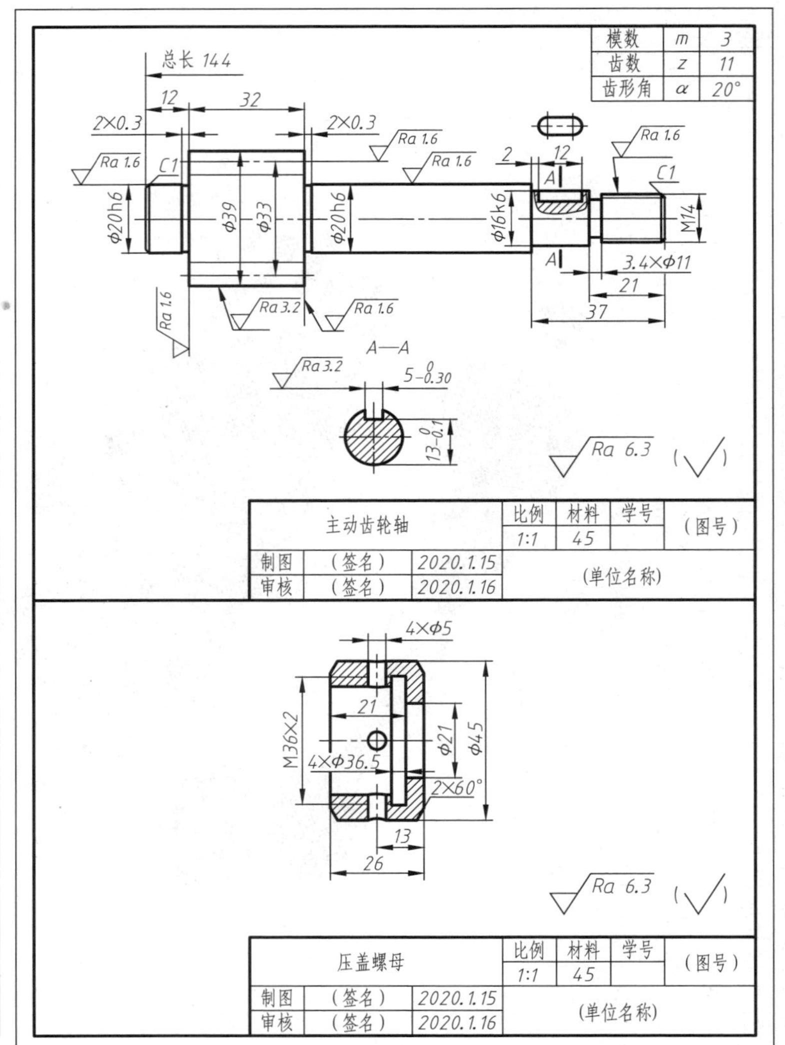
模数 m 3
齿数 z 11
齿形角 α 20°
总长 144
12
32
2×0.3
2×0.3
Ra 1.6
C1
Φ20h6
Φ39
Φ33
Φ16k6
2
12
M14
3.4×Φ11
21
37
Ra 3.2
A—A
5-0.30
Ra 6.3 (√)
主动齿轮轴
比例 材料 学号
1:1 45
(图号)
制图 (签名) 2020.1.15
审核 (签名) 2020.1.16
(单位名称)
4×Φ5
M36×2
21
4×Φ36.5
Φ21
Φ45
2×60°
13
26
Ra 6.3 (√)
压盖螺母
比例 材料 学号
1:1 45
(图号)
制图 (签名) 2020.1.15
审核 (签名) 2020.1.16
(单位名称)

图 9-20

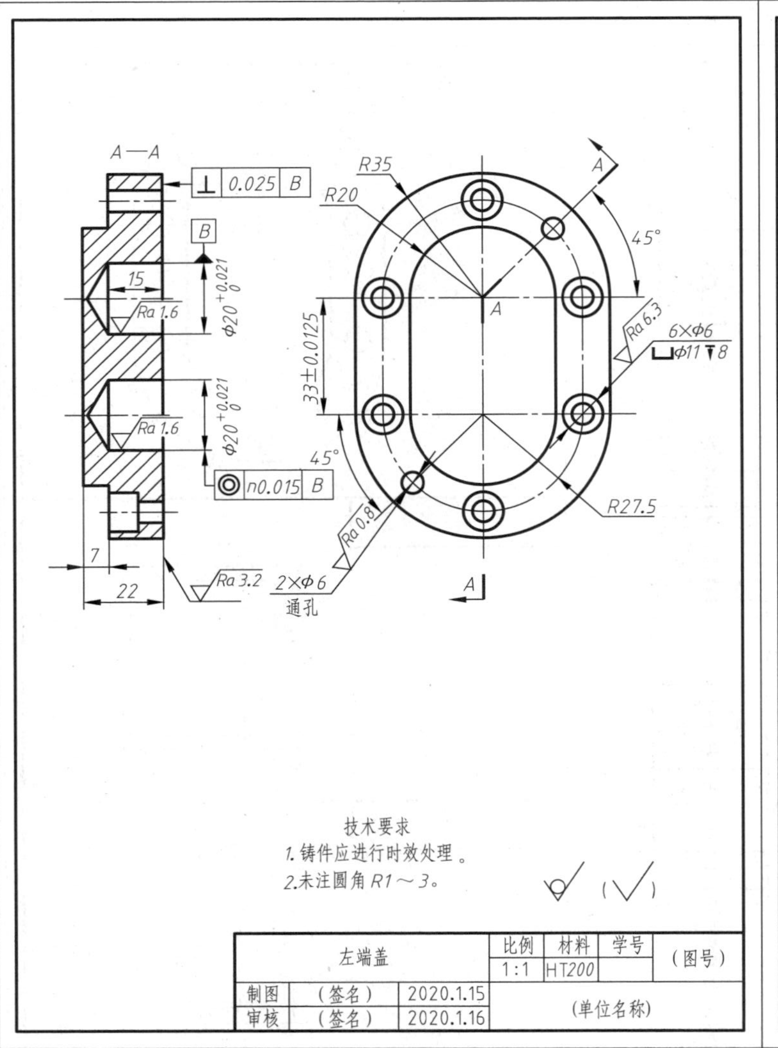
A—A
0.025 B
B
15
Ra 1.6
Ra 1.6
n0.015 B
7
22
Ra 3.2
R35
R20
45°
A
33±0.0125
45°
Ra 6.3
6×Φ6
Φ11 8
Ra 0.8
R27.5
2×Φ6
通孔
A
技术要求
1.铸件应进行时效处理。
2.未注圆角R1～3。
左端盖
比例 材料 学号
1:1 HT200
(图号)
制图 (签名) 2020.1.15
审核 (签名) 2020.1.16
(单位名称)

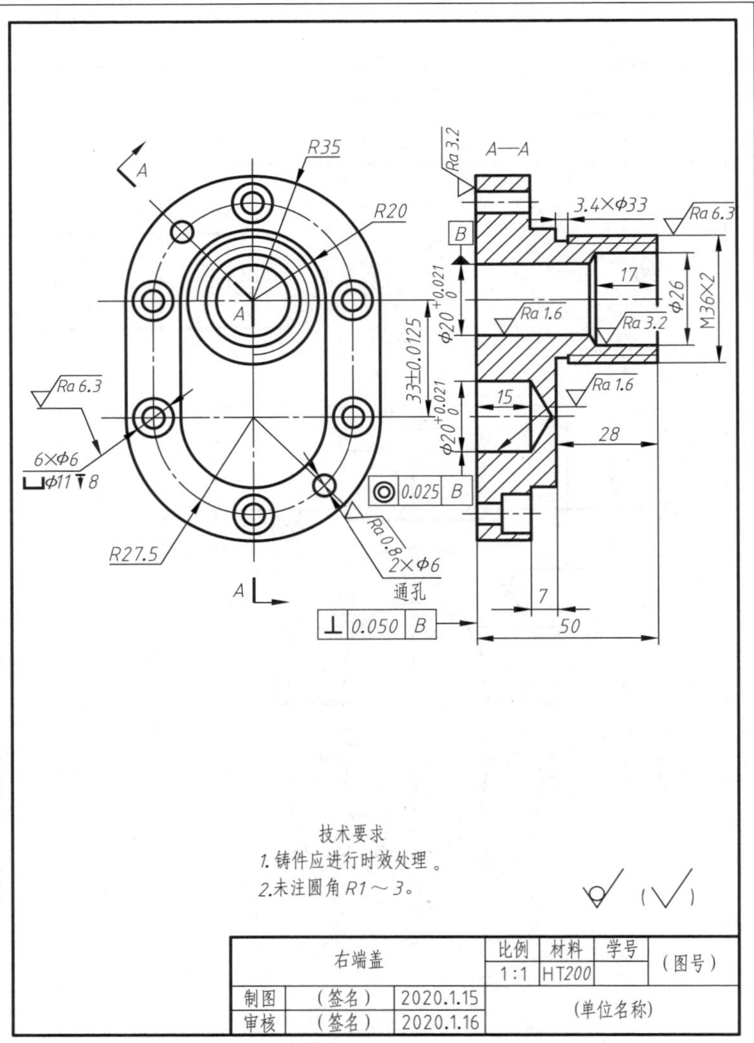
A
R35
R20
A
Ra 6.3
6×Φ6
Φ11 8
R27.5
Ra 0.8
2×Φ6
通孔
A
0.050 B
Ra 3.2
A—A
3.4×Φ33
Ra 6.3
B
17
Φ26
M36×2
Ra 1.6
Ra 3.2
33±0.0125
15
Ra 1.6
28
0.025 B
7
50
技术要求
1.铸件应进行时效处理。
2.未注圆角R1～3。
右端盖
比例 材料 学号
1:1 HT200
(图号)
制图 (签名) 2020.1.15
审核 (签名) 2020.1.16
(单位名称)

图 9-20

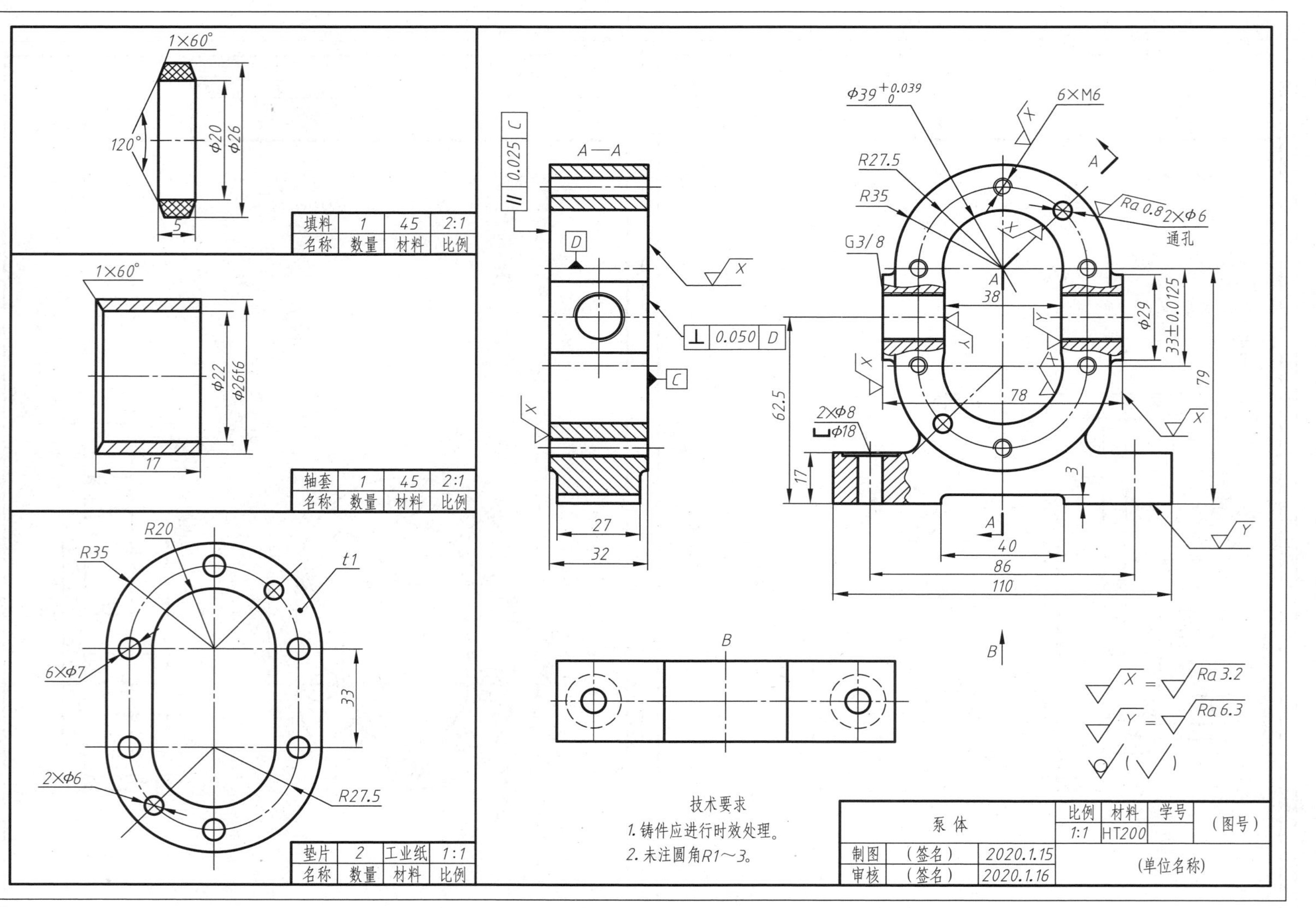

图 9-20 齿轮油泵的零件图

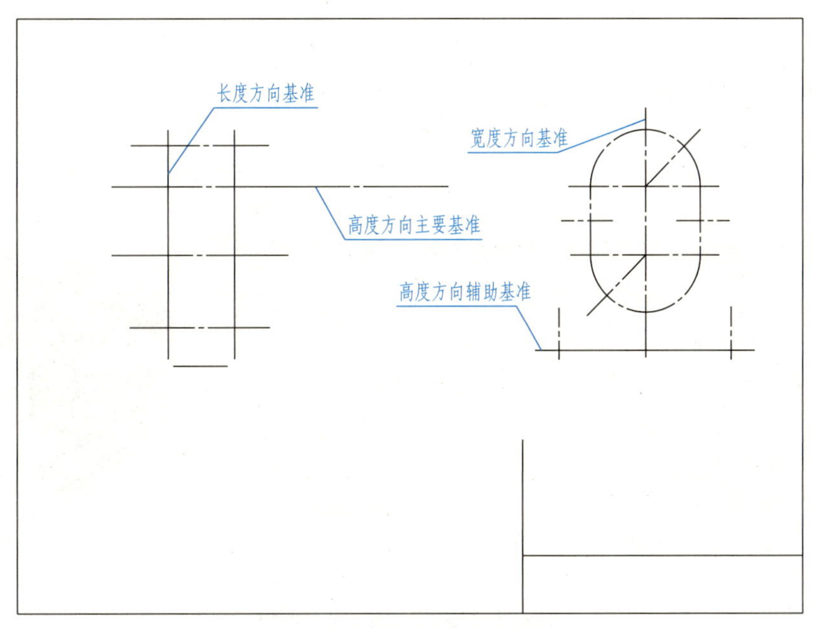

图 9-21　绘制装配图基准线

图 9-19 所示的齿轮油泵主视图可以按照装配干线由内到外依次来画；对于泵盖和泵体，可先画形体特点明显的左视图，再按上述规则完成全图，如图 9-22 所示。

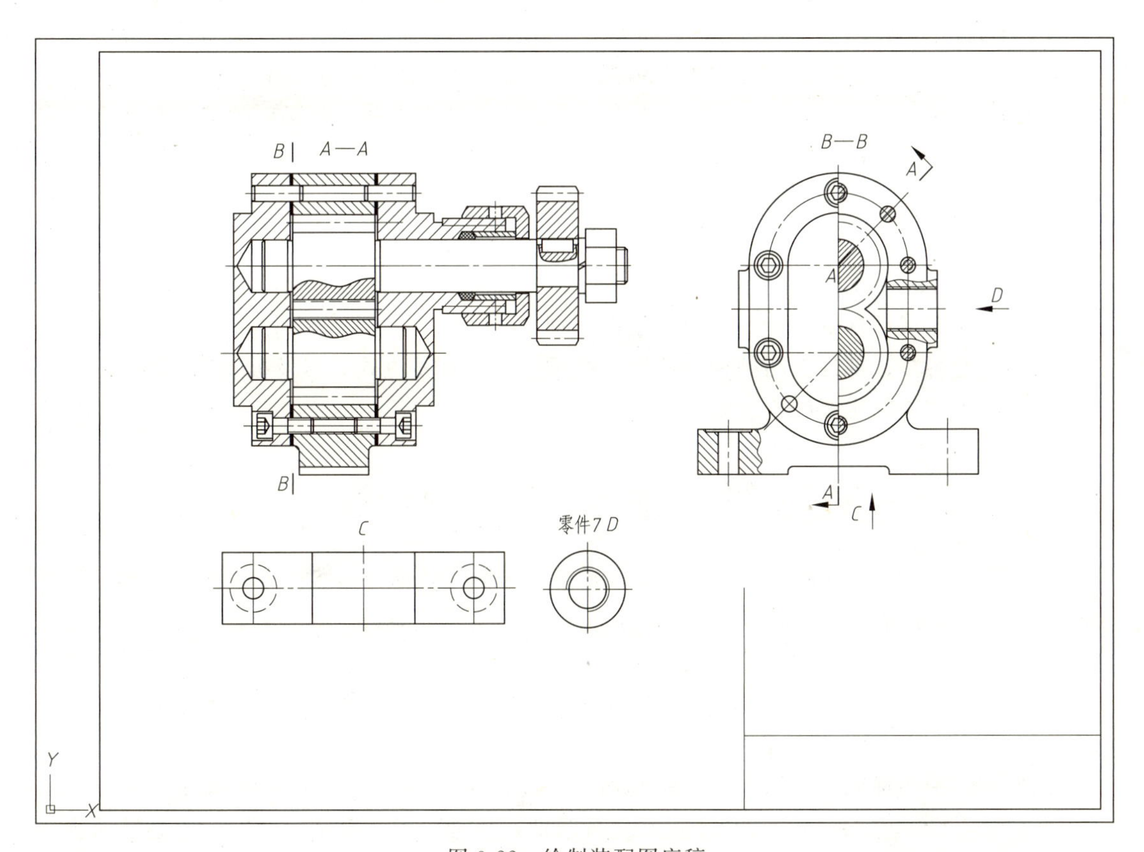

图 9-22　绘制装配图底稿

④ 标注尺寸。

尺寸标注内容见图 9-3。

a. 规格性能尺寸：进油孔与出油孔的尺寸 G3/8。

b. 配合尺寸：根据泵体、左端盖、右端盖、主动齿轮轴、从动齿轮轴以及压盖螺母等零件图上提供的尺寸及公差带代号，注出泵盖与齿轮轴、泵体与齿轮轴、泵体与填料压盖之间的配合尺寸 ϕ20H7/f6、ϕ39H8/f7、ϕ26H7/f6 等共 6 处；为达到齿轮啮合的性能，注出齿轮轴的中心距 33±0.0125。

c. 安装尺寸：86、79、2×ϕ8 等。

d. 总体尺寸：153、110、79+R35 等。

e. 其他重要尺寸：62.5、R27.5 等。

⑤ 编写零件序号、填写标题栏与明细栏。

⑥ 书写技术要求。

⑦ 检查、描深轮廓线，完成全图。完成后的装配图如图 9-3 所示，齿轮油泵立体图如图 9-23 所示。

图 9-23 齿轮油泵立体图

9.7 读装配图和拆画零件图

读装配图就是对装配图的视图、尺寸、技术要求、明细栏、标题等的阅读和理解，了解部件的名称、用途、工作原理、结构特点、零件之间的装配关系以及操作方法等过程。无论是设计、装配还是技术交流及使用，都离不开装配图的阅读问题。掌握科学的看图方法和技巧，积累看图经验，是快速阅读装配图的基础，也是工程技术人员必备的基本技能之一。当然，专业知识和实践经验对阅读装配图是非常重要的，这要通过专业课程的学习和在生产实践中不断积累获得。

9.7.1 读装配图

(1) 读装配图的目的和要求

① 了解机器或部件的性能、功用和工作原理。

② 弄清楚各零、部件之间的相对位置、装配关系、连接方式，以及拆装顺序等。

③ 看懂各零件的主要结构形状。

(2) 读装配图的方法和步骤

现以图 9-24 所示的柱塞泵为例，介绍读装配图的方法和步骤。

1) 概括了解

对该部件的名称、功能、原理、用途、规格及其形状结构和画图比例、数量、材料、标准规格等做大致了解。

① 了解部件的名称、用途和规格。

看标题栏和明细栏，了解部件的名称和功用（从装配图的名称往往可知道装配体的大致用途），通过绘制比例还可以了解部件空间实际的大小。

从图 9-24 中的标题栏可知，部件的名称为“柱塞泵”，其功用是依靠柱塞在缸体中往复运动，使密封工作容腔的容积发生变化来实现吸油、压油，而柱塞依靠泵轴的偏心转动驱动往复运动。从绘图比例 1∶1 可知，空间实物大小和图中图形大小一致。

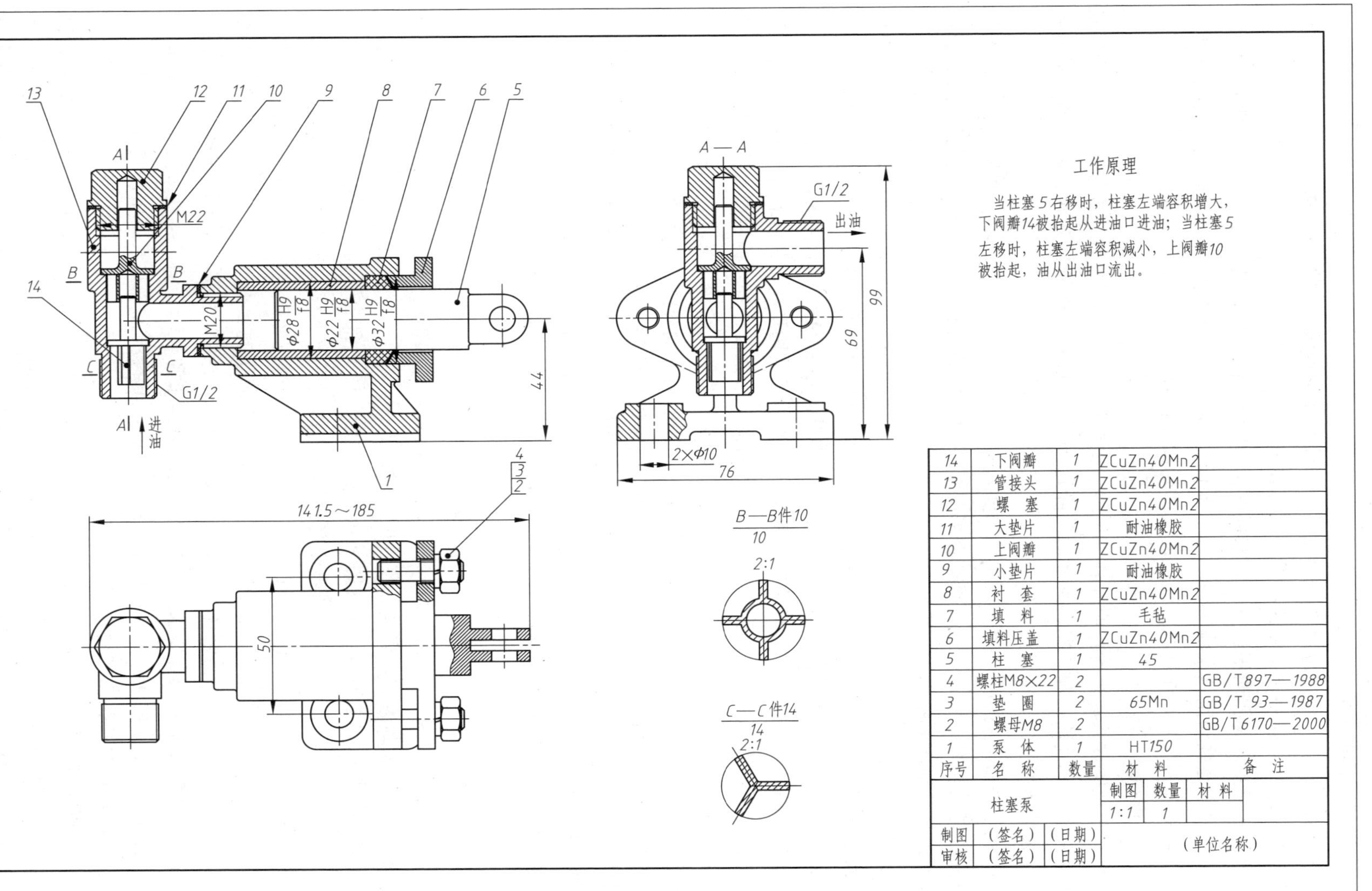
工作原理
当柱塞5右移时，柱塞左端容积增大，下阀瓣14被抬起从进油口进油；当柱塞5左移时，柱塞左端容积减小，上阀瓣10被抬起，油从出油口流出。
14 下阀瓣 1 ZCuZn40Mn2
13 管接头 1 ZCuZn40Mn2
12 螺塞 1 ZCuZn40Mn2
11 大垫片 1 耐油橡胶
10 上阀瓣 1 ZCuZn40Mn2
9 小垫片 1 耐油橡胶
8 衬套 1 ZCuZn40Mn2
7 填料 1 毛毡
6 填料压盖 1 ZCuZn40Mn2
5 柱塞 1 45
4 螺柱M8×22 2 GB/T897—1988
3 垫圈 2 65Mn GB/T 93—1987
2 螺母M8 2 GB/T6170—2000
1 泵体 1 HT150
序号 名称 数量 材料 备注
柱塞泵
制图 数量 材料
1:1 1
制图 (签名) (日期)
审核 (签名) (日期)
(单位名称)
A—A
G1/2
出油
99
69
76
2×Φ10
B—B件10
2:1
C—C件14
2:1
44
141.5~185
50
M22
M20
进油
Φ28 H9/f8
Φ22 H9/f8
Φ32 H9/f8

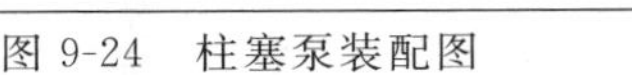
图 9-24 柱塞泵装配图

② 了解部件的组成。

查看明细栏，了解组成部件的标准零、部件及非标准零、部件的名称、数量，对照视图中的零部件序号，进一步了解这些零、部件在装配图上的位置。

查看柱塞泵装配图明细栏可知，部件共由14种零件组成，其中2、3、4号零件为标准件，主要用于连接和定位泵体1和填料压盖6，其余为非标准件。通过对以上内容的初步了解，并参阅有关尺寸，便可对该部件的大体轮廓与内容有一个概略的印象。

2）分析视图

将几个视图联系起来看，明确各零件的主要结构形状、相互位置、连接形式、配合要求及传动关系（主—从）和装配关系（动—静），由此分析其工作原理，并了解部件的拆装顺序、验收条件和使用、维修注意事项。

① 对各视图进行分析。根据装配图上的表达情况，找出各个视图、剖视图、断面图等配置的位置及投射方向，注意观察是否采用了装配图的特殊画法、规定画法及简化画法等，从而搞清楚各视图的重点表达内容。

如图9-24所示装配图，主要采用了三个基本视图表达柱塞泵的内外结构形状。主视图沿柱塞泵的前后对称面剖切开，采用了全剖视图，清楚地反映了柱塞泵主要零件之间的装配关系和工作原理。左视图沿管接头回转轴线剖切开，绘制 $A—A$ 剖视图，既表达清楚了柱塞泵出油口的结构形状，又看清楚了柱塞泵的主要端面结构形状。另外在左视图中，还采用了局部剖视图，表达泵体底座上安装螺栓孔的结构、形状及位置。俯视图直接进行投影，进一步反映各零部件的相对位置、装配关系及主要零件的形状结构。另外，俯视图中采用了两处局部剖视图：一处是螺柱连接；另一处是柱塞孔的局部剖视图。为了进一步表达柱塞泵中关键零件上阀瓣10和下阀瓣14的径向结构，装配图还绘制了 $B—B$、$C—C$ 局部剖视图单独表达。

② 从表达运动关系的视图入手，搞清楚运动零件和非运动零件的相对运动关系，从而分析部件的工作原理和传动路线。

柱塞泵的工作原理是：当柱塞5右移时，柱塞左端容积增大，下阀瓣14被抬起从进油口进油；当柱塞5左移时，柱塞左端容积减小，上阀瓣10被抬起，油从出油口流出。

③ 从反映装配关系最清楚的视图入手，弄清各零件间的装配关系，包括配合关系、连接或固定方式、密封方式，以及各零件的相对位置。

由柱塞泵装配图主视图及左视图可知，在管接头13内部自下而上安装了下阀瓣14、上阀瓣10和螺塞12，下阀瓣和上阀瓣在右侧柱塞的作用下上下移动实现进出油功能，上端的螺塞及大垫片11起到密封作用。管接头右端伸出部分通过螺纹连接安装在泵体1上，并用小垫片9进行密封。沿泵体1水平轴线方向，依次安装了衬套8、柱塞5，并用填料7和填料压盖6密封，填料压盖与泵体之间通过一对螺母2、垫圈3及螺柱4定位连接。

柱塞泵装配体中有配合要求的面共有3处：泵体1和衬套8的连接处 $\phi28H9/f8$ 的圆柱面，衬套8和柱塞5的连接处 $\phi22H9/f8$ 的圆柱面，填料压盖6和泵体1的连接处 $\phi32H9/f8$ 的圆柱面，均为基孔制的间隙配合。

④ 分析零部件的结构形状及尺寸。首先根据零件的序号在装配图中找到其位置，根据外形轮廓确定零件在视图中的范围，再根据投影关系和剖面线等特征确定零件在装配图其他视图中投影，正确地将零件从整个装配图中分离出来。正确分析局部的结构形状及其他零件间的关系，补充被其他零件遮挡的轮廓线，从而确定零件的整体结构形状。对于细小结构难

以确定时，可以从与其相邻零件的连接关系、定位方式等方面进行分析，从而确定出正确的形状。常见的标准件（如键、销、螺纹紧固件、滚动轴承）及标准结构（如退刀槽、越程槽和倒角等）的表达方法已规范化，因此看懂这些零件并不困难。对于一般的部件而言，复杂的零件并不多，相对较难看懂的一般是箱体类零件。

下面以图 9-24 柱塞泵装配图中的零件 1 泵体为例，介绍零件的分离与形状的确定方法。

由明细栏可知，零件 1 为泵体，根据序号 1 指引线所指，首先在主视图中分离出泵体的轮廓形状，由于主视图全剖，因此在主视图中可看到泵体的内部轮廓形状；根据主、左视图"高平齐"的投影关系，找出泵体在左视图中对应的轮廓形状；根据主、俯视图"长对正"的投影关系，找出泵体在俯视图中的投影，在俯视图中可看清楚泵体底座的结构形状特征是带圆角的长方形，且有两个螺栓孔。柱塞泵中的泵体轮廓如图 9-25 所示。从视图中分离出泵体轮廓后，补充被其他零件遮挡的轮廓线，从而可以确定泵体的主要结构形状，如图 9-26 所示。另外，结合装配图中标注的与泵体有关的尺寸，如 M20、ϕ28H9/f8、ϕ32H9/f8、44、50、76、2×ϕ10，可进一步确定泵体的重要结构定形和定位尺寸。

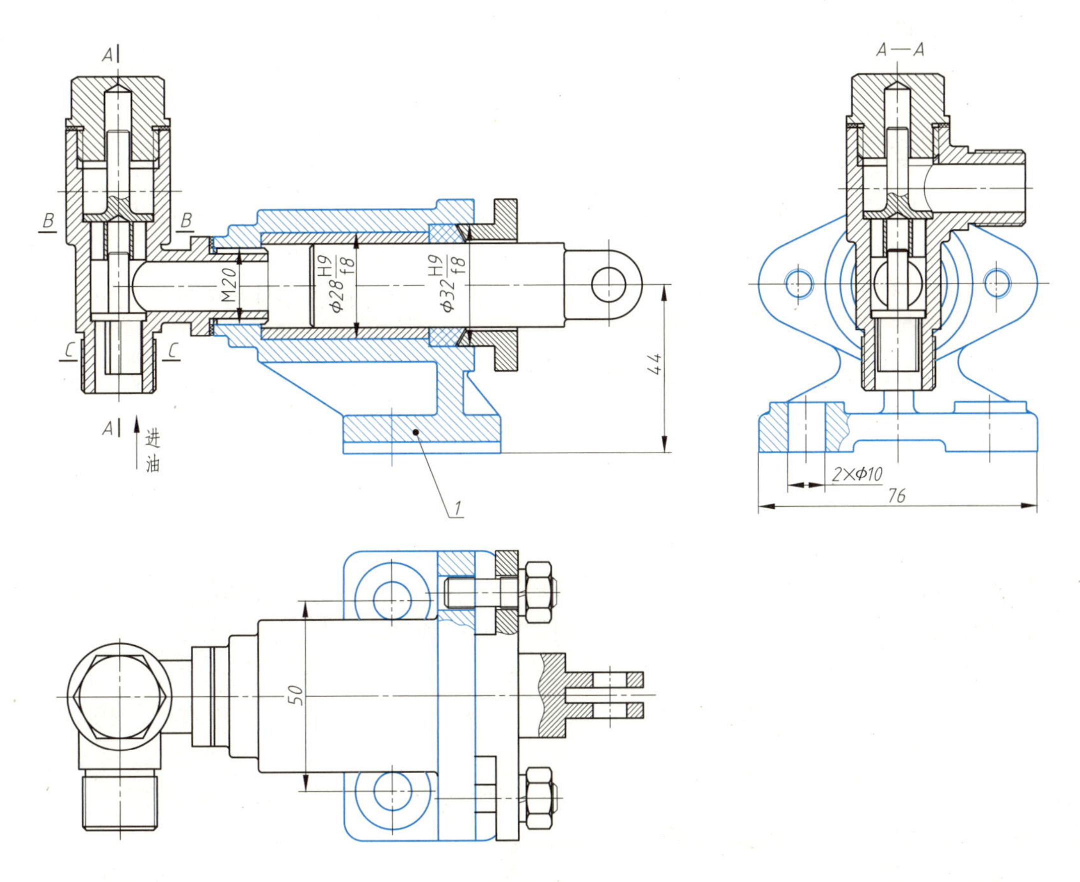

图 9-25 柱塞泵中泵体的轮廓

3）想象结构形状

在以上各步骤的基础上，结合尺寸标注及技术要求等有关内容，进一步综合分析总体结构、传动关系和工作原理，通过归纳总结，想象出装配体的整体结构形状，如图 9-27 所示。

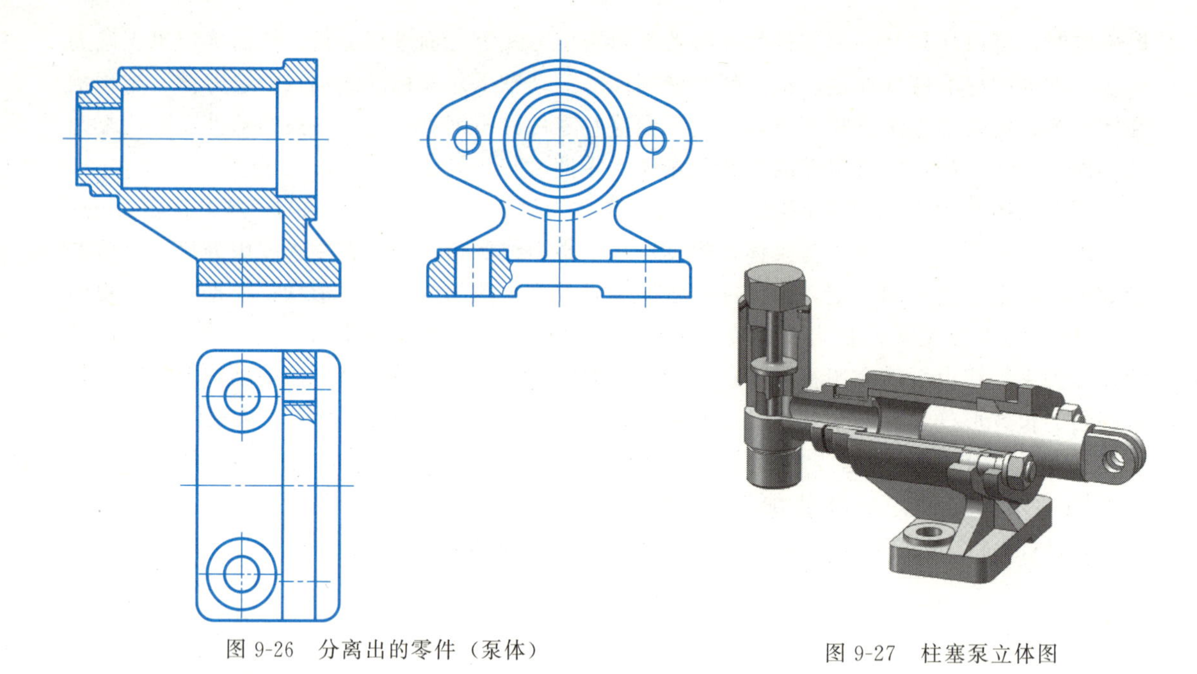

图 9-26　分离出的零件（泵体）

图 9-27　柱塞泵立体图

9.7.2　由装配图拆画零件图

在设计过程中，一般根据设计意图先画装配图，确定其主要结构，再由装配图拆画零件图，这一过程称为拆图。拆画零件图的过程也是完成零件设计的过程。拆画零件图时，一般先画主要零件，然后根据装配关系，逐一拆画有关零件，以保证各零件的形状、尺寸等协调一致。

由装配图拆画零件图时，除要认真阅读装配图，全面了解装配体的工作原理、装配关系、技术要求和零件的结构形状以外，还要从设计方面考虑零件的作用和要求，以及从工艺方面考虑零件的制造与装配，应使所画的零件图符合设计和工艺要求。下面以拆画柱塞泵装配图中的泵体零件为例，介绍由装配图拆画零件图的方法和步骤。

(1) 看懂装配图，分离零件

拆画零件图是在看懂装配图的基础上进行的，正确地分离零件是拆画零件图的基础。读装配图和分离零件的方法在 9.7.1 节中已介绍过，并以柱塞泵泵体为例进行了分离。

(2) 确定表达方案

某个零件的图形从装配图中分离出来后，其表达方案的选择应根据零件的结构形状特点，按照第 8 章零件图介绍的典型零件表达方案的选择原则和一般规律重新考虑，不强求与装配图一致。在多数情况下，箱座体类零件主视图所选的方位可以与装配图一致。对于轴套类零件，一般按照加工位置选取主视图。

以柱塞泵装配图中分离出来的泵体为例，分析其结构特点，确定合理的零件图表达方案。从图 9-26 可以看出，泵体零件前后对称，主要由 4 部分组成。主体为圆筒体，圆筒体右端有蝶形连接部分，泵体底座为长方体，底座和圆筒体之间以支撑板和肋板连接。这是典型的泵体箱座体类零件，在选择表达方案时，通常按其工作位置放置，即按柱塞泵装配图中所示位置放置，由于泵体外形简单，内部为空腔结构，且前后对称，所以主视图采用全剖视图，以表达清楚泵体内部的空腔形状结构。为表达泵体圆筒体右端的蝶形连接部分，绘制了泵体的左视图。同时在左视图底座部分进行局部剖视。以表达底座上的凸台及安装孔。为表达底座的外形，绘制了 A 向的仰视图（仅绘制底座部分）。泵体中支撑板的特征形状在左视图中真实反映，肋板的特征形状在主视图中真实反映。泵体最终表达方案如图 9-28 所示。

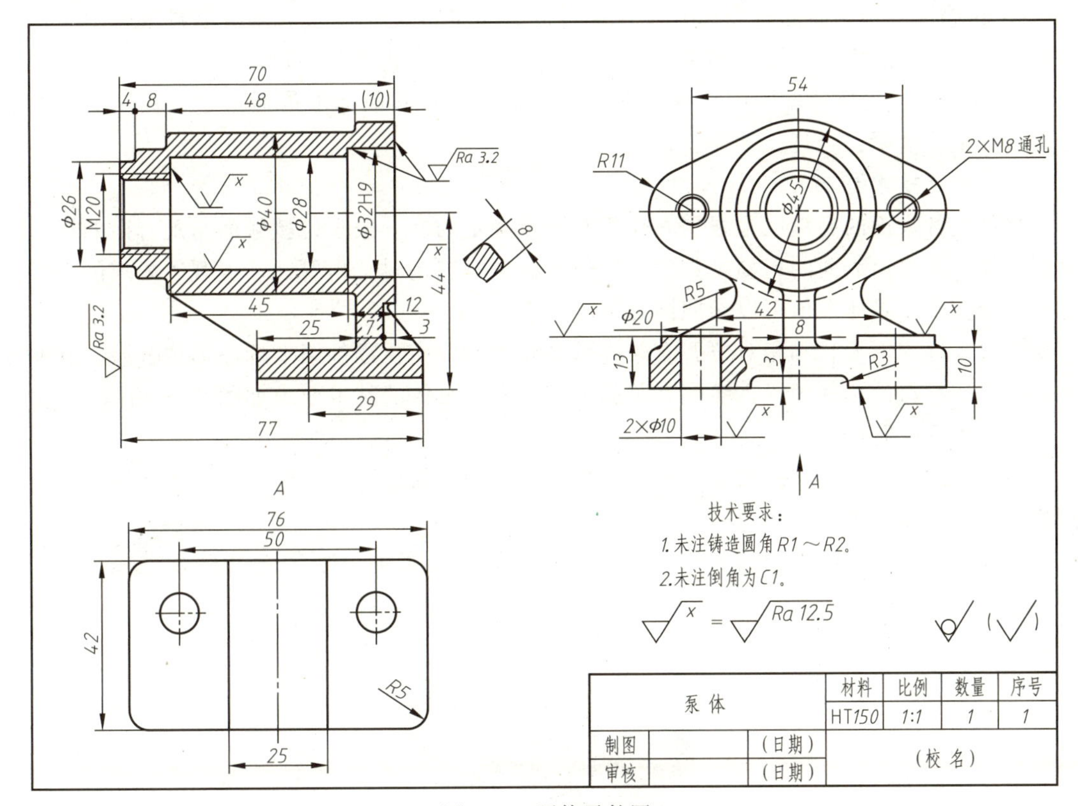

图 9-28 泵体零件图

(3) 零件结构形状的处理

在装配图中，不可能对零件结构的所有细节做到面面俱到，某些局部结构在装配图中未明确表达，则需要结合设计和工艺知识，以及与相邻零件的配合关系来确定。

另外零件上某些标准结构，如倒角、倒圆、退刀槽等在装配图中是允许省略的，拆画零件图时，应综合考虑设计和工艺的要求，补画出这些结构，并查表标注清楚。如零件上某些结构（如销孔）需要与相关零件装配时一起加工，则应在零件图上注明。

(4) 绘制零件图

画图的过程参照前面章节，略。

(5) 标注尺寸

① 在装配图中已注出的尺寸，如配合尺寸、安装尺寸和性能规格尺寸等，应在对应的零件图上直接注出。对于配合尺寸，还应根据配合代号标记将相应的公差带代号标注到对应的零件尺寸上。

② 与标准件相连接或配合的有关结构，如螺纹孔、销孔等，要从明细栏相应标准件信息中查取后标注。

③ 某些零件，在明细栏中给定了尺寸，如弹簧尺寸、垫片厚度等，要按给定尺寸注写。

④ 有些尺寸可以根据装配图所给的数据进行计算得到的，如齿轮的分度圆、齿顶圆直

径等尺寸，则要经过计算，然后注写。

⑤ 对标准结构，如倒角、沉孔、螺纹退刀槽、砂轮越程槽等结构的尺寸，要从标准中查阅出标准值后再标注。

⑥ 相邻零件接触面的有关尺寸及连接件的有关定位尺寸，如泵体与填料压盖用于连接的孔的定形尺寸和定位尺寸，两零件上标注出的数值和形式都要一致。

⑦ 其他尺寸均按装配图中直接量取的数值经过圆整和取标准值后标注，标注的要求是正确、完整、清晰、合理。

(6) 拟定技术要求

零件上各表面的粗糙度是根据其作用和要求确定的。一般来说接触面与配合面的粗糙度数值应较小，自由表面的粗糙度数值一般较大。但是有密封、耐腐蚀、美观等要求的表面粗糙度要求较高。具体数值可以参照同类零件选取。

当对零件表面形状和相对位置有较高精度要求时，应在零件图上标注形位公差。其他方面的要求如材料的热处理等，参照有关的内容拟定。泵体的技术要求如图 9-29 所示。

(7) 填写标题栏

根据明细栏中该零件的名称、材料、数量、比例等信息填写标题栏，检查无误后在制图栏签名。

完成后的泵体零件图如图 9-28 所示，泵体立体图如图 9-29 所示。

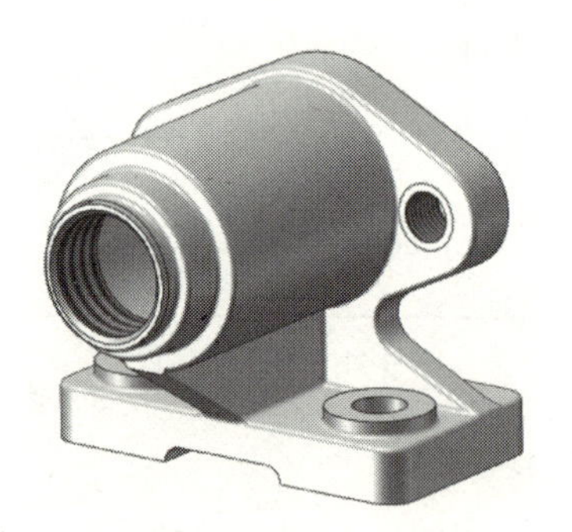

图 9-29　泵体立件图

第10章 焊接图

能力目标

➢ 能够读懂焊接图中标注的焊缝符号。

➢ 能够运用焊缝符号标注焊接图。

➢ 能够绘制焊接结构图。

知识点

➢ 焊缝符号表示规则。

➢ 焊缝基本符号、补充符号、组合符号。

➢ 基本符号和指引线的位置规定。

➢ 焊缝的尺寸标注。

➢ 焊缝标注方法。

焊缝是指焊件经焊接后所形成的结合部分。焊接是通过加热或加压，或两者并用，并且用或不用填充材料，使焊件达到原子结合的一种加工方法。GB/T 5185—2005《焊接及相关工艺方法代号》中规定了每种焊接工艺方法可通过代号加以识别，见表10-1。焊接及相关工艺方法一般采用三位数代号表示。其中，一位数代号表示工艺方法大类，二位数代号表示工艺方法分类，三位数代号表示某种工艺方法。

表10-1　焊接及相关工艺方法代号（摘自GB/T 5185—2005）

代号	焊接方法	代号	焊接方法	代号	焊接方法	代号	焊接方法
1	电弧焊	15	等离子弧焊	3	气焊	521	固定激光焊
101	金属电弧焊	151	等离子MIG焊	31	氧-燃气焊	522	气体激光焊
11	无气体保护的电弧焊	2	电阻焊	311	氧-乙炔焊	7	其他焊接方法
111	焊条电弧焊	21	点焊	312	氧-丙炔焊	71	铝热焊
12	埋弧焊	211	单面点焊	4	压力焊	72	电渣焊
121	单丝埋弧焊	22	缝焊	41	超声波焊	74	感应焊
13	熔化极气体保护电弧焊	221	搭接缝焊	42	摩擦焊	75	光辐射焊
131	熔化极惰性气体保护电弧焊(MIG)	23	凸焊	47	气压焊	753	红外线焊
135	熔化极非惰性气体保护电弧焊(MAG)	231	单面凸焊	5	高能束焊	8	切割和气刨
14	非熔化极气体保护电弧焊	232	双面凸焊	51	电子束焊	81	电弧切割
141	钨极惰性气体保护电弧焊(TIG)	24	闪光焊	52	激光焊	94	软钎焊

焊接图是指表示焊件的工程图样。

焊缝符号是指在焊接图上标注的焊接方法、焊缝形式及焊缝尺寸等的符号。

10.1 焊缝符号的表示规则

① 在技术图样或文件上需要表示焊缝或接头时，推荐采用焊缝符号。必要时，也可以采用一般的技术制图方法表示。

② 焊缝符号应清晰表述所要说明的信息，不使图样增加更多的注释。

③ 完整的焊缝符号包括基本符号、补充符号、尺寸符号及数据等。为了简化，在图样上标注焊缝时通常只采用基本符号和指引线，其他内容一般在有关规定中（如焊接工艺规程等）明确。

④ 在同一图样中，焊接符号的线宽、焊接符号中字体的字形、字高和字体笔画宽度应与图样中其他符号（如尺寸符号、表面结构符号、几何公差符号）的线宽、字体的字形、字高和笔画宽度相同。

⑤ 焊缝符号的比例、尺寸及标注位置参见 GB/T 12212—2012《技术制图　焊缝符号的尺寸、比例及简化表示法》的有关规定。

10.2 焊缝符号的组成

焊缝符号包括基本符号和补充符号。

10.2.1 基本符号

基本符号表示焊缝横截面的基本形式或特征，焊缝图形符号在双基准线上的位置及比例关系见图 10-1（a），对称焊缝图形符号在基准线上的位置及比例关系见图 10-1（b）。焊缝符号的尺寸系列见表 10-2。常见焊缝基本符号参见表 10-3，其他可查阅 GB/T 324—2008。

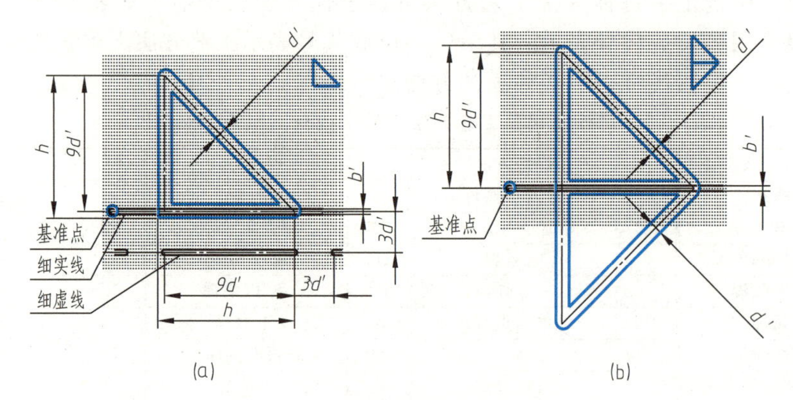

图 10-1　焊缝图形符号位置及比例关系

h—尺寸数字字高；b'—细实线线宽；d'—焊缝图形符号的线宽和字体的笔画宽度 $d'=h/10$

表 10-2　焊缝符号的尺寸系列（摘自 GB/T 12212—2012）

可见轮廓线宽度 b	0.5	0.7	1	1.4	2
细实线宽度 b'	0.25	0.35	0.5	0.7	1

续表

数字和字母的高度(h)	3.5	5	7	10	14
焊缝图形符号的线宽和字体的笔画宽度($d'=h/10$)	0.35	0.5	0.7	1	1.4

注：当焊缝图形符号与基准线（细实线或细虚线）的线宽比较接近时，允许将焊缝图形符号加粗表示。

表 10-3 常用焊缝基本符号（摘自 GB/T 324—2008）

序号	名称	示意图	符号的尺寸和比例(摘自 GB/T 12212—2012)
1	卷边焊缝 (卷边完全融化)	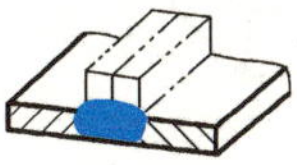	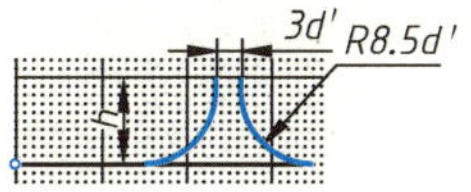 3d′ R8.5d′ h
2	I 形焊缝	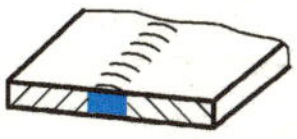	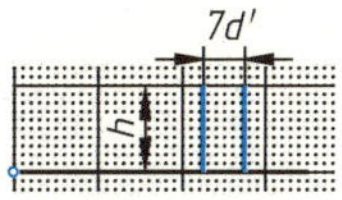 7d′ h
3	V 形焊缝		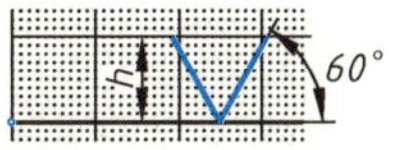 h 60°
4	单边 V 形焊缝		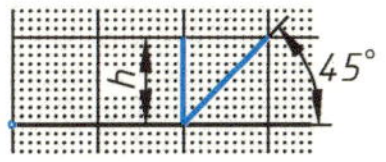 h 45°
5	带钝边 V 形焊缝		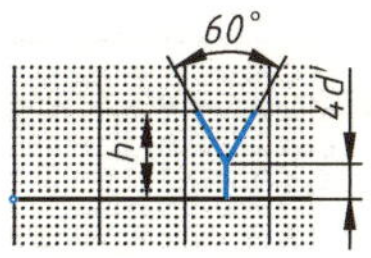 60° 4d′ h
6	带钝边单边 V 形焊缝		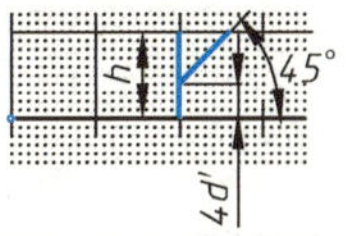 h 45° 4d′
7	带钝边 U 形焊缝	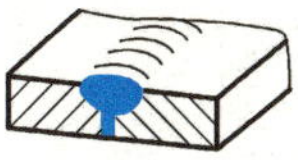	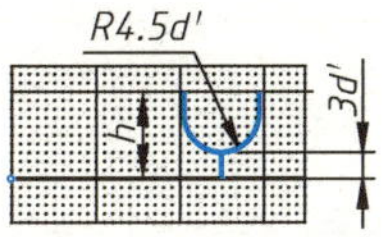 R4.5d′ 3d′ h
8	封底焊缝		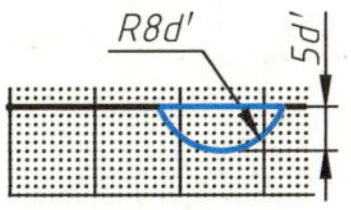 R8d′ 5d′
9	角焊缝	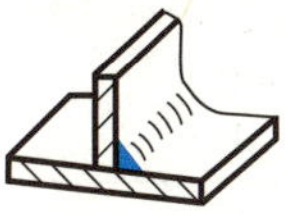	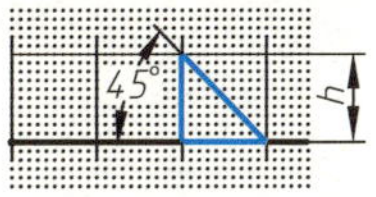 45° h
10	塞焊缝或槽焊缝	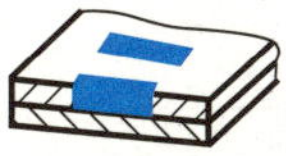	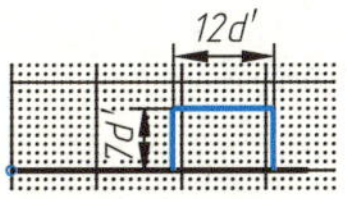 12d′ 7d′

10.2.2 基本符号的组合标注

对于双面焊焊缝或接头，基本符号可以组合使用，如表 10-4 所示。

表 10-4 焊缝基本符号的组合（摘自 GB/T 324—2008）

序号	名称	示意图	符号的尺寸和比例(摘自 GB/T 12212)
1	双面 V 形焊缝 （X 焊缝）	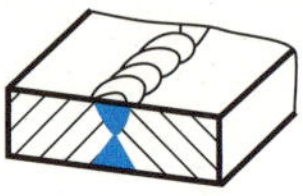	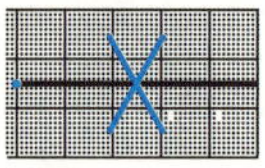
2	双面单 V 形焊缝 （K 焊缝）	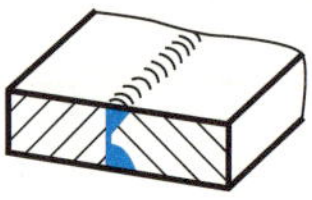	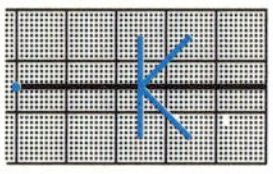
3	带钝边双面 V 形焊缝	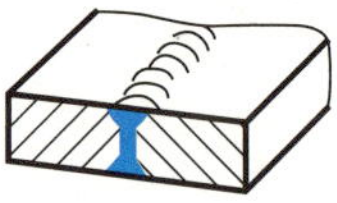	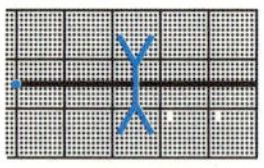
4	带钝边双面单 V 形焊缝	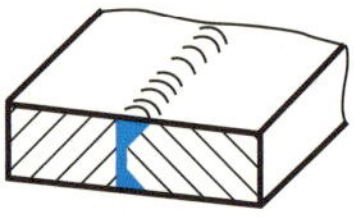	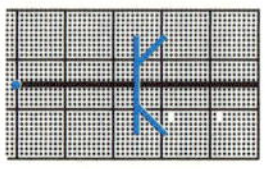
5	双面 U 形焊缝	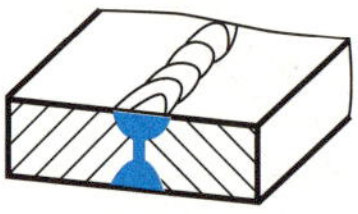	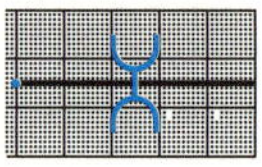

10.2.3 补充符号

补充符号用来补充说明有关焊缝或接头的某些特征（如表面形状、衬垫、焊缝分布、施焊地点等），具体参见表 10-5。

表 10-5 焊缝补充符号（摘自 GB/T 324—2008）

序号	名称	符号(摘自 GB/T 21212—2012)	说明
1	平面	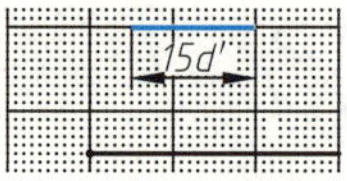 15d'	焊缝表面通常经过加工后平整
2	凹面	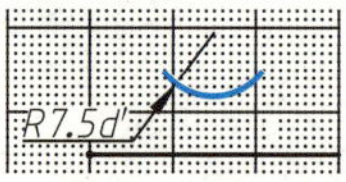 R7.5d'	焊缝表面凹陷
3	凸面	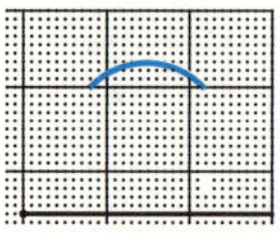	焊缝表面凸起 尺寸参照序号 2
4	圆滑过渡	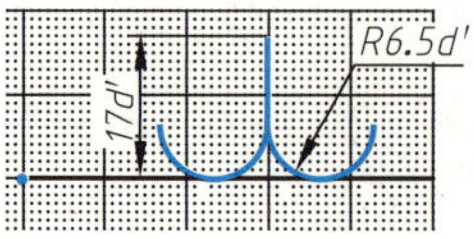 17d' R6.5d'	焊趾处过渡圆滑

续表

序号	名称	符号	说明
5	永久衬垫	M 8d' 15d'	衬垫永久保留
6	临时衬垫	MR 8d' 15d'	衬垫在焊接完成后拆除
7	三面焊缝	12d' h	三面带有焊缝
8	周围焊缝	φh	沿着工件周边施焊的焊缝标注位置为基准线与箭头线的交点处
9	现场焊缝	h 15d'	在现场焊接的焊缝
10	尾部	h 90°	在该符号后面，可标注焊接工艺方法及焊缝条数等内容
11	交错断续	h 25d'	表示焊缝由一组交错断续的相同焊缝组成

10.3　焊缝符号和指引线的位置规定

10.3.1　基本要求

在焊缝符号中，基本符号和指引线为基本要素，焊缝的准确位置通常由基本符号和指引线之间的相对位置决定，具体位置包括箭头线、基准线、基本符号。

10.3.2　指引线

指引线由箭头线、基准线组成，基准线由两条相互平行的细实线和细虚线组成，基准线一般与图样标题栏的长边平行；必要时，也可以与图样标题栏的长边垂直，如图10-2所示。

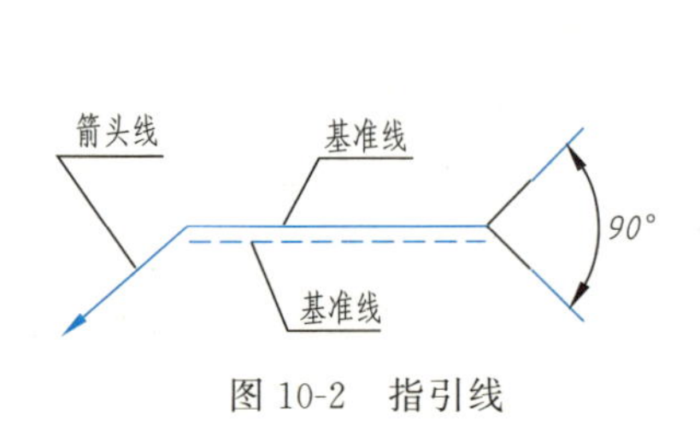

图 10-2 指引线

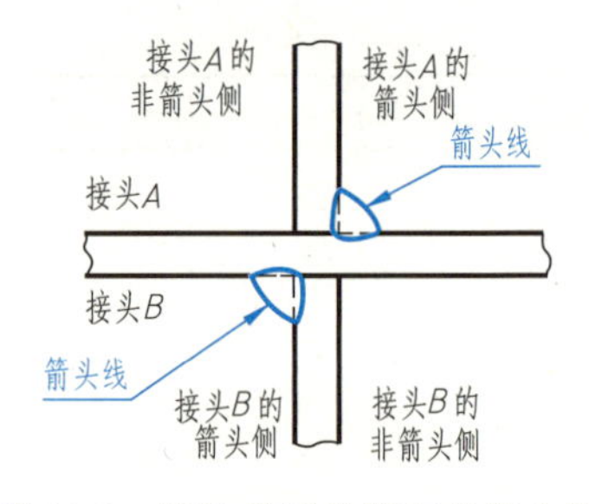

图 10-3 接头的箭头侧与非箭头侧

箭头直接指向的接头侧为“接头的箭头侧”，与之相对的则为“接头的非箭头侧”，见图 10-3。

基本符号与基准线的相对位置：基本符号在实线侧时，表示焊缝在箭头侧；基本符号在虚线侧时，表示焊缝在非箭头侧，见图 10-4（a）；对称焊缝允许省略细虚线，见图 10-4（b）；在明确焊缝分布位置的情况下，有些双面焊缝也可省略细虚线，见图 10-4（c）。

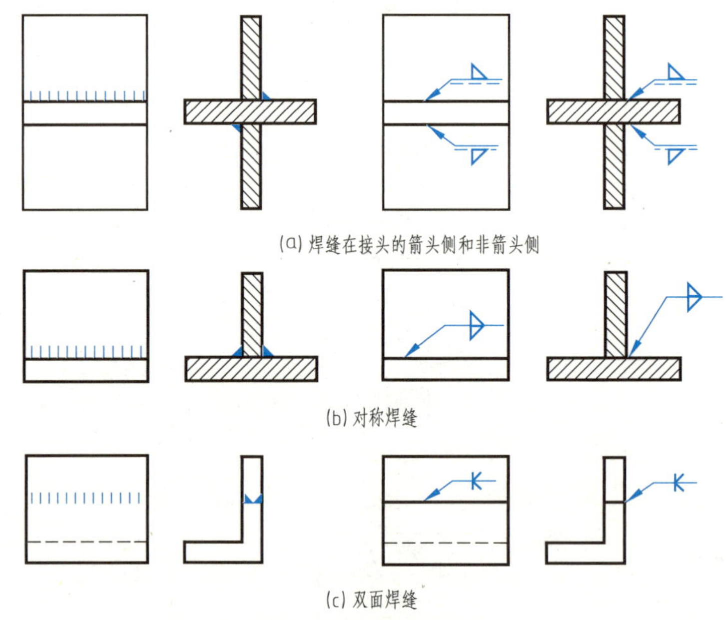

图 10-4 基本符号与基准线的相对位置

10.4 焊缝的尺寸符号及标注

10.4.1 一般要求

焊缝尺寸符号是用字母表示，一般在图样中只标注尺寸数值，不标注尺寸符号。必要时，可以在尺寸数值前标注焊缝尺寸符号，焊缝尺寸符号见表 10-6。

10.4.2 标注规则

焊缝尺寸标注方法见图 10-5。焊缝横截面上的尺寸数据标注在基本符号的左侧；坡口角度、坡口面角度、根部间隙标注在基本符号的上侧或下侧；焊缝长度方向的尺寸数据标注在基本符号的右侧；相同焊缝数量和焊接方法标注在尾部。当尺寸较多不易分辨时，可在尺寸数据前标注相应的尺寸符号。当箭头线方向改变时，上述规则不变。

表 10-6 焊缝尺寸符号（摘自 GB/T 324—2008）

符号	名称	示意图	符号	名称	示意图
δ	工件厚度		c	焊缝宽度	
α	坡口角度		K	焊角尺寸	
β	坡口面角度		d	点焊：熔核直径 塞焊：孔径	
b	根部间隙		n	焊缝段数	n=2
p	钝边		l	焊缝长度	
R	根部半径		e	焊缝间距	
H	坡口深度		N	相同焊缝数量	N=3
S	焊缝有效厚度		h	余高	

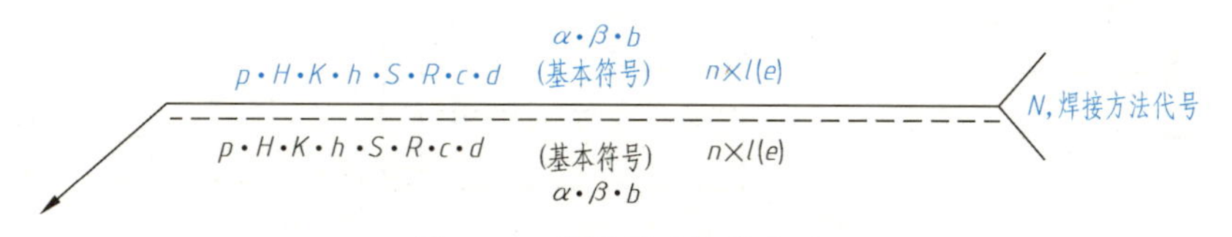

图 10-5 焊缝尺寸标注方法

10.4.3 尺寸标注的其他规定

① 确定焊缝位置的尺寸不在焊缝符号中标注，应将其标注在图样上。

② 在基本符号的右侧无任何尺寸标注又无其他说明时，意味着焊缝在工件的整个长度方向上是连续的。

③ 在基本符号的左侧无任何尺寸标注又无其他说明时，意味着焊缝应完全焊透。

④ 塞焊缝、槽焊缝带有斜边时，应标注其底部的尺寸。

10.5 焊接图的阅读

10.5.1 常见焊缝标注示例

常见的焊缝尺寸如坡口角度、焊缝高度、长度等可以不按尺寸标注的方法而用焊缝符号加以标注，见表 10-7。

表 10-7 常见焊缝标注示例

序号	标注示例	焊缝形式	说明
1	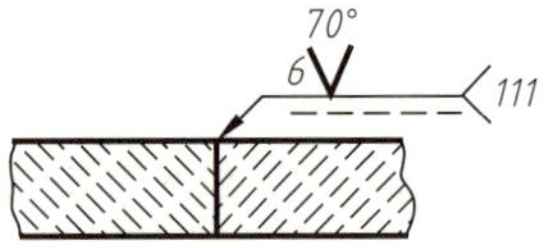	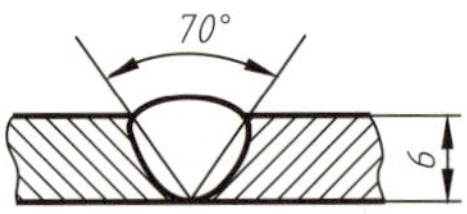	对接 V 形焊缝，坡口角度为 70°，焊缝有效厚度为 6mm，焊条电弧焊
2	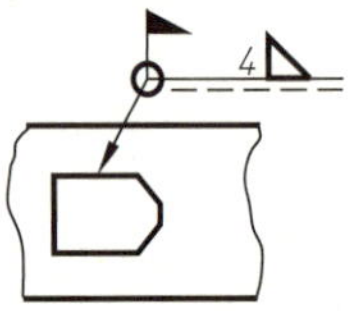	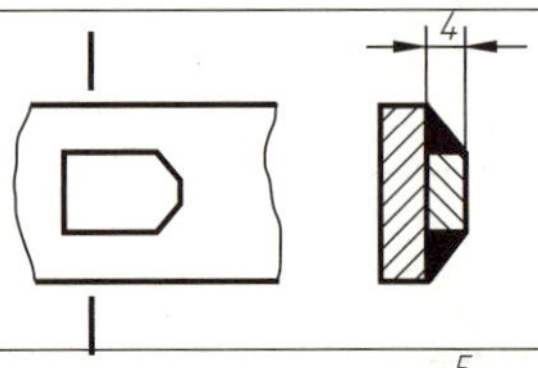	搭接角焊缝，焊角高度为 4mm，在现场沿工件周围施焊
3	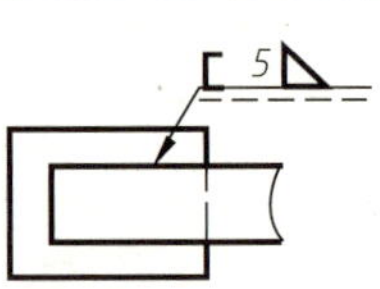	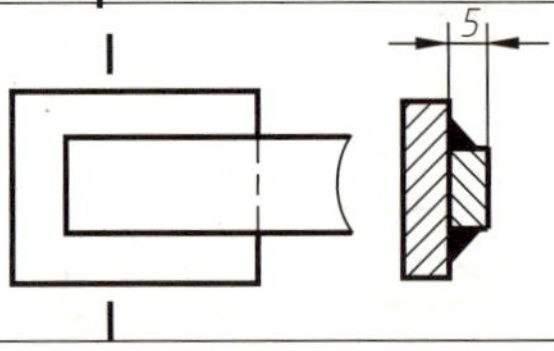	搭接角焊缝，焊角高度为 5mm，带有焊缝工件三面
4	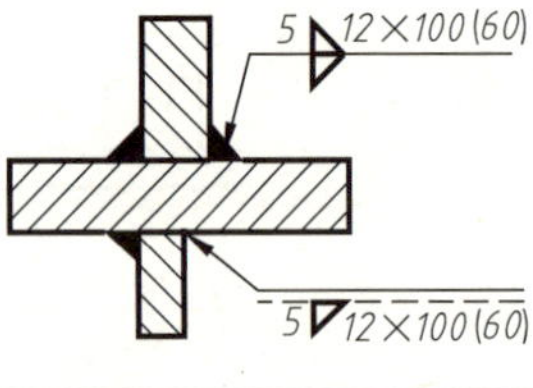	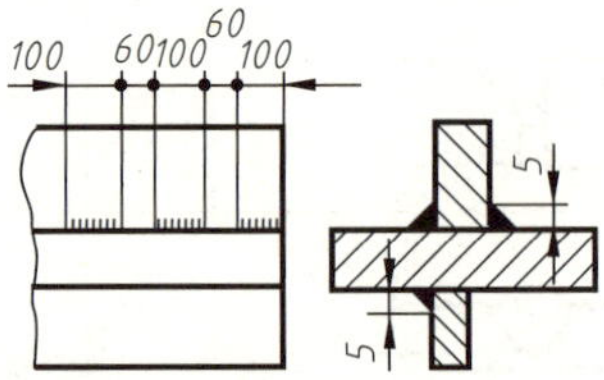	断续角焊缝，焊角高度为 5mm，焊缝长度为 100mm，焊缝间距为 60mm，3 处，共有 12 段
5	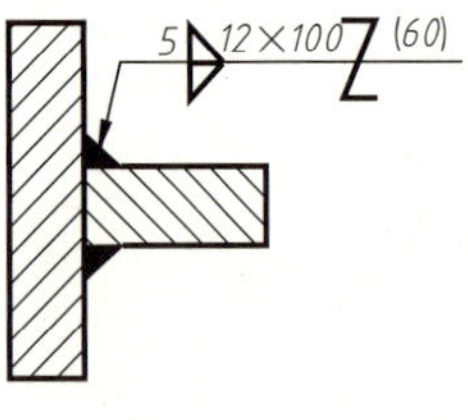	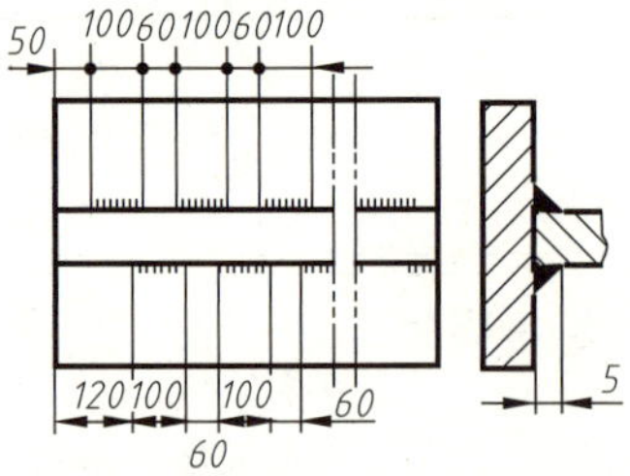	交错断续角焊缝，50 是确定箭头侧焊缝起始位置的定位尺寸，120 是确定非箭头侧的起始位置定位尺寸，其他参见上例
6	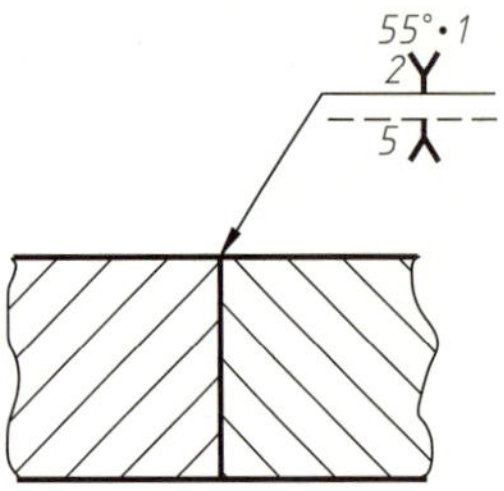	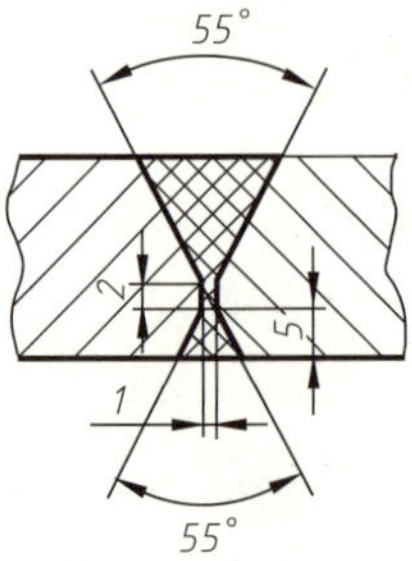	带钝边 V 形焊缝，在箭头侧和非箭头侧，坡口角度 55°，根部间隙 1mm，钝边高度 2mm，非箭头侧坡口深度 5mm

10.5.2　读焊接装配图

读懂轴承挂架焊接结构，见图 10-6。

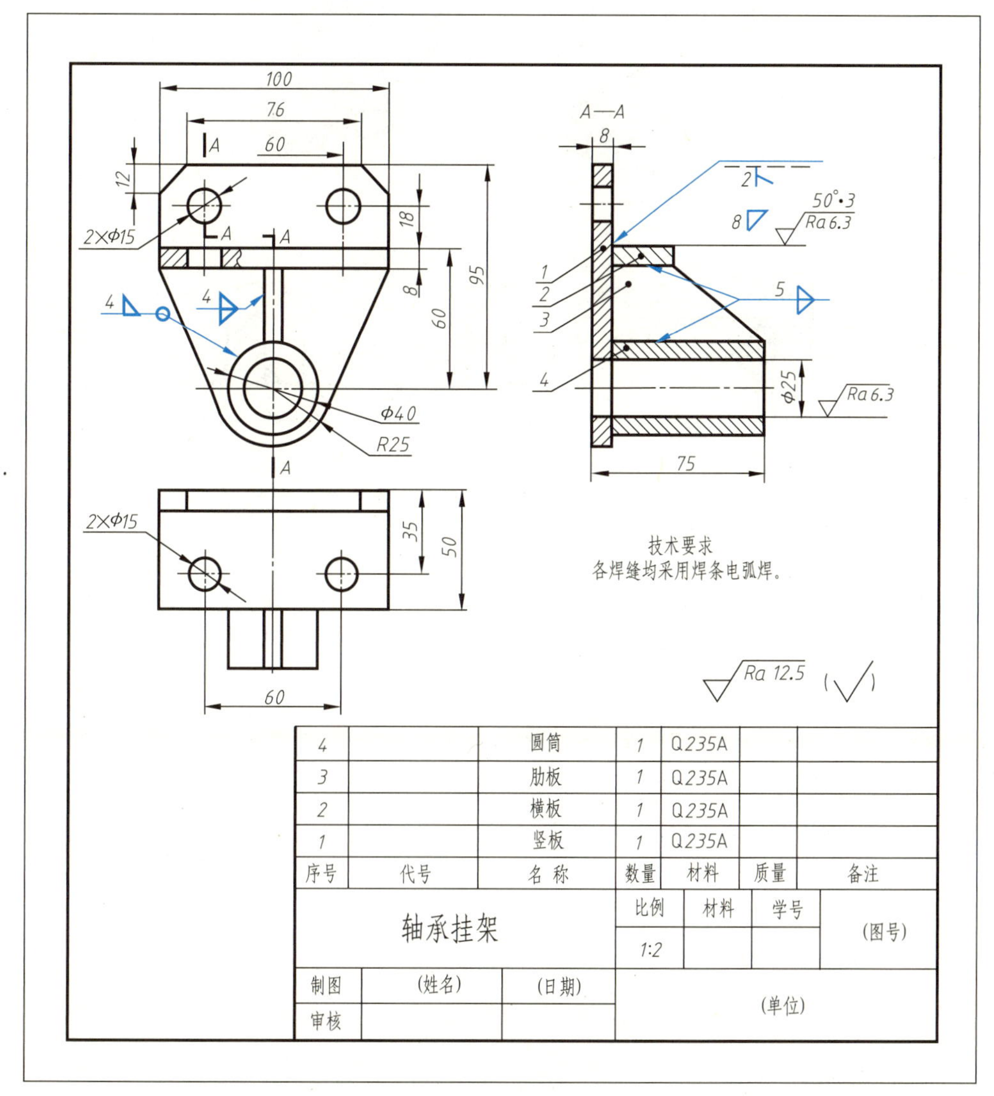

图 10-6　轴承挂架装配图

读图方法与步骤：

① 看标题栏、明细栏，概括了解部件的名称、性能、工作原理。

② 看视图，看懂各零件之间的相互位置、连接关系、作用等。通过形体分析想出各零件的结构形状，根据各零件间的相对位置，综合想出整体形状，如图 10-7 所示。

③ 看尺寸，了解配合尺寸、安装尺寸、总体尺寸，分析设计基准和工艺基准。

④ 看焊接符号，读懂焊缝符号。通过图中标注焊缝符号，得出竖板与横板是通过带钝边单边 V 形焊缝和角焊缝施焊，竖板与圆筒通过角焊缝周围施焊，竖板与肋板、横板与肋板均是通过对称角焊缝施焊，各部分焊缝的形式和尺寸见图 10-8。所有焊缝均采用焊条电弧焊焊接。

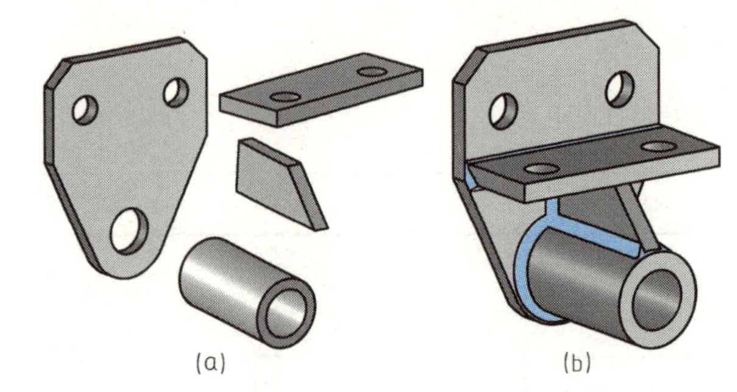

图 10-7 轴承挂架立体图

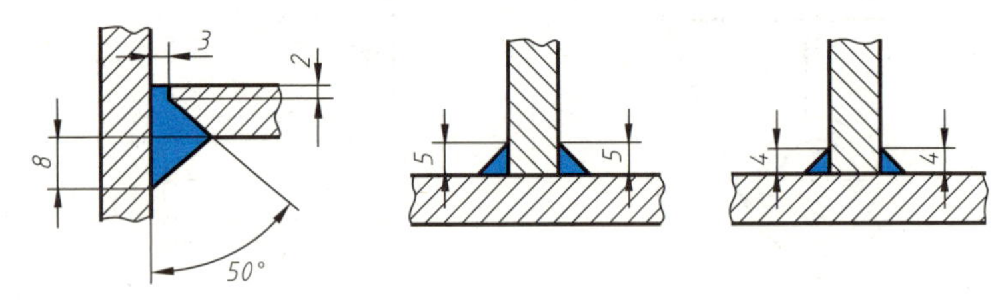

图 10-8 轴承挂架焊缝的形式和尺寸

第11章

展开图

能力目标

➢ 能够运用各种展开方法展开各种构件。

知识点

➢ 平行线展开法。
➢ 放射线展开法。
➢ 三角形展开法。

钣金件在制造部门有着广泛的应用，如各种通风管道、变形接头、容器等。图 11-1 所示的旋风分离器就是钣金件。制造时需先画出该钣金件的展开图（称为放样），然后依图进行下料、弯、卷成形等工序，再用焊接、铆接、咬接等方法制成。展开图画的正确与否、出图的效率高低，对于提高钣金制件的质量、节约工时、节约材料、降低成本都有很重要的意义。

将金属钣料制作的表面按其实际形状和大小，依次摊平在一个平面上，称为金属钣料制作的表面展开。展开后所得到的平面图形，称为该构件表面的展开图。如图 11-2 所示，把一个圆管展开摊平成为一个长方形，这个长方形就是圆管的展开图。

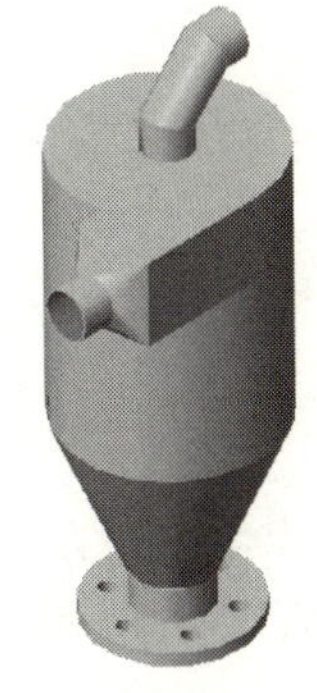

图 11-1　旋风分离器

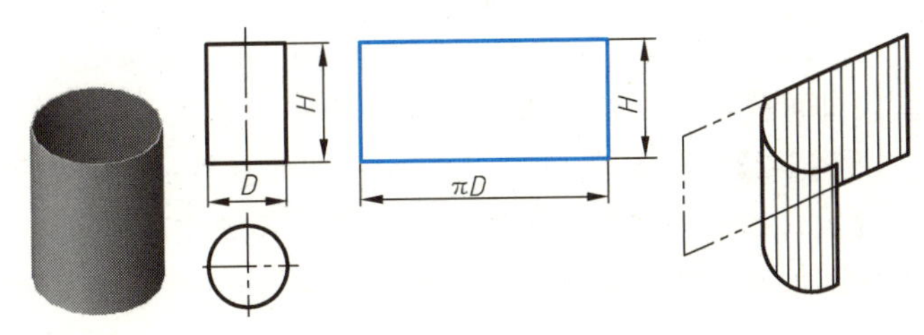

图 11-2　圆管展开

制件表面按其表面几何性质不同分为可展表面和不可展表面。平面立体因其表面均是平面多边形，属于可展表面。曲面立体，若其曲面中相邻两素线平行或相交，为可展表面，如圆柱面、圆锥面等；若曲面中相邻两素线是交叉直线或曲线，则为不可展曲面，如球面、环面、螺旋面等。本章主要解决可展表面的展开问题，重点是可展表面的展开方法及常见构件的展开。

11.1 作展开图的方法

11.1.1 平行线展开法

棱柱面、圆柱面、椭圆柱面等柱面构件，其表面棱线或素线相互平行，展开时可以假设先沿某一棱线或素线将表面切开，然后将其沿垂直于棱线或素线的方向摊平到一个平面上，这种展开方法称为平行线展开法。

平行线展开法的原理是：因构件表面由彼此相互平行的直素线构成，所以可将相邻两条素线及其上下两端口的周线所围成的面近似看成平面矩形，当被分成的这样微小面积无限多时，各微小面积的总和即为构件表面的表面积，把这些微小平面按照构件原来的先后顺序和相对位置不重叠、不遗漏地铺平后，构件的表面就被展开了。

使用此方法展开构件的特点是：构件所有的棱线或素线相互平行，且在某一投影面上的投影都显示实长，而在另一投影面上的投影为平面多边形或封闭的曲线。

【例 11-1】 求作图 11-3（a）所示正六棱柱管的展开图。

分析：该正六棱柱管的棱线在主视图上反映实长且相互平行，俯视图上积聚为正六边形，见图 11-3（b），符合平行线展开法的应用条件。正六棱柱管的展开图是一个矩形，见图 11-3（c），长度为正六棱柱底面周长，高度为正六棱柱高度（主视图反映棱线高度的实长）。

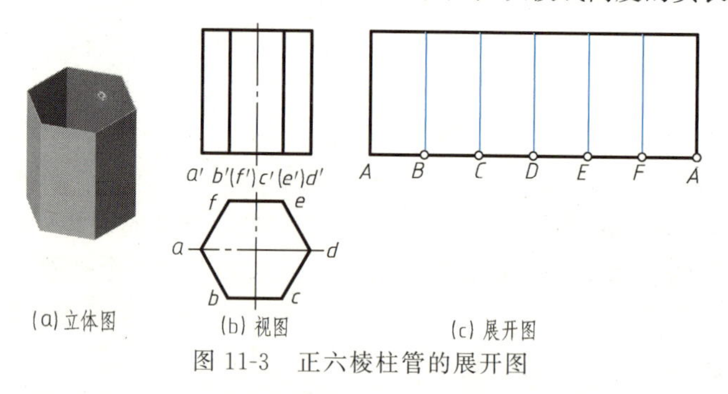

图 11-3 正六棱柱管的展开图

作图步骤：

① 作直线 AA（与主视图中棱柱管底面投影高平齐），使 $AB=ab$，$BC=bc$，$CD=cd$，$DE=de$，$EF=ef$，$FA=fa$。

② 过 A、B、C、D、E、F、A 点作 AA 的垂线，使每一条棱线的高度等于正六棱柱高度，即可完成正六棱柱管的矩形展开图，如图 11-3（c）所示。

【例 11-2】 求作图 11-4（a）所示四棱柱管的展开图。

分析：该四棱柱管的棱线在主视图上反映实长且相互平行，俯视图上积聚为正方形，符合平行线展开法的应用条件。又因其与圆柱管相交，两个棱面的交线为直线 Ⅰ Ⅳ 和 Ⅱ Ⅲ，如图 11-4（b）所示，两个棱面的交线为曲线 Ⅰ Ⅱ 和 Ⅲ Ⅳ，两段曲线在正面反映实形，可用平行线法展开。

作图步骤：

① 作直线 AA（与主视图中棱柱管底面投影高平齐），使 $AB=ab$，$BC=bc$，$CD=cd$，$DA=da$。

② 过 A、B、C、D、A 点作 AA 的垂线 A Ⅰ、B Ⅱ、C Ⅲ、D Ⅳ，使 A Ⅰ $=a'1'$，

B Ⅱ$=b'2'$，C Ⅲ$=c'3'$、D Ⅳ$=d'4'$（过主视图中 $1'$、$2'$、$3'$、$4'$点作直线 AA 的平行线，与垂线的交点为Ⅰ、Ⅱ、Ⅲ、Ⅳ）。

③ 在俯视图中将 AB、CD 进行六等分（等分数越多，作图越精确），在主视图中过等分点作棱线的平行线，与截交线相交，过各交点作直线 AA 的平行线，与在展开图中过各等分点作的垂线相交，交点即为截交线展开图上的点，如图 11-4（c）所示。

④ 顺次光滑连接各点，即得到四棱柱管展开图，如图 11-4（c）所示。

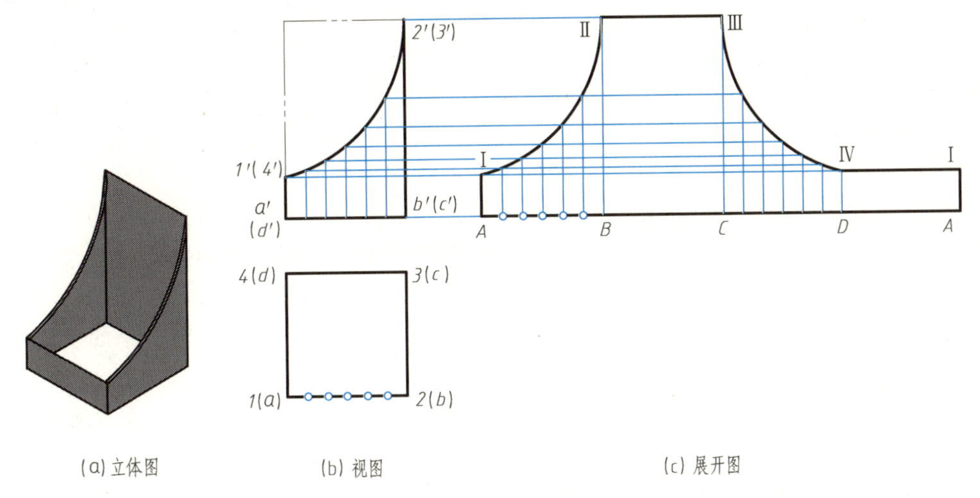

(a) 立体图　　(b) 视图　　(c) 展开图

图 11-4　四棱柱管的展开图

【例 11-3】 求作图 11-5（a）所示斜切口圆柱管的展开图。

分析：正圆柱管斜切后，使得圆柱面上的各条素线的长度不相等。作展开图时应根据投影图中各素线的实长，用平行线法展开，然后光滑连接这些素线的端点，即可得到展开图。

其作图方法与步骤如图 11-5（b）、（c）所示。

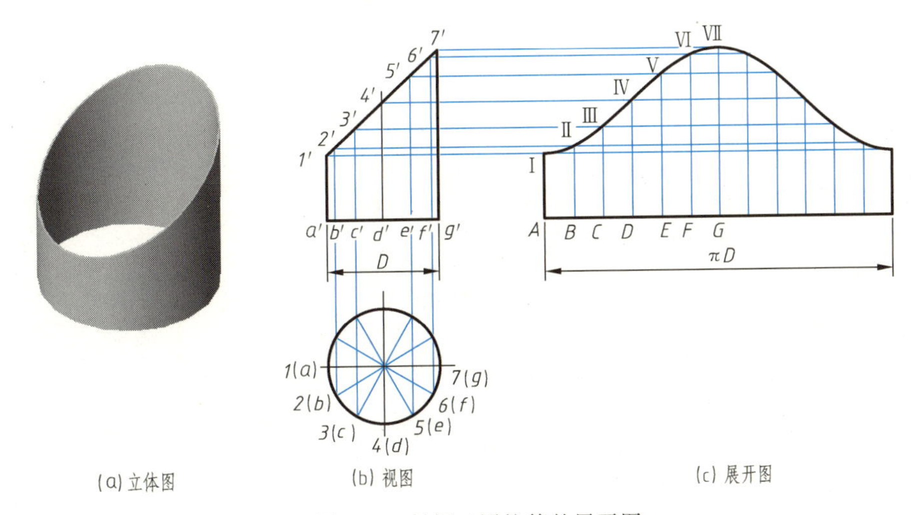

(a) 立体图　　(b) 视图　　(c) 展开图

图 11-5　斜切口圆柱管的展开图

① 在俯视图中将圆柱管的底圆周长进行 12 等分（等分越多，作图越精确），求出等分点的正面投影，过等分点的正面投影作相应的素线，即得到各素线的实长，如 $a'1'$、$b'2'$、$c'3'$、$d'4'$、$e'5'$、$f'6'$、$g'7'$等。

② 将圆周长展开成直线，其长度为 πD，并进行 12 等分，得到等分点 A、B、C、D、E、F、G 等点（在实际生产中常采用近似作图法，即在俯视图的底圆上直接量取等分的弦长，在展开图上截取 $AB=ab$……）；过这些等分点作该直线的垂直线，由主视图中 $1'$、$2'$、$3'$、$4'$、$5'$、$6'$、$7'$各点向右作平行于底面的平行线并与垂线对应相交于点Ⅰ、Ⅱ、Ⅲ、Ⅳ、Ⅴ、Ⅵ、Ⅶ，得到圆柱面展开后斜切口上的点。

③ 依次光滑连接Ⅰ、Ⅱ、Ⅲ、Ⅳ、Ⅴ、Ⅵ、Ⅶ各点，即得到斜切正圆柱管的展开图。

11.1.2 放射线展开法

棱锥面、圆锥面等锥面构件，其表面棱线或素线汇交于一点。这种形体的构件，可以应用放射线展开法画出展开图。展开时可以假设先沿某一棱线或素线将表面切开，然后以锥顶为中心将锥面旋转摊平到一个平面上，这种展开方法称为放射线展开法。

放射线展开法的原理是：把锥面构件表面任意相邻两条棱线或直素线所夹的表面积，近似地看成是过锥顶所作的两条射线为邻边，所夹锥体底边线为底边的小平面三角形。当各小三角形底边无限短，小三角形无限多时，那么各小三角形的面积和就等于原来构件侧面积。把这些小三角形不遗漏、不重叠、不褶皱地按照原有顺序和位置铺平在同一平面上，锥体的表面就被展开了。

放射线展开法适用于所有棱锥面、圆锥面、椭圆锥面构件的展开。其中最关键的问题是在展开作图前，必须先把视图中所有不反映实长的棱线、素线以及与展开图有关的直线求出实长。下面我们就先学习求直线实长的方法，然后进行放射线法表面展开。

(1) 求一般位置直线的实长

1）换面法求实长

如图 11-6 所示，直线 AB 是一般位置直线，它在三个投影面上的投影均不反映实长。而特殊位置直线（即平行于某个投影面的直线）在该投影面的投影反映实长。如果选择一个新的投影面，见图 11-6（a)，使它与其中一个投影面垂直且与该直线处于平行的位置，此时，再把该直线向新的投影面投射，直线在新的投影面上的投影反映实长，这个过程即为换面法求一般位置直线的实长。

作图步骤：

① 作新投影轴 O_1X_1，使 $O_1X_1 /\!/ ab$（直线 AB 的水平面投影）。

② 过水平面投影 a、b 两点作新投影轴 O_1X_1 的垂线，与 O_1X_1 的交点为 a_{X1}、b_{X1}，在 a_{X1}、b_{X1} 的延长线上量取 $a_{X1}a_1'=a_Xa'$、$b_{X1}b_1'=b_Xb'$。

③ 连接 $a_1'b_1'$，$a_1'b_1'$即为直线 AB 的实长。

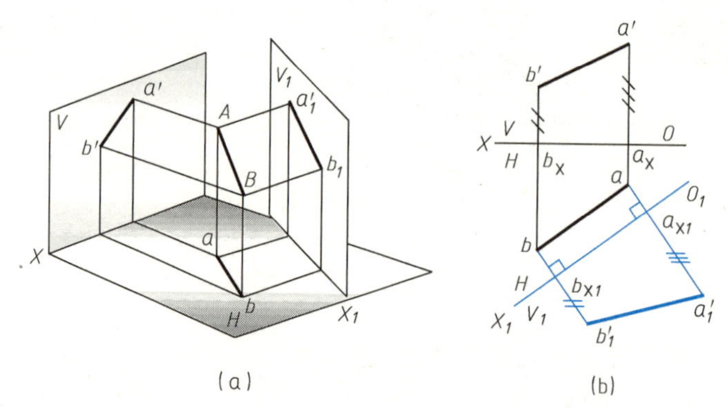

图 11-6 换面法求一般位置直线的实长

若用新投影面 H_1 代替 H 面，其作图方法类似。

2）旋转法求实长

如图 11-7 所示，直线 AB 是一般位置直线，它在三个投影面上的投影均不反映实长。用旋转法求实长是投影面保持不动，而旋转直线，使直线平行于投影面，在所平行的投影面上的投影反映实长，这个过程即为旋转法求一般位置直线的实长。

作图步骤：

① 在水平投影面中以 a 点为中心，将 ab 旋转到与 OX 轴相平行，得到 ab_1。

② 按投影规律作出 B_1 点的正面投影 b_1'。

③ 连接 $a'b_1'$，即为直线 AB 的实长。

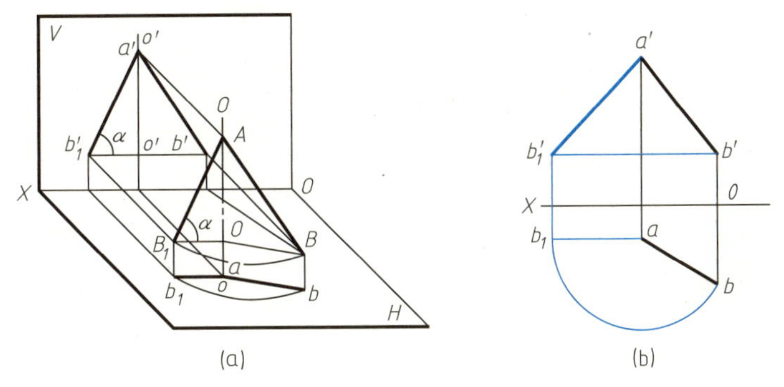

图 11-7 旋转法求一般位置直线的实长

3）直角三角形法求实长

图 11-8（a）表示用直角三角形法求一般位置直线 AB 实长的空间几何关系。在直角三角形 ABC 中，底边 AC 等于直线的水平面投影 ab，而另一直角边 BC 等于直线 AB 两端点的 Z 坐标差，斜边 AB 为直线本身（即实长）。如图 11-8（b）所示，以直线的任一投影为直角三角形的直角边，以对应投影的坐标差为另一直角边，斜边即为直线的实长。

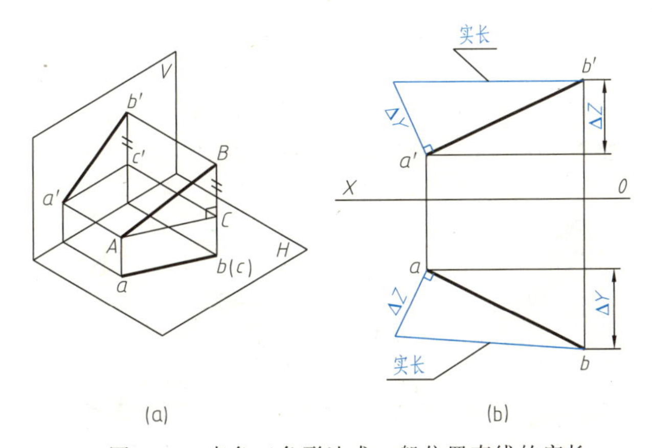

图 11-8 直角三角形法求一般位置直线的实长

(2) 放射线法展开作图

【例 11-4】 求作图 11-9（a）中四棱台管的展开图。

分析：该构件可以看成是由四棱锥截切而成的四棱锥台。其上下底面为水平面，因此，水平投影反映底面多边形各边的实长，而四条棱线为一般位置直线，其实长可以利用直角三角形法或旋转法求得，因而可以求出各棱面的实形，然后依次将棱面展开在一个平面内，即得到其展开图。

作图步骤：

① 在主、俯视图上完成锥顶 S 的投影，如图 11-9（b）所示。

② 利用旋转法或直角三角形法求出棱线的实长 S_1A_1、$S_1\,\mathrm{I}_1$，如图 11-9（b）所示。

③ 以 S 点为圆心，以 S_1A_1 为半径作圆弧，在该圆弧上截取弦长 $AB=ab$、$BC=bc$、$CD=cd$、$DA=da$，并将 A、B、C、D、A 各点与 S 点连线，得到四棱锥的展开图，如图 11-9（c）所示。

④ 以 S 为圆心，$S_1\,\mathrm{I}_1$ 为半径作圆弧交棱锥各棱线于Ⅰ、Ⅱ、Ⅲ、Ⅳ、Ⅰ各点，依次连接各点，即得四棱台管的展开图，如图 11-9（c）所示。

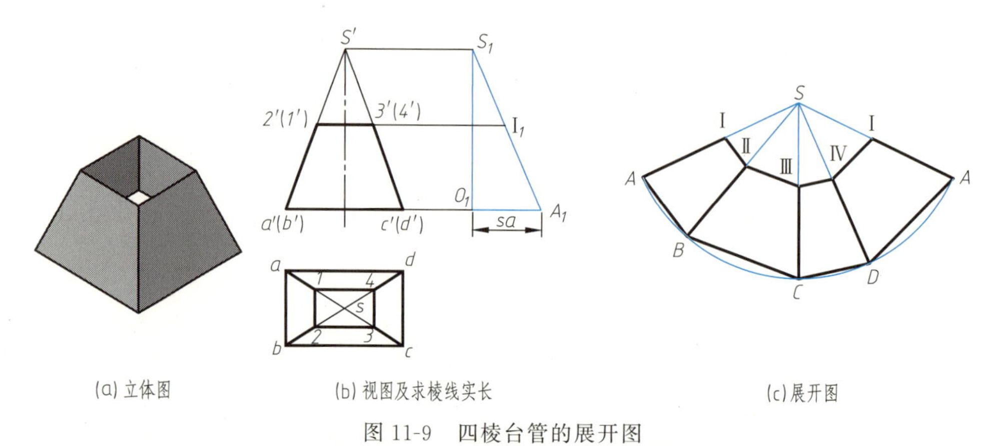

(a) 立体图　(b) 视图及求棱线实长　(c) 展开图

图 11-9　四棱台管的展开图

【例 11-5】 求作图 11-10（a）中正圆锥台管的展开图。

分析：

由于圆锥面上所有素线汇交于锥顶，所以可用放射线法求作圆锥管件的展开图。正圆锥面展开后为扇形，用计算方法可求出该扇形的直线边等于圆锥素线的实长，扇形的弧长等于圆锥底圆的周长 πD，中心角为 $\alpha=180°D/R$，如图 11-10（b）所示。

对于正圆锥台，它的展开图就相当于两个正圆锥的展开，两个圆锥相减剩余的部分即为正圆锥台管的展开图，如图 11-10（c）所示。

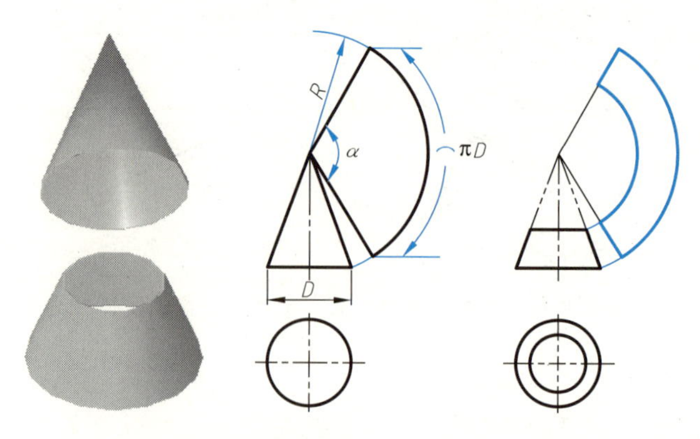

(a) 立体图　(b) 正圆锥面视图和展开图　(c) 正圆锥台管视图和展开图

图 11-10　正圆锥台管的展开图

【例 11-6】 求作图 11-11 斜切口圆锥管的展开图。

作图步骤：

① 将俯视图底圆 12 等分，作出完整正圆锥面的展开图，并在锥面上取 12 条间距相等的素线。

② 用旋转法求出 SB、SC、SD、SE、SF 等线段的实长，并量到展开图中相应的素线上去，从而找到 B、C、D、E、F 等各点的位置。

③ 光滑连接各端点即得到斜切口圆锥管的展开图。

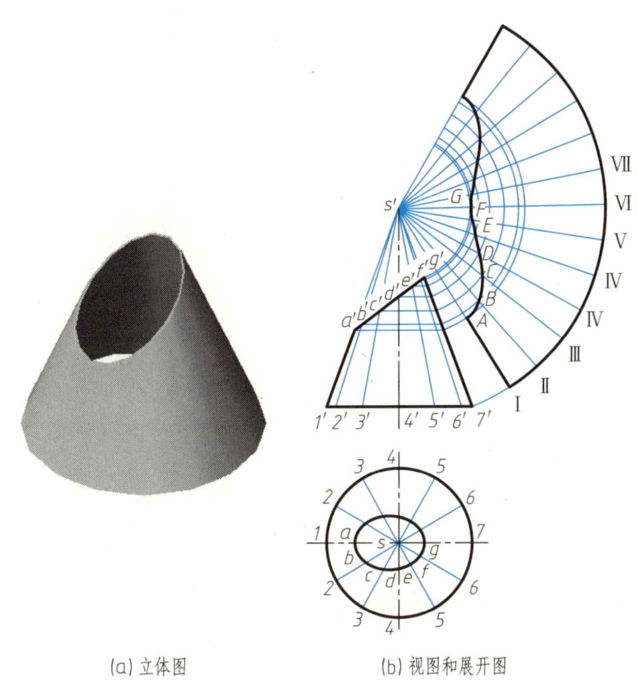

(a) 立体图　　(b) 视图和展开图

图 11-11 斜切口圆锥管的展开图

11.1.3 三角形展开法

【例 11-7】 求作图 11-12（a）中变形接头的展开图。

许多金属钣料制件往往是由几种不同的表面（平面和曲面）组合而成的组合构件。如图 11-12 所示，它的上端是圆形，用以连接圆管，下端是方形（也可以是矩形），用以连接方形管，因为两端形状不一样，所以也称为“天圆地方”变形接头，是常用的工程制件。

分析：变形接头的展开，在顶圆上取Ⅰ、Ⅱ、Ⅲ、Ⅳ四个等分点（见图 11-12），把圆分成四段圆弧，每段圆弧与下端方形的顶点 A、B、C、D 组成一个椭圆锥面；而下端方形的每一个边与顶圆上每个分点组成一个三角形。这样，整个表面就由四个部分锥面和四个三角形组成。把锥面分成若干个小三角形，求出这些三角形的实形，即得近似展开图，这种展开方法称为“三角形展开法”。

作图步骤：

① 在变形接头的水平面投影上，将顶圆的 1/4 圆弧进行等分，如将圆弧⌒ⅠⅡ三等分，得 5、6 点，并求出其正面投影 5′、6′，再将它们与 A 点的同名投影连线，得到椭圆锥面的四条素线 AⅠ、AⅡ、AⅤ、AⅥ的两面投影。

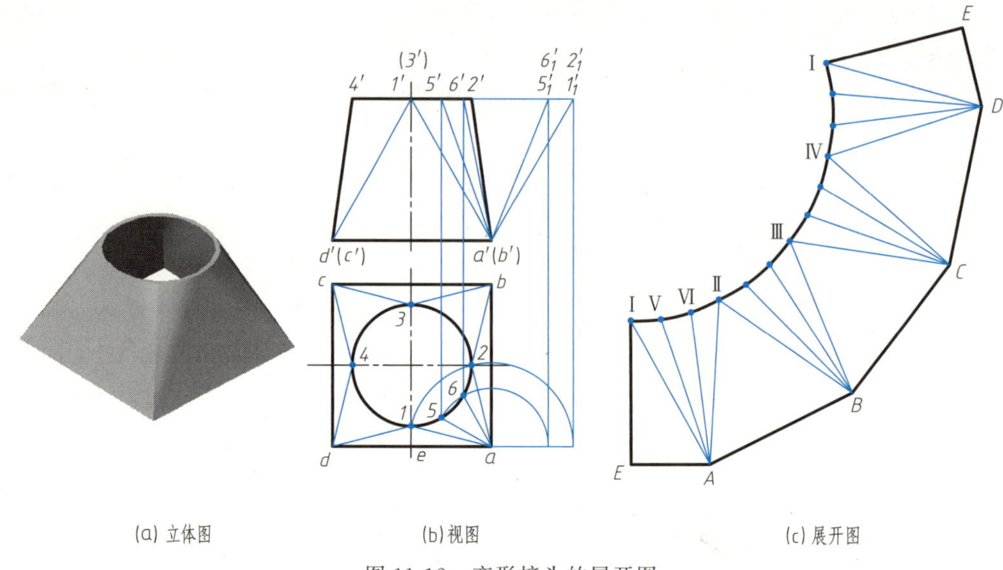

(a) 立体图　　(b) 视图　　(c) 展开图

图 11-12　变形接头的展开图

② 用旋转法（或三角形法）求出锥面各素线的实长为 AⅠ=AⅡ=$a'1_1'$，AⅤ=AⅥ=$a'5_1'$。

③ 画出直角三角形 EAⅠ的实形：取 $EA=ea$，EⅠ$=a'2'$，AⅠ$=a'1_1'$。

④ 作椭圆圆锥的实形：以 A 点为圆心，AⅤ$=a'5_1'$为半径画弧，再以Ⅰ点为圆心，以ⅠⅤ=15 为半径画弧，两弧相交得Ⅴ点，同法得Ⅵ、Ⅱ两点，这样就完成圆锥面的实形。

⑤ 同法依次展开其余部分，即得整个变形接头的展开图。

【例 11-8】 求作图 11-13 所示雨漏的展开图。

分析：由图 11-13（a）得知该管由四个梯形平面组成，上口和下口为水平面，端口在俯视图上反映实形和实长，四条棱线既不平行也不交于一点，不适合用平行线法或放射线法展开，可采用三角形法展开，将每个梯形分成两个三角形，求出三角形各边的实长，再按原来的相对位置和顺序拼接即可完成展开图。

作图步骤：

① 作辅助线 AF、CF、DG、DE，如图 11-13（b）所示，将雨漏分成 8 个三角形。

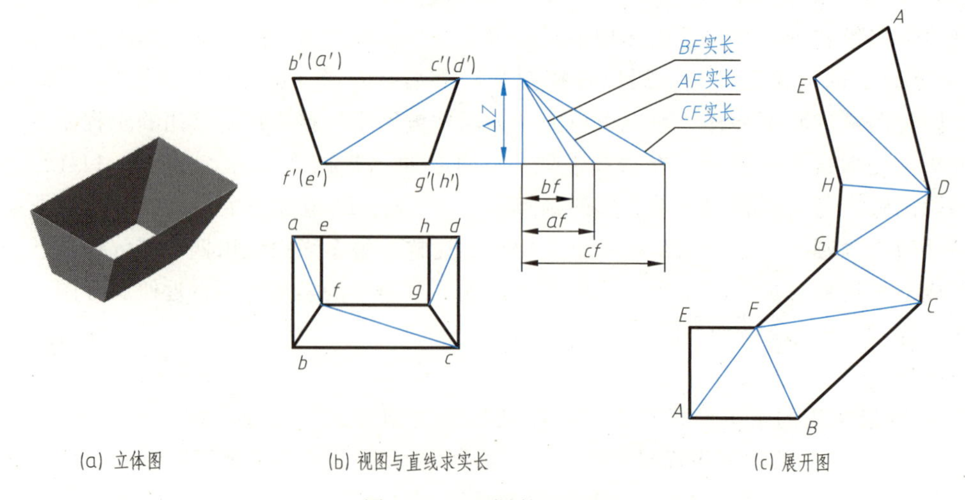

(a) 立体图　　(b) 视图与直线求实长　　(c) 展开图

图 11-13　雨漏的展开图

② 直线 AB、BC、CD、DA、EF、FG、GH、HE 在俯视图上反映实长，AE、DH、DE 在主视图上反映实长，$AF=DG$、BF、CF 用直角三角形法求实长，如图 11-13（b）所示。

③ 由 E 点开始依次按顺序展开即可，如图 11-13（c）所示。

11.2　常见结构件的展开

11.2.1　90°等径圆管弯头

图 11-14（a）所示为三节 90°等径圆管弯头，也是图 11-1 旋风分离器中净化气体的出口管，等径圆管弯头可以使管道转弯平缓，有利于减少流通阻力，同时可以减少管道总长度，节约材料，因此在介质输送、吸尘、通风等管道中广泛使用。

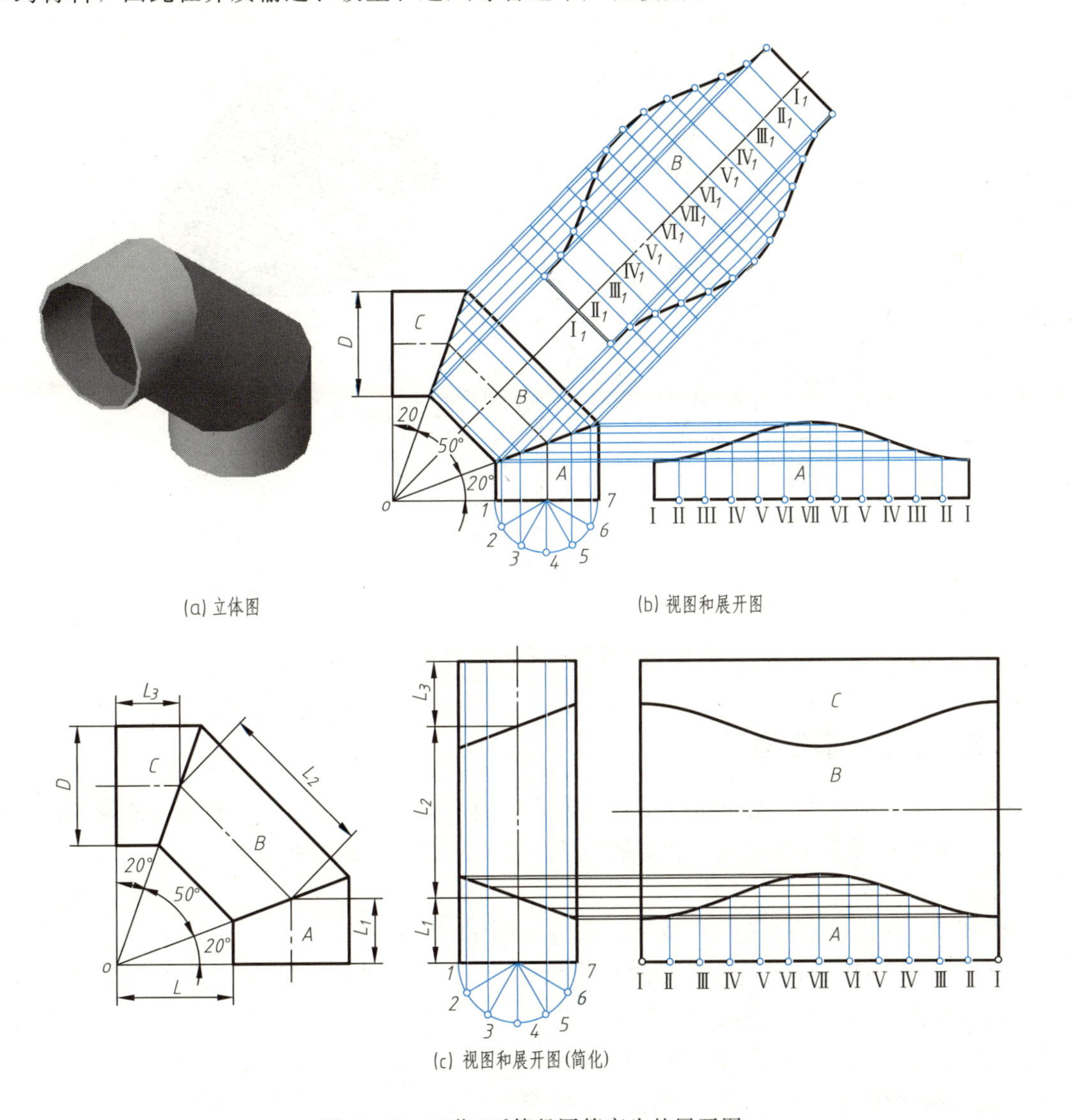

图 11-14　三节 90°等径圆管弯头的展开图

图 11-14（a）所示三节 90°等径圆管弯头由 A、B、C 三段管子组成，每段都是圆柱管被斜切而成，可以用平行线法展开。其中 A、C 两段完全相同，展开一个即可，见图 11-14（b）。

由于 A、B 管和 B、C 管的结合线（相贯线）在展开图中形状完全相同，在实际中，为了简化作图和节约材料，作展开图时，将 B、C 管沿轴线旋转后，与 A 管拼成一个圆柱管，再用平行线法展开，见图 11-14（c）。

11.2.2 圆柱与圆锥 90° 弯头

图 11-15 所示为圆柱与圆锥管 90°弯头，圆柱管与圆锥管的相贯线属于特殊情况，为椭圆，该椭圆在主视图上的投影积聚为直线。一节相当于圆锥管被斜切，求出锥顶 S，即可用放射线法展开。另一节是圆柱管被斜切，用平行线法展开。

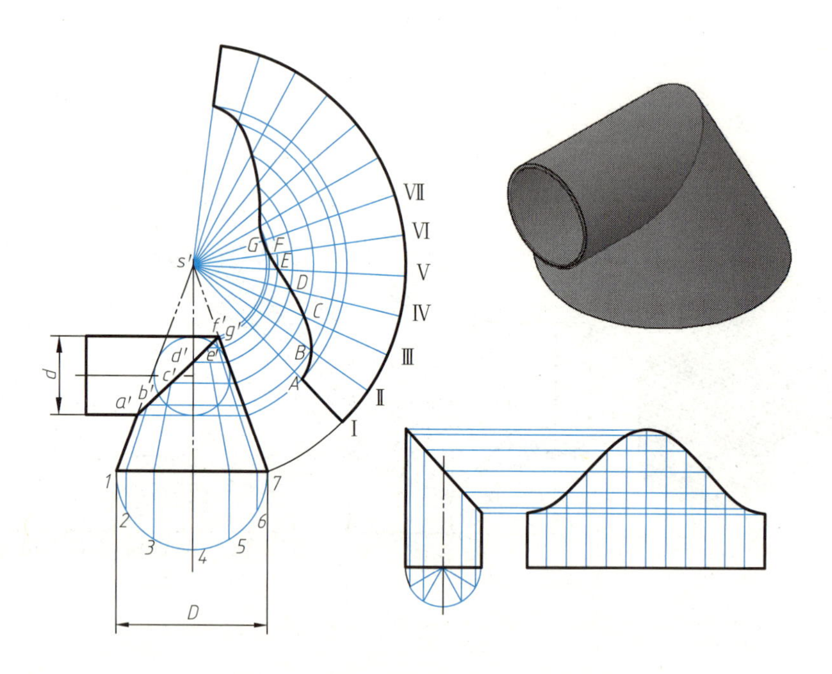

图 11-15 圆柱与圆锥 90°弯头的展开图

11.2.3 异径 T 形三通管

图 11-16 所示为一常见的异径 T 形三通管，两个圆柱的相贯线属一般空间曲线。作展开图时，首先要在视图中准确画出相贯线，然后作出主管和支管的展开图。

主管作图步骤：

① 作出主管圆柱展开图——矩形，尺寸见图 11-16。

② 在主管展开图上作与主管轴线平行的辅助线Ⅰ Ⅰ、Ⅱ Ⅱ、Ⅲ Ⅲ、Ⅳ Ⅳ。辅助线间的距离为左视图中相应点间的弧长，即Ⅰ—Ⅱ $=a''b''$、Ⅱ—Ⅲ $=b''c''$、Ⅲ—Ⅳ $=c''d''$。辅助线与由主视图各对应点所作垂线相交于点 A、B、C、D、E、F、G。

③ 光滑连接 A、B、C、D、E、F、G 等点。

辅助圆柱管展开图利用平行线法展开，如图 11-16 所示。

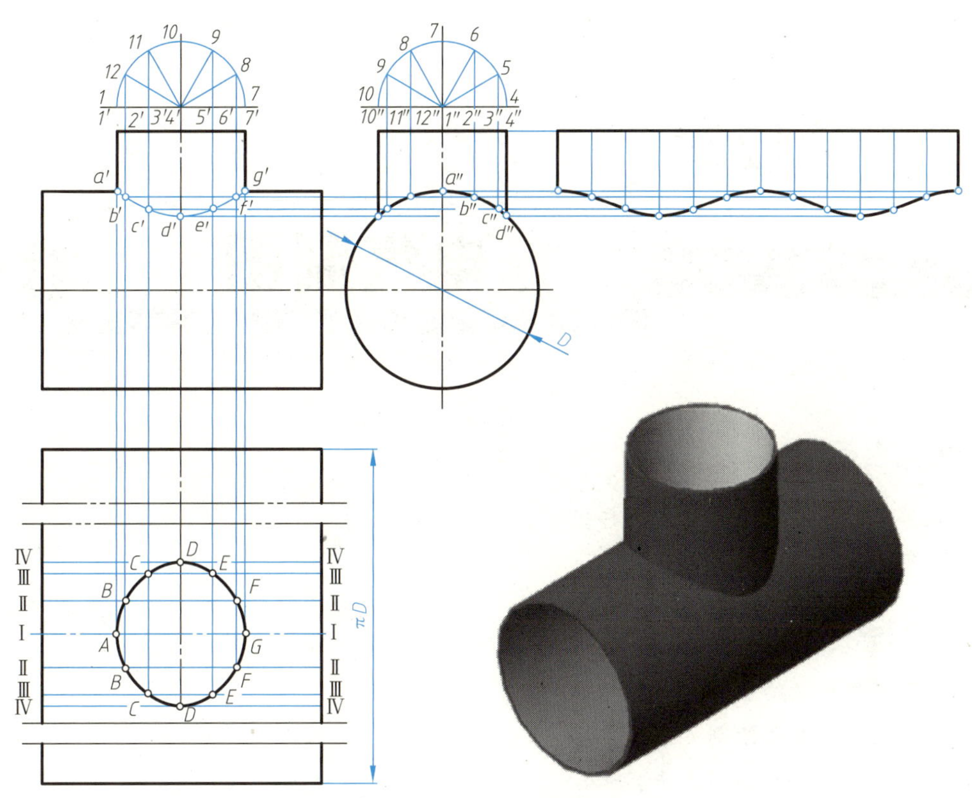

图 11-16 异径 T 形三通管的展开图

第12章 电气制图

能力目标

- 能够正确绘制简单的电气图样。
- 能够识读简单的电气图样。

知识点

- 框图的概念及绘制方法。
- 电路图的概念及绘制方法。
- 接线图的概念及绘制方法。

电气图是用来表达电气工作原理，描述电气产品的构成和功能，并能提供产品安装和使用方法的图样。电气图是根据电子、电气技术行业的特点，采用了具有技术特征的特定画法，且广泛应用于产品的设计和生产中的图样。本章简要介绍电气图的基本知识和画法，参照 GB/T 6988.1—2008《电气技术用文件的编制　第1部分　规则》。

12.1 框　　图

12.1.1 概述

框图是概略图的一种，所谓概略图，就是表示系统、分系统、装置、部件、设备、软件中各项目之间的主要关系和连接的相对简单的简图，通常用单线表示法。概略图包括框图、单线简图等。

框图是使用符号或带注释的框概略地表示系统和设备的基本组成、相互关系及其主要特征的一种简图。它是电气设备设计、生产、安装、使用和维修过程中常用的电气图。

12.1.2 框图的绘制

(1) 方框符号

框图主要采用方框符号或带有注释的框进行绘制。每个单元电路用正方形或长方形方框表示，并在方框内注写出该单元的名称，如图12-1所示。

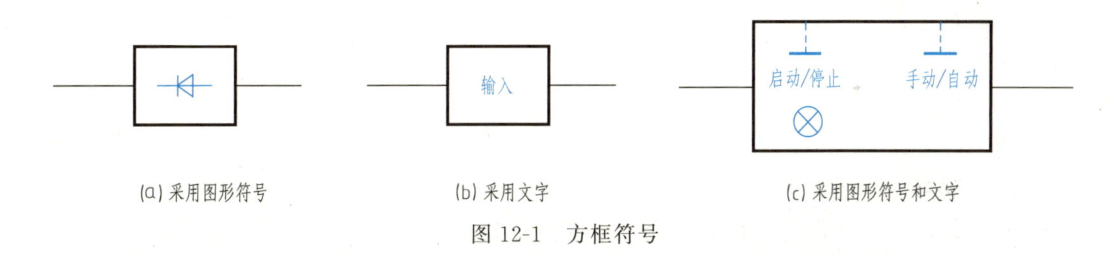

图 12-1 方框符号

(2) 框图的布局

框图的布局一般按信号的流向自左至右排成一行；当电路构成复杂又受图幅限制、一行不足以排布时，允许自上而下排成相互平行的竖行。

排布时，将输入端布置在其左侧，输出端布置在其右侧，辅助电路布置在主电路下方，如图 12-2 所示。

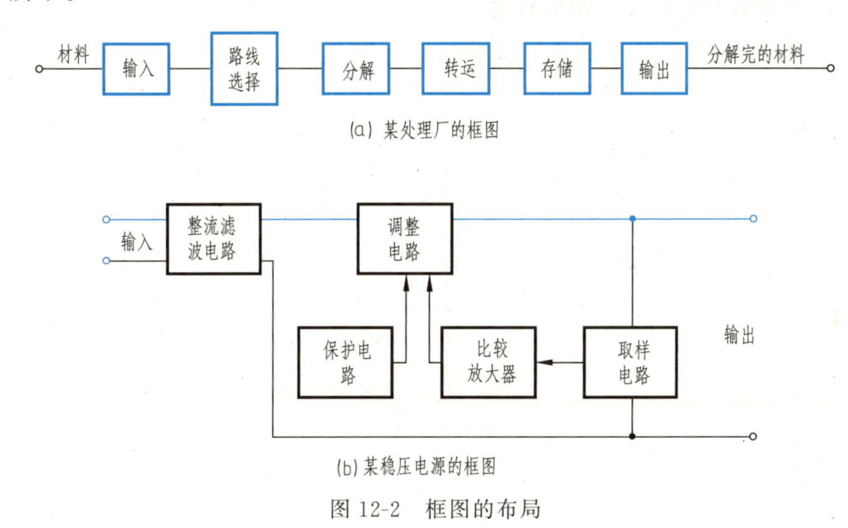

图 12-2 框图的布局

(3) 框图的连线

方框与图形符号之间的电路连接用细实线表示，如果信号等流向重要但不明显，则应使用带箭头的连接线，如图 12-2 所示。

当某些整件和单元有两种不同信号输入和输出时，常采用两种线型的连接表示，以示其不同的传送途径，如图 12-2 所示。

12.2 电 路 图

12.2.1 概述

电路图表示系统、分系统、装置、部件、设备、软件等实际电路的简图，采用按功能排列的图形符号来表示各元件和连接关系，只表示功能而不需考虑项目的实体尺寸。电路图至少应表示项目的实现细节，即构成元器件及其相互连接，而不考虑元器件的实际物理尺寸，它应便于理解项目的功能。

电路图的内容：

① 图形符号；

② 连接线；

③ 参照代号；

④ 端子代号；

⑤ 用于逻辑信号的电平约定；

⑥ 电路寻迹必需的信息（信号代号、位置检索）；

⑦ 了解项目功能必需的补充信息。

12.2.2 电路图的一般规定

① 元器件在电路图中应采用图形符号表示，所采用的图形符号应符合国家标准 GB/T 4728—2018《电气简图用图形符号》的规定，若采用标准中未规定的图形符号时，应加以说明，表 12-1 是常见电子元器件的图形符号。

表 12-1 常见电子元器件的图形符号（摘自 GB/T 4728—2018）

电子元器件	文字符号	图形符号	电子元器件	文字符号	图形符号
电阻器，一般符号	R	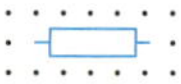	可调电阻	R	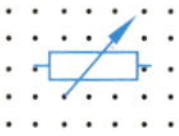
带滑动触点的电阻器	R	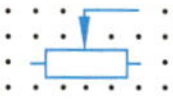	插头，插座		
直流			交流		
电容器，一般符号	C		可调电容器	C	
接地，一般符号			保护接地		
动合（常开触点）开关，一般符号	S		动断（常闭触点）开关，一般符号	S	
线圈，绕组，一般符号		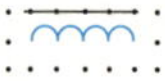	带磁芯的电感器		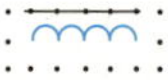
半导体二极管，一般符号	SD		灯，一般符号		
PNP 晶体管	ST		集电极接管壳的 NPN 晶体管		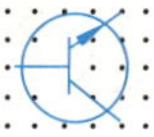
报警器			蜂鸣器		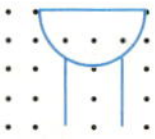
天线，一般符号			放大器，一般符号		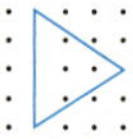

② 电路图上每一个图形符号都要标注元器件的文字符号（字母），如R（电阻器）等。每一类元器件要按照它们在图中的位置，自上而下、从左到右地注出它们的位置顺序号，如R_1、R_2、R_3等。以上的代号要注写在图形符号的上方或左侧。

③ 电路的输入端画在图的左侧，输出端画在图的右侧，使电信号从左到右、从上而下流动。

④ 将同在一起工作或执行同一功能的元器件，尽可能画在一起。

⑤ 水平和垂直导线相交时，在相交处画一圆点；若导线交叉，则在相交处不加画黑圆点，如图12-3所示。

⑥ 图中尽量避免或减少接线交叉，如图12-4所示。

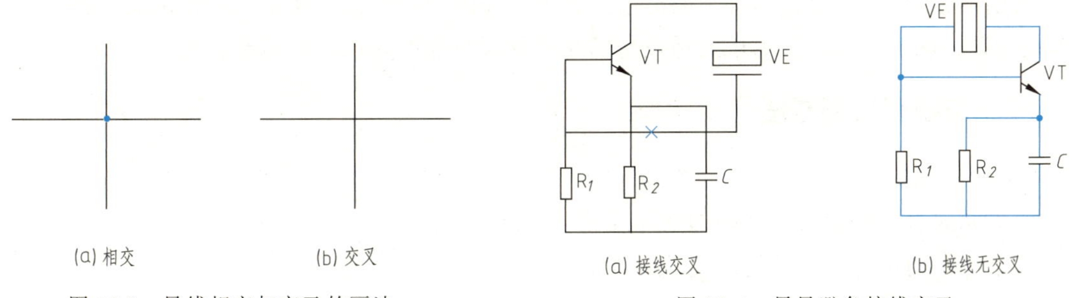

图12-3　导线相交与交叉的画法　　　　图12-4　尽量避免接线交叉

⑦ 为了读图方便，各种元器件的基本数据及代号可直接注在元器件旁或在图纸上只写元器件的代号，而在明细表中详细注写数据及代号。

12.2.3　电路图画法

① 按电路不同功能将全电路分成若干级，然后以各级电路中的主要元件（或耦合元件）为中心，在图中沿水平方向分成若干段。

② 排布各级电路主要元件的图形符号，使其尽量位于图形中心水平线上。

③ 分别画出各级电路之间的连接及有关元器件。作图时，应使同类元器件尽量在横向或纵向对齐，为使全图布置得均匀、清晰，可对局部部位适当调整。

④ 画全其他附加电路及元器件，标注数据及代号。

⑤ 检查全图连接是否有误、布局是否合理，最后加深。注意区分各线型的粗细，如图12-5所示。

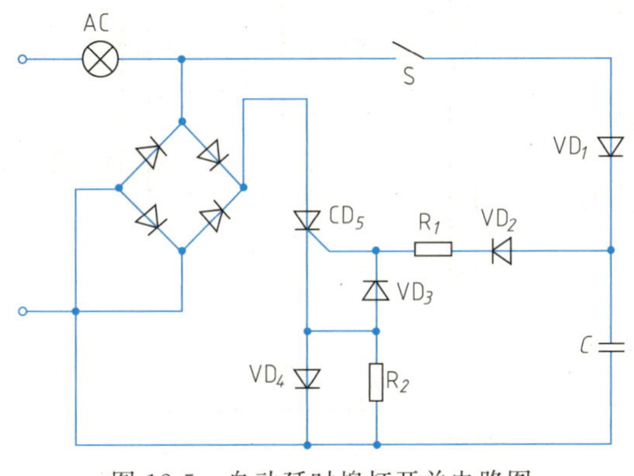

图12-5　自动延时熄灯开关电路图

12.3 接 线 图

12.3.1 概述

接线图表示或列出一个装置或设备的连接关系的简图，它是在电路图的基础上，根据装配和施工要求，按照各个电气元件和设备的相对位置和安装敷设位置绘制而成的，即实体布线图。接线图主要用于配线、检查和维修，在生产现场得到广泛应用。

接线图根据表达对象和用图不同可分为单元接线图、互连接线图、端子接线图、电缆图等。单元接线图仅反映单元内部之间的连接关系；互连接线图仅反映单元的外接端子板之间的连接关系；端子接线图表示单元和设备的端子及其与外部导线之间的连接关系。

12.3.2 接线图绘图方法

(1) 接线图提供下列信息

① 单元或组件的元器件之间的物理连接（内部）。

② 组件不同单元之间的物理连接（外部）。

③ 到一个单元的物理连接（外部）。

(2) 器件、单元或组件的表示方法

器件、单元或组件的连接，应用正方形、矩形或圆形等简单的外形或简化图形表示法表示，也可采用 GB/T 4728—2018 的图形符号。表达器件、单元或组件的布置，应方便简图按预定目的使用。

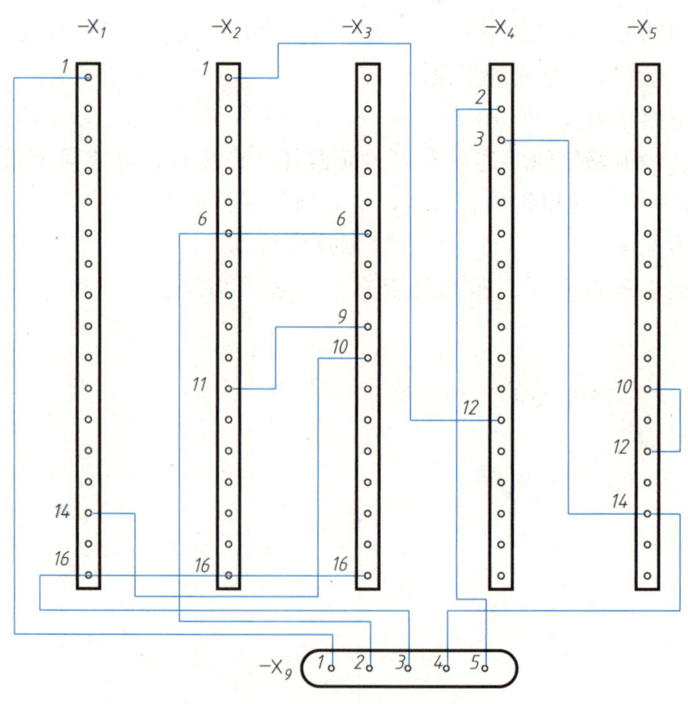

图 12-6 分支架的完整接线图

(3) 端子的表示方法

图中应画出表示每个端子的标识，端子的顺序便于表示简图的预定用途，不必对应表示端子的物理位置。

(4) 电缆及其组成线芯的表示方法

如果用单条连接线表示多芯电缆，而且要表示出其组成线芯连接到物理端子，表示电缆的连接线应在交叉线处终止，并且表示线芯的连接线应从该交叉线直至物理端子。电缆及其线芯应清楚地标识（例如：用其参照代号）。

(5) 导体的表示方法

导体按照连接线表示。连接线应符合 GB/T 4728—2018 中的符号。

(6) 简化表示方法

可用下列简化表达方法：

① 垂直（水平）排列每个单元、器件或组件的端子；

② 垂直（水平）排列不同器件、单元或组件互相连接的端子；

③ 省略其外形的表示。

图 12-6 为分支架的完整接线图，图 12-7 为同一内容的简化表示。

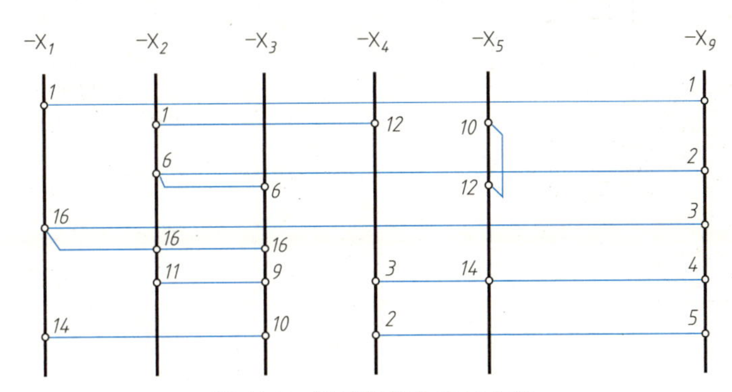

图 12-7 连接图简化表示方法

附　　录

附录 1　螺　　纹

附表 1-1　普通螺纹直径与螺距系列（摘自 GB/T 196—2003）　　mm

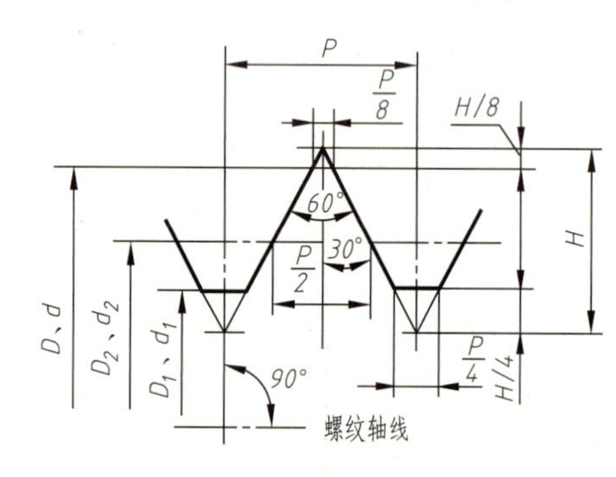

$$H=\frac{\sqrt{3}}{2}P=0.866025404P$$

$$D_2=D-2\times\frac{3}{8}H=D-0.6495P$$

$$D_1=D-2\times\frac{5}{8}H=D-1.0825P$$

D、d 为内外螺纹大径；
D_2、d_2 为内外螺纹中径；
D_1、d_1 为内外螺纹大径小；
P 为螺距

公称直径		螺距 P	中径 D_2、d_2	小径 D_1、d_1	公称直径		螺距 P	中径 D_2、d_2	小径 D_1、d_1	公称直径		螺距 P	中径 D_2、d_2	小径 D_1、d_1
第一系列	第二系列				第一系列	第二系列				第一系列	第二系列			
3		0.5	2.675	2.459	8		0.75	7.513	7.188	18		2	16.701	15.835
		0.35	2.773	2.621	10		1.5	9.026	8.376			1.5	17.030	16.376
	3.5	(0.6)	3.110	2.850			1.25	9.188	8.647			1	17.350	16.917
		0.35	3.273	3.121			1	9.350	8.917	20		2.5	18.376	17.294
4	4.5	0.7	3.545	3.242			0.75	9.513	9.188			2	18.701	17.835
		0.5	3.675	3.459	12		1.75	10.863	10.106			1.5	19.026	18.376
		0.75	4.013	3.688			1.5	11.026	10.376			1	19.350	18.917
		0.5	4.175	3.959			1.25	11.188	10.674		22	2.5	20.376	19.294
5		0.8	4.48	4.134			1	11.350	10.917			2	20.701	19.835
		0.5	4.675	4.459		14	2	12.701	11.835			1.5	21.026	20.376
6		1	5.350	4.917			1.5	13.026	12.376			1	21.350	20.917
		(0.75)	5.513	5.188			1	13.350	12.917	24		3	22.051	20.752
	7	1	6.350	5.917	16		2	14.701	13.835			2	22.701	21.835
		0.75	6.513	6.188			1.5	15.026	14.376			1.5	23.026	22.376
8		1.25	7.188	6.647			1	15.350	14.917			1	23.350	22.917
		1	7.350	6.917	18		2.5	16.376	15.294	27		3	25.051	23.752

续表

公称直径		螺距 P	中径 D_2、d_2	小径 D_1、d_1	公称直径		螺距 P	中径 D_2、d_2	小径 D_1、d_1	公称直径		螺距 P	中径 D_2、d_2	小径 D_1、d_1
第一系列	第二系列				第一系列	第二系列				第一系列	第二系列			
	27	2	25.701	24.835		39	3	37.051	35.752		52	5	48.752	46.587
		1.5	26.026	25.376			2	37.701	36.835			(4)	49.402	47.670
		1	26.350	25.917			1.5	38.026	37.376			3	50.051	48.752
30		3.5	27.727	26.211	42		4.5	39.077	37.129			2	50.701	49.835
		(3)	28.051	26.752			3	40.051	38.752			1.5	51.026	50.376
		2	28.701	27.835			2	40.701	39.835	56		5.5	52.428	50.046
		1.5	29.026	28.376			1.5	41.026	40.376			4	53.402	51.670
		1	29.350	28.917		45	4.5	42.077	40.129			3	54.051	54.752
	33	3.5	30.727	29.211			(4)	42.402	40.670			2	54.701	53.835
		(3)	31.051	29.752			3	43.051	41.752			1.5	55.026	54.376
		2	31.701	30.835			2	43.701	42.835		60	5.5	56.428	54.046
		1.5	32.026	31.376			1.5	44.026	43.376			4	57.402	55.67
36		4	33.402	31.670	48		5	44.752	42.587			3	58.051	56.752
		3	34.051	32.752			(4)	45.402	43.670			2	58.701	57.835
		2	34.701	33.835			3	46.051	44.752			1.5	59.026	58.376
		1.5	35.026	34.376			2	46.701	45.835	64		6	60.103	57.505
	39	4	36.402	34.670			1.5	47.026	46.376			4	61.402	59.670

注：1. “螺距 P”栏中第一个数值为粗牙螺纹，其余为细牙螺纹。

2. 优先选用第一系列，其次选用第二系列。

3. 括号内尺寸尽可能不用。

附表 1-2 管螺纹

用螺纹密封管螺纹(GB/T 7306.1—2000、GB/T 7306.2—2000)，非螺纹密封管螺纹(GB/T 7307—2001)

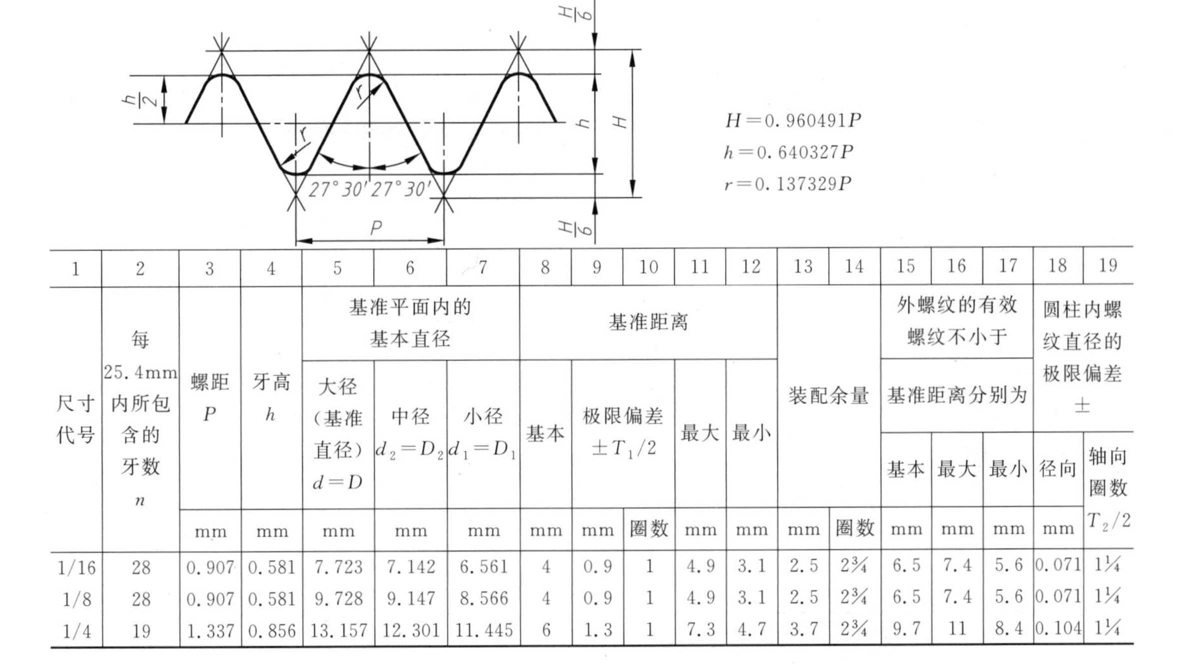

1	2	3	4	5	6	7	8	9	10	11	12	13	14	15	16	17	18	19
尺寸代号	每25.4mm内所包含的牙数 n	螺距 P	牙高 h	基准平面内的基本直径			基准距离					装配余量		外螺纹的有效螺纹不小于			圆柱内螺纹直径的极限偏差 ±	
				大径(基准直径) $d=D$	中径 $d_2=D_2$	小径 $d_1=D_1$	基本	极限偏差 $\pm T_1/2$		最大	最小			基准距离分别为				
														基本	最大	最小	径向	轴向圈数
		mm	mm	mm	mm	mm	mm	mm	圈数	mm	mm	mm	圈数	mm	mm	mm	mm	$T_2/2$
1/16	28	0.907	0.581	7.723	7.142	6.561	4	0.9	1	4.9	3.1	2.5	$2\frac{3}{4}$	6.5	7.4	5.6	0.071	$1\frac{1}{4}$
1/8	28	0.907	0.581	9.728	9.147	8.566	4	0.9	1	4.9	3.1	2.5	$2\frac{3}{4}$	6.5	7.4	5.6	0.071	$1\frac{1}{4}$
1/4	19	1.337	0.856	13.157	12.301	11.445	6	1.3	1	7.3	4.7	3.7	$2\frac{3}{4}$	9.7	11	8.4	0.104	$1\frac{1}{4}$

续表

1	2	3	4	5	6	7	8	9	10	11	12	13	14	15	16	17	18	19
尺寸代号	每25.4mm内所包含的牙数 n	螺距 P	牙高 h	基准平面内的基本直径			基准距离					装配余量		外螺纹的有效螺纹不小于			圆柱内螺纹直径的极限偏差±	
				大径（基准直径）$d=D$	中径 $d_2=D_2$	小径 $d_1=D_1$	基本	极限偏差 $\pm T_1/2$		最大	最小			基准距离分别为				
														基本	最大	最小	径向	轴向圈数 $T_2/2$
		mm	mm	mm	mm	mm	mm	mm	圈数	mm	mm	mm	圈数	mm	mm	mm	mm	
3/8	19	1.337	0.856	16.662	15.806	14.950	6.4	1.3	1	7.7	5.1	3.7	2¾	10.1	11.4	8.8	0.104	1¼
1/2	14	1.814	1.162	20.955	19.793	18.631	8.2	1.8	1	10.0	6.4	5.0	2¾	13.2	15	11.4	0.142	1¼
3/4	14	1.814	1.162	26.441	25.279	24.117	9.5	1.8	1	11.3	7.7	5.0	2¾	14.5	16.3	12.7	0.142	1¼
1	11	2.309	1.479	33.249	31.770	30.291	10.4	2.3	1	12.7	8.1	6.4	2¾	16.8	19.1	14.5	0.180	1¼
1¼	11	2.309	1.479	41.910	40.431	38.952	12.7	2.3	1	15.0	10.4	6.4	2¾	19.1	21.4	16.8	0.180	1¼
1½	11	2.309	1.479	47.803	46.324	44.845	12.7	2.3	1	15.0	10.4	6.4	2¾	19.1	21.4	16.8	0.180	1¼
2	11	2.309	1.479	59.614	58.135	56.656	15.9	2.3	1	18.2	13.6	7.5	3¼	23.4	25.7	21.1	0.180	1¼
2½	11	2.309	1.479	75.184	73.705	72.226	17.5	3.5	1½	21.0	14.0	9.2	4	26.7	30.2	23.2	0.216	1½
3	11	2.309	1.479	87.884	86.405	84.926	20.6	3.5	1½	24.1	17.1	9.2	4	29.8	33.3	26.3	0.216	1½
4	11	2.309	1.479	113.030	111.551	110.072	25.4	3.5	1½	28.9	21.9	10.4	4½	35.8	39.3	32.3	0.216	1½
5	11	2.309	1.479	138.430	136.951	135.472	28.6	3.5	1½	32.1	25.1	11.5	5	40.1	43.6	36.6	0.216	1½
6	11	2.309	1.479	163.830	162.351	160.872	28.6	3.5	1½	32.1	25.1	11.5	5	40.1	43.6	36.6	0.216	1½

附表 1-3 梯形螺纹直径与螺距系列（摘自 GB/T 5796.3—2005）

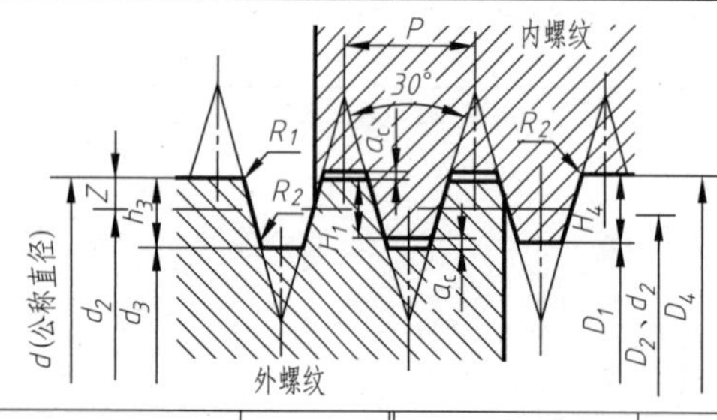

标记示例：

Tr40×7－7H（梯形内螺纹，公称直径 $d=40$、螺距 $P=7$、精度等级 7H）

Tr40×14（P7）LH－7e（双线左旋梯形外螺纹，公称直径 $d=40$、导程＝14、螺距 $P=7$、精度等级 7e）

Tr40×7－7H/7e（梯形螺旋副、公称直径 $d=40$、螺距 $P=7$、内螺纹精度等级 7H、外螺纹精度等级 7e）

公称直径 d 第一系列	公称直径 d 第二系列	螺距 P	公称直径 d 第一系列	公称直径 d 第二系列	螺距 P	公称直径 d 第一系列	公称直径 d 第二系列	螺距 P	公称直径 d 第一系列	公称直径 d 第二系列	螺距 P
8		1.5*	28	26	8,5*,3	52	50	12,8*,3		110	20,12*,4
10	9	2*,1.5		30	10,6*,3		55	14,9*,3	120	130	22,14*,6
	11	3,2*	32		10,6*,3	60		14,9*,3	140		24,14*,6
12		3*,2	36	34		70	65	16,10*,4		150	24,16*,6
	14	3*,2		38	10,7*,3	80	75	16,10*,4	160		28,16*,6
16	18	4*,2	40	42			85	18,12*,4		170	28,16*,6
20		4*,2	44		12,7*,3	90	95	18,12*,4	180		28,18*,8
24	22	8,5*,3	48	46	12,8*,3	100		20,12*,4		190	32,18*,8

注：优先选用第一系列的直径，带＊者为对应直径优先选用的螺距。

附表 1-4 梯形螺纹基本尺寸（摘自 GB/T 5796.3—2005）

螺距 P	外螺纹小径 d_3	内、外螺纹中径 D_2、d_2	内螺纹大径 D_4	内螺纹小径 D_1	螺距 P	外螺纹小径 d_3	内、外螺纹中径 D_2、d_2	内螺纹大径 D_4	内螺纹小径 D_1
1.5	$d-1.8$	$d-0.75$	$d+0.3$	$d-1.5$	8	$d-9$	$d-4$	$d+1$	$d-8$
2	$d-2.5$	$d-1$	$d+0.5$	$d-2$	9	$d-10$	$d-4.5$	$d+1$	$d-9$
3	$d-3.5$	$d-1.5$	$d+0.5$	$d-3$	10	$d-11$	$d-5$	$d+1$	$d-10$
4	$d-4.5$	$d-2$	$d+0.5$	$d-4$	12	$d-13$	$d-6$	$d+1$	$d-12$
5	$d-5.5$	$d-2.5$	$d+0.5$	$d-5$	14	$d-16$	$d-7$	$d+2$	$d-14$
6	$d-7$	$d-3$	$d+1$	$d-6$	16	$d-18$	$d-8$	$d+2$	$d-16$
7	$d-8$	$d-3.5$	$d+1$	$d-7$	18	$d-20$	$d-9$	$d+2$	$d-18$

注：1. d—公称直径（即外螺纹大径）。

2. 表中所列的数值是按下式计算的：$d_3=d-2h_3$；D_2、$d_2=d-0.5P$；$D_4=d+2a_c$；$D_1=d-P$。

附录 2 螺纹紧固件

附表 2-1 六角头螺栓 mm

螺栓 A 和 B 级(摘自 GB/T 5782—2016)　　六角头螺栓 全螺纹 A 和 B 级(摘自 GB/T 5783—2016)

螺纹规格 d			M3	M4	M5	M6	M8	M10	M12	(M14)	M16	(M18)	M20	(M22)	M24	(M27)	M30	M36
b 参考	$l \leqslant 125$		12	14	16	18	22	26	30	34	38	42	46	50	54	60	66	78
	$125<l \leqslant 200$		—	—	—	28	32	36	40	44	48	52	56	60	66	72	84	
	$l>200$		—	—	—	—	—	—	—	53	57	61	65	69	73	79	85	97
a	max		1.5	2.1	2.4	3	3.75	4.5	5.25	6	6	7.5	7.5	7.5	9	9	10.5	12
c	max		0.4	0.4	0.5	0.5	0.6	0.6	0.6	0.6	0.8	0.8	0.8	0.8	0.8	0.8	0.8	0.8
	min		0.15	0.15	0.15	0.15	0.15	0.15	0.15	0.15	0.2	0.2	0.2	0.2	0.2	0.2	0.2	0.2
d_w	min	A	4.6	5.9	6.9	8.9	11.6	14.6	16.6	19.6	22.5	25.3	28.2	31.7	33.6	—	—	—
		B	—	—	6.7	8.7	11.4	14.4	16.4	19.2	22	24.8	27.7	31.4	33.2	38	42.7	51.1
e	min	A	6.07	7.66	8.79	11.05	14.38	17.77	20.03	23.35	26.75	30.14	33.53	37.72	39.98	—	—	—
		B	—	—	8.63	10.89	14.20	17.59	19.85	22.78	26.17	29.56	32.95	37.29	39.55	45.2	50.85	60.79
k	公称		2	2.8	3.5	4	5.3	6.4	7.5	8.8	10	11.5	12.5	14	15	17	18.7	22.5
r	min		0.1	0.2	0.2	0.25	0.4	0.4	0.6	0.6	0.6	0.6	0.8	1	0.8	1	1	1
s	公称		5.5	7	8	10	13	16	18	21	24	27	30	34	36	41	46	55
l 范围			20～30	25～40	25～50	30～60	35～80	40～100	45～120	60～140	55～160	60～180	65～200	70～220	80～240	90～260	90～300	110～360
l 范围（全螺线）			6～30	8～40	10～50	12～60	16～80	20～100	25～100	30～140	35～100	35～180	40～100	45～200	40～100	55～200	40～100	
l 系列			6,8,10,12,16,20～70(5 进位),80～160(10 进位),180～360(20 进位)															

附表 2-2 双头螺柱（摘自 GB/T 897～900—1988） mm

双头螺柱——$b_m=1d$（摘自 GB 897—1988）
双头螺柱——$b_m=1.25d$（摘自 GB 898—1988）
双头螺柱——$b_m=1.5d$（摘自 GB 899—1988）
双头螺柱——$b_m=2d$（摘自 GB 900—1988）

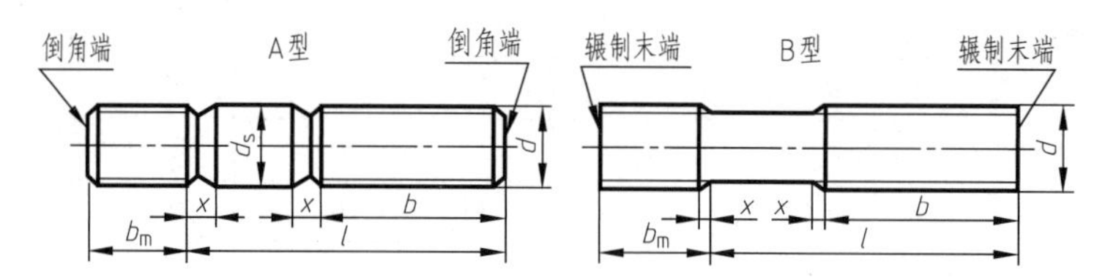

标记示例：
两端均为粗牙普通螺纹，$d=10$mm，$l=50$mm，性能等级为 4.8 级，B 型，$b_m=1d$
记为：螺柱 GB 897 M10×50 螺柱 GB 897 M10×50
旋入端为粗牙普通螺纹，紧固端为 $P=1$mm 的细牙普通螺纹，$d=10$mm，$l=50$mm，性能等级为 4.8 级，A 型，$b_m=1d$
记为：螺柱 GB 897 AM10—M10×1×50

螺纹规格 d	b_m（旋入端长度）				d_s	x	l/b（螺柱长度/紧固端长度）
	GB/T 897	GB/T 898	GB/T 899	GB/T 900			
M4			6	8	4	1.5P	16～22/8 25～40/14
M5	5	6	8	10	5	1.5P	16～22/10 25～50/16
M6	6	8	10	12	6	1.5P	20～22/10 25～30/14 32～75/18
M8	8	10	12	16	8	1.5P	20～22/12 25～30/16 32～90/22
M10	10	12	15	20	10	1.5P	25～28/14 30～38/16 40～120/26 130/32
M12	12	15	18	24	12	1.5P	25～30/16 32～40/20 45～120/30 130～180/36
M16	16	20	24	32	16	1.5P	30～38/20 40～55/30 60～120/38 130～200/44
M20	20	25	30	40	20	1.5P	35～40/25 45～65/35 70～120/46 130～200/52
M24	24	30	36	48	24	1.5P	45～50/30 55～75/45 80～120/54 130～200/60
M30	30	38	45	60	30	1.5P	60～65/40 70～90/50 95～120/66 130～200/72 210～250/85
M36	36	45	54	72	36	1.5P	65～75/45 80～110/60 120/78 130～200/84 210～300/97
M42	42	52	65	84	42	1.5P	70～80/50 85～110/70 120/90 130～200/96 210～300/109
M48	48	60	72	96	48	1.5P	80～90/60 95～110/80 120/102 130～200/108 210～300/121
l 系列	12,(14),16,(18),20,(22),25,(28),30,(32),35,(38),40,45,50,(55),60,(65),70,(75),80,(85),90,(95),100,110～260(10 进位),280,300						

注：1. 括号内的规格尽可能不用。
2. P 为螺距。
3. $b_m=1d$，一般用于钢对钢；$b_m=1.25d$、$b_m=1.5d$，一般用于钢对铸件；$b_m=2d$，一般用于钢对铝合金。

附表 2-3　内六角圆柱头螺钉（摘自 GB/T 70.1—2008）　mm

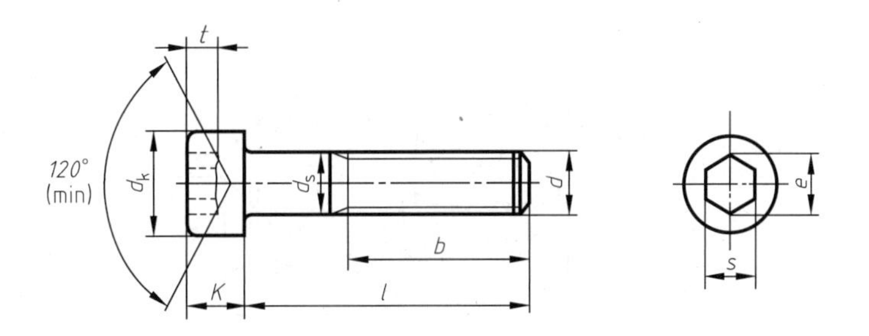

标记示例：

螺纹规格 d=M8、公称长度 l=20、性能等级为 8.8 级、表面氧化的内六角圆柱螺钉的标记为：

螺钉 GB/T 70.1—2008　M8×20

螺纹规格 d	M5	M6	M8	M10	M12	M16	M20	M24	M30	M36
b(参考)	22	24	28	32	36	44	52	60	72	84
d_k(max)	8.5	10	13	16	18	24	30	36	45	54
e(min)	4.583	5.723	6.863	9.149	11.429	15.996	19.437	21.734	25.154	30.854
K(max)	5	6	8	10	12	16	20	24	30	36
s(公称)	4	5	6	8	10	14	17	19	22	27
t(min)	2.5	3	4	5	6	8	10	12	15.5	19
l 范围(公称)	8～50	10～60	12～80	16～100	20～120	25～160	30～200	40～200	45～200	55～200
制成全螺纹时 $l \leqslant$	25	30	35	40	45	55	65	80	90	110
l 系列(公称)	8,10,12,(14),16,20～50(5 进位),(55),60,(65),70～160(10 进位),180,200									

技术条件	材料	力学性能等级	螺纹公差	产品等级	表面处理
	钢	8.8,12.9	12.9 级为 5g 或 6g，其他等级为 6g	A	氧化或镀锌钝化

注：括号内规格尽可能不采用。

附表 2-4 开槽锥端紧定螺钉（摘自 GB/T 71—2018） mm

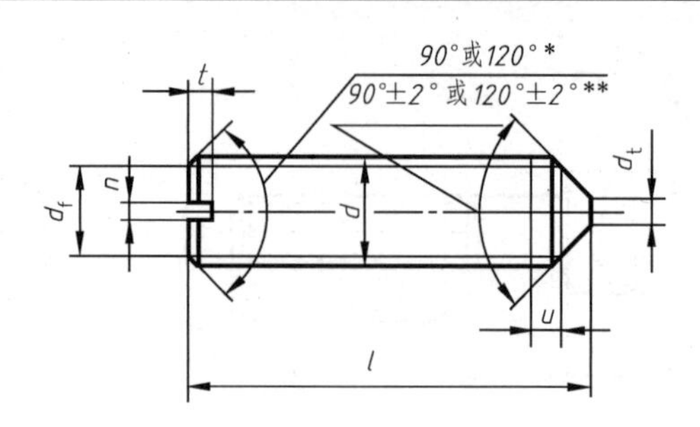

螺纹规格 d			M1.2	M1.6	M2	M2.5	M3	M4	M5	M6	M8	M10	M12
P			0.25	0.35	0.4	0.45	0.5	0.7	0.8	1	1.25	1.5	1.75
d_f ≈			螺纹小径										
d_t		min	—	—	—	—	—	—	—	—	—	—	—
		max	0.12	0.16	0.2	0.25	0.3	0.4	0.5	1.5	2	2.5	3
n		公称	0.2	0.25	0.25	0.4	0.4	0.6	0.8	1	1.2	1.6	2
		min	0.26	0.31	0.31	0.46	0.46	0.66	0.86	1.06	1.26	1.66	2.06
		max	0.4	0.45	0.45	0.6	0.6	0.8	1	1.2	1.51	1.91	2.31
t		min	0.4	0.56	0.64	0.72	0.8	1.12	1.28	1.6	2	2.4	2.8
		max	0.52	0.74	0.84	0.95	1.05	1.42	1.63	2	2.5	3	3.6
l													
公称	min	max											
2	1.8	2.2											
2.5	2.3	2.7											
3	2.8	3.2											
4	3.7	4.3											
5	4.7	5.3			商品								
6	5.7	6.3											
8	7.7	8.3											
10	9.7	10.3						规格					
12	11.6	12.4											
(14)	13.6	14.4											
16	15.6	16.4									范围		
20	19.6	20.4											
25	24.6	25.4											
30	29.6	30.4											
35	34.5	35.5											
40	39.5	40.5											
45	44.5	45.5											
50	49.5	50.5											
(55)	54.4	55.6											
60	59.4	60.6											

注：1. 尽可能不采用括号内的规格。

2. P——螺距。

3. ≤M5 的螺钉不要求锥端有平面部分（d_t），可以倒圆。

附表 2-5　1 型六角螺母——A 级和 B 级（摘自 GB/T 6170—2015）　mm

1 型六角螺母—C 级 (GB/T 41—2016)	1 型六角螺母——A 级和 B 级 (GB/T 6170—2015)	六角薄螺母——A 和 B 级 (GB/T 6172.1—2016)

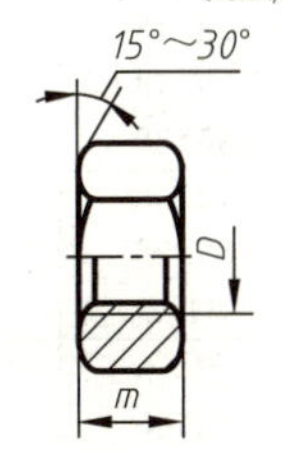

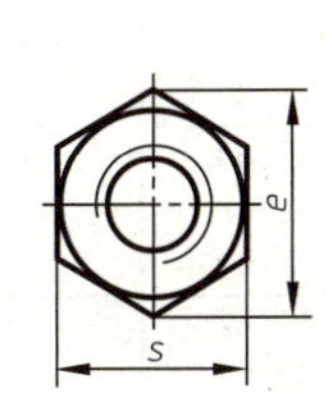

标记示例：

螺纹规格 D=M12、C 级 1 型六角螺母　记为：螺母 GB/T 41—2016 M12

螺纹规格 D=M12、A 级 1 型六角螺母　记为：螺母 GB/T 6170.1—2015 M12

螺纹规格 D=M12、A 级六角薄螺母　记为：螺母 GB/T 6172.1—2016 M12

螺纹规格 D		M3	M4	M5	M6	M8	M10	M12	M16	M20	M24	M30	M36	M42
e_{min}	GB/T 41			8.63	10.89	14.20	17.59	19.85	26.17	32.95	39.55	50.85	60.79	72.02
	GB/T 6170	6.01	7.66	8.79	11.05	14.38	17.77	20.03	26.75	32.95	39.55	50.85	60.79	72.02
	GB/T 6172.1	6.01	7.66	8.79	11.05	14.38	17.77	20.03	26.75	32.95	39.55	50.85	60.79	72.02
s_{max}	GB/T 41			8	10	13	16	18	24	30	36	46	55	65
	GB/T 6170	5.5	7	8	10	13	16	18	24	30	36	46	55	65
	GB/T 6172.1	5.5	7	8	10	13	16	18	24	30	36	46	55	65
m_{max}	GB/T 41			5.6	6.4	7.9	9.5	12.2	15.9	18.7	22.3	26.4	31.9	34.9
	GB/T 6170	2.4	3.2	4.7	5.2	6.8	8.4	10.8	14.8	18	21.5	25.6	31	34
	GB/T 6172.1	1.8	2.2	2.7	3.2	4	5	6	8	10	12	15	18	21

注：A 级用于 $D \leqslant 16$mm，B 级用于 $D > 16$mm。

附表 2-6　垫圈　mm

小垫圈——A 级(GB/T 848—2002)

平垫圈——A 级(GB/T 97.1—2002)

平垫圈　倒角型——A 级(GB/T 97.2—2002)

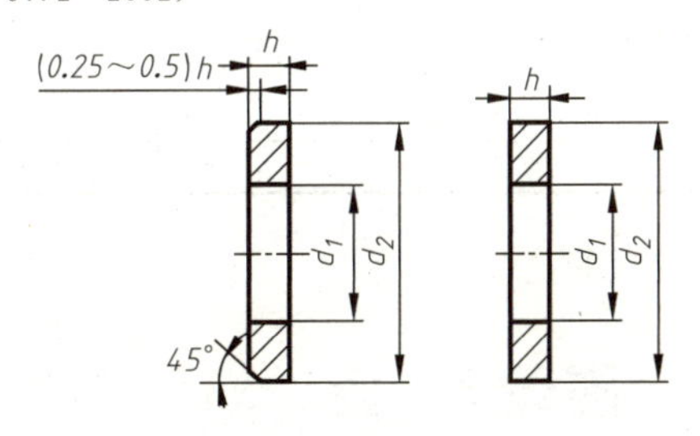

标记示例：

标准系列、公称规格为 8mm、由钢制造的硬度等级为 200HV 级、不经表面处理的平垫圈

记为：垫圈　GB/T 97.1—2002　8

公称规格 (螺纹大径 d)	内径 d_1		外径 d_2		厚度 h		
	公称(min)	max	公称(max)	min	公称	max	min
1.6	1.7	1.84	4	3.7	0.3	0.35	0.25
2	2.2	2.34	5	4.7	0.3	0.35	0.25
2.5	2.7	2.84	6	5.7	0.5	0.55	0.45
3	3.2	3.38	7	6.64	0.5	0.55	0.45
4	4.3	4.48	9	8.64	0.8	0.9	0.7
5	5.3	5.48	10	9.64	1	1.1	0.9
6	6.4	6.62	12	11.57	1.6	1.8	1.4
8	8.4	8.62	16	15.57	1.6	1.8	1.4
10	10.5	10.77	20	19.48	2	2.2	1.8

续表

公称规格（螺纹大径 d）	内径 d_1		外径 d_2		厚度 h		
	公称(min)	max	公称(max)	min	公称	max	min
12	13	13.27	24	23.48	2.5	2.7	2.3
16	17	17.27	30	29.48	3	3.3	2.7
20	21	21.33	37	36.38	3	3.3	2.7
24	25	25.33	44	43.38	4	4.3	3.7
30	31	31.39	56	55.26	4	4.3	3.7
36	37	37.62	66	64.8	5	5.6	4.4
42	45	45.62	78	76.8	8	9	7
48	52	52.74	92	90.6	8	9	7
56	62	62.74	105	103.6	10	11	9
64	70	70.74	115	113.6	10	11	9

附表 2-7 弹簧垫圈 mm

标准型弹簧垫圈(摘自 GB 93—1987)
轻型弹簧垫圈(摘自 GB 859—1987)

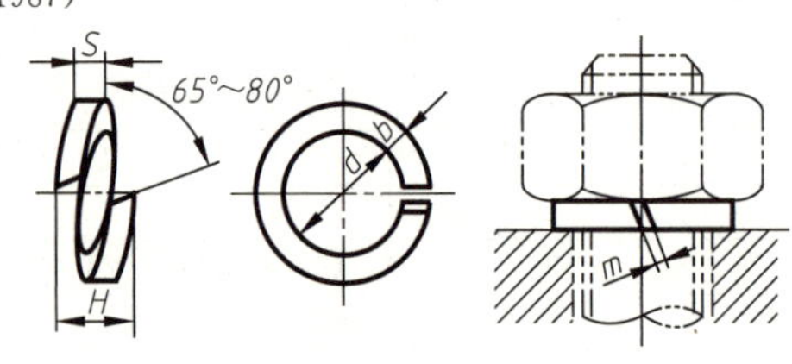

标记示例
规格 16mm、材料为 65Mn、表面氧化的标准型弹簧垫圈
记为:垫圈 GB 93—1987 16

规格(螺纹大径)		3	4	5	6	8	10	12	(14)	16	(18)	20	(22)	24	(27)	30
d		3.1	4.1	5.1	6.1	8.1	10.2	12.2	14.2	16.2	18.2	20.2	22.5	24.5	27.5	30.5
H	GB/T 93	1.6	2.2	2.6	3.2	4.2	5.2	6.2	7.2	8.2	9	10	11	12	13.6	15
	GB/T 859	1.2	1.6	2.2	2.6	3.2	4	5	6	6.4	7.2	8	9	10	11	12
$S(b)$	GB/T 93	0.8	1.1	1.3	1.6	2.1	2.6	3.1	3.6	4.1	4.5	5	5.5	6	6.8	7.5
S	GB/T 859	0.6	0.8	1.1	1.3	1.6	2	2.5	3	3.2	3.6	4	4.5	5	5.5	6
$m\leqslant$	GB/T 93	0.4	0.55	0.65	0.8	1.05	1.3	1.55	1.8	2.05	2.25	2.5	2.75	3	3.4	3.75
	GB/T 859	0.3	0.4	0.55	0.65	0.8	1	1.25	1.5	1.6	1.8	2	2.25	2.5	2.75	3
b	GB/T 859	1	1.2	1.5	2	2.5	3	3.5	4	4.5	5	5.5	6	7	8	9

注：1. 括号内的规格尽可能不用。
2. m 应大于零。

附录 3 键 与 销

附表 3-1 普通平键 mm

普通平键键槽的尺寸与公差(摘自 GB/T 1095—2003)

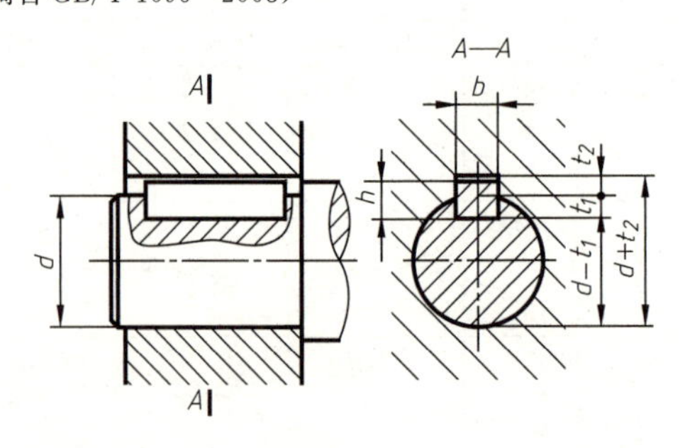

普通平键键槽的尺寸与公差

续表

键尺寸 $b\times h$	键槽											
	宽度 b						深度				半径 r	
	基本尺寸	极限偏差					轴 t_1		毂 t_2			
		正常联结		紧密联结	松联结		基本尺寸	极限偏差	基本尺寸	极限偏差		
		轴 N9	毂 JS9	轴和毂 P9	轴 H9	毂 D10					min	max
2×2	2	−0.004 −0.029	±0.0125	−0.006 −0.031	+0.025 0	+0.060 +0.020	1.2	+0.1 0	1.0	+0.1 0	0.08	0.16
3×3	3						1.8		1.4			
4×4	4	0 −0.030	±0.015	−0.012 −0.042	+0.030 0	+0.078 +0.030	2.5		1.8			
5×5	5						3.0		2.3		0.16	0.25
6×6	6						3.5		2.8			
8×7	8	0 −0.036	±0.018	−0.015 −0.051	+0.036 0	+0.098 +0.040	4.0	+0.2 0	3.3	+0.2 0		
10×8	10						5.0		3.3		0.25	0.40
12×8	12	0 −0.043	±0.0215	−0.018 −0.061	+0.043 0	+0.120 +0.050	5.0		3.3			
14×9	14						5.5		3.8			
16×10	16						6.0		4.3			
18×11	18						7.0		4.4			
32×18	32	0 −0.062	±0.031	−0.026 −0.088	+0.062 0	+0.180 +0.080	11.0		7.4			
36×20	36						12.0	+0.3 0	8.4	+0.3 0	0.70	1.00
40×22	40						13.0		9.4			
45×25	45						15.0		10.4			
50×28	50						17.0		11.4			
56×32	56	0 −0.074	±0.037	−0.032 −0.106	+0.074 0	+0.220 +0.100	20.0		12.4		1.20	1.60
63×32	63						20.0		12.4			
70×36	70						22.0		14.4			
80×40	80						25.0		15.4		2.00	2.50
90×45	90	0 −0.087	±0.0435	−0.037 −0.124	+0.087 0	+0.260 +0.120	28.0		17.4			
100×50	100						31.0		19.5			

附表 3-2 圆柱销（摘自 GB/T 119.1—2000）

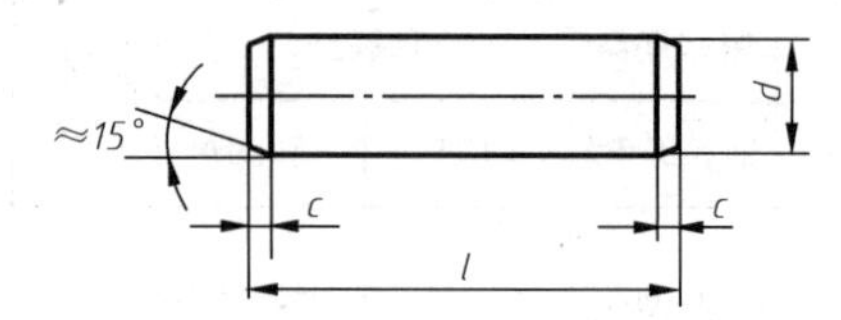

标记示例：

销 GB/T 119.1 6 m6×30（公称直径 d=6mm、公差为 6m、长度 l=30mm、材料为钢、不经淬火、不经表面处理的圆柱销）

销 GB/T 119.1 6 m6×30-A1（公称直径 d=10mm、公差为 6m、长度 l=90mm、材料为 A1 组奥氏体不锈钢、表面简单处理的圆柱销）

$d_{公称}$	2	3	4	5	6	8	10	12	16	20	25
c≈	0.35	0.5	0.63	0.8	1.2	1.6	2.0	2.5	3.0	3.5	4.0
$l_{范围}$	6～20	8～30	8～40	10～50	12～60	14～80	18～95	22～140	26～180	35～200	50～200
$l_{系列}$	2、3、4、5、6～32（2 进位）、35～100（5 进位）、120～200（20 进位）										

注：①公差 m6：Ra≤0.8μm；

②公差 h8：Ra≤1.6μm

附表 3-3 圆锥销（摘自 GB/T 117—2000）

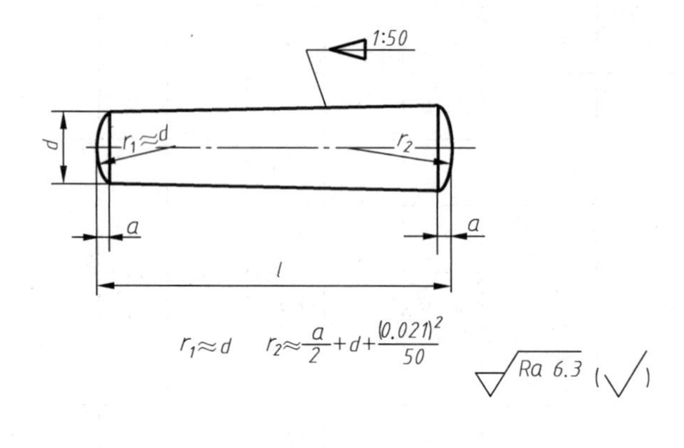

A 型（磨削）：锥面表面粗糙度 Ra=0.8μm

B 型（切削或冷镦）：锥面表面粗糙度 Ra=3.2μm

标记示例：

销 GB/T 117 10×60（公称直径 d=10mm、公称长度 l=60mm、材料为 35 钢、热处理硬度 28～38HRC、表面氧化处理的 A 型圆锥销）

$d_{公称}$	2	2.5	3	4	5	6	8	10	12	16	20	25
a≈	0.25	0.3	0.4	0.5	0.63	0.8	1.0	1.2	1.6	2.0	2.5	3.0
$l_{范围}$	10～35	10～35	12～45	14～55	18～60	22～90	22～120	26～160	32～180	40～200	45～200	50～200
$l_{系列}$	2、3、4、5、6～32（2 进位）、35～100（5 进位）、120～200（20 进位）											

附录4 滚动轴承

附表4-1 深沟球轴承（摘自GB/T 276—2013）

标记示例：滚动轴承6210 GB/T 276—2013

轴承代号	尺寸/mm			
	d	D	B	r_{smin}
02系列				
6200	10	30	9	0.6
6201	12	32	10	0.6
6202	15	35	11	0.6
6203	17	40	12	0.6
6204	20	47	14	1
6205	25	52	15	1
6206	30	62	16	1
6207	35	72	17	1.1
6208	40	80	18	1.1
6209	45	85	19	1.1
6210	50	90	20	1.1
6211	55	100	21	1.5
6212	60	110	22	1.5
6213	65	120	23	1.5
6214	70	125	24	1.5
6215	75	130	25	1.5
6216	80	140	26	2
6217	85	150	28	2
6218	90	160	30	2
6219	95	170	32	2.1
6220	100	180	34	2.1
03系列				
6300	10	35	11	0.6
6301	12	37	12	1
6302	15	42	13	1
6303	17	47	14	1
6304	20	52	15	1.1
6305	25	62	17	1.1
6306	30	72	19	1.1
6307	35	80	21	1.5
6308	40	90	23	1.5
6309	45	100	25	1.5
6310	50	110	27	2
6311	55	120	29	2
6312	60	130	31	2.1
6313	65	140	33	2.1
6314	70	150	35	2.1
6315	75	160	37	2.1
6316	80	170	39	2.1
6317	85	180	41	3
6318	90	190	43	3
6319	95	200	45	3
6320	100	215	47	3
04系列				
6403	17	62	17	1.1
6404	20	72	19	1.1
6405	25	80	21	1.5
6406	30	90	23	1.5
6407	35	100	25	1.5
6408	40	110	27	2
6409	45	120	29	2
6410	50	130	31	2.1
6411	55	140	33	2.1
6412	60	150	35	2.1
6413	65	160	37	2.1
6414	70	170	39	3
6415	75	180	42	3
6416	80	190	45	3
6417	85	200	48	4
6418	90	210	52	4
6419	95	225	54	4
6420	100	250	58	4

注：d为轴承公称内径；D为轴承公称外径；B为轴承公称宽度；r为内外圈公称倒角尺寸的单向最小尺寸；r_{smin}为r的单向最小尺寸。

附录5 轴和孔的极限偏差

附表5-1 标准公差数值（摘自GB/T 1800.1—2009）

基本尺寸/mm		标准公差等级																	
		IT1	IT2	IT3	IT4	IT5	IT6	IT7	IT8	IT9	IT10	IT11	IT12	IT13	IT14	IT15	IT16	IT17	IT18
大于	至	/μm											/mm						
—	3	0.8	1.2	2	3	4	6	10	14	25	40	60	0.1	0.14	0.25	0.4	0.6	1	1.4
3	6	1	1.5	2.5	4	5	8	12	18	30	48	75	0.12	0.18	0.3	0.45	0.75	1.2	1.8
6	10	1	1.5	2.5	4	6	9	15	22	36	58	90	0.15	0.22	0.36	0.58	0.9	1.5	2.2
10	18	1.2	2	3	5	8	11	18	27	43	70	110	0.18	0.27	0.43	0.7	1.1	1.8	2.7
18	30	1.5	2.5	4	6	9	13	21	33	52	84	130	0.21	0.33	0.52	0.84	1.3	2.1	3.3
30	50	1.5	2.5	4	7	11	16	25	39	62	100	160	0.25	0.39	0.62	1	1.6	2.5	3.9
50	80	2	3	5	8	13	19	30	46	74	120	190	0.3	0.46	0.74	1.2	1.9	3	4.6
80	120	2.5	4	6	10	15	22	35	54	87	140	220	0.35	0.54	0.87	1.4	2.2	3.5	5.4
120	180	3.5	5	8	12	18	25	40	63	100	160	250	0.4	0.63	1	1.6	2.5	4	6.3
180	250	4.5	7	10	14	20	29	46	72	115	185	290	0.46	0.72	1.15	1.85	2.6	4.6	7.2
250	315	6	8	12	16	23	32	52	81	130	210	320	0.52	0.81	1.3	2.1	3.2	5.2	8.1
315	400	7	9	13	18	25	36	57	89	140	230	360	0.57	0.89	1.4	2.3	3.6	5.7	8.9
400	500	8	10	15	20	27	40	63	97	155	250	400	0.63	0.97	1.55	2.5	4	6.3	9.7

注：1. 公称尺寸大于500mm的IT1～IT5的标准公差数值为试行。

2. 公称尺寸小于或等于1min时，无IT14～IT18。

附表 5-2　轴的基本偏差

公称尺寸/mm		基　本　偏														
		上极限偏差 es														
		所有标准公差等级												IT5 和 IT6	IT7	IT8
大于	至	a	b	c	cd	d	e	ef	f	fg	g	h	js	j		
—	3	−270	−140	−60	−34	−20	−14	−10	−6	−4	−2	0	偏差＝±(IT*n*)/2，式中 IT*n* 是 IT 值数	−2	−4	−6
3	6	−270	−140	−70	−46	−30	−20	−14	−10	−6	−4	0		−2	−4	—
6	10	−280	−150	−80	−56	−40	−25	−18	−13	−8	−5	0		−2	−5	—
10	14	−290	−150	−95	—	−50	−32	—	−16	—	−6	0		−3	−6	—
14	18															
18	24	−300	−160	−110	—	−65	−40	—	−20	—	−7	0		−4	−8	—
24	30															
30	40	−310	−170	−120	—	−80	−50	—	−25	—	−9	0		−5	−10	—
40	50	−320	−180	−130												
50	65	−340	−190	−140	—	−100	−60	—	−30	—	−10	0		−7	−12	—
65	80	−360	−200	−150												
80	100	−380	−220	−170	—	−120	−72	—	−36	—	−12	0		−9	−15	—
100	120	−410	−240	−180												
120	140	−460	−260	−200	—	−145	−85	—	−43	—	−14	0		−11	−18	—
140	160	−520	−280	−210												
160	180	−580	−310	−230												
180	200	−660	−340	−240	—	−170	−100	—	−50	—	−15	0		−13	−21	—
200	225	−740	−380	−260												
225	250	−820	−420	−280												
250	280	−920	−480	−300	—	−190	−110	—	−56	—	−17	0		−16	−26	—
280	315	−1050	−540	−330												
315	355	−1200	−600	−360	—	−210	−125	—	−62	—	−18	0		−18	−28	—
355	400	−1350	−680	−400												
400	450	−1500	−760	−440	—	−230	−135	—	−68	—	−20	0		−20	−32	—
450	500	−1650	−840	−480												

注：1. 基本尺寸小于或等于 1 时，基本偏差 a 和 b 均不采用。

2. 公差带 js7 至 js11，若 IT*n* 值是奇数，则取偏差＝±(IT*n* −1)/2。

数值（摘自 GB/T 1800.1—2009） μm

差 数 值

下极限偏差(ei)

IT4 至 IT7	≤IT3 >IT7	所有标准公差等级													
k		m	n	p	r	s	t	u	v	x	y	z	za	zb	zc
0	0	+2	+4	+6	+10	+14	—	+18	—	+20	—	+26	+32	+40	+60
+1	0	+4	+8	+12	+15	+19	—	+23	—	+28	—	+35	+42	+50	+80
+1	0	+6	+10	+15	+19	+23	—	+28	—	+34	—	+42	+52	+67	+97
+1	0	+7	+12	+18	+23	+28	—	+33	—	+40	—	+50	+64	+90	+130
									+39	+45	—	+60	+77	+108	+150
+2	0	+8	+15	+22	+28	+35	—	+41	+47	+54	+63	+73	+98	+136	+188
							+41	+48	+55	+64	+75	+88	+118	+160	+218
+2	0	+9	+17	+26	+34	+43	+48	+60	+68	+80	+94	+112	+148	+200	+274
							+54	+70	+81	+97	+114	+136	+180	+242	+325
+2	0	+11	+20	+32	+41	+53	+66	+87	+102	+122	+144	+172	+226	+300	+405
					+43	+59	+75	+102	+120	+146	+174	+210	+274	+360	+480
+3	0	+13	+23	+37	+51	+71	+91	+124	+146	+178	+214	+258	+335	+445	+585
					+54	+79	+104	+144	+172	+210	+254	+310	+400	+525	+690
+3	0	+15	+27	+43	+63	+92	+122	+170	+202	+248	+300	+365	+470	+620	+800
					+65	+100	+134	+190	+228	+280	+340	+415	+535	+700	+900
					+68	+108	+146	+210	+252	+310	+380	+465	+600	+780	+1000
+4	0	+17	+31	+50	+77	+122	+166	+236	+284	+350	+425	+520	+670	+880	+1150
					+80	+130	+180	+258	+310	+385	+470	+575	+740	+960	+1250
					+84	+140	+196	+284	+340	+425	+520	+640	+820	+1050	+1350
+4	0	+20	+34	+56	+94	+158	+218	+315	+385	+475	+580	+710	+920	+1200	+1550
					+98	+170	+240	+350	+425	+525	+650	+790	+1000	+1300	+1700
+4	0	+21	+37	+62	+108	+190	+268	+390	+475	+590	+730	+900	+1150	+1500	+1900
					+114	+208	+294	+435	+530	+660	+820	+1000	+1300	+1650	+2100
+5	0	+23	+40	+68	+126	+232	+330	+490	+595	+740	+920	+1100	+1450	+1850	+2400
					+132	+252	+360	+540	+660	+820	+1000	+1250	+1600	+2100	+2600

附表 5-3 孔的基本偏差

公称尺寸/mm		基本偏																		
		下极限偏差(EI)																		
		所有标准公差等级											IT6	IT7	IT8	≤IT8	>IT8	≤IT8	>IT8
大于	至	A	B	C	CD	D	E	EF	F	FG	G	H	JS	J			K		M	
—	3	+270	+140	+60	+34	+20	+14	+10	+6	+4	+2	0	偏差=±(ITn)/2，式中ITn是IT值数	+2	+4	+6	0	0	−2	−2
3	6	+270	+140	+70	+46	+30	+20	+14	+10	+6	+4	0		+5	+6	+10	−1+Δ	—	−4+Δ	−4
6	10	+280	+150	+80	+56	+40	+25	+18	+13	+8	+5	0		+5	+8	+12	−1+Δ	—	−6+Δ	−6
10	14	+290	+150	+95	—	+50	+32	—	+16	—	+6	0		+6	+10	+15	−1+Δ	—	−7+Δ	−7
14	18																			
18	24	+300	+160	+110	—	+65	+40	—	+20	—	+7	0		+8	+12	+20	−2+Δ	—	−8+Δ	−8
24	30																			
30	40	+310	+170	+120	—	+80	+50		+25	—	+9	0		+10	+14	+24	−2+Δ	—	−9+Δ	−9
40	50	+320	+180	+130																
50	65	+340	+190	+140	—	+100	+60	—	+30	—	+10	0		+13	+18	+28	−2+Δ	—	−11+Δ	−11
65	80	+360	+200	+150																
80	100	+380	+220	+170	—	+120	+72	—	+36	—	+12	0		+16	+22	+34	−3+Δ	—	−13+Δ	−13
100	120	+410	+240	+180																
120	140	+460	+260	+200	—	+145	+85	—	+43	—	+14	0		+18	+26	+41	−3+Δ	—	−15+Δ	−15
140	160	+520	+280	+210																
160	180	+580	+310	+230																
180	200	+660	+340	+240	—	+170	+100	—	+50	—	+15	0		+22	+30	+47	−4+Δ	—	−17+Δ	−17
200	225	+740	+380	+260																
225	250	+820	+420	+280																
250	280	+920	+480	+300	—	+190	+110	—	+56	—	+17	0		+25	+36	+55	−4+Δ	—	−20+Δ	−20
280	315	+1050	+540	+330																
315	355	+1200	+600	+360	—	+210	+125	—	+62	—	+18	0		+29	+39	+60	−4+Δ	—	−21+Δ	−21
355	400	+1350	+680	+400																
400	450	+1500	+760	+440	—	+230	+135	—	+68	—	+20	0		+33	+43	+66	−5+Δ	—	−23+Δ	−23
450	500	+1650	+840	+480																

注：1. 公称尺寸小于或等于1时，基本偏差A和B及大于IT8的N均不采用。

2. 公差带JS7至JS11，若ITn值数是奇数，则取偏差=±(ITn−1)/2。

3. 对小于或等于IT8的K、M、N和小于或等于IT7的P至ZC，所需Δ值从表内右侧选取。例如：18～30段的K7：

4. 特殊情况：250～315段的M6，ES=−9μm（代替−11μm）。

数值（摘自 GB/T 1800.1—2009） μm

差数值															Δ值					
上极限偏差(ES)																				
≤IT8	>IT8	≤IT7	标准公差等级大于IT7												标准公差等级					
N		P至ZC	P	R	S	T	U	V	X	Y	Z	ZA	ZB	ZC	IT3	IT4	IT5	IT6	IT7	IT8
−4	−4	在大于IT7的相应数值上增加一个Δ值	−6	−10	−14	—	−18	—	−20	—	−26	−32	−40	−60	0	0	0	0	0	0
−8+Δ	0		−12	−15	−19	—	−23	—	−28	—	−35	−42	−50	−80	1	1.5	1	3	4	6
−10+Δ	0		−15	−19	−23	—	−28	—	−34	—	−42	−52	−67	−97	1	1.5	2	3	6	7
−12+Δ	0		−18	−23	−28	—	−33	—	−40	—	−50	−64	−90	−130	1	2	3	3	7	9
								−39	−45	—	−60	−77	−108	−150						
−15+Δ	0		−22	−28	−35	—	−41	−47	−54	−63	−73	−98	−136	−188	1.5	2	3	4	8	12
						−41	−48	−55	−64	−75	−88	−118	−160	−218						
−17+Δ	0		−26	−34	−43	−48	−60	−68	−80	−94	−112	−148	−200	−274	1.5	3	4	5	9	14
						−54	−70	−81	−97	−114	−136	−180	−242	−325						
−20+Δ	0		−32	−41	−53	−66	−87	−102	−122	−144	−172	−226	−300	−405	2	3	5	6	11	16
				−43	−59	−75	−102	−120	−146	−174	−210	−274	−360	−480						
−23+Δ	0		−37	−51	−71	−91	−124	−146	−178	−214	−258	−335	−445	−585	2	4	5	7	13	19
				−54	−79	−104	−144	−172	−210	−254	−310	−400	−525	−690						
−27+Δ	0		−43	−63	−92	−122	−170	−202	−248	−300	−365	−470	−620	−800	3	4	6	7	15	23
				−65	−100	−134	−190	−228	−280	−340	−415	−535	−700	−900						
				−68	−108	−146	−210	−252	−310	−380	−465	−600	−780	−1000						
−31+Δ	0		−50	−77	−122	−166	−236	−284	−350	−425	−520	−670	−880	−1150	3	4	6	9	17	26
				−80	−130	−180	−258	−310	−385	−470	−575	−740	−960	−1250						
				−84	−140	−196	−284	−340	−425	−520	−640	−820	−1050	−1350						
−34+Δ	0		−56	−94	−158	−218	−315	−385	−475	−580	−710	−920	−1200	−1550	4	4	7	9	20	29
				−98	−170	−240	−350	−425	−525	−650	−790	−1000	−1300	−1700						
−37+Δ	0		−62	−108	−190	−268	−390	−475	−590	−730	−900	−1150	−1500	−1900	4	5	7	11	21	32
				−114	−208	−294	−435	−530	−660	−820	−1000	−1300	−1650	−2100						
−40+Δ	0		−68	−126	−232	−330	−490	−595	−740	−920	−1100	−1450	−1850	−2400	5	5	7	13	23	34
				−132	−252	−360	−540	−660	−820	−1000	−1250	−1600	−2100	−2600						

Δ=8μm，所以 ES=(−2+8)μm =+6μm；18～30 段的 S6：Δ=4μm，所以 ES=(−35+4)μm =−31μm。

附表 5-4 轴的极限偏差（摘自 GB/T 1800.2—2009） μm

公称尺寸/mm		常用公差带												
		a	b		c			d				e		
大于	至	11	11	12	9	10	11	8	9	10	11	7	8	9
—	3	−270 −300	−140 −200	−140 −240	−60 −85	−60 −100	−60 −120	−20 −34	−20 −45	−20 −60	−20 −80	−14 −24	−14 −28	−14 −39
3	6	−270 −345	−140 −215	−140 −260	−70 −100	−70 −118	−70 −145	−30 −48	−30 −60	−30 −78	−30 −105	−20 −32	−20 −38	−20 −50
6	10	−280 −370	−150 −240	−150 −300	−80 −116	−80 −138	−80 −170	−40 −62	−40 −76	−40 −98	−40 −130	−25 −40	−25 −47	−25 −61
10	18	−290 −400	−150 −260	−150 −330	−95 −165	−95 −165	−95 −205	−50 −77	−50 −93	−50 −120	−50 −160	−32 −50	−32 −59	−32 −75
18	30	−300 −430	−160 −290	−160 −370	−110 −162	−110 −194	−110 −240	−65 −98	−65 −117	−65 −149	−65 −195	−40 −61	−40 −73	−40 −92
30	40	−310 −470	−170 −330	−170 −420	−120 −182	−120 −220	−120 −280	−80 −119	−80 −142	−80 −180	−80 −240	−50 −75	−50 −89	−50 −112
40	50	−320 −480	−180 −340	−180 −430	−130 −192	−130 −230	−130 −290							
50	65	−340 −530	−190 −380	−190 −490	−140 −214	−140 −260	−140 −330	−100 −145	−100 −174	−100 −220	−100 −290	−60 −90	−60 −106	−60 −134
65	80	−360 −550	−200 −390	−200 −500	−150 −224	−150 −270	−150 −340							
80	100	−380 −600	−200 −440	−220 −570	−170 −257	−170 −310	−170 −399	−120 −174	−120 −207	−120 −260	−120 −340	−72 −107	−72 −126	−72 −159
100	120	−410 −630	−240 −460	−240 −590	−180 −267	−180 −320	−180 −400							
120	140	−460 −710	−260 −510	−260 −660	−200 −300	−200 −360	−200 −450	−145 −208	−145 −245	−145 −305	−145 −395	−85 −125	−85 −148	−85 −185
140	160	−520 −770	−280 −530	−280 −680	−210 −310	−210 −370	−210 −460							
160	180	−580 −830	−100 −560	−310 −710	−230 −330	−230 −390	−230 −480							
180	200	−660 −950	−340 −630	−340 −800	−240 −355	−240 −425	−240 −530	−170 −242	−170 −285	−170 −355	−170 −460	−100 −146	−100 −172	−100 −215
200	225	−740 −1030	−380 −670	−380 −840	−260 −375	−260 −445	−260 −550							
225	250	−820 −1110	−420 −710	−420 −880	−280 −395	−280 −465	−280 −570							
250	280	−920 −1240	−480 −800	−480 −1000	−300 −430	−300 −510	−300 −620	−190 −271	−190 −320	−190 −400	−190 −510	−110 −162	−110 −191	−110 −240
280	315	−1050 −1370	−540 −860	−540 −1060	−330 −460	−330 −540	−330 −650							
315	355	−1200 −1560	−600 −960	−800 −1170	−360 −500	−360 −590	−360 −720	−210 −299	−210 −350	−210 −440	−210 −570	−125 −182	−125 −214	−125 −265
355	400	−1350 −1710	−680 −1040	−680 −1250	−400 −540	−400 −630	−400 −760							
400	455	−1500 −1900	−760 −1160	−760 −1390	−440 −595	−440 −690	−440 −840	−230 −327	−230 −385	−230 −480	−230 −630	−185 −198	−135 −232	−135 −250
450	500	−1650 −2050	−840 −1240	−840 −1470	−480 −635	−480 −730	−480 −980							

续表

公称尺寸/mm		常用公差带															
		f					g			h							
大于	至	5	6	7	8	9	5	6	7	5	6	7	8	9	10	11	12
—	3	−6 −10	−6 −12	−6 −16	−6 −20	−6 −31	−2 −6	−2 −8	−2 −12	0 −4	0 −6	0 −10	0 −14	0 −25	0 −40	0 −60	0 −100
3	6	−10 −15	−10 −18	−10 −22	−10 −28	−10 −40	−4 −9	−4 −12	−4 −16	0 −5	0 −8	0 −12	0 −18	0 −30	0 −48	0 −75	0 −120
6	10	−13 −19	−13 −22	−13 −28	−13 −35	−13 −49	−5 −11	−5 −14	−5 −20	0 −6	0 −9	0 −15	0 −22	0 −36	0 −58	0 −90	0 −150
10	18	−16 −24	−16 −27	−16 −34	−16 −43	−16 −59	−6 −14	−6 −17	−6 −24	0 −8	0 −11	0 −18	0 −27	0 −43	0 −70	0 −110	0 −180
18	30	−20 −29	−20 −33	−20 −41	−20 −53	−20 −72	−7 −16	−7 −20	−7 −28	0 −9	0 −13	0 −21	0 −33	0 −52	0 −84	0 −130	0 −210
30	50	−25 −36	−25 −41	−25 −50	−25 −64	−25 −87	−9 −20	−9 −25	−9 −34	0 −11	0 −16	0 −25	0 −39	0 −62	0 −100	0 −160	0 −300
50	80	−30 −43	−30 −49	−30 −60	−30 −76	−30 −104	−10 −23	−10 −29	−10 −40	0 −13	0 −19	0 −30	0 −46	0 −74	0 −120	0 −190	0 −300
80	120	−36 −51	−36 −58	−36 −71	−36 −90	−36 −123	−12 −27	−12 −34	−12 −47	0 −15	0 −22	0 −35	0 −54	0 −87	0 −140	0 −220	0 −350
120	180	−43 −61	−43 −68	−43 −83	−43 −106	−43 −143	−14 −32	−14 −39	−14 −54	0 −18	0 −25	0 −40	0 −63	0 −100	0 −160	0 −250	0 −400
180	250	−50 −70	−50 −79	−50 −96	−50 −122	−50 −165	−15 −35	−15 −44	−15 −61	0 −20	0 −29	0 −46	0 −72	0 −115	0 −185	0 −290	0 −460
250	315	−56 −79	−56 −88	−56 −108	−56 −137	−56 −186	−17 −40	−17 −49	−17 −69	0 −23	0 −32	0 −52	0 −81	0 −130	0 −210	0 −320	0 −520
315	400	−62 −87	−62 −98	−62 −119	−62 −151	−62 −202	−18 −43	−18 −54	−18 −75	0 −25	0 −36	0 −57	0 −89	0 −140	0 −230	0 −360	0 −570
400	500	−68 −95	−68 −108	−68 −131	−68 −165	−68 −223	−20 −47	−20 −60	−20 −83	0 −27	0 −40	0 −63	0 −97	0 −155	0 −250	0 −400	0 −630

续表

公称尺寸/mm		常用公差带														
		r			s			t			u		v	x	y	z
大于	至	5	6	7	5	6	7	5	6	7	6	7	6	6	6	6
—	3	+14 +10	+16 +10	+20 +10	+18 +14	+20 +14	+24 +14	—	—	—	+24 +18	+28 +18	—	+26 +20	—	+32 +26
3	6	+20 +15	+23 +15	+27 +15	+24 +19	+27 +19	+31 +19	—	—	—	+31 +23	+35 +23	—	+36 +28	—	+43 +35
6	10	+25 +19	+28 +19	+34 +19	+29 +23	+32 +23	+38 +23	—	—	—	+37 +28	+43 +28	—	+43 +34	—	+51 +42
10	14	+31 +23	+34 +23	+41 +23	+36 +28	+39 +28	+46 +28	—	—	—	+44 +33	+51 +33	—	+51 +40	—	+61 +50
14	18							—	—	—			+50 +39	+56 +45	—	+71 +60
18	24	+37 +28	+41 +28	+49 +28	+44 +35	+48 +35	+56 +35	—	—	—	+54 +41	+62 +41	+60 +47	+67 +54	+76 +63	+86 +73
24	30							+50 +41	+54 +41	+62 +41	+61 +48	+69 +48	+68 +55	+77 +64	+88 +75	+101 +88
30	40	+45 +34	+50 +34	+59 +34	+54 +43	+59 +43	+68 +43	+59 +48	+64 +48	+73 +48	+76 +60	+85 +60	+84 +68	+96 +80	+110 +94	+128 +112
40	50							+65 +54	+70 +54	+79 +54	+86 +70	+95 +70	+97 +81	+113 +97	+130 +114	+152 +136
50	65	+54 +41	+60 +41	+71 +41	+66 +53	+72 +53	+83 +53	+79 +66	+85 +66	+96 +66	+106 +87	+117 +87	+121 +102	+141 +122	+163 +144	+191 +172
65	80	+56 +43	+62 +43	+73 +43	+72 +59	+78 +59	+89 +59	+88 +75	+94 +75	+105 +75	+121 +102	+132 +102	+139 +120	+165 +146	+193 +174	+229 +210
80	100	+66 +51	+73 +51	+86 +51	+86 +71	+93 +71	+106 +91	+106 +91	+113 +91	+126 +91	+146 +124	+159 +124	+168 +146	+200 +178	+236 +214	+280 +258
100	120	+69 +54	+76 +54	+89 +54	+94 +79	+101 +79	+114 +79	+110 +104	+126 +104	+136 +104	+166 +144	+179 +144	+194 +172	+232 +210	+276 +254	+332 +310
120	140	+81 +63	+88 +63	+103 +63	+110 +92	+117 +92	+132 +92	+140 +122	+147 +122	+162 +122	+195 +170	+210 +170	+227 +202	+273 +248	+325 +300	+390 +365
140	160	+83 +65	+90 +65	+105 +65	+118 +100	+125 +100	+140 +100	+152 +134	+159 +134	+174 +134	+215 +190	+230 +190	+253 +228	+305 +280	+365 +340	+440 +415
160	180	+86 +68	+93 +68	+108 +68	+126 +108	+133 +108	+148 +108	+164 +146	+171 +146	+186 +146	+235 +210	+250 +210	+277 +252	+335 +310	+405 +380	+490 +465
180	200	+97 +77	+106 +77	+123 +77	+142 +122	+151 +122	+168 +122	+185 +166	+195 +166	+212 +166	+265 +236	+282 +236	+313 +284	+379 +350	+454 +425	+549 +520
200	225	+100 +80	+109 +80	+126 +80	+150 +130	+159 +130	+176 +130	+200 +180	+209 +180	+226 +180	+287 +258	+304 +258	+339 +310	+414 +385	+499 +470	+604 +575
225	250	+104 +84	+113 +84	+130 +84	+160 +140	+169 +140	+186 +140	+216 +196	+225 +196	+242 +196	+313 +284	+330 +284	+369 +340	+454 +425	+549 +520	+669 +640
250	280	+117 +94	+126 +94	+146 +94	+181 +158	+290 +158	+210 +158	+241 +218	+250 +218	+270 +218	+347 +315	+367 +315	+417 +385	+507 +475	+612 +580	+742 +710
280	315	+121 +98	+130 +98	+150 +98	+193 +170	+202 +170	+222 +170	+263 +240	+272 +240	+292 +240	+382 +350	+402 +350	+457 +425	+567 +525	+682 +650	+822 +790
315	355	+133 +108	+144 +108	+165 +108	+215 +190	+226 +190	+247 +190	+293 +268	+304 +268	+325 +268	+426 +390	+447 +390	+511 +475	+626 +590	+766 +730	+936 +900
355	400	+139 +114	+150 +114	+171 +114	+233 +208	+244 +208	+265 +208	+319 +294	+330 +294	+351 +294	+471 +435	+492 +435	+566 +530	+696 +660	+856 +820	+1036 +1000
400	450	+153 +126	+166 +126	+189 +126	+259 +232	+272 +232	+295 +232	+357 +330	+370 +230	+351 +294	+530 +490	+553 +490	+635 +595	+780 +740	+960 +920	+1036 +1000
450	500	+159 +132	+172 +132	+195 +132	+279 +252	+292 +252	+315 +252	+387 +360	+400 +360	+423 +360	+580 +540	+603 +540	+700 +660	+860 +820	+1040 +1000	+1290 +1250

注：公称尺寸＜1mm时，各级的a和b均不采用。

附表 5-5　孔的极限偏差（摘自 GB/T 1800.2—2009）　μm

公称尺寸/mm		常用公差带													
		A	B		C	D				E		F			
大于	至	11	11	12	11	8	9	10	11	8	9	6	7	8	9
—	3	+330 +270	+200 +140	+240 +140	+120 +60	+34 +20	+45 +20	+60 +20	+80 +20	+28 +14	+39 +14	+12 +6	+16 +6	+20 +6	+31 +6
3	6	+345 +270	+215 +140	+260 +140	+145 +70	+48 +30	+60 +30	+78 +30	+105 +30	+38 +20	+50 +20	+18 +10	+22 +10	+28 +10	+40 +10
6	10	+370 +280	+240 +150	+300 +150	+170 +80	+62 +40	+76 +40	+98 +40	+130 +40	+47 +25	+61 +25	+22 +13	+28 +13	+35 +13	+49 +13
10	14	+400 +290	+260 +150	+330 +150	+205 +95	+77 +50	+93 +50	+120 +50	+160 +50	+59 +32	+75 +32	+27 +16	+34 +16	+43 +16	+59 +16
14	18														
18	24	+430 +300	+290 +160	+370 +160	+240 +110	+98 +65	+117 +65	+149 +65	+195 +65	+73 +40	+92 +40	+33 +20	+41 +20	+53 +20	+72 +20
24	30														
30	40	+470 +310	+330 +170	+420 +170	+280 +170	+119 +80	+142 +80	+180 +80	+240 +80	+89 +50	+112 +50	+41 +25	+50 +25	+64 +25	+87 +25
40	50	+480 +320	+340 +180	+430 +180	+290 +180										
50	65	+530 +340	+380 +190	+490 +190	+330 +140	+146 +100	+170 +100	+220 +100	+290 +100	+106 +60	+134 +60	+49 +30	+60 +30	+76 +30	+104 +30
65	80	+550 +360	+390 +200	+500 +200	+340 +150										
80	100	+600 +380	+440 +220	+570 +220	+390 +170	+174 +120	+207 +120	+260 +120	+340 +120	+126 +72	+159 +72	+58 +36	+71 +36	+90 +36	+123 +36
100	120	+630 +410	+460 +240	+590 +240	+400 +180										
120	140	+710 +460	+510 +260	+660 +260	+450 +200	+208 +145	+245 +145	+305 +145	+395 +145	+148 +85	+135 +85	+68 +43	+83 +43	+106 +43	+143 +43
140	160	+770 +520	+530 +280	+680 +280	+460 +210										
160	180	+830 +580	+560 +310	+710 +310	+480 +230										
180	200	+950 +660	+630 +340	+800 +340	+530 +240	+242 +170	+285 +170	+355 +170	+460 +170	+172 +100	+215 +100	+79 +50	+96 +50	+122 +50	+165 +50
200	225	+1030 +740	+670 +380	+840 +380	+550 +260										
225	250	+1110 +820	+710 +420	+880 +420	+570 +280										
250	280	+1240 +920	+800 +480	+1000 +480	+620 +300	+271 +190	+320 +190	+400 +190	+510 +190	+191 +110	+240 +110	+88 +56	+108 +56	+137 +56	+186 +56
280	315	+1370 +1050	+860 +540	+1060 +540	+650 +330										
315	355	+1560 +1200	+960 +600	+1170 +600	+720 +360	+299 +210	+350 +210	+440 +210	+570 +210	+214 +125	+265 +125	+98 +62	+119 +62	+151 +62	+202 +62
355	400	+1710 +1350	+1040 +680	+1250 +680	+760 +400										

续表

公称尺寸/mm		常用公差带																	
		G		H							Js			K			M		
大于	至	6	7	6	7	8	9	10	11	12	6	7	8	6	7	8	6	7	8
—	3	+8 +2	+12 +2	+6 0	+10 0	+14 0	+25 0	+40 0	+60 0	+100 0	±3	±5	±7	0 −6	0 −10	0 −11	−2 −8	−2 −12	−2 −16
3	6	+12 +4	+16 +4	+8 0	+12 0	+18 0	+30 0	+48 0	+75 0	+120 0	±4	±6	±9	+2 −6	+3 −9	+5 −1	−1 −9	0 −12	+2 −16
6	10	+14 +5	+20 +5	+9 0	+15 0	+22 0	+36 0	+58 0	+90 0	+150 0	±4.5	±7	±11	+2 −7	+5 −10	+6 −16	−3 −12	0 −15	+1 −21
10	18	+17 +6	+24 +6	+11 0	+18 0	+27 0	+43 0	+70 0	+110 0	+180 0	±5.5	±9	±13	+2 −9	+6 −12	+8 −19	−4 −15	0 −18	+2 −25
18	30	+20 +7	+28 +7	+13 0	+21 0	+33 0	+52 0	+84 0	+130 0	+210 0	±6.5	±10	±16	+2 −11	+6 −15	+10 −22	−4 −17	0 −21	+4 −29
30	50	+25 +9	+34 +9	+16 0	+25 0	+39 0	+62 0	+100 0	+160 0	+250 0	±8	±12	±19	+3 −13	+7 −18	+12 −27	−4 −20	0 −25	+5 −34
50	80	+29 +10	+40 +10	+19 0	+30 0	+46 0	+74 0	+120 0	+190 0	+300 0	±9.5	±15	±23	+4 −15	+9 −21	+14 −32	−5 −24	0 −30	+5 −41
80	120	+34 +12	+47 +12	+22 0	+35 0	+54 0	+87 0	+140 0	+220 0	+350 0	±11	±17	±27	+4 −18	+10 −25	+16 −33	−6 −28	0 −35	+6 −43
120	180	+39 +14	+54 +14	+25 0	+40 0	+63 0	+100 0	+160 0	+250 0	+400 0	±12.5	±20	±31	+4 −21	+12 −28	+20 −43	−8 −33	0 −40	+8 −35
180	250	+44 +15	+61 +15	+29 0	+46 0	+72 0	+115 0	+185 0	+290 0	+460 0	±14.5	±23	±36	+5 −24	+13 −33	+32 −50	−8 −37	0 −45	+9 −63
250	315	+49 +17	+69 +17	+32 0	+52 0	+81 0	+130 0	+210 0	+320 0	+520 0	±16	±26	±40	+5 −27	+16 −36	+25 −56	−9 −41	0 −52	+9 −72
315	400	+54 +18	+75 +18	+36 0	+57 0	+89 0	+140 0	+230 0	+360 0	+570 0	±18	±28	±44	+7 −29	+17 −40	+28 −61	−10 −46	0 −57	+11 −78
400	500	+54 +18	+75 +18	+36 0	+57 0	+89 0	+140 0	+230 0	+360 0	+630 0	±20	±31	±48	+7 −32	+17 −45	+28 −68	−10 −50	0 −63	+11 −86

续表

公称尺寸/mm		常用公差带														
		JS			K			M			M			P		
大于	至	5	6	7	5	6	7	5	6	7	5	6	7	5	6	7
—	3	±2	±3	±5	+4 0	+6 0	+10 0	+6 +2	+8 +2	+12 +2	+8 +4	+10 +4	+14 +4	+10 +6	+12 +6	+16 +6
3	6	±2.5	±4	±6	+6 +1	+9 +1	+13 +1	+9 +4	+12 +4	+16 +4	+13 +8	+16 +8	+20 +8	+17 12	+20 +12	+24 +12
6	10	±3	±4.5	±7	+7 +1	+10 +1	+16 +1	+12 +6	+15 +6	+21 +6	+16 +10	+19 +10	+25 +10	+21 +15	+24 +15	+30 +15
10	18	±4	±5.5	±9	+9 +1	+12 +1	+19 +1	+15 +7	+18 +7	+25 +7	+20 +12	+23 +12	+30 +12	+26 +18	+29 +18	+36 +18
18	30	±4.5	±6.5	±10	+11 +2	+15 +2	+23 +2	+17 +8	+21 +8	+29 +8	+24 +15	+28 +15	+36 +15	+31 +22	+35 +22	+43 +22
30	50	±5.5	±8	±12	+13 +2	+18 +2	+27 +2	+20 +9	+25 +9	+34 +9	+28 +17	+33 +17	+42 +17	+37 +26	+42 +26	+51 +26
50	80	±6.5	±9.5	±15	+15 +2	+21 +2	+32 +2	+24 +11	+30 +11	+41 +11	+33 +20	+39 +20	+52 +20	+45 +32	+51 +32	+62 +32
80	120	±7.5	±11	±17	+18 +3	+25 +3	+38 +3	+28 +13	+35 +13	+48 +13	+38 +23	+45 +23	+58 +23	+52 +37	+59 +37	+72 +37
120	180	±9	±12.5	±20	+21 +3	+28 +3	+43 +3	+33 +15	+40 +15	+55 +15	+45 +27	+52 +27	+67 +27	+61 +43	+68 +43	+83 +43
180	250	±10	±14.5	±23	+24 +4	+33 +4	+50 +4	+37 +17	+46 +17	+63 +17	+51 +31	+60 +31	+77 +31	+70 +50	+79 +50	+96 +50
250	315	±11.5	±16	±26	+27 +4	+36 +4	+56 +4	+43 +20	+52 +20	+72 +20	+57 +34	+66 +34	+86 +34	+79 +56	+88 +56	+108 +56
315	400	±12.5	±18	±28	+29 +4	+40 +4	+61 +4	+46 +21	+57 +21	+78 +21	+62 +37	+73 +37	+94 +37	+87 +62	+98 +62	+119 +62
400	500	±13.5	±20	±31	+32 +5	+45 +5	+68 +5	+50 +23	+63 +23	+86 +23	+67 +40	+80 +40	+103 +40	+95 +68	+108 +68	+148 +68

续表

公称尺寸/mm		常用公差带											
		N			P		R		S		T		U
大于	至	6	7	8	6	7	6	7	6	7	6	7	7
—	3	-4 -10	-4 -14	-4 -18	-6 -12	-6 -16	-10 -16	-10 -20	-14 -20	-14 -24	—	—	-18 -28
3	6	-5 -13	-4 -16	-2 -20	-9 -17	-8 -20	-12 -20	-11 -23	-16 -24	-15 -27	—	—	-19 -31
6	10	-7 -16	-4 -19	-3 -25	-12 -21	-9 -24	-16 -25	-13 -28	-20 -29	-17 -32	—	—	-22 -37
10	18	-9 -20	-5 -23	-3 -30	-15 -26	-11 -29	-20 -31	-16 -34	-25 -36	-21 -39	—	—	-26 -44
18	24	-11 -24	-7 -28	-3 -36	-18 -31	-14 -35	-24 -37	-20 -41	-31 -44	-27 -48	—	—	-33 -54
24	30										-37 -50	-33 -54	-40 -61
30	40	-12 -28	-8 -33	-3 -42	-21 -37	-17 -42	-29 -45	-25 -50	-38 -54	-34 -59	-43 -59	-39 -64	-51 -76
40	50										-49 -65	-45 -70	-61 -76
50	65	-14 -33	-9 -39	-4 -50	-26 -45	-21 -51	-35 -54	-30 -60	-47 -66	-42 -72	-60 -79	-55 -85	-86 -106
65	80						-37 -56	-32 -62	-53 -72	-48 -78	-69 -88	-64 -94	-91 -121
80	100	-16 -38	-10 -45	-4 -58	-30 -52	-24 -59	-44 -66	-38 -73	-64 -86	-58 -93	-84 -106	-78 -113	-111 -146
100	120						-47 -69	-41 -76	-72 -94	-66 -101	-97 -119	-91 -126	-131 -166
120	140	-20 -45	-12 -52	-4 -67	-36 -61	-28 -68	-56 -81	-48 -88	-85 -110	-77 -117	-115 -140	-107 -147	-155 -195
140	160						-58 -83	-50 -90	-93 -118	-85 -125	-137 -152	-110 -159	-175 -215
160	180						-61 -86	-53 -93	-101 -126	-93 -133	-139 -164	-131 -171	-195 -235
180	200	-22 -51	-14 -60	-5 -77	-41 -70	-33 -79	-68 -97	-60 -106	-113 -142	-101 -155	-157 -186	-149 -195	-219 -265
200	225						-71 -100	-63 -109	-121 -150	-113 -159	-171 -200	-163 -209	-241 -287
225	250						-75 -104	-67 -113	-131 -160	-123 -169	-187 -216	-179 -225	-267 -313
250	280	-25 -57	-14 -66	-5 -86	-47 -79	-36 -88	-85 -117	-74 -126	-149 -181	-138 -190	-209 -241	-198 -250	-295 -347
280	315						-89 -121	-78 -130	-161 -193	-150 -202	-231 -263	-220 -272	-330 -382
315	355	-26 -62	-16 -73	-5 -94	-51 -87	-41 -98	-97 -133	-87 -144	-179 -215	-169 -226	-257 -293	-247 -304	-369 -426
355	400						-103 -139	-93 -150	-197 -233	-187 -244	-283 -319	-273 -330	-414 -471
400	450	-27 -67	-17 -80	-6 -103	-55 -95	-45 -108	-113 -153	-103 -166	-219 -259	-209 -272	-317 -357	-307 -370	-467 -530
450	500						-113 -159	-109 -172	-239 -279	-229 -292	-347 -387	-337 -400	-540 -637

注：公称尺寸<1mm时，各级的A和B均不采用。

附表 5-6　公称尺寸至 500mm 的基孔制优先和常用配合（摘自 GB/T 1801—2009）

基准孔	轴																				
	a	b	c	d	e	f	g	h	js	k	m	n	p	r	s	t	u	v	x	y	z
	间隙配合								过渡配合			过盈配合									
H6						H6/f5	H6/g5	H6/h5	H6/js5	H6/k5	H6/m5	H6/n5	H6/p5	H6/r5	H6/s5	H6/t5					
H7						H7/f6	◤H7/g6	◤H7/h6	H7/js6	◤H7/k6	H7/m6	◤H7/n6	◤H7/p6	H7/r6	◤H7/s6	H7/t6	◤H7/u6	H7/v6	H7/x6	H7/y6	H7/z6
H8					H8/e7	◤H8/f7	H8/g7	◤H8/h7	H8/js7	H8/k7	H8/m7	H8/n7	H8/p7	H8/r7	H8/s7	H8/t7	H8/u7				
				H8/d8	H8/e8	H8/f8		H8/h8													
H9			H9/c9	◤H9/d9	H9/e9	H9/f9		◤H9/h9													
H10			H10/c10	H10/d10				H10/h10													
H11	H11/a11	H11/b11	◤H11/c11	H11/d11				◤H11/h11													
H12		H12/b12						H12/h12													

注：1. $\frac{H6}{n5}$、$\frac{H7}{p6}$在公称尺寸小于或等于 3mm 和$\frac{H8}{r7}$在小于或等于 100mm 时，为过渡配合。

2. 标注◤的配合为优先配合。

附表 5-7　公称尺寸至 500mm 的基轴制优先和常用配合（摘自 GB/T 1801—2009）

基准轴	孔																				
	A	B	C	D	E	F	G	H	JS	K	M	N	P	R	S	T	U	V	X	Y	Z
	间隙配合								过渡配合			过盈配合									
h5						F6/h5	G6/h5	H6/h5	JS6/h5	K6/h5	M6/h5	N6/h5	P6/h5	R6/h5	S6/h5	T6/h5					
h6						F7/h6	◤G7/h6	◤H7/h6	JS7/h6	◤K7/h6	M7/h6	◤N7/h6	◤P7/h6	R7/h6	◤S7/h6	T7/h6	◤U7/h6				
h7					E8/h7	◤F8/h7		◤H8/h7	JS8/h7	K8/h7	M8/h7	N8/h7									
h8				D8/h8	E8/h8	F8/h8		H8/h8													
h9				◤D9/h9	E9/h9	F9/h9		◤H9/h9													
h10				D10/h10				H10/h10													
h11	A11/h11	B11/h11	◤C11/h11	D11/h11				◤H11/h11													
h12		B12/h12						H12/h12													

注：标注◤的配合为优先配合。

附录 6 常用标准数据和标准结构

附表 6-1 零件倒圆与倒角（摘自 GB/T 6403.4—2008） mm

型式

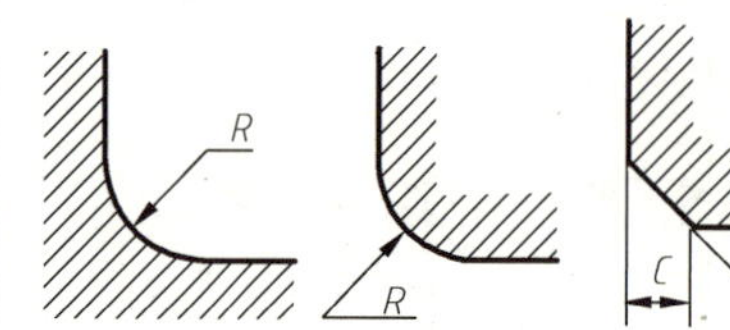

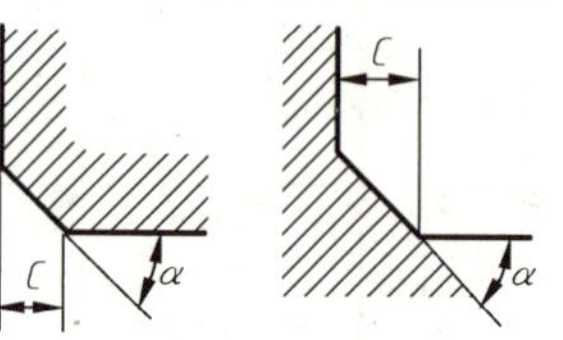

R、C 尺寸系列：

0.1,0.2,0.3,0.4,0.5,0.6,0.8,1.0,1.2,1.6,2.0,2.5,3.0,4.0,5.0,8.0,10,12,16,20,25,32,40,50

装配方式

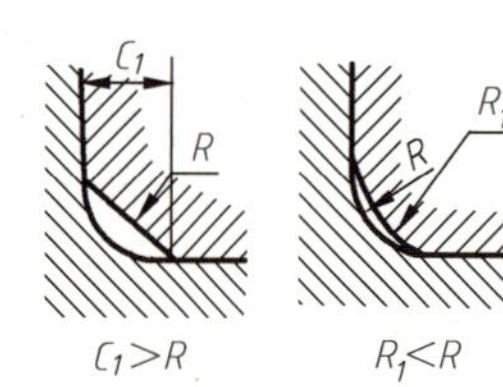

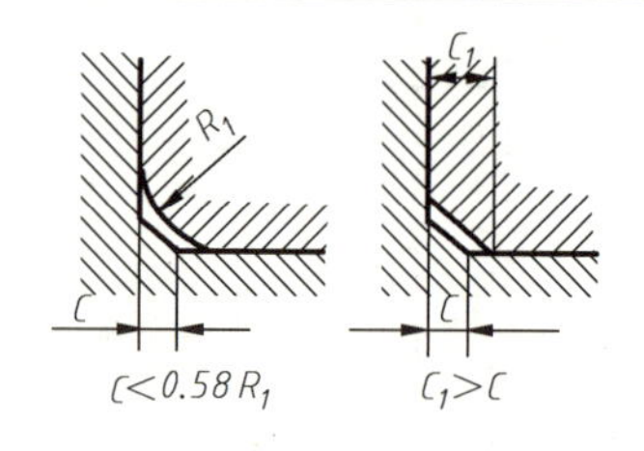

尺寸规定：

1. R_1、C_1 的偏差为正，R、C 的偏差为负。
2. 左起第三种装配方式，C 的最大值 C_{max} 与 R_1 的关系如下：

R_1	0.1	0.2	0.3	0.4	0.5	0.6	0.8	1.0	1.2	1.6	2.0
C_{max}	—	0.1	0.1	0.2	0.2	0.3	0.4	0.5	0.6	0.8	1.0
R_1	2.5	3.0	4.0	5.0	6.0	8.0	10	12	16	20	25
C_{max}	1.2	1.6	2.0	2.5	3.0	4.0	5.0	6.0	8.0	10	12

附表 6-2 直径 ϕ 相应的倒角 C、倒圆 R 推荐值 mm

ϕ	C 或 R	ϕ	C 或 R	ϕ	C 或 R	ϕ	C 或 R	ϕ	C 或 R
~3	0.2	>18~30	1.0	>120~180	3.0	>400~500	8.0	>1000~1250	20
>3~6	0.4	>30~50	1.6	>180~250	4.0	>500~630	10	>1250~1600	25
>6~10	0.6	>50~80	2.0	>250~320	5.0	>630~800	12		
>10~18	0.8	>80~120	2.5	>320~400	6.0	>800~1000	16		

附表 6-3 普通螺纹的螺距、收尾、肩距、退刀槽（摘自 GB/T 3—1997）

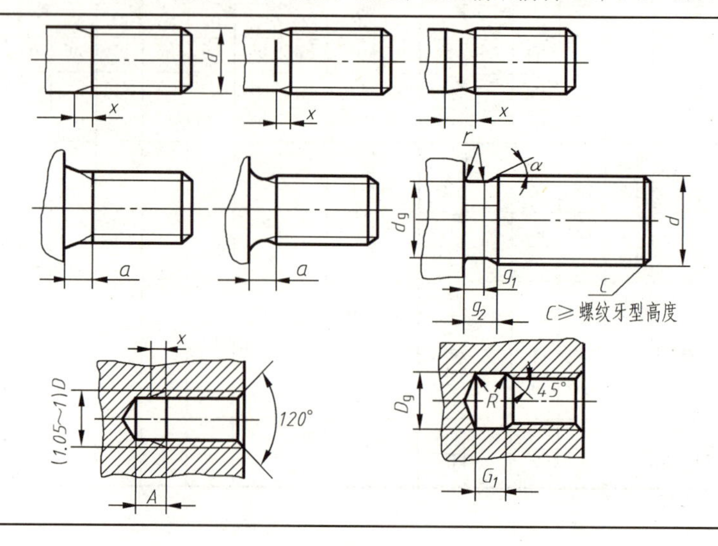

续表

外螺纹的螺距、收尾、肩距和退刀槽

螺距 P	收尾 x max		肩距 a max			退刀槽			
	一般	短的	一般	长的	短的	g_1 min	g_2 max	d_g	r ~
0.2	0.5	0.25	0.6	0.8	0.4				
0.25	0.6	0.3	0.75	1	0.5	0.4	0.75	$d-0.4$	0.12
0.3	0.75	0.4	0.9	1.2	0.6	0.5	0.9	$d-0.5$	0.16
0.35	0.9	0.45	1.05	1.4	0.7	0.6	1.05	$d-0.6$	0.16
0.4	1	0.5	1.2	1.6	0.8	0.6	1.2	$d-0.7$	0.2
0.45	1.1	0.6	1.35	1.8	0.9	0.7	1.35	$d-0.7$	0.2
0.5	1.25	0.7	1.5	2	1	0.8	1.5	$d-0.8$	0.2
0.6	1.5	0.75	1.8	2.4	1.2	0.9	1.8	$d-1$	0.4
0.7	1.75	0.9	2.1	2.8	1.4	1.1	2.1	$d-1.1$	0.4
0.75	1.9	1	2.25	3	1.5	1.2	2.25	$d-1.2$	0.4
0.8	2	1	2.4	3.2	1.6	1.3	2.4	$d-1.3$	0.4
1	2.5	1.25	3	4	2	1.6	3	$d-1.6$	0.6
1.25	3.2	1.6	4	5	2.5	2	3.75	$d-2$	0.6
1.5	3.8	1.9	4.5	6	3	2.5	4.5	$d-2.3$	0.8
1.75	4.3	2.2	5.3	7	3.5	3	5.25	$d-2.6$	1
2	5	2.5	6	8	4	3.4	6	$d-3$	1
2.5	6.3	3.2	7.5	10	5	4.4	7.5	$d-3.6$	1.2
3	7.5	3.8	9	12	6	5.2	9	$d-4.4$	1.6
3.5	9	4.5	10.5	14	7	6.2	10.5	$d-5$	1.6
4	10	5	12	16	8	7	12	$d-5.7$	2
4.5	11	5.5	13.5	18	9	8	13.5	$d-6.4$	2.5
5	12.5	6.3	15	20	10	9	15	$d-7$	2.5
5.5	14	7	16.5	22	11	11	17.5	$d-7.7$	3.2
6	15	7.5	18	24	12	11	18	$d-8.3$	3.2
参考值	$=2.5P$	$=1.25P$	$=3P$	$=4P$	$=2P$	—	$=3P$	—	—

注：1. 应优先选用“一般”长度的收尾和肩距；“短”收尾和“短”肩距仅用于结构受限制的螺纹件上；产品等级为 B 或 C 级的螺纹紧固件可采用“长”肩距。

2. d 为螺纹公称直径代号。

3. d_g 公差为：h13（$d>3$mm），h12（$d\leqslant 3$mm）。

内螺纹的螺距、收尾、肩距和退刀槽

螺距 P	收尾 X max		肩距 A		退刀槽			
					G_1		D_g	R ~
	一般	短的	一般	长的	一般	短的		
0.25	1	0.5	1.5	2				
0.3	1.2	0.6	1.8	2.4				
0.35	1.4	0.7	2.2	2.8			$D+0.3$	
0.4	1.6	0.8	2.5	3.2				
0.45	1.8	0.9	2.8	3.6				

续表

螺距 P	收尾 X max		肩距 A		退刀槽			
					G_1		D_g	R ~
	一般	短的	一般	长的	一般	短的		
0.5	2	1	3	4	2	1	$D+0.3$	0.2
0.6	2.4	1.2	3.2	4.8	2.4	1.2		0.3
0.7	2.8	1.4	3.5	5.6	2.8	1.4		0.4
0.75	3	1.5	3.8	6	3	1.5		0.4
0.8	3.2	1.6	4	6.4	3.2	1.6		0.4
1	4	2	5	8	4	2	$D+0.5$	0.5
1.25	5	2.5	6	10	5	2.5		0.6
1.5	6	3	7	12	6	3		0.8
1.75	7	3.5	9	14	7	3.5		0.9
2	8	4	10	16	8	4		1
2.5	10	5	12	18	10	5		1.2
3	12	6	14	22	12	6		1.5
3.5	14	7	16	24	14	7		1.8
4	16	8	18	26	16	8		2
4.5	18	9	21	29	18	9		2.2
5	20	10	23	32	20	10		2.5
5.5	22	11	25	35	22	11		2.8
6	24	12	28	38	24	12		3
参考值	$=4P$	$=2P$	$=(6-5)P$	$=(8-6.5)P$	$=4P$	$=2P$	—	$=0.5P$

表题：内螺纹的螺距、收尾、肩距和退刀槽

注：1. 应优先选用“一般”长度的收尾和肩距；容屑需要较大空间时可选用“长”肩距，结构受限制时可选用“短”收尾。

2. “短”退刀槽仅在结构受限制时采用。

3. D_g 公差为 H13。

4. D 为螺纹公称直径代号。

附表 6-4 回转面及端面砂轮越程槽的形式及尺寸（摘自 GB/T 6403.5—2008） mm

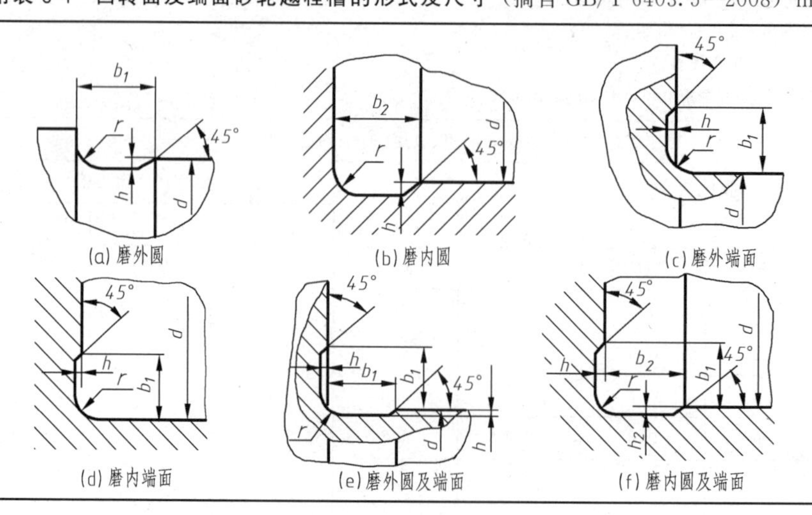

(a) 磨外圆　(b) 磨内圆　(c) 磨外端面

(d) 磨内端面　(e) 磨外圆及端面　(f) 磨内圆及端面

续表

b_1	0.6	1.0	1.6	2.0	3.0	4.0	5.0	8.0	10
b_2	2.0	3.0		4.0		5.0		8.0	10
h	0.1	0.2		0.3	0.4		0.6	0.8	1.2
r	0.2	0.5		0.8	1.0		1.6	2.0	3.0
d	约 10			10～50		50～100		100	

注：1. 越程槽内与直线相交处，不允许产生尖角。

2. 越程槽深度 h 与圆弧半径 r，要满足 $r \leqslant 3h$。

附表 6-5　中心孔（摘自 GB/T 145—2001）

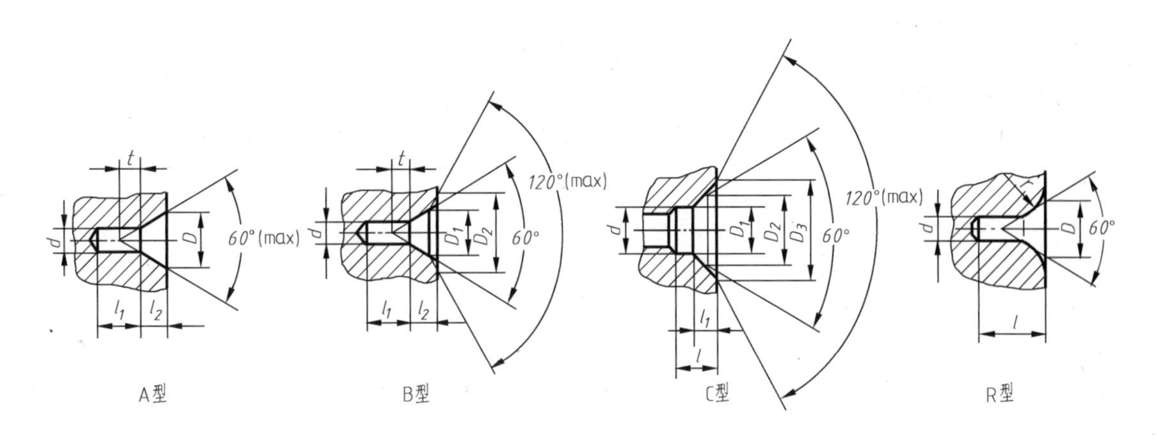

d	形式							选择中心孔的参考数据（非标准内容）		
	R	A		B		C		D_{min}	D_{max}	G
	D	D☆	l_2☆	D_2★	l_2★	d	D_3			
1.6	3.35	3.35	1.52	5.0	1.99	—		6	>8～10	0.1
2.0	4.25	4.25	1.96	6.3	2.54	—	—	8	>10～18	0.12
2.5	5.3	5.3	2.42	8.0	3.20	—	—	10	>18～30	0.2
3.15	6.7	6.7	3.07	10.0	4.03	M3	5.8	12	>30～50	0.5
4.0	8.5	8.5	3.90	12.5	5.05	M4	7.4	15	>50～80	0.8
(5.0)	10.6	10.6	4.85	16.0	6.41	M5	8.8	20	>80～120	1.0
6.3	13.2	13.2	5.98	18.0	7.36	M6	10.5	25	>120～180	1.5
(8.0)	17.0	17.0	7.79	22.4	9.36	M8	13.2	30	>180～220	2.0
10.0	21.2	21.2	9.70	28.0	11.66	M10	16.3	42	>220～260	3.0

为了表达在完工的零件上是否保留中心孔的要求，可采用下表中规定的符号。

要求	符号	标注示例	解释
在完工的零件上要求保留中心孔		GB/T 4459.5—B2.5/8	要求做出 B 型中心孔 $D=2.5$，$D_1=8$ 在完工的零件上要求保留

续表

要求	符号	标注示例	解释
在完工的零件上可以保留中心孔		GB/T 4459.5—A4/8.5	用 A 型中心孔 $D=4, D_1=8.5$ 在完工的零件上是否保留都可以
在完工的零件上不允许保留中心孔		GB/T 4459.5—A1.6/3.35	用 A 型中心孔 $D=1.6, D_1=3.35$ 在完工的零件上不允许保留

注：1. 括号内的尺寸尽量不采用。

2. D_{min} 为原料端部最小直径。

3. D_{max} 为轴状材料最大直径。

4. G 为工件最大质量（t）。

5. 螺纹长度 L 按零件的功能要求确定。

☆任选其一。

★任选其一。

参考文献

［1］ 刘力．机械制图［M］．第4版．北京：高等教育出版社，2013.

［2］ 钱可强．机械制图［M］．第5版．北京：高等教育出版社，2018.

［3］ 王丹虹．现代工程制图［M］．第2版．北京：高等教育出版社，2017.

［4］ 刘立平．制图测绘与CAD实训［M］．上海：复旦大学出版社，2015.

［5］ 刘立平．化工制图［M］．北京：化学工业出版社，2010.

［6］ 清华大学工程制图教研室．机械制图［M］．北京：人民教育出版社，1981.

［7］ 胡琳．工程制图（英汉双语对照）［M］．北京：机械工业出版社，2010.

［8］ 葛艳红，黄海，陈云．画法几何及机械制图［M］．北京：清华大学出版社，2019.